장영범 지음

아날로그 및 디지털 통신 시스템

Analog and Digital Communication Systems

홍릉과학출판사

머리말

이 책을 통하여 통신시스템의 원리를 쉽게 이해할 수 있도록 쓰고자 노력했다. 특히 어려운 통신이론을 그림으로 쉽게 이해할 수 있도록 구성하였다. 이 책은 크게 다음과 같이 세 파트로 나뉜다.

- 첫 번째 파트
  1장 : 통신시스템의 개요
  2장 : 신호 및 시스템
  3장 : 시스템의 주파수 해석

이 파트에서는 통신시스템의 개요 설명을 통하여 전체적인 통신시스템을 폭넓게 이해할 수 있도록 구성하였다. 또한 통신시스템에서 사용되는 신호와 그 신호가 전달되어 가는 시스템을 해석할 수 있는 기본 지식을 소개하며, 통신시스템을 해석하는 중요 도구인 시스템의 주파수 해석에 대하여 다룬다.

- 두 번째 파트
  4장 : AM 및 FM 방송
  5장 : PAM-TDMA 통신시스템

이 파트에서는 아날로그 통신시스템에 대하여 다룬다. 아날로그 통신이란 전송하고자 하는 아날로그 신호가 시스템의 중간 어디에서도 0과 1의 디지털 신호로 변환되지 않고 도착지점까지 송신되는 통신시스템이다. 4장에서는 가장 많이 사용되고 있는 아날로그 통신시스템인 AM 방송과 FM 방송에 대하여 다룬다. 그리고 5장에서는 대표적인 유선 아날로그 통신시스템인 PAM-TDMA 통신시스템에 대하여 다룬다.

- 세 번째 파트
  - 6장 : 디지털 기저대역 통신
  - 7장 : 확률변수와 랜덤 프로세스
  - 8장 : T1 PCM 통신시스템
  - 9장 : 디지털 변조
  - 10장 : LTE OFDM 통신시스템
  - 11장 : 채널코딩
  - 12장 : 확산 스펙트럼 변조

이 파트에서는 디지털 통신시스템에 대하여 다룬다. 디지털 통신시스템이란 전송하고자 하는 신호가 아날로그 신호일지라도 중간 어느 블록에서 0과 1의 디지털 데이터로 변환되어 처리되는 통신시스템이다. 6장에서는 0과 1의 디지털 데이터를 변조 없이 그대로 전송하는 기본적인 디지털 통신시스템에 대하여 다룬다. 그리고 7장에서는 복잡한 디지털 통신시스템을 분석하는 도구인 확률 이론에 대하여 기본 지식을 소개한다. 8장부터 12장까지는 현재 사용되고 있는 다양한 디지털 통신시스템에 대하여 다룬다.

아무쪼록 독자들이 이 책을 통하여 통신시스템을 이해하고, 나아가서 응용능력을 향상시키기를 기원한다. 이 책을 쓰는데 도움을 주신 상명대학교 가족 여러분께 감사드리며 또한 홍릉과학출판사의 대표님, 박성률 부장님, 박찬혁 대리님께 감사드린다.

2015년 4월

저자 장영범

차례

CHAPTER 01 통신시스템의 개요

CHAPTER 02 신호 및 시스템

CHAPTER 03 시스템의 주파수 해석

CHAPTER 04 AM 및 FM 방송

CHAPTER 01

1 통신시스템의 개요

사람들은 자신이 갖고 있는 정보들을 누군가에게 보내려고 하고 또한 다른 곳에 있는 정보를 얻고자 하는 욕구가 있다. 이런 욕구를 만족시키기 위해 통신 기술은 보다 빠르고, 보다 정확하게 정보를 보내고 받기 위하여 계속 진화하고 있다. 정보의 형태는 다음과 같이 다양하다.

정보의 형태

- 음성, 음악 및 소리 정보
- 사진, 그림, 도표, 차트, 그래픽과 같은 화상 정보
- TV, 화상회의 같은 동영상 정보
- 이메일, 문자 채팅과 같은 데이터 정보

이와 같은 정보를 보내고 받기 위한 시스템을 통신시스템이라고 부른다. 통신시스템을 종류별로 구분하는 방법은 다양하다. 그 중에서 널리 사용되는 분류 방법은 다음과 같다.

통신시스템 분류 방법

- 아날로그 통신과 디지털 통신
- 유선 통신과 무선 통신
- 단방향 통신과 양방향 통신

아날로그 및 디지털 통신과 유선 및 무선 통신의 구분을 결합하여, 요즘 사용되고 있는 통신시스템을 예로 들면 다음 그림과 같다.

채널 구분	유선 통신	무선 통신
아날로그 통신	유선전화 	AM 방송, FM 방송 
디지털 통신	T1-디지털 통신, 인터넷 	LTE, WiFi, DMB, TV 

그림 1-1 **아날로그 통신과 디지털 통신**

1.1 아날로그 통신과 디지털 통신

통신시스템은 아날로그 신호를 전송하는 아날로그 통신시스템과 디지털 신호로 변환하여 전송하는 디지털 통신시스템으로 구분할 수 있다.

1.1.1 아날로그 통신시스템

아날로그 통신시스템의 예는 다음과 같다.

아날로그 통신시스템의 예

- AM(Amplitude Modulation) 방송
- FM(Frequency Modulation) 방송
- 아날로그 TV 방송
- 무전기

이와 같은 아날로그 신호를 전송하는 통신시스템의 일반적인 블록도는 다음 그림과 같다.

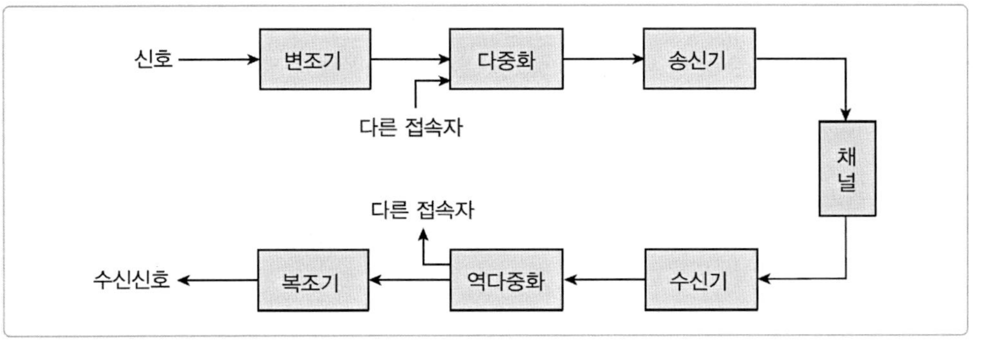

그림 1-2 아날로그 통신시스템의 블록도

아날로그 통신시스템의 예로는 AM(Amplitude Modulation) 방송과 FM(Frequency Modulation) 방송, 아날로그 TV 방송 등이 있다. 위의 그림에서의 각각의 블록에 대하여 간단히 알아보기로 한다.

변조기

아날로그 신호는 먼 거리의 유선 채널이나 또는 무선 채널을 통해 전송하려면 변조가 필요하다. 무선 채널에서 사용되는 아날로그 변조 방식에는 다음 그림과 같은 AM 변조가 있다.

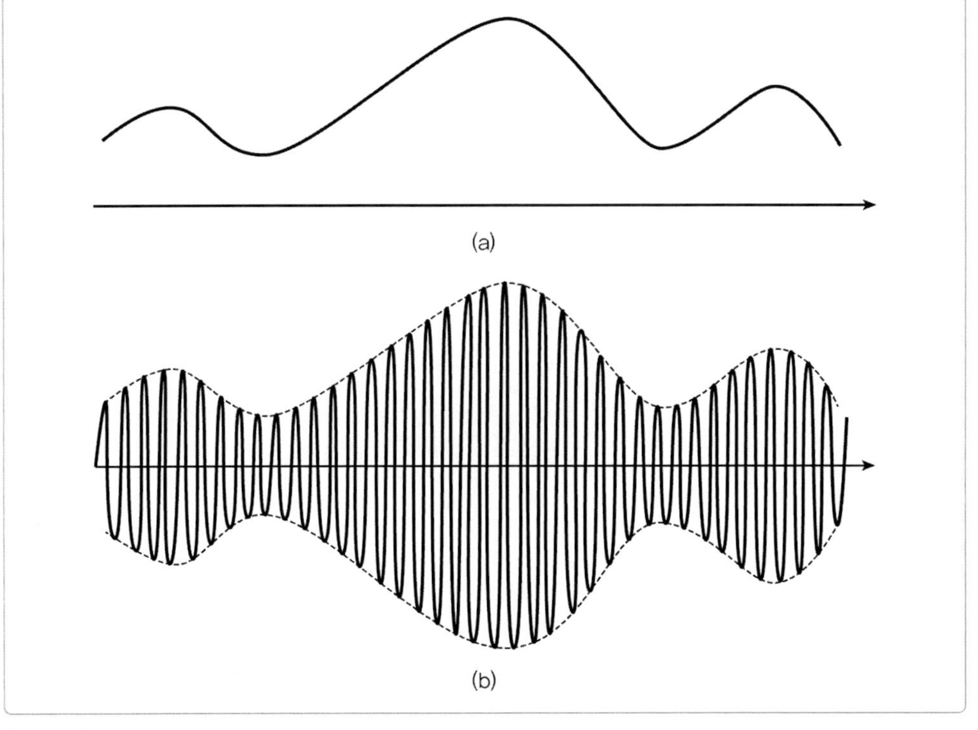

그림 1-3 (a) 원 신호, (b) AM 변조된 신호

AM 방송에서는 앞의 그림과 같은 변조 방식을 사용한다. AM 방송의 경우 아나운서의 음성과 같은 원 신호는 앞의 그림에서 보듯이 매우 빠른 반송파와 곱해져 공기 중으로 송출된다.

이외에도 FM 변조 방식과 유선 채널에서 주로 사용하는 PAM(Pulse Amplitude Modulation) 변조 방식 등이 있다.

다중화

다중화는 하나의 채널을 통해 여러 접속자의 신호를 동시에 전송하도록 데이터를 섞는 블록이다. 아날로그 통신에서 사용되는 다중화 방식에는 다음 그림과 같은 시간분할 다중접속(TDMA, Time Division Multiple Access) 방식이 있다.

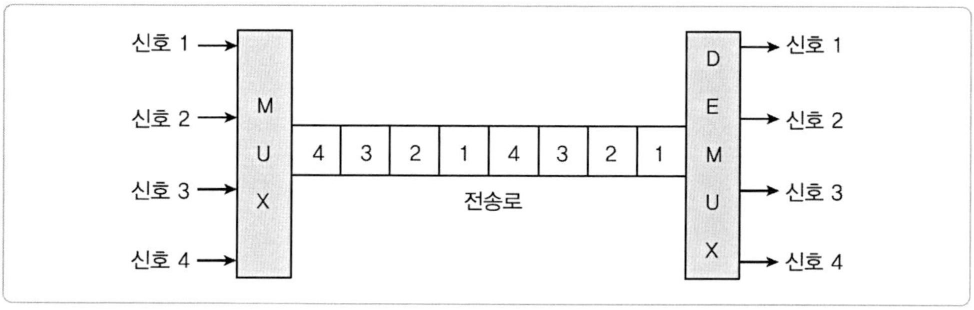

그림 1-4 시간분할 다중접속(TDMA)

그림에서 보듯이 시간분할 다중접속은 여러 명의 접속자들을 MUX를 통해 순차적으로 선택하여 시간축 상에서 섞이지 않도록 하여 전송하는 방식이다. 두 명의 접속자 음성 신호가 전송로를 통해 전송될 때의 송신 신호의 모양은 다음 그림과 같다.

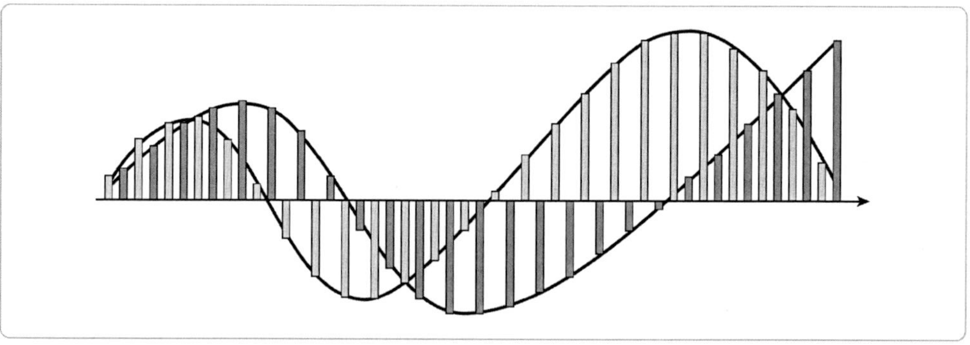

그림 1-5 시간분할 다중접속 채널에서의 신호

위의 그림에서 각각의 전송신호는 PAM 변조로 변조된 신호이다. 그림에서 보듯이 각각의 PAM 변조신호는 시간축 상에서 섞이지 않고 전송된다. 이외에도 주파수분할 다중접속(FDMA, Frequency Division Multiple Access) 방식이 있다. 주파수분할 다중접속 방식은 다음 그림과 같이 서로 다른 주파수 대역을 사용하여 각각의 신호가 전송되므로 주파수 축 상에서 신호가 서로 섞이지 않는다.

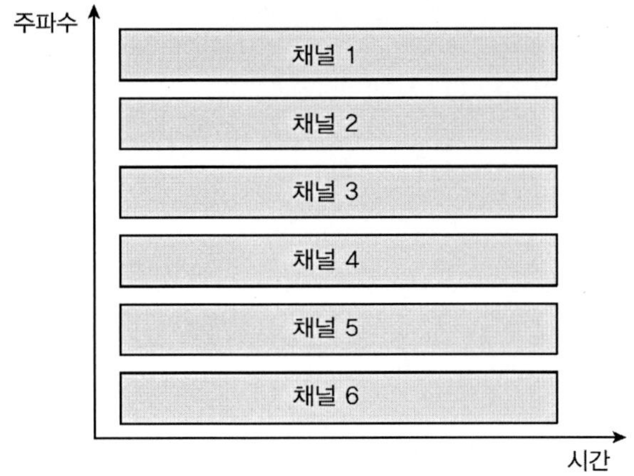

그림 1-6 주파수분할 다중접속(FDMA)

그림에서 보듯이 주파수분할 다중접속은 예를 들면 차선이 많은 고속도로와 같은 원리이다. 즉, 서로 다른 반송파를 사용하므로 주파수분할 다중접속 방식에서는 변조된 신호가 섞이지 않고 다중화된다.

송신기

다중화된 신호를 유무선 채널로 전송하기 위한 하드웨어 블록이다.

채널

채널은 송신기의 출력 신호가 수신기에 도달하기 위하여 통과하는 매체(media)이다. 채널의 종류에는 동축 케이블이나 광섬유 케이블 등을 사용하는 유선 채널과 공기나 물과 같은 무선 채널이 있다.

수신기

유선 또는 무선 채널을 통해 수신된 전기신호 또는 라디오 신호를 수신용 전기신호로 변환하는 장치이다.

역다중화

하나의 채널로 섞인 신호에서 각각의 신호를 분리하는 블록이다. TDMA 방식으로 다중화된 신호는 절환기(commutator)라고 부르는 스위치를 통하여 신호를 분리시킨다. 또한, FDMA 방식으로 다중화된 신호는 대역통과 필터(BPF, Band Pass Filter)를 사용하여 원하는 대역의 주파수 성분을 분리해낼 수 있다.

복조기

변조기에서 원 신호에 반송파를 사용하여 변조(modulation)하였으므로 복조기에서는 반송파를 제거하여 원 신호를 찾는 과정이 필요한데, 이를 복조(demodulation)라고 부른다.

1.1.2 디지털 통신시스템

보내고자 하는 정보가 1과 0의 조합으로 된 정보이면 디지털 통신이라고 부른다. 디지털 통신의 정의는 다음과 같다.

디지털 통신의 정의

- 아날로그 신호를 A/D 변환기를 사용해 1과 0의 조합으로 변환한 뒤 이를 전송하는 시스템
- 컴퓨터 데이터와 같이 원래부터 1과 0의 조합으로 되어 있는 디지털 데이터 신호를 전송하는 시스템

주위에서 사용되고 있는 디지털 통신시스템의 예는 다음과 같다.

디지털 통신시스템의 예

- LTE 스마트 폰
- WiFi
- 인터넷 통신
- DMB
- 디지털 TV

이와 같은 디지털 통신시스템에서 신호들은 유선 또는 무선의 채널을 통해서 전송되며 유선과 무선의 두 개의 채널을 모두 통과하여 전송되기도 한다. 또한, 디지털 통신시스템은 디지털 정보 1과 0의 조합을 전송하지만 전송되는 과정에서 아날로그 신호로 변환되어 처리되기도 한다. 대부분의 통신시스템은 디지털 통신시스템이거나 디지털 통신시스템으로 바뀌는 추세이다. 디지털 통신은 다음과 같은 특징이 있다.

디지털 통신의 특징

- 통신 채널에서 생기는 잡음에 강하다.
- 신호를 압축할 수 있다. 예를 들어 비디오 신호의 경우 수십 분의 1로 데이터량이 작아지도록 압축이 가능하다.
- 데이터의 저장이 쉽다. 따라서 실시간 통신이 아닌 경우에는 저장한 후에 채널이 비어 있는 시간을 이용해 전송할 수 있다.

디지털 신호를 전송하는 통신시스템의 일반적인 블록도는 다음 그림과 같다.

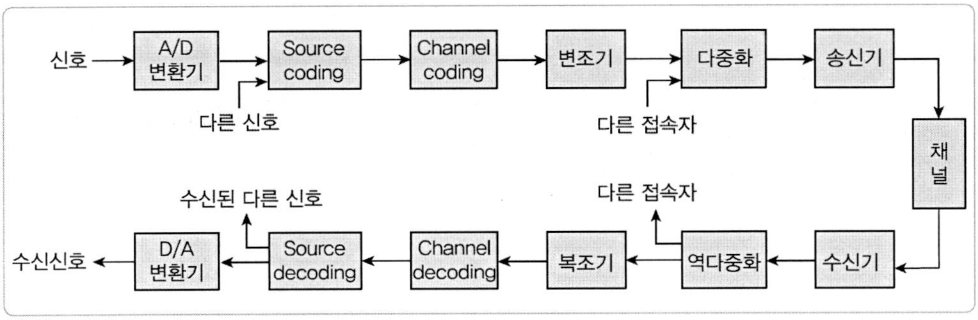

그림 1-7 **디지털 통신시스템의 블록도**

위의 그림의 디지털 통신시스템에서 각각의 블록에 대하여 간단히 알아보기로 한다.

A/D 변환기

아날로그 신호는 A/D 변환기를 통과하여 디지털 데이터로 변환된다. 즉, A/D 변환기는 아날로그 신호를 1과 0의 디지털 데이터로 변환시킨다. 아날로그 신호는 다음 그림과 같이 시간축의 샘플링과 크기축의 양자화를 통해 1과 0의 조합으로 변환된다.

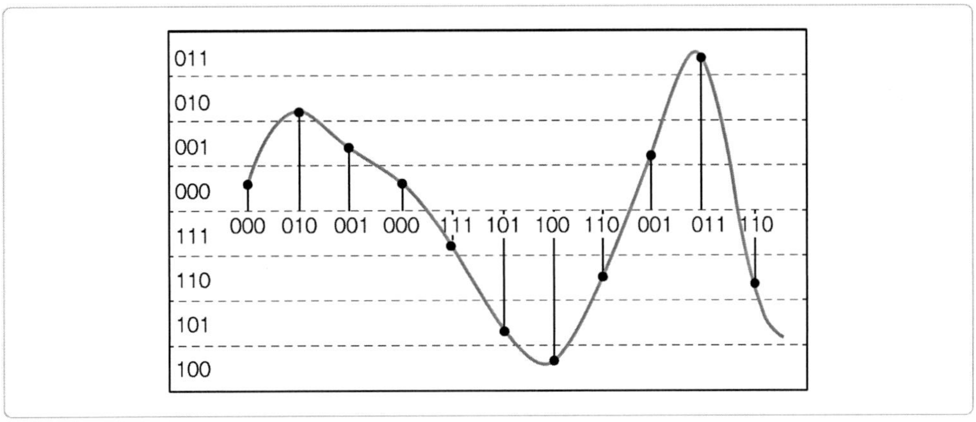

그림 1-8 **샘플링과 양자화를 통한 디지털 신호**

위의 그림에서 샘플링은 음성 신호의 경우 8,000분의 1초마다 샘플링하고 오디오 신호는 44,100분의 1초마다 샘플링하는 것이 일반적이다. 양자화는 위의 그림에서는 최댓값과 최솟값 사이를 8칸으로 나누었으므로 3비트 양자화의 예이다. 실제 사용되는 음성 신호 통신시스템에서는 8비트 양자화가 가장 많이 사용된다.

소스 코딩

소스 코딩(source coding)은 디지털 데이터를 압축하는 블록이다. 디지털 데이터의 종류는 음성 신호, 오디오 신호, 이미지 신호, 동영상 신호, 문자 신호 등 다양한 멀티미디어 신호가 있다. 여러 가지 멀티미디어 데이터는 다음 그림에서 보듯이 공통적으로 A/D 변환기를 거친 후에 소스 코딩 블록으로 입력된다.

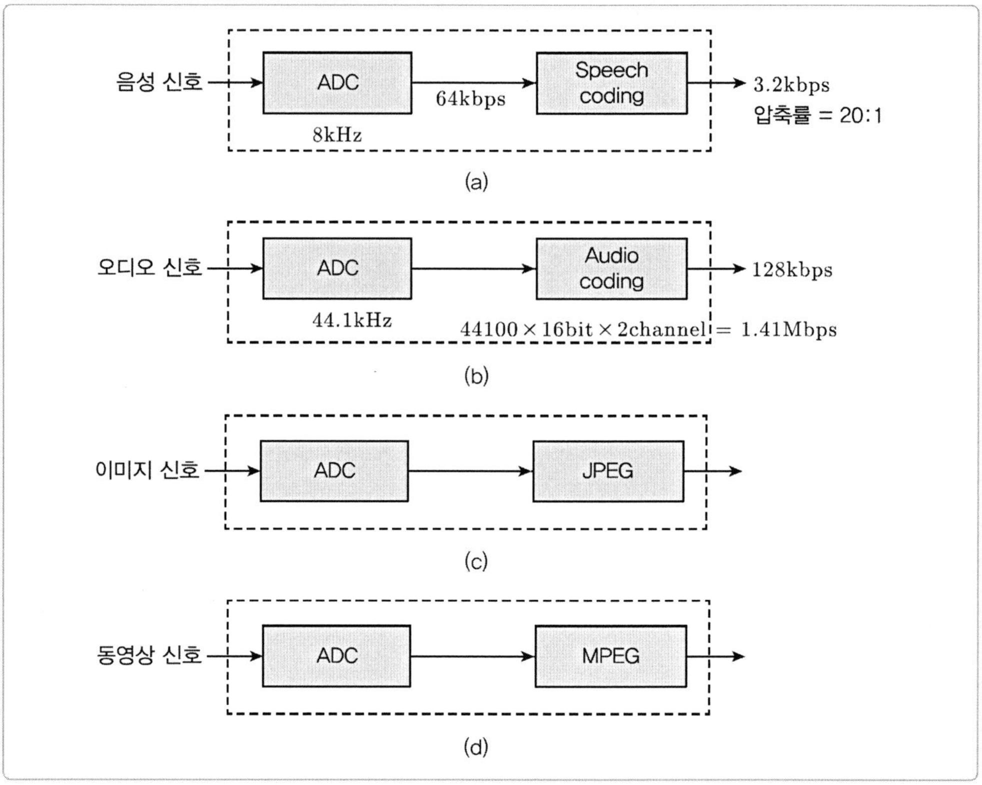

그림 1-9 멀티미디어 데이터의 소스 코딩 (a) 음성 코딩, (b) 오디오 코딩, (c) 영상 코딩, (d) 동영상 코딩

압축의 종류

- 음성 신호는 ADPCM, LPC(Linear Predictive Coding), CELP(Code Excited Linear Predictive coding) 등의 압축 알고리즘을 사용하여 데이터를 압축시킨다.
- 오디오 신호는 MP3, AC-3 등의 압축 알고리즘을 사용하여 신호를 압축한다.
- 영상 신호의 압축으로는 JPEG 알고리즘이 많이 사용된다.
- 동영상 신호의 압축 알고리즘으로는 MPEG, H.264 등이 많이 사용된다.

채널 코딩

디지털 정보가 전송되는 과정에서 여러 가지 요인에 의하여 오류가 발생한다. 이와 같은 전송과정에서의 오류 발생을 가정하여 송신기에서 데이터를 가공하는 부호화 과정이 필요한데, 이를 채널 코딩(channel coding)이라고 한다. 채널 코딩은 1과 0들로 구성된 디지털 정보에 부가적으로 1과 0들을 추가하게 되는데, 이를 잉여 비트(redundant bit)라고 한다. 채널 코딩은 다음과 같이 두 가지 방식이 있다.

채널 코딩 방식

- 오류검출 – 재전송 방식

  수신기에서 오류를 검출하고 송신측에 재전송을 요청하는 방식으로 상대적으로 잉여 비트가 적고 복호 과정이 간단한 장점이 있다. 가장 간단한 오류검출 방식은 패리티 검사(Parity check)가 있다. 예를 들어 문자 K를 홀수 패리티를 사용하여 전송할 때 문자 K의 ASCII 코드는 1001011이므로 1을 더 붙여서 1의 수가 홀수가 되도록 10010111로 만들어 전송한다. 수신측에서는 1의 수가 짝수이면 오류가 있음을 알게 된다. 그러나 송수신기 간에 양방향 링크가 있어야만 하고 재전송이 일어나는 경우에 지연이 길어지는 단점도 있다. 이 방식은 신뢰성이 중요한 통신시스템에서 많이 사용한다.

- FEC(Forward Error Correction) 방식

  수신기에서 오류를 검출하고 정정하는 방식이다. 이 방식은 역방향 링크가 없는 통신시스템에서 사용되며 잉여 비트가 상대적으로 많아 복호과정이 복잡해진다. FEC 방식은 실시간 통신시스템에서 주로 사용한다. FEC 방식에는 컨볼루션 코딩(convolution coding) 방식과 선형 블록 코딩(Linear Block Coding) 방식 등이 있다.

이 채널 코딩을 통하여 데이터량은 보통 10%에서 100% 정도 커진다.

변조기

1과 0으로 구성된 디지털 정보를 방송이나 이동통신과 같은 무선 채널을 통해 전송하기 위해서는 채널 환경에 맞게 변조가 필요하다. 즉, 공중이라는 채널로 전자파를 전송하려면 고주파 대역으로 변조해야만 적당한 크기의 안테나로 송신이 가능하다. 또한, 서로 다른 주파수 대역으로 변조가 가능하므로 정보를 섞이지 않게 다중화할 수 있다. 가장 기본적인 디지털 데이터의 변조 방식에는 다음 그림과 같은 ASK(Amplitude Shift Keying, 진폭 천이변조) 변조 방식이 있다.

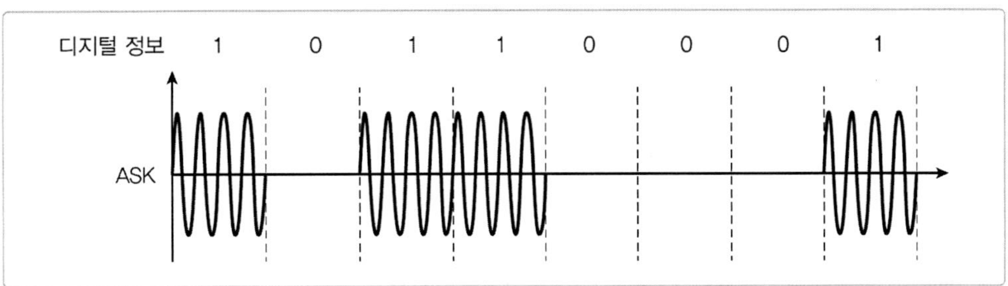

그림 1-10 ASK 변조

그림과 같이 ASK 변조는 디지털 정보 1과 0의 진폭을 다르게 하여 전송하는 방식이다. 그 외에도 다음과 같은 FSK(Frequency Shift Keying, 주파수 천이변조) 변조 방식과 PSK (Phase Shift Keying, 위상 천이변조) 변조 방식 등이 사용된다.

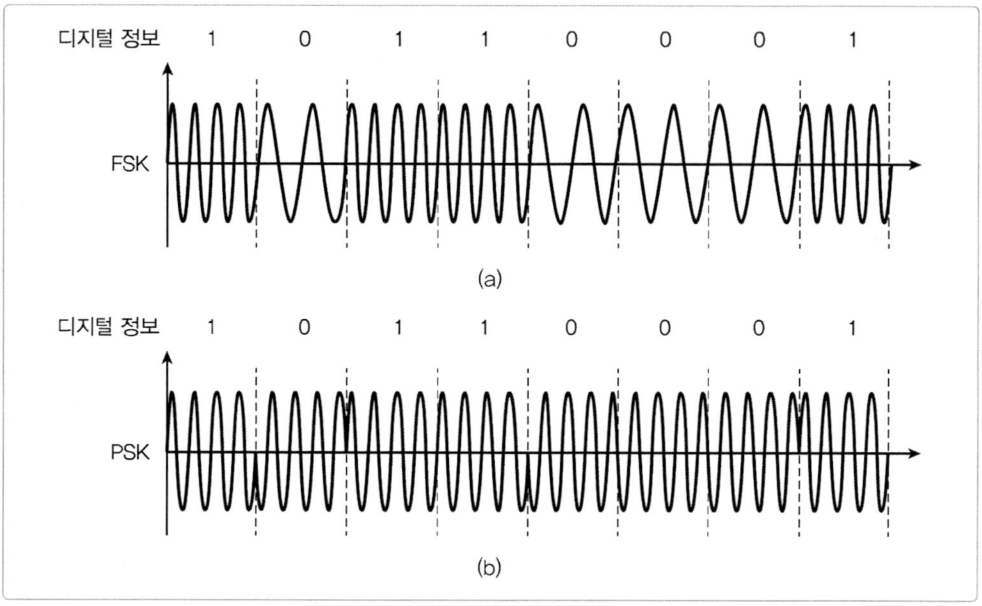

그림 1-11 (a) FSK 변조, (b) PSK 변조

FSK 변조는 위의 그림 1-11(a)와 같이 디지털 정보 1과 0의 주파수를 다르게 하여 전송하는 방식이다. PSK(Phase Shift Keying, 위상 천이변조) 변조는 위의 그림 1-11(b)와 같이 디지털 정보 1과 0의 위상을 다르게 하여 정보를 전송한다.

다중화

다중화 블록은 하나의 채널을 통해 여러 접속자의 신호를 동시에 전송하도록 데이터를 섞는 블록이다. 예를 들면 DMB 방송의 경우 여러 방송의 데이터가 이 블록을 통해 다중화된다. 디지털 통신에서 많이 사용되는 다중화 방식은 다음과 같다.

디지털 통신 다중화 방식의 종류

- 주파수분할 다중접속(FDMA, Frequency Division Multiple Access)
- 직교주파수분할 다중접속(OFDMA, Orthogonal Frequency Division Multiple Access) : LTE, WiFi, DMB, WiBro 등의 디지털 통신에서 사용
- 코드분할 다중접속(CDMA, Code Division Multiple Access) : 휴대폰에서 사용
- 시간분할 다중접속(TDMA, Time Division Multiple Access)

송신기

다중화된 신호를 유무선 채널로 전송하기 위한 하드웨어 블록이다.

채널

채널은 송신기의 출력 신호가 수신기에 도달하기 위하여 통과하는 매체(media)이다. 채널의 종류에는 동축 케이블이나 광섬유 케이블 등을 사용하는 유선 채널과 공중이나 물과 같은 매체를 통과하여 정보를 송출하는 무선 채널이 있다.

수신기

유선 또는 무선 채널을 통해 수신된 전기신호 또는 라디오 신호를 수신용 전기신호로 변환하는 장치이다.

역다중화

주파수분할 다중접속(FDMA) 방식, 직교주파수분할 다중접속(OFDMA) 방식, 코드분할 다중접속(CDMA, Code Division Multiple Access) 방식 등으로 다중화된 신호로부터 원 신호들을 분리해 내는 블록이다.

복조기

변조된 신호에서 원래의 디지털 정보, 즉 1과 0의 정보를 얻어내는 블록이다.

채널 디코딩

오류가 있는지 검사하여 에러를 찾아내고, 재전송을 요청하거나 오류를 정정하는 블록이다. Parity나 CRC와 같은 오류검출-재전송 방식의 수신기에서는 오류가 있는지 검사하여 오류가 있으면 송신부에 재전송을 요구한다. 또한, FEC 방식에서는 오류를 찾아내어 정정까지 수행한다.

소스 디코딩

압축된 신호에서 원 신호를 찾아내는 블록이다.

D/A 변환기

디지털 신호를 아날로그 신호로 변환하는 블록이다.

1.2 유선 통신과 무선 통신

통신 방식을 구분하는 또 다른 방법으로서 유선 통신과 무선 통신이 있다.

1.2.1 유선 통신

유선 통신시스템은 다음과 같은 유선을 사용하여 통신하는 시스템이다.

유선 통신용 케이블의 종류

- 트위스트 페어 케이블 : LAN이나 근거리 유선 통신망에 사용하며 UTP(Unshild Twist Pair) 케이블과 STP(Shild Twist Pair) 케이블이 있다.
- 동축 케이블(coaxial cable) : 컴퓨터 통신망이나 CATV 통신망 등에 사용하며 모양은 다음 그림과 같다.

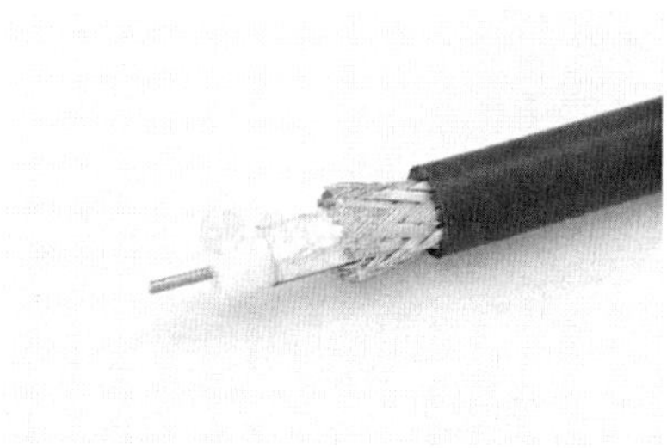

그림 1-12 동축 케이블

- 광섬유 케이블 : 광대역 주파수로 송신이 가능하며 감쇠가 적어 원거리까지 리피터 없이 데이터 전송이 가능하다. 광섬유 케이블의 모양은 다음 그림과 같다.

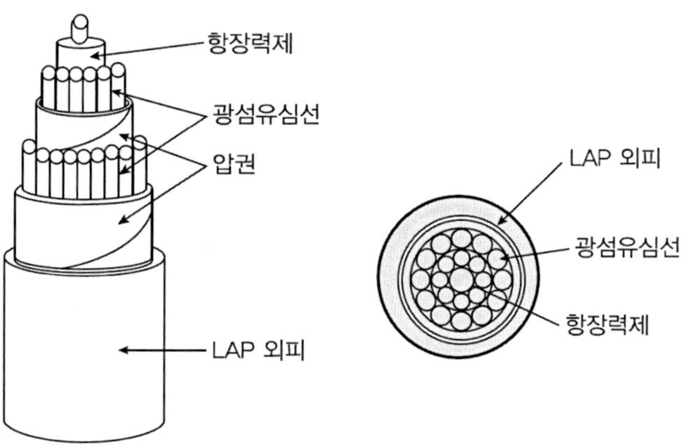

그림 1-13 광섬유 케이블

1.2.2 무선 통신

무선 통신시스템에서는 공중이라는 미디어 채널을 통해 정보가 송수신된다.

무선 통신의 주파수 대역

공기와 같은 무선 채널은 공용 채널이므로 국가가 관리하며 주파수 대역 별로 다음과 같은 용도로 사용하고 있다.

표 1-1 무선 주파수 대역별 용도

주파수 명칭	영문 주파수 명칭	주파수 대역	파장	용도
초장파	VLF(Very Low Frequency)	3~30 kHz	10~100 km	선박 무선 통신
장파	LF(Low Frequency)	30~300 kHz	1~10 km	선박 무선 통신
중파	MF(Medium Frequency)	300~3000 kHz	0.1~1 km	AM 방송
단파	HF(High Frequency)	3~30 MHz	10~100 m	단파 방송
초단파	VHF(Very High Frequency)	30~300 MHz	1~10 m	FM 방송, TV 방송
극초단파	UHF(Ultra High Frequency)	300~3000 MHz	0.1~1 m	이동통신, TV 방송
초고주파	SHF(Super High Frequency)	3~30 GHz	10~100 mm	레이더, 위성 통신
마이크로파	EHF(Extremely High Frequency)	30~300 GHz	1~10 mm	마이크로웨이브 통신

안테나

송수신을 위해 전자기파를 공중으로 보내거나 받기 위한 장치를 안테나라고 한다. 안테나는 다음과 같이 송신용과 수신용 안테나로 구분한다.

송신용과 수신용 안테나의 기본원리

- 송신용 안테나 : 송신용 안테나는 송신기에 의해 변조된 교류 전압을 전자기파로써 공중으로 방사한다.
- 수신용 안테나 : 수신용 안테나는 수신된 전자기파를 받아서 교류 전압으로 변환시키는 기능을 수행한다. 송신용 안테나와 수신용 안테나는 기본원리는 같으나 사용하는 파장에 따라 모양이 여러 가지로 달라진다. 안테나가 효율적으로 동작하려면 사용 주파수에 공진시켜야 한다. 안테나 길이가 파장의 1/4 또는 1/2이 되어야 공진하므로 전자기파를 송출시키려면 이 길이의 안테나가 효율적이다.

1.3 단방향 통신과 양방향 통신

통신 방식을 구분하는 방법으로써 단방향 통신과 양방향 통신이 있다. 단방향 통신은 DMB 방송과 같이 한 방향으로만 전송이 가능한 통신시스템이다. 양방향 통신은 한쪽 단말기에서 송신과 수신이 모두 가능한 통신시스템이다. 양방향 통신은 다시 다음과 같이 두 가지 종류로 나뉜다.

양방향 통신의 종류

- 반이중 방식 : 반이중(half duplex) 방식은 무전기와 같이 송신할 때에는 수신이 불가능하고 수신할 때에는 송신이 불가능한 통신 방식이다.
- 전이중 방식 : 전이중(full duplex) 방식은 전화기와 같이 동시에 양방향 통신이 가능한 통신 방식이다.

CHAPTER 02 신호 및 시스템

2.1 아날로그 신호 및 시스템

2.1.1 연속시간 신호와 이산시간 신호

신호는 공기나 케이블과 같은 매체를 통하여 전달되는 물리량을 의미한다. 예를 들면 사람의 음성이나 온도 등이 신호이다. 이들 가운데서 전기적 신호가 가장 간단하고 효율적으로 표현되는 신호이다. 따라서 물리적 변화량의 신호를 전기적 신호로 변환하면 신호처리가 손쉬워진다. 예를 들면, 음성 신호와 같은 물리량도 시간에 따라 변화하는 전압 신호로 변환하면 신호처리 시스템을 만들기 쉬워진다.

전기적 신호는 연속시간 신호(continuous-time signal), 아날로그 신호, 이산시간 신호(discrete-time signal), 디지털 신호의 네 종류로 나누어진다.

독립 변수가 연속인 신호를 연속시간 신호라고 정의하며 독립 변수가 시간인 경우에 그림 2-1(a)와 같이 나타낼 수 있다. 연속시간 신호 가운데서 신호의 값도 연속인 신호를 아날로그 신호라고 한다. 이와 같은 정의의 차이가 있지만 같은 의미로 혼용하여 사용한다.

독립 변수가 시간 t인 연속시간 신호는 시간 축의 모든 값에 대하여 신호 함수가 정의되며 음성 신호, radio 신호 등이 이에 속한다. 연속시간 신호는 독립변수가 시간인 경우에 위의 그림 2-1(a)와 같이 나타낸다.

연속시간 신호로부터 샘플링을 통하여 만들어지는 신호를 이산시간 신호라고 하며 위의 그림 2-1(b)와 같이 나타낸다. 이산시간 신호에서 신호값이 양자화(quantization)된 신호를 디지털 신호라고 한다.

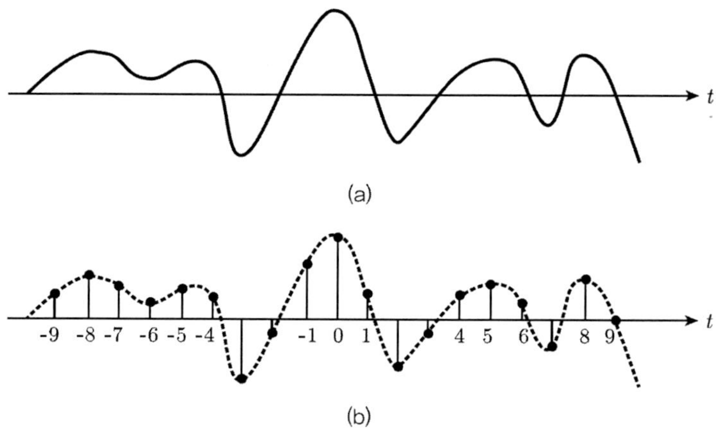

그림 2-1 (a) 연속시간 신호(아날로그 신호), (b) 이산시간 신호(디지털 신호)

2.1.2 주기신호

다음 그림과 같은 신호를 주기신호(periodic signal)라고 한다.

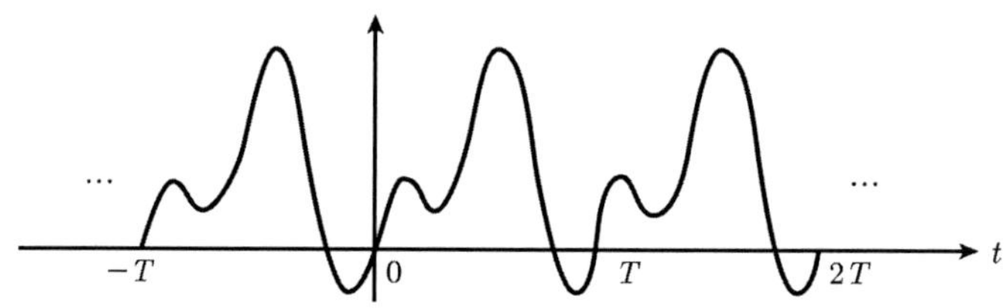

그림 2-2 주기신호

주기신호의 조건은 다음 식과 같다.

$$x(t) = x(t - nT), \quad n = 1, 2, 3, \cdots$$

이 식에서 T는 0보다 큰 상수이며 기본 주기(fundamental period)라고 부른다. 이와 같은 주기신호 중 가장 대표적인 신호는 다음 식과 같은 정현파 신호(sinusoidal signal)가 있다.

$$x(t) = A\sin(\omega_0 t + \theta)$$

이 식에서 A를 진폭이라고 하며 ω_0는 라디안 주파수(radian frequency, 단위: rad/s)라고 한다. 또한, θ는 위상각(phase angle)이라고 부른다. 라디안 주파수와 주파수 f(단위: Hz)의 관계는 $\omega_0 = 2\pi f$이므로 다음과 같이 나타내기도 한다.

$$x(t) = A\sin(2\pi f t + \theta)$$

주파수 f와 주기 T의 관계는 $f = 1/T$이므로 라디안 주파수와 주기는 다음의 관계가 있다.

$$\omega_0 = \frac{2\pi}{T}$$

예제

100 MHz cos 정현파 신호의 주기를 구하시오.

풀이 $\cos 2\pi f t = \cos(2\pi \times 100 \times 10^6)t$

$$T = \frac{1}{f} = \frac{1}{100 \times 10^6} = 10^{-8}\,\text{sec} = 10\,\text{nsec}$$

2.1.3 기본적인 연속시간 신호

아날로그 신호 및 시스템을 다루기 위하여 기본적인 아날로그 신호들의 이해가 선행되어야 한다. 이 절에서는 아날로그 시스템에서 많이 사용되는 기본적인 신호들을 소개한다.

단위 계단 함수

다음 그림과 같은 단위 계단 함수(unit step function)는 신호처리에서 매우 널리 사용되는 신호이다.

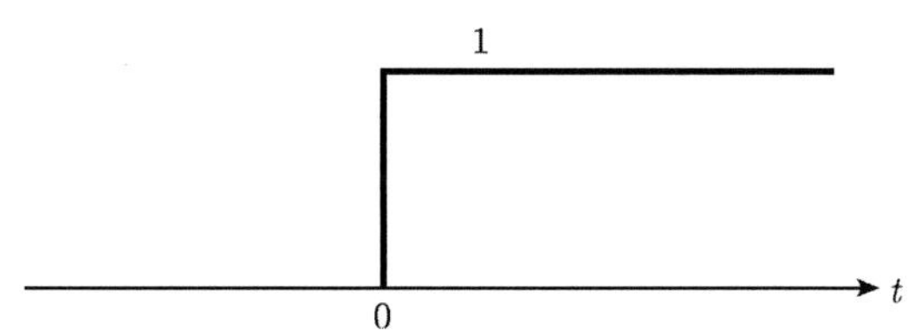

그림 2-3 단위 계단 신호

위의 단위 계단 함수는 다음과 같은 식으로 나타낼 수 있다.

$$u(t) = \begin{cases} 1, & t > 0 \\ 0, & t < 0 \end{cases}$$

이와 같은 단위 계단 함수는 임의의 신호의 시작점을 제한하는 용도로 많이 사용된다. 즉, 다음 그림과 같이 잡음 신호가 계속되다가 일정한 시점에서 유효한 신호가 시작되는 경우에 단위 계단 신호를 곱하면 잡음이 제거된 신호를 얻을 수 있다.

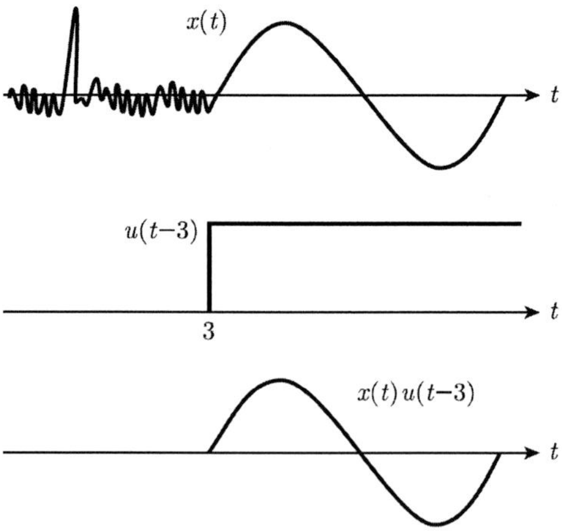

그림 2-4 단위 계단 함수를 사용한 잡음 제거

펄스 신호

펄스 신호(pulse signal)는 다음 그림과 같고 $A\,\mathrm{rect}(t/2a)$로 표기한다.

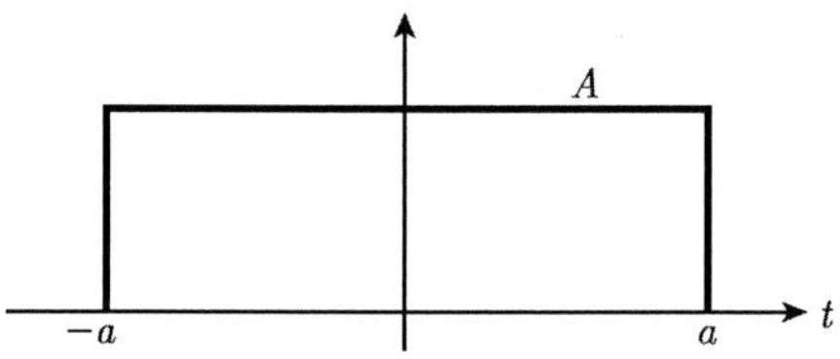

그림 2-5 펄스 신호

펄스 신호는 다음과 같이 단위 계단 함수로 표기할 수도 있다.

$$A\,\mathrm{rect}(t/2a) = A[u(t+a) - u(t-a)]$$

시그넘 함수

시그넘 함수(signum function)는 다음 그림과 같고 $\mathrm{sgn}(t)$로 표기한다.

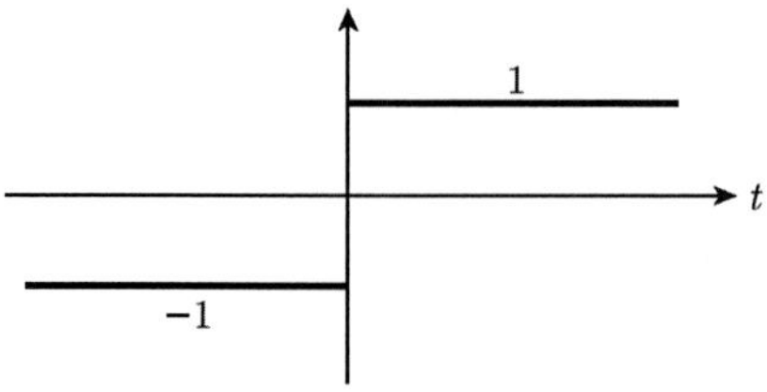

그림 2-6 시그넘 함수

시그넘 함수는 다음 식으로 정의된다.

$$\mathrm{sgn}(t) = \begin{cases} 1, & t > 0 \\ 0, & t = 0 \\ -1, & t < 0 \end{cases}$$

시그넘 함수도 단위 계단 함수를 사용하여 다음과 같이 표현할 수 있다.

$$\mathrm{sgn}(t) = -1 + 2u(t)$$

램프 함수

램프 함수(ramp function)는 다음 그림과 같고 $r(t)$로 표기한다.

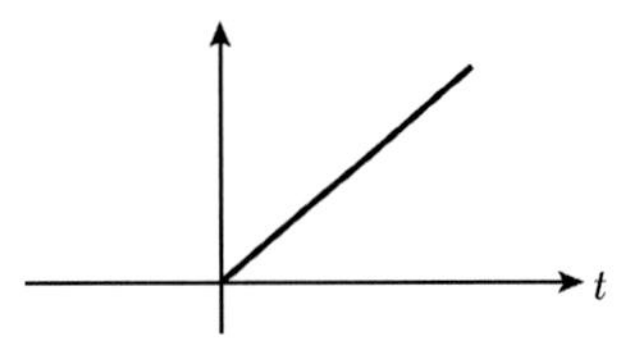

그림 2-7 램프 함수

램프 함수의 정의는 다음과 같다.

$$r(t) = \begin{cases} t, & t \geq 0 \\ 0, & t < 0 \end{cases}$$

다음 그림에서 보듯이 램프 함수는 단위 계단 함수를 적분하여 얻을 수 있다.

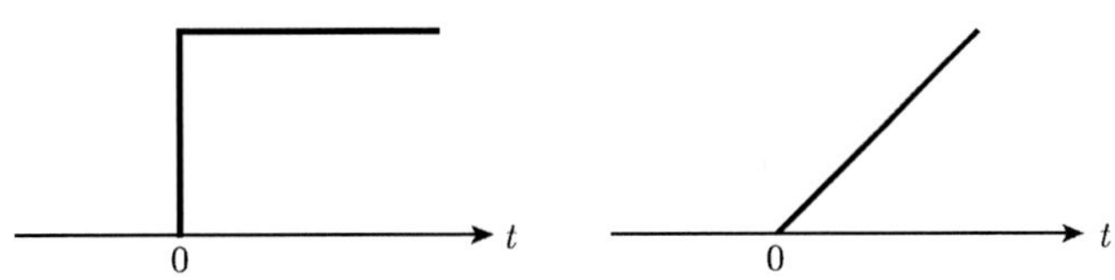

그림 2-8 단위 계단 함수의 적분

이와 같은 관계는 다음 식으로 나타낼 수 있다.

$$\int_{-\infty}^{t} u(\tau)d\tau = r(t)$$

샘플링 함수

샘플링 함수(sampling function)는 다음 그림과 같이 $\sin t$와 $1/t$의 곱으로 만들어진다.

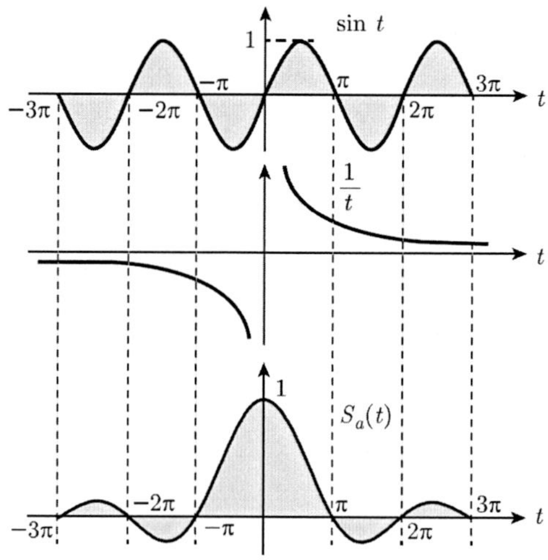

그림 2-9 **샘플링 함수**

샘플링 함수의 정의는 다음과 같다.

$$\mathrm{Sa}(t) = \frac{\sin t}{t}$$

샘플링 함수에서 $t = 0$에서의 값은 다음과 같이 로피탈(L'Hopital)의 정리를 이용하여 구할 수 있다.

$$\left.\frac{(\sin t)'}{(t)'}\right|_{t=0} = \left.\frac{\cos t}{1}\right|_{t=0} = 1$$

이와 같은 샘플링 신호는 다음 그림과 매우 유사하다.

그림 2-10 **물결파를 통한 샘플링 신호의 관찰**

위의 물결파의 중심을 칼로 절단하여 단면을 관찰할 수 있다고 가정하면 그림 2-9와 같은 샘플링 신호를 관찰할 수 있을 것이다.

sinc 함수

sinc 함수는 다음 그림과 같이 $\sin\pi t$와 $1/\pi t$의 곱으로 만들어진다.

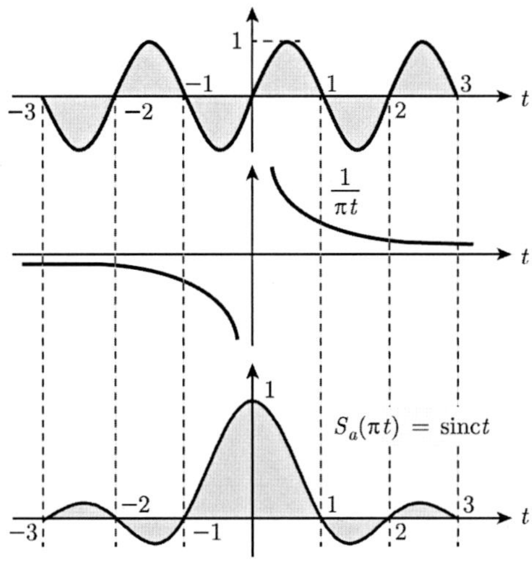

그림 2-11 sinc 함수

sinc 함수의 정의는 다음과 같다.

$$\mathrm{sinc}(t) = \frac{\sin\pi t}{\pi t}$$

sinc 함수에서 $t=0$에서의 값은 샘플링 함수와 같은 방법으로 로피탈의 정리를 이용하여 구할 수 있다.

$$\left.\frac{(\sin\pi t)'}{(\pi t)'}\right|_{t=0} = \left.\frac{\pi\cos\pi t}{\pi}\right|_{t=0} = 1$$

단위 임펄스 신호

단위 임펄스 신호(unit impulse signal)는 다음 그림의 오른쪽과 같다. 간단히 임펄스 신호라고도 한다.

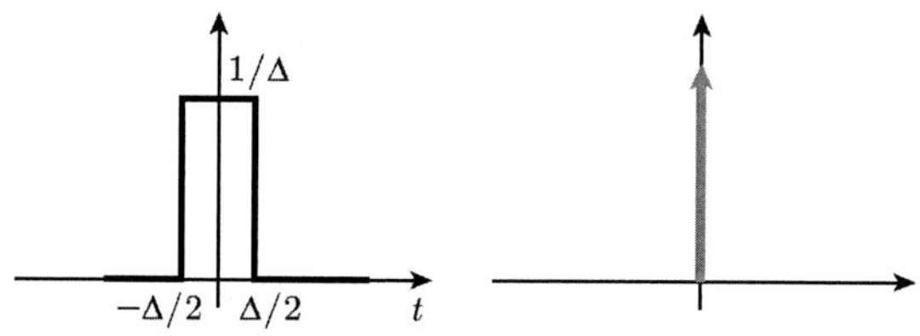

그림 2-12 **단위 임펄스 신호**

앞의 왼쪽 그림에서 Δ를 0으로 수렴시키면 파형의 너비는 0으로 수렴하고 크기는 $t=0$에서 무한대로 수렴하지만 면적은 여전히 1이다. 이와 같은 단위 임펄스 신호는 $\delta(t)$로 표기하며 다음의 성질을 갖는다.

1. $\delta(0) \rightarrow \infty$
2. $\int_{-\infty}^{\infty} \delta(t)dt = 1$
3. $\delta(t) = 0, \; t \neq 0$
4. $\delta(t) = \delta(-t)$

임펄스 신호는 실제로는 구현하기 어려운 함수이다. 주위에서 관찰할 수 있는 임펄스 신호와 가까운 신호로서 다음 그림과 같은 풍선이 터지는 소리가 있다.

그림 2-13 **단위 임펄스 신호와 유사한 풍선 터지는 소리 신호**

임펄스 신호는 시스템의 해석에 없어서는 안 되는 매우 중요한 도구이다. 단위 임펄스 신호는 다음과 특성을 갖는다.

특성 1 단위 계단 함수와의 관계

단위 임펄스 신호를 적분하면 다음과 같다.

$$\int_{-\infty}^{t} \delta(\tau)d\tau = \begin{cases} 1, & t \geq 0 \\ 0, & t < 0 \end{cases}$$

즉, $t < 0$까지 적분하면 0이 되고, $t \geq 0$까지 적분하면 1이 된다. 위의 결과 식은 단위 계단 함수의 정의와 같음을 알 수 있다. 따라서 다음의 특성 1의 결과 식을 얻는다.

$$u(t) = \int_{-\infty}^{t} \delta(\tau) d\tau$$

위의 식의 양변을 미분하면 다음과 같이 표기할 수도 있다.

$$\frac{du(t)}{dt} = \delta(t)$$

특성 2 샘플링 특성

임의의 신호 $x(t)$와 $\delta(t)$를 곱한 결과는 다음 식과 같다.

$$x(t)\delta(t) = x(0)\delta(t)$$

위와 같이 $t=0$에서의 $x(t)$의 값과 같은 면적이 된다. 또한, $\delta(t-t_0)$를 곱한 결과는 다음 식과 같다.

$$x(t)\delta(t-t_0) = x(t_0)\delta(t-t_0)$$

이와 같은 특성을 샘플링 특성이라고 한다.

특성 3 솎음(sifting) 성질

샘플링 특성의 식을 적분하면 다음의 식을 얻는다.

$$\int_{-\infty}^{\infty} x(t)\delta(t-t_0)dt = \int_{-\infty}^{\infty} x(t_0)\delta(t-t_0)dt = x(t_0)\int_{-\infty}^{\infty} \delta(t-t_0)dt = x(t_0)$$

위의 식을 다시 쓰면 다음과 같고, 이를 솎음 성질이라고 한다.

$$x(t_0) = \int_{-\infty}^{\infty} x(t)\delta(t-t_0)dt$$

위의 성질은 다음과 같이 일반화할 수 있다. 즉, 위의 식에서 독립변수 t를 독립변수 τ로 바꾸고, 상수 t_0를 t의 독립변수로 바꾸면 다음의 결과 식을 얻는다.

$$x(t) = \int_{-\infty}^{\infty} x(\tau)\delta(\tau-t)d\tau$$

$\delta(t)$는 우함수이므로 다음과 같이 표현할 수 있다.

$$x(t) = \int_{-\infty}^{\infty} x(\tau)\delta(t-\tau)d\tau$$

이 식에서 보듯이 임의의 신호 $x(t)$는 단위 임펄스 함수의 가중합으로 표현할 수 있음을 알 수 있다.

지수 신호

지수 신호는 다음의 식으로 정의된다.

$$x(t) = e^{st}$$

변수 s가 $s = a + j\omega_0$의 복소수이면 복소 지수함수(complex exponential)라고 한다. s가 실수이면 지수함수 $x(t) = e^{at}$는 다음 그림과 같다.

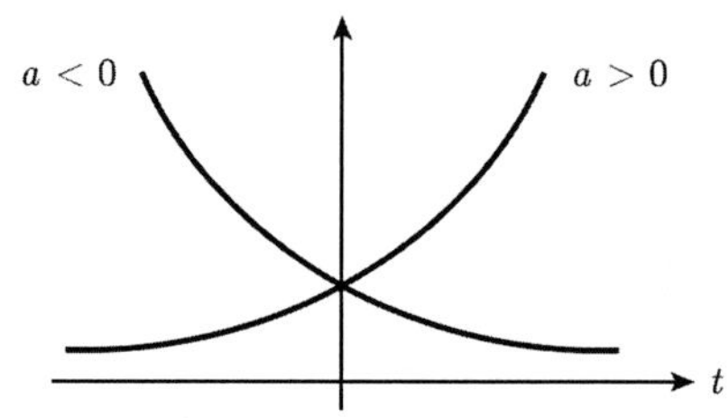

그림 2-14 지수 신호(s는 실수)

s가 순수 허수인 $e^{-j\omega_0 t}$의 지수신호는 오일러(Euler) 공식을 사용하여 다음과 같이 cos 함수와 sin 함수를 포함하는 식으로 나타낼 수 있다.

$$e^{j\omega_0 t} = \cos\omega_0 t + j\sin\omega_0 t$$

$$e^{-j\omega_0 t} = \cos\omega_0 t - j\sin\omega_0 t$$

위의 두 식을 더하거나 빼면 cos 신호와 sin 신호는 다음과 같이 지수 신호의 합 또는 차로 나타낼 수 있다.

$$\cos\omega_0 t = \frac{e^{j\omega_0 t} + e^{-j\omega_0 t}}{2}$$

$$\sin\omega_0 t = \frac{e^{j\omega_0 t} - e^{-j\omega_0 t}}{2j}$$

2.1.4 연속시간 시스템의 정의 및 분류

시스템의 정의는 하나의 신호를 다른 신호로 매핑(mapping) 또는 변형(transformation)하는 규칙이다. 다음과 그림과 같은 시스템은 전기적 신호와 같은 물리량이 입력되어 모션이나 전기 신호가 출력되는 시스템이다.

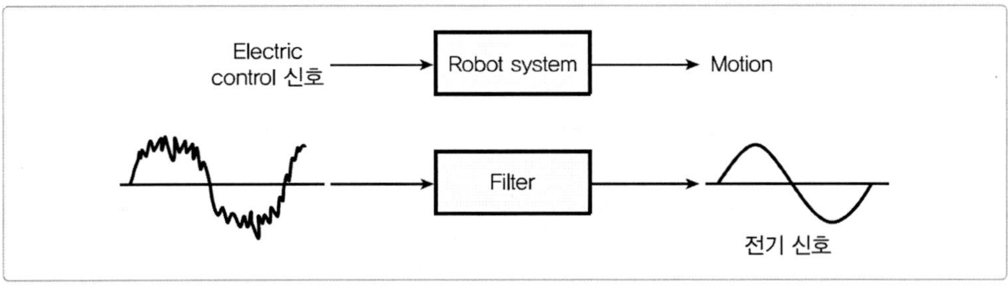

그림 2-15 **시스템의 예**

다양한 시스템 가운데서 특히 전기 신호가 입력되어 역시 전기적 신호가 출력되는 시스템이 가장 많이 사용되고 있다. 전기 신호가 입출력되는 시스템은 주위에서 흔히 볼 수 있다. 예를 들면 방송국에서 송출된 변조된 음성 신호가 라디오 수신 시스템을 통하여 음성 신호로 재생된다. 또한, 마이크를 통해 전기 신호로 변환되어 앰프 시스템에서 증폭된 출력 전기 신호는 스피커를 통해 다시 음성 신호로 변환된다. 같은 역할을 하는 시스템도 힘과 같은 물리적 변화량을 직접 입출력하는 시스템보다 전기 신호를 입출력하는 시스템이 여러 가지 측면에서 효율적이다. 다음 그림과 같은 자동차의 가속장치 시스템을 보자.

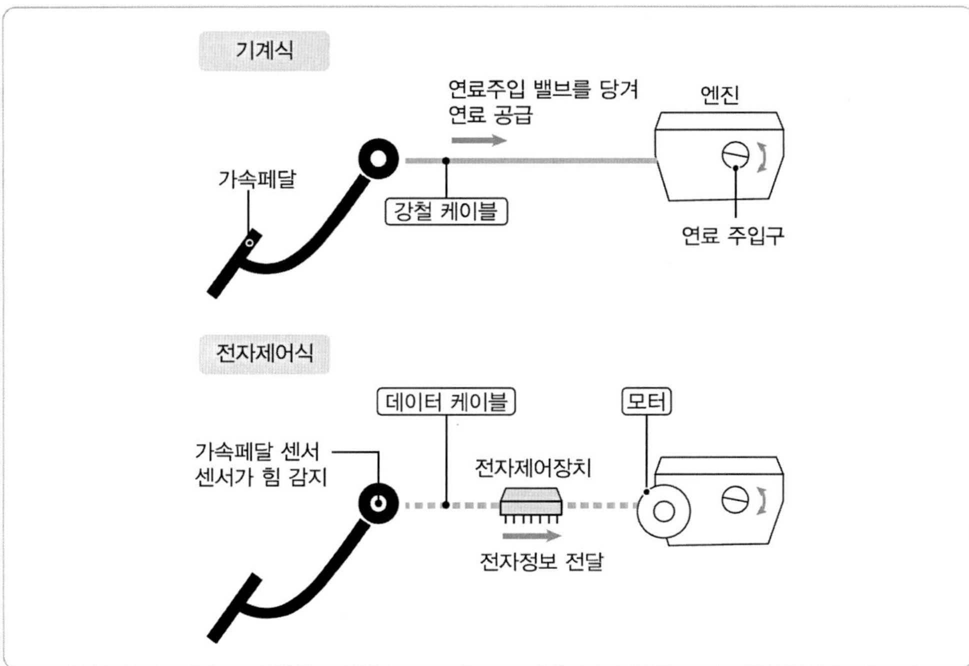

그림 2-16 **기계식과 전자식 가속장치 시스템(출처: 조선일보)**

그림은 똑같은 기능을 수행하는 기계식과 전자식 가속장치 시스템을 보여주고 있다. 기계식은 힘이라는 물리량 신호가 입력되면 강철 케이블(시스템)을 통해 변위가 전달되어 엔진의 연료 주입구를 더 열거나 더 닫게 된다.

전자식은 힘의 물리량이 가속페달 센서를 통해 전기 신호로 변환된다. 이 전기 신호가 입력 신호로서 반도체 제어용 칩(시스템)에 입력된다. 이 제어용 칩에서 모터를 제어하는 전기 신호가 출력되어 모터를 더 열거나 더 닫게 된다.

위의 예에서 보듯이 어떤 기능을 수행하는 시스템은 전기 신호를 입출력으로 하는 시스템으로 구현하는 것이 효율적임을 알 수 있다. 전기 신호를 입출력으로 한 시스템은 다음 그림과 같이 표기한다.

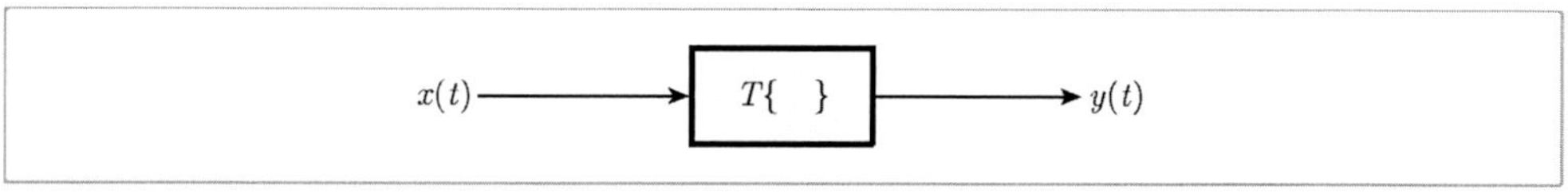

그림 2-17 시스템의 표기

일반적으로 시스템의 입력은 $x(t)$로 표기하며 출력은 $y(t)$로 표기한다. 시스템은 네모상자로 표기하며 다음의 식으로 표기한다.

$$y(t) = T\{\quad\}$$

이제부터 시스템을 분류하는 기준을 살펴보기로 한다.

선형 시스템

어느 시스템에서 각각의 입력 신호에 대한 출력은 다음과 같다.

$$y_1(t) = T\{x_1(t)\}$$
$$y_2(t) = T\{x_2(t)\}$$

이 시스템에서 다음의 두 가지 성질을 만족할 때 선형 시스템(linear system)이라고 한다. 첫 번째 성질은 다음 그림과 같이 두 개의 신호를 더해서 입력시켰을 때의 출력과 각각의 신호를 입력시켜서 얻은 출력의 합이 같은 성질이며 이를 덧셈 성질(additivity property)이라고 한다.

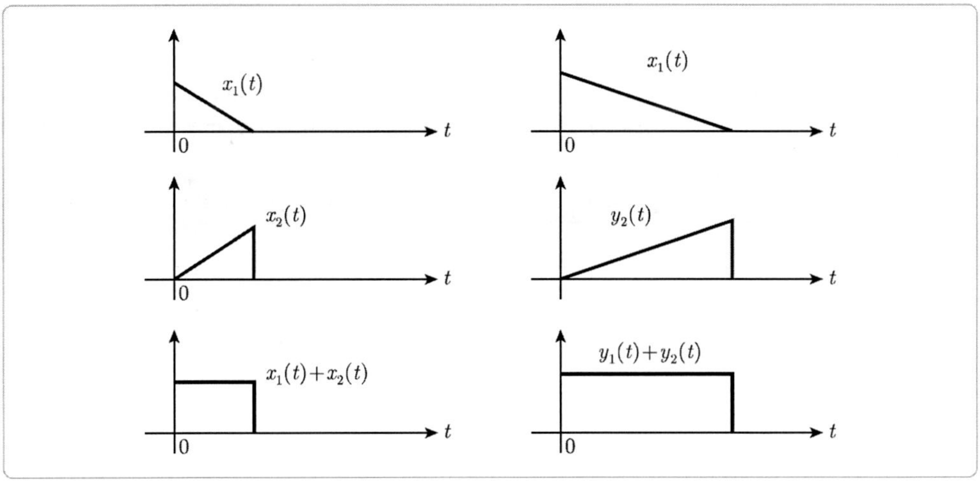

그림 2-18 덧셈 성질

덧셈 성질을 식으로 표현하면 다음과 같다.

$$T\{x_1(t)+x_2(t)\}=y_1(t)+y_2(t)$$

두 번째 성질은 다음 그림과 같은 스케일링 성질(scaling property)이다.

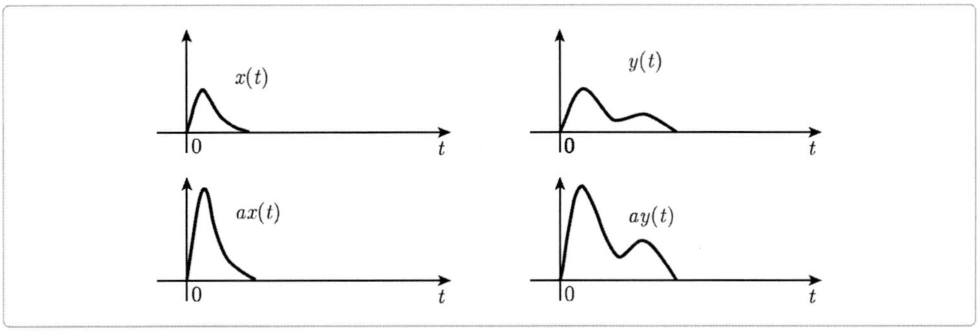

그림 2-19 스케일링 성질

스케일링 성질을 식으로 표현하면 다음과 같다.

$$ay(t)=T\{ax(t)\}$$

이 성질을 스케일링 성질이라고 한다. 이 두 성질을 하나의 식으로 표현하면 다음과 같다.

$$T\{ax_1(t)+bx_2(t)\}=ay_1(t)+by_2(t)$$

예제

당신의 몸을 시스템으로 가정한다. 이 시스템의 입력은 음식이고 출력은 그 음식에 대한 만족도로 정의해보자. 당신이 햄버거 1개를 먹었을 때의 만족도를 1이라고 하자. 또한 콜라 1컵을 마셨을 때의 만족도를 0.5라고 하자. 이번에는 햄버거 1개와 콜라 1컵을 같이 먹었을 때 당신의 음식 만족도는 얼마인가? 당신의 몸 시스템은 덧셈 성질을 만족하는가?

풀이

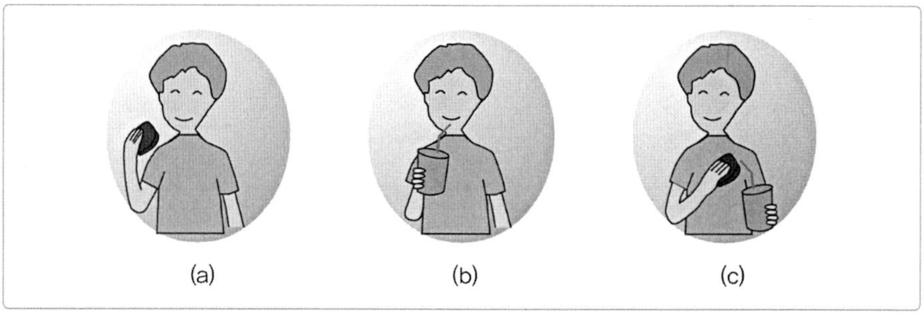

그림 2-20 예제 시스템의 만족도

예제

당신의 몸을 시스템으로 가정한다. 이 시스템의 입력은 음식이고 출력은 그 음식에 대한 만족도로 정의해보자. 당신이 햄버거 1개를 먹었을 때의 만족도를 1이라고 하자. 이번에는 햄버거 5개를 먹었을 때 당신의 음식 만족도는 얼마인가? 당신의 몸 시스템은 스케일링 성질을 만족하는가?

풀이

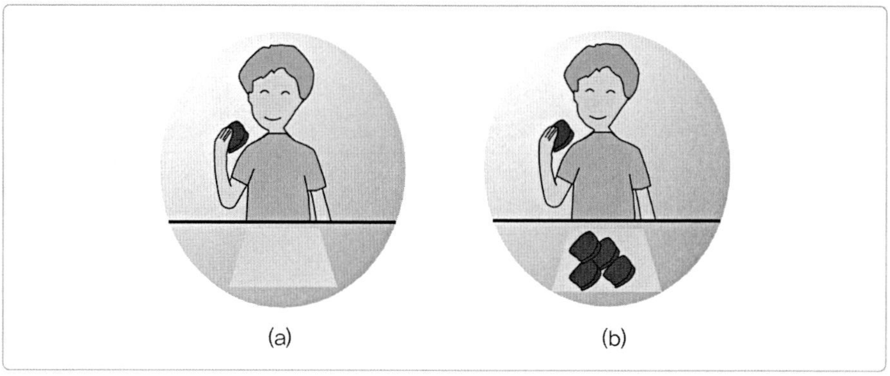

그림 2-21 예제 시스템의 만족도

예제

다음 시스템이 선형 시스템인지 판별하시오($R_1 = R_2 = 1\ \text{k}\Omega$).

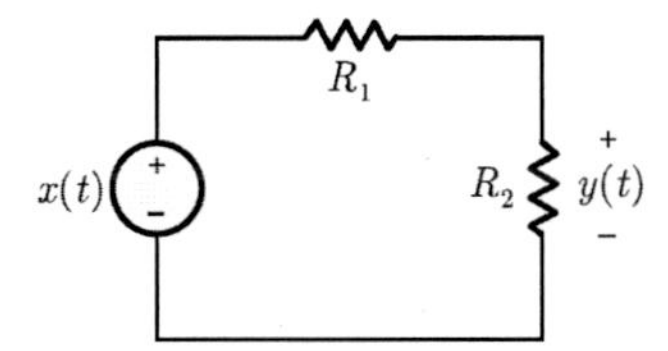

그림 2-22 예제의 시스템

풀이 이 시스템의 출력은 다음 식과 같다.

$$y(t) = \frac{R_2}{R_1 + R_2} x(t) = \frac{1}{2} x(t)$$

입력 신호 $ax_1(t) + bx_2(t)$에 대한 출력은 다음과 같다.

$$\frac{1}{2}[ax_1(t) + bx_2(t)] = \frac{a}{2} x_1(t) + \frac{b}{2} x_2(t)$$

각각의 출력의 가중합은 다음과 같다.

$$ay_1(t) + by_2(t) = \frac{a}{2} x_1(t) + \frac{b}{2} x_2(t)$$

두 결과가 같으므로 선형 시스템이다.

시불변 시스템

다음 그림과 같이 $x(t)$가 입력된 시스템의 출력이 $y(t)$일 때, $x(t-t_0)$의 입력에 대한 출력은 $y(t)$를 t_0만큼 지연시킨 $y(t-t_0)$와 같으면 이 시스템을 시불변(Time Invariant) 시스템이라고 한다.

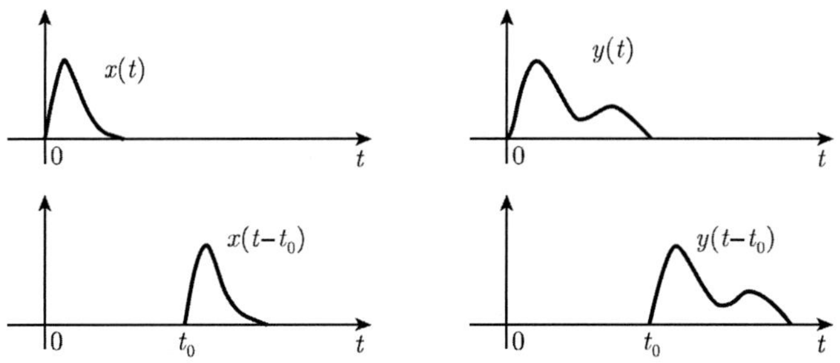

그림 2-23 시불변 시스템

$$y(t-t_0) = T\{x(t-t_0)\}$$

즉, 입력을 t_0만큼 지연시켜서 입력시켰을 때 얻은 출력과 지연시키지 않고 입력시켰을 때 얻은 출력을 직접 t_0만큼 지연시킨 결과가 같음을 의미한다. 시변(time varying, 또는 shift varying) 시스템은 시불변 시스템이 아닌 시스템을 뜻한다.

예제

어느 기업의 주식 100주에 대한 매입과 6개월 후의 매도를 시스템으로 정의하고 주식을 매입한 금액과 매도한 금액을 각각 이 시스템의 입력과 출력으로 정의한다. 이 기업의 주가 변동은 다음 그래프와 같다. 이 시스템은 시불변 시스템인가?

풀이

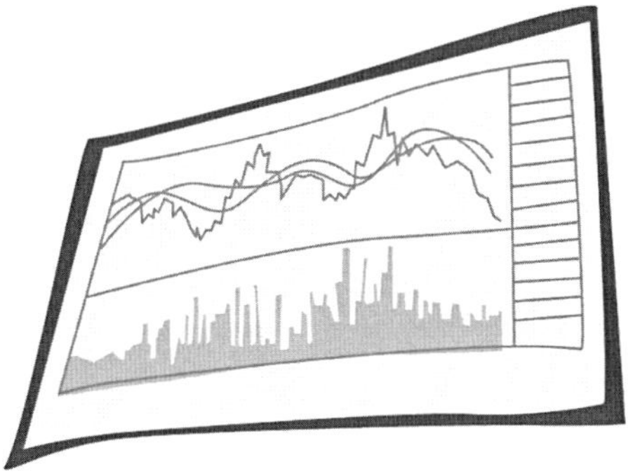

그림 2-24 예제의 주식투자 시스템

인과 시스템

어떤 시스템의 $t=t_0$일 때의 출력 $y(t_0)$에서, t가 t_0보다 작거나 같은 $x(t)$에 의해서만 결정될 때 이 시스템을 인과 시스템(causal system)이라고 한다. 물리적인 의미는 아직 시스템에 입력되지 않은 미래의 신호값이 "현재의 출력 신호"에 영향을 미칠 수 없음을 뜻한다.

또한, "현재의 입력 신호"로 인과 시스템을 정의할 수도 있다. 즉, $t=t_0$일 때의 입력 신호 $x(t_0)$는 t가 t_0보다 크거나 같은 $y(t)$에만 영향을 줄 때에 인과 시스템이라고 한다. 비인과 시스템(non-causal system)은 인과 시스템이 아닌 시스템을 뜻한다.

예제

시스템 $y(t)=\int_{t-0.1}^{t} x(\tau)d\tau$가 인과 시스템인지 판별하시오.

풀이 출력은 다음 그림의 빗금을 친 면적과 같다.

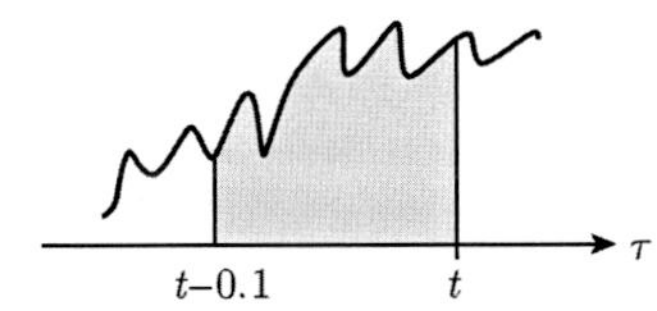

그림 2-25 **예제의 출력 면적**

t에서의 출력은 항상 t보다 작거나 같은 t에 의존하므로 인과 시스템이다.

예제

시스템 $y(t)=\int_{t-0.1}^{t+0.1}x(\tau)d\tau$가 인과 시스템인지 판별하시오.

풀이 출력은 다음 그림의 빗금을 친 면적과 같다.

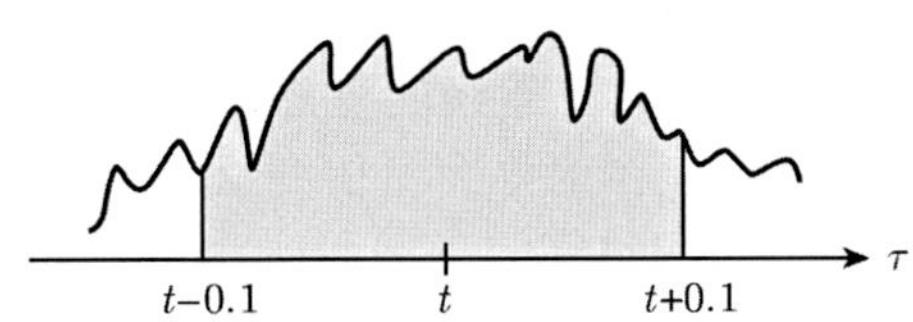

그림 2-26 **예제의 출력 면적**

t에서의 출력은 t보다 미래인 t부터 $t+0.1$에 의존하므로 비인과 시스템이다.

2.1.5 LTI 시스템

이전 절에서 시스템의 여러 가지 분류 방식을 기술하였다. 많은 물리량을 다루는 시스템들이 전기 신호를 다루는 시스템으로 모델링될 때 선형성과 시불변 특성을 갖는 시스템으로 모델링된다. 이와 같이 선형성과 시불변 특성을 갖는 시스템은 시스템의 해석이 상대적으로 쉬우며 LTI(Linear Time-Invariant) 시스템이라고 부른다.

임펄스 응답

LTI 시스템 해석을 위하여 임펄스 응답을 정의하여야 한다. 그림 2-27과 같이 임펄스 신호를 시스템에 입력시켜서 얻은 출력 $h(t)$를 임펄스 응답으로 정의한다.

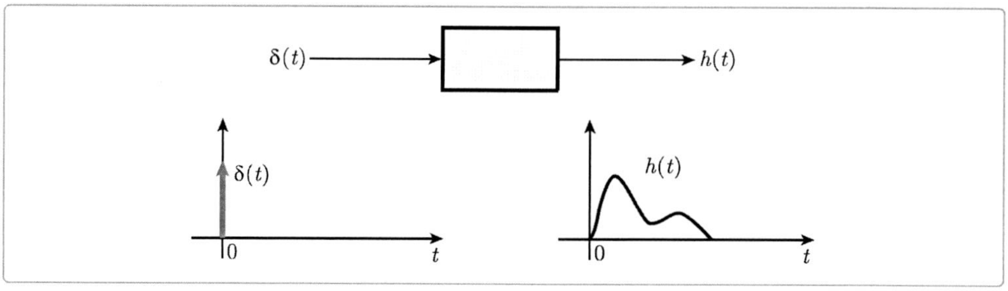

그림 2-27 임펄스 응답의 정의

컨볼루션

다음의 임펄스 신호의 가중합이 입력된 LTI 시스템의 출력을 알아본다.

$$x(t) = 0.8\delta(t) + 0.6\delta(t-1) + 0.3\delta(t-2)$$

LTI 시스템의 특성인 선형성과 시불변 특성을 적용하면 다음과 같이 출력을 구할 수 있다.

$$\begin{aligned} y(t) &= T\{x(t)\} \\ &= T\{0.8\delta(t) + 0.6\delta(t-1) + 0.3\delta(t-2)\} \\ &= 0.8T\{\delta(t)\} + 0.6T\{\delta(t-1)\} + 0.3T\{\delta(t-2)\} : \text{선형 시스템} \\ &= 0.8h(t) + 0.6h(t-1) + 0.3h(t-2) \ : \text{시불변 시스템} \end{aligned}$$

이번에는 다음 그림과 같은 임의의 신호 $x(t)$에 대한 LTI 시스템의 출력을 생각해보자.

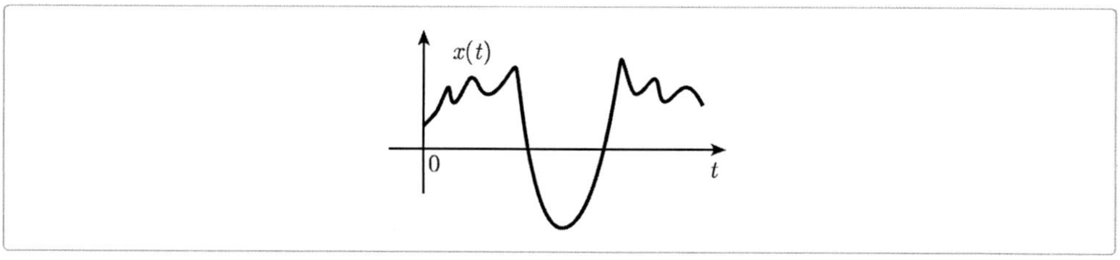

그림 2-28 임의의 신호

임의의 신호 $x(t)$는 임펄스 신호의 솎음 성질을 이용하여 다음과 같이 나타낼 수 있다.

$$x(t) = \int_{-\infty}^{\infty} x(\tau)\delta(t-\tau)d\tau$$

이 신호에 대하여 LTI 시스템의 특성을 적용하면 다음과 같이 출력을 구하는 식을 유도할 수 있다.

$$\begin{aligned} y(t) &= T\{x(t)\} \\ &= T\left\{\int_{-\infty}^{\infty} x(\tau)\delta(t-\tau)d\tau\right\} \end{aligned}$$

$$= \int_{-\infty}^{\infty} x(\tau) T\{\delta(t-\tau)\} d\tau : \text{ 선형 시스템}$$

$$= \int_{-\infty}^{\infty} x(\tau) h(t-\tau) d\tau : \text{ 시불변 시스템}$$

이 결과식은 다음과 같이 표기하며 이를 컨볼루션(convolution)이라고 정의한다.

$$y(t) = \int_{-\infty}^{\infty} x(\tau) h(t-\tau) d\tau = x(t) * h(t)$$

이 컨볼루션 연산은 교환법칙이 성립한다. 이를 증명하기 위해 이의 식에서 $t-\tau=l$로 변수를 치환하면 다음과 같다.

$$\begin{aligned} y(t) &= \int_{-\infty}^{\infty} x(\tau) h(t-\tau) d\tau \\ &= -\int_{\infty}^{-\infty} h(l) x(t-l) dl \\ &= \int_{-\infty}^{\infty} h(l) x(t-l) dl \\ &= \int_{-\infty}^{\infty} h(\tau) x(t-\tau) d\tau = h(t) * x(t) \end{aligned}$$

이 컨볼루션 식에서 알 수 있듯이 시스템의 출력은 두 신호 $x(t)$와 $h(t)$의 컨볼루션이므로 $h(t)$를 입력으로 하고 임펄스 신호를 $x(t)$로 하여 시스템 출력을 계산하여도 다음 그림과 같이 같은 출력이 얻어짐을 의미한다.

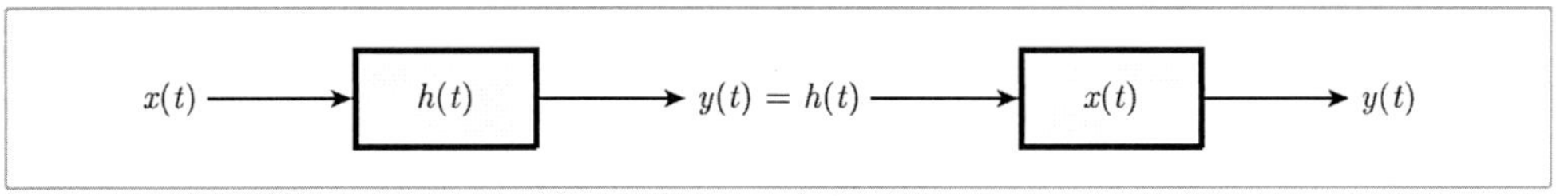

그림 2-29 컨볼루션의 교환법칙

인과 시스템에서의 컨볼루션은 식이 좀 더 간단해질 수 있다. 다음의 임펄스 응답을 갖는 인과 시스템을 보자.

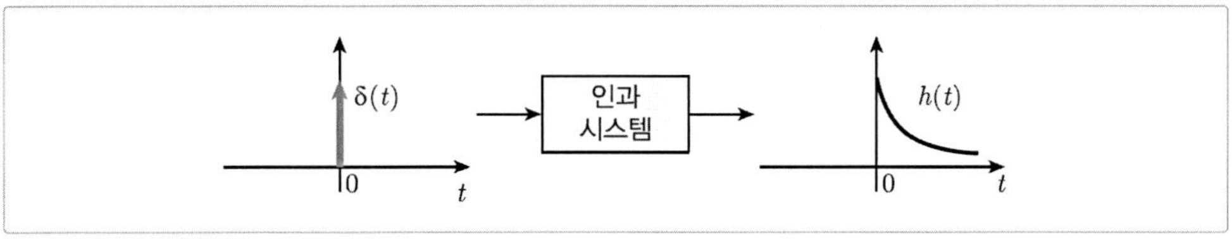

그림 2-30 예제의 인과 시스템

임펄스 응답 $h(t)$가 0보다 클 때만 값을 가지므로 $h(\tau)$도 $\tau \geq 0$일 때만 값을 갖는다. 따라서 인과 시스템의 컨볼루션 출력은 다음과 같다.

$$y(t) = \int_0^{\infty} h(\tau)x(t-\tau)d\tau$$

이번에는 인과 시스템의 정의를 $y(t) = \int_{-\infty}^{\infty} x(\tau)h(t-\tau)d\tau$의 식에 적용해 보자. 이 컨볼루션에서 $h(t-\tau)$의 구간은 다음 그림과 같다.

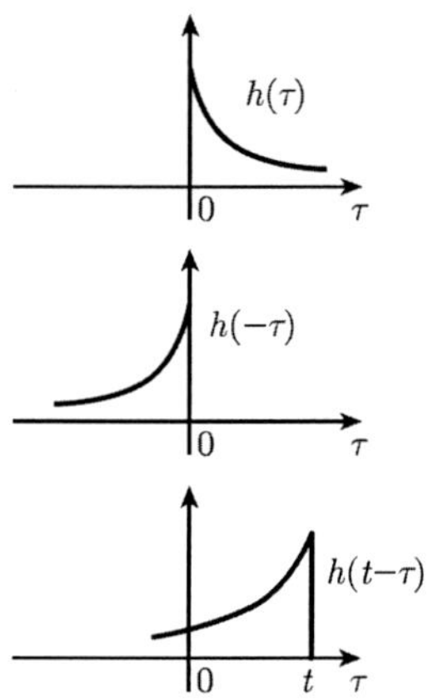

그림 2-31 **임펄스 응답의 구간**

윗 그림의 세 번째는 $h(-\tau)$를 t만큼 지연시킨 그림이다. 즉, $h(-(\tau-t)) = h(t-\tau)$이다. 그림에서 이해할 수 있듯이 $h(t-\tau)$는 $-\infty$부터 t까지 값을 가지므로 인과 시스템의 컨볼루션 출력은 다음과 같다.

$$y(t) = \int_{-\infty}^{t} x(\tau)h(t-\tau)d\tau$$

컨볼루션의 그래픽 해석

실제로 시스템에서는 만들어진 시스템 소자에 의해 입력 신호가 들어가면 자동으로 출력 신호가 나온다. 따라서 수학적으로 컨볼루션을 계산할 필요는 많지 않다. 또한, 입력 신호와 임펄스 응답을 실제로 컨볼루션의 적분식에 넣어 계산하는 것은 거의 불가능하다. 그러나 컨볼루션의 동작원리를 이해하는 것은 매우 중요하므로 다음 LTI 시스템의 간단한 예제를 통하여 그 원리를 알아보기로 한다.

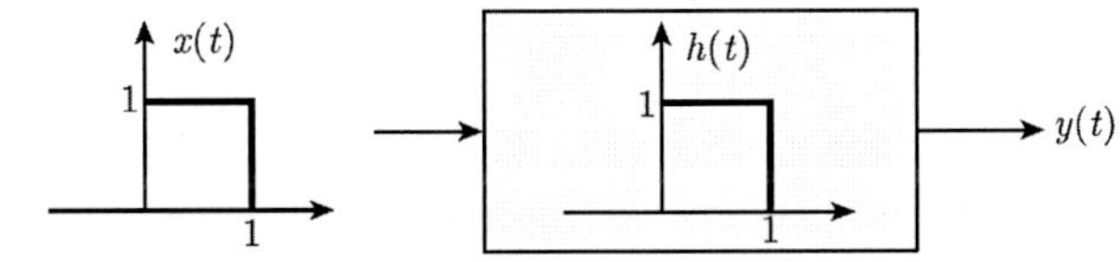

그림 2-32 컨볼루션을 위한 입력과 임펄스 응답

출력을 계산하기 위해 $y(t)=\int_{-\infty}^{\infty} h(\tau)x(t-\tau)d\tau$의 식을 사용해 보자. 먼저 $h(\tau)$의 값을 갖는 구간을 적용하면 다음 식과 같다.

$$y(t)=\int_{0}^{1} h(\tau)x(t-\tau)d\tau$$

이 식의 출력을 계산하기 위해서는 먼저 출력이 발생하는 시점을 알아야 한다. 다음 그림과 같이 $x(t-\tau)$의 $t=0$인 시점부터 출력이 나오기 시작한다.

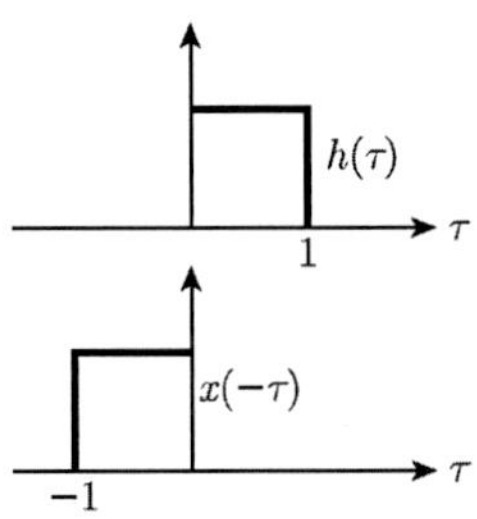

그림 2-33 $t=0$에서의 신호들

이 시점에서의 출력은 위의 두 신호의 곱의 적분이므로 0이다.

이제 $t=0.1$인 시점에서 출력을 구해 보자. 이때의 두 신호와 그 곱은 각각 다음 그림과 같다.

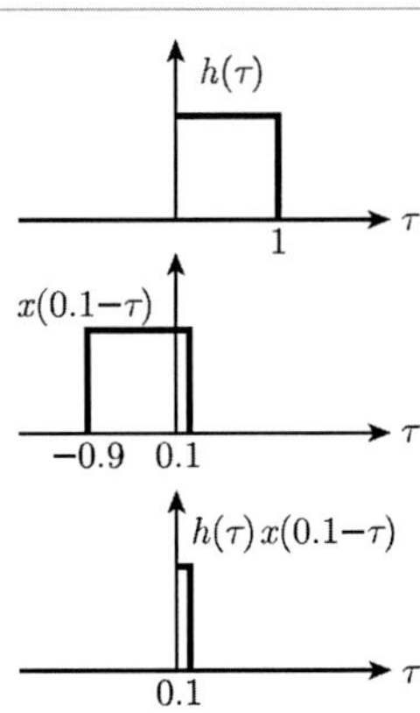

그림 2-34 $t=0.1$에서의 신호들

$t = 0.1$ 시점에서의 출력의 값은 윗 그림의 세 번째 신호를 적분한 값이므로 0.1이 된다.

이제 $t = 1$인 시점에서 출력을 구해 보자. 이때의 두 신호와 그 곱은 각각 다음 그림과 같다.

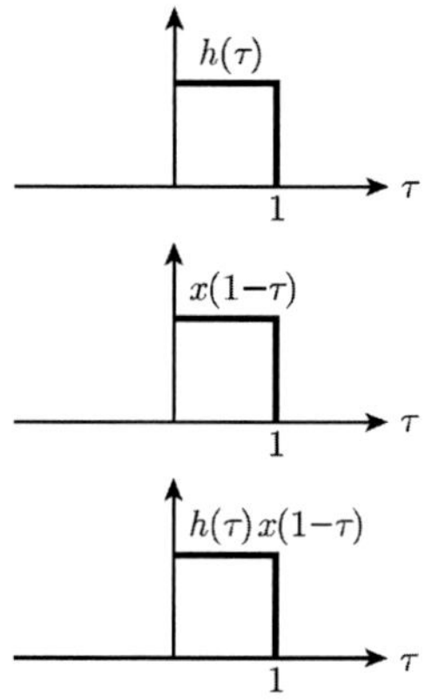

그림 2-35 $t = 1$에서의 신호들

$t = 1$ 시점에서의 출력의 값은 윗 그림의 세 번째 신호를 적분한 값이므로 1이 된다.

이와 같이 $x(t-\tau)$가 오른쪽으로 슬라이딩하면서 출력이 멈추는 시점은 다음 그림과 같이 $t = 2$인 시점이다. 이때의 두 신호와 그 곱은 각각 다음 그림과 같다.

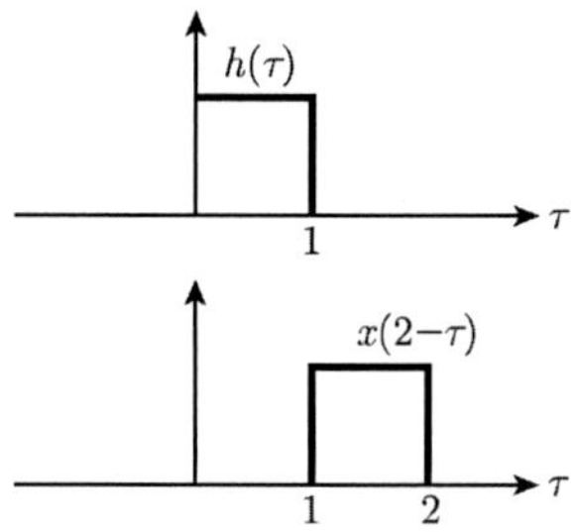

그림 2-36 $t = 2$에서의 신호들

$t = 2$ 시점에서의 출력의 값은 위의 두 신호의 곱을 적분한 값이므로 0이다. 지금까지 살펴본 4 시점에서의 출력인 적분값을 그림으로 나타내면 다음 그림과 같다.

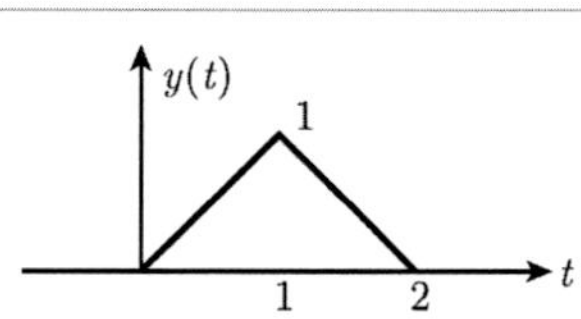

그림 2-37 최종 출력 신호

2.1.6 시스템의 연결 방식

복잡한 시스템을 해석할 때에 시스템을 여러 개의 부시스템(sub system)의 직렬 또는 병렬연결로 분해하여 해석하면 편리한 경우가 많다. 또는 복잡한 시스템을 설계할 때에도 여러 개의 부시스템으로 나누어 설계한 후에 이들을 직/병렬로 연결하여 전체 시스템을 구성하면 효율적이다. 예를 들면 휴대폰을 통해 음성이 전달되는 다음의 시스템을 보자.

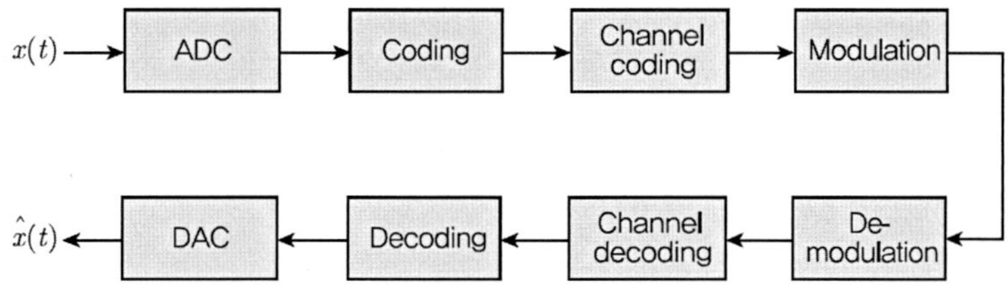

그림 2-38 **휴대폰의 음성 신호 전송**

음성 신호 $x(t)$는 ADC(Analog-to-Digital Converter) 시스템을 통하여 디지털 신호로 변환된다. 다시 코딩 시스템에서 음성 신호는 1/20 정도로 압축된다. 이 신호는 다시 전송 중에 에러가 발생할 경우를 대비하여 채널 코딩(channel coding) 시스템을 통과하게 된다. 이 출력은 다시 변조 시스템에서 디지털 변조 방식으로 변조되어 무선으로 신호가 송출된다. 휴대폰의 수신부에서는 다시 역으로 4개의 시스템으로 처리되어 음성 신호가 재생된다. 이 그림에서는 총 8개의 부시스템으로 분해하여 기술하였으나 하나의 부시스템도 다시 여러 개의 부시스템으로 다시 분해된다. 시스템의 연결 방식을 알아보기로 한다.

직렬연결 방식

2개의 시스템이 다음의 그림과 같이 연결되었을 때, 직렬연결이라고 부른다.

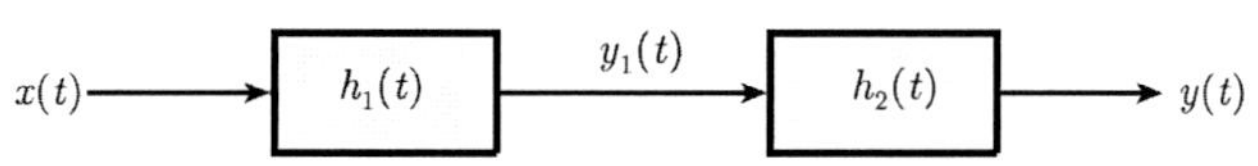

그림 2-39 **시스템의 직렬연결**

위의 직렬연결에서 전체 시스템의 임펄스 응답은 다음과 같이 구할 수 있다. 즉, 정의에 의해서 $x(t)=\delta(t)$를 입력시켜서 얻은 최종 출력이 이 시스템의 임펄스 응답이 된다.

$$x(t)=\delta(t), \quad y_1(t)=h_1(t), \quad y(t)=h_1(t)*h_2(t)=h(t)$$

또한, 컨볼루션은 교환법칙의 성질을 갖고 있으므로 직렬연결의 전체 임펄스 응답은 다음과 같다.

$$h(t) = h_1(t) * h_2(t) = h_2(t) * h_1(t)$$

따라서 다음의 그림은 모두 그림 2-39의 시스템과 등가의 시스템이 된다.

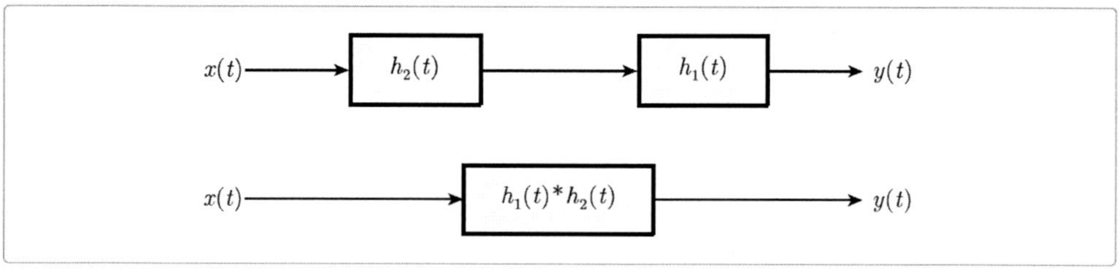

그림 2-40 직렬연결의 등가 시스템들

병렬연결 방식

다음의 그림과 같이 시스템이 연결되었을 때, 병렬연결이라고 부른다.

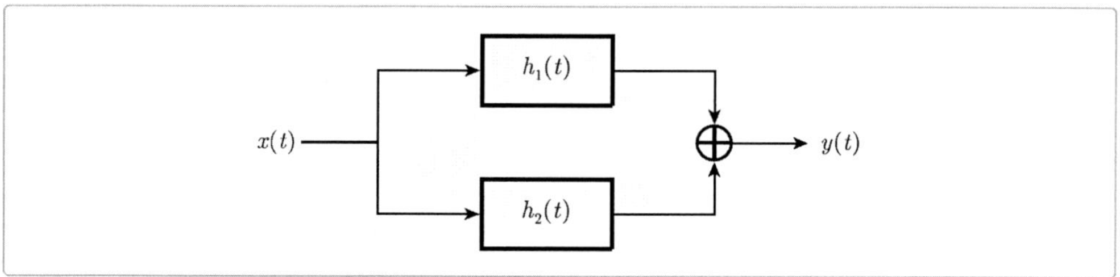

그림 2-41 시스템의 병렬연결

입력 신호를 임펄스 신호 $\delta(t)$로 가정하면 각각의 시스템 출력이 $h_1(t)$와 $h_2(t)$가 된다. 따라서 전체 시스템의 임펄스 응답은 다음과 같다.

$$h(t) = h_1(t) + h_2(t)$$

이 결과를 이용하여 병렬연결의 시스템은 다음 그림과 같은 하나의 시스템으로 표현될 수 있다.

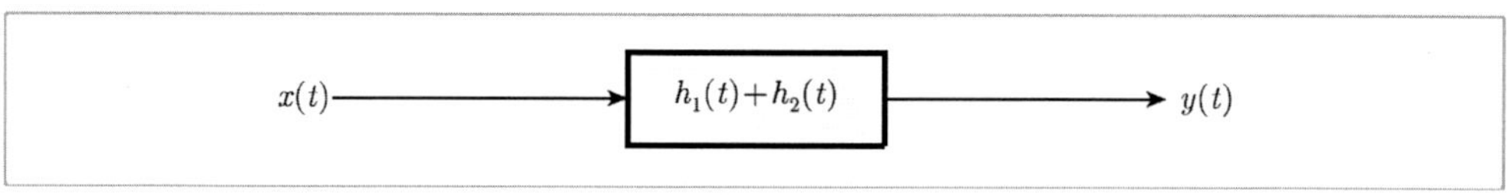

그림 2-42 병렬연결의 등가 시스템

2.1.7 미분방정식

시스템을 규정하는 가장 기본적이고 충분한 방법으로 임펄스 응답 외에 미분방정식이 있다. 저항, 인덕터, 커패시터 등의 소자로 구성되는 시스템은 미분방정식으로 표현할 수 있다. 또한, 이와 같이 시스템을 규정하는 미분방정식은 덧셈기, 곱셈기, 적분기의 소자를 사용하여 구현하는 데에 많이 사용된다.

실제로 미분방정식의 일반해를 구하는 경우는 많지 않으며 그보다는 미분방정식을 이용하여 시스템의 전달함수(또는 주파수 응답)를 구하는 데 많이 사용된다.

선형 상계수 미분방정식

다음 식과 같은 형태의 미분방정식을 선형 상계수 미분방정식(LCCDE, Linear Constant Coefficient Differential Equation)이라고 부른다.

$$\frac{d^n y(t)}{dt^n} + a_{n-1}\frac{d^{n-1}y(t)}{dt^{n-1}} + a_{n-2}\frac{d^{n-2}y(t)}{dt^{n-2}} + \cdots + a_1\frac{dy(t)}{dt} + a_0 y(t)$$

$$= b_m\frac{d^m x(t)}{dt^m} + b_{m-1}\frac{d^{m-1}x(t)}{dt^{m-1}} + \cdots + b_1\frac{dx(t)}{dt} + b_0 x(t)$$

앞의 상수 미분방정식은 다음 식과 같이 연산자 형태로 표기하기도 한다.

$$D^n y(t) + a_{n-1}D^{n-1}y(t) + a_{n-2}D^{n-2}y(t) + \cdots + a_1 Dy(t) + a_0 y(t)$$

$$= b_m D^m x(t) + b_{m-1}D^{m-1}x(t) + \cdots + b_1 Dx(t) + b_0 x(t)$$

이 연산자 미분방정식에서 D는 $y(t)$를 $dy(t)/dt$로 변환시키는 미분 연산자로 정의된다. 다음 그림의 RL 회로로 이루어진 시스템을 미분방정식으로 규정해 보자.

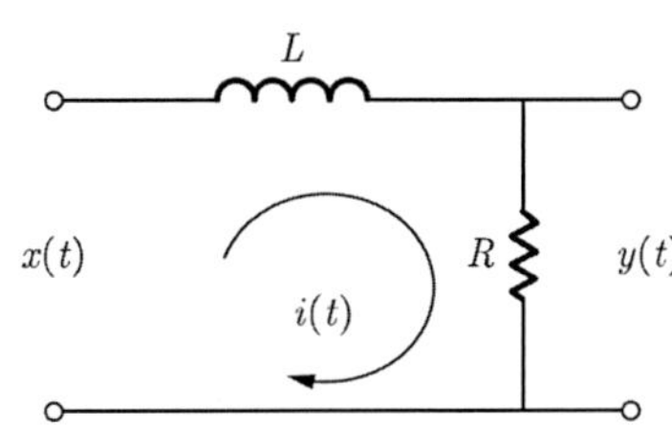

그림 2-43 예제의 RL 시스템

그림에서 보듯이 이 시스템에서 입력 신호는 좌측에 인가되고 출력 신호는 저항에 걸린 전압이다. 전류 $i(t)$를 사용한 이 시스템의 미분방정식은 다음과 같다.

$$L\frac{di(t)}{dt} + Ri(t) = x(t)$$

전류 $i(t)$를 다음 식과 같이 $y(t)$를 사용하여 나타낼 수 있다.

$$y(t) = Ri(t) \rightarrow i(t) = \frac{1}{R}y(t) \rightarrow \frac{di(t)}{dt} = \frac{1}{R}\frac{dy(t)}{dt}$$

위의 식을 이용하여 입력과 출력의 미분방정식을 구하면 다음과 같다.

$$\frac{dy(t)}{dt} + \frac{R}{L}y(t) = \frac{R}{L}x(t)$$

예제

다음 그림과 같은 RL 회로로 이루어진 시스템에서 이 시스템을 규정하는 미분방정식을 구하시오.

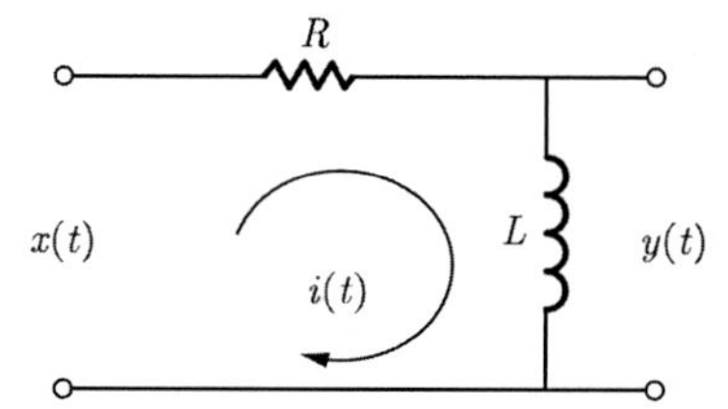

그림 2-44 예제의 RL 시스템

풀이 이 시스템의 전류 $i(t)$를 사용한 미분방정식은 다음과 같다.

$$L\frac{di(t)}{dt} + Ri(t) = x(t)$$

인덕터에 걸리는 전압은 전류의 미분에 비례하므로 전류 $i(t)$를 다음과 같이 $y(t)$로 나타낼 수 있다.

$$L\frac{di(t)}{dt} = y(t) \quad \rightarrow \quad i(t) = \int \frac{di(t)}{dt}dt = \frac{1}{L}\int_0^t y(\tau)d\tau + i_0$$

따라서 $x(t)$와 $y(t)$로 표현된 미분방정식은 다음과 같다.

$$y(t) + \frac{R}{L}\int_0^t y(\tau)d\tau + Ri_0 = x(t) \quad \Rightarrow \quad \frac{dy(t)}{dt} + \frac{R}{L}y(t) = \frac{dx(t)}{dt}$$

이번에는 다음 그림의 RC 회로로 이루어진 시스템을 미분방정식으로 규정해 보자.

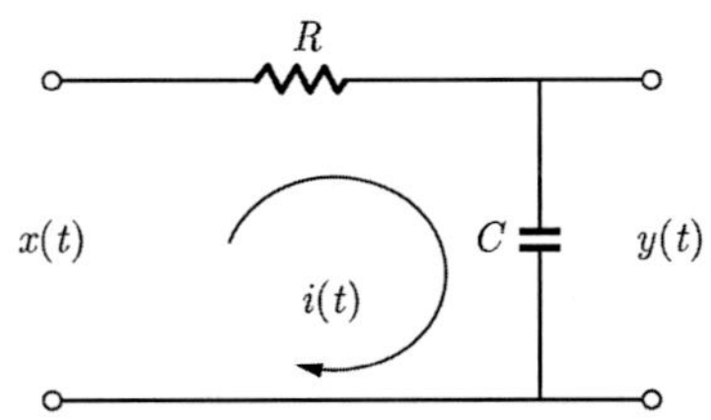

그림 2-45 예제의 RC 시스템

전류 $i(t)$를 사용한 이 시스템의 미분방정식은 다음과 같다.

$$Ri(t)+y(t)=x(t)$$

커패시터에 흐르는 전류 $i(t)$는 전압의 미분에 비례하므로 $i(t)$는 다음 식과 같이 $y(t)$를 사용하여 나타낼 수 있다.

$$i(t)=C\frac{dy(t)}{dt}$$

따라서 입력과 출력의 미분방정식은 다음과 같다.

$$RC\frac{dy(t)}{dt}+y(t)=x(t) \quad \Rightarrow \quad \frac{dy(t)}{dt}+\frac{1}{RC}y(t)=\frac{1}{RC}x(t)$$

예제

다음 그림과 같은 RC 회로로 이루어진 시스템에서 이 시스템을 규정하는 미분방정식을 구하시오.

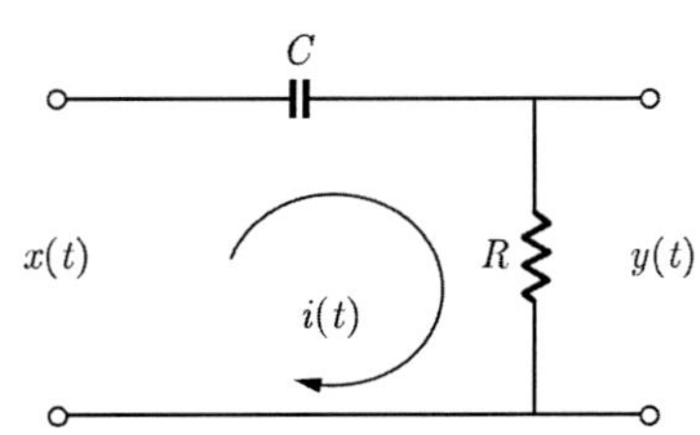

그림 2-46 예제의 RC 시스템

풀이 먼저 커패시터에 걸리는 전압 $v_c(t)$를 전류 $i(t)$로 나타내야 한다. 커패시터에 흐르는 전류는 다음 식과 같이 전압의 미분에 비례한다.

$$C\frac{dv_c(t)}{dt}=i(t) \rightarrow \frac{dv_c(t)}{dt}=\frac{1}{C}i(t) \rightarrow v_c(t)=\frac{1}{C}\int_0^t i(\tau)d\tau+v_0$$

전류 $i(t)$를 사용한 이 시스템의 미분방정식은 다음과 같다.

$$\frac{1}{C}\int_0^t i(\tau)d\tau + v_0 + Ri(t) = x(t)$$

위의 식을 미분하면 다음의 미분방정식을 얻는다.

$$R\frac{di(t)}{dt} + \frac{1}{C}i(t) = \frac{dx(t)}{dt}$$

전류 $i(t)$를 다음 식과 같이 $y(t)$를 사용하여 나타낼 수 있다.

$$Ri(t) = y(t) \quad \rightarrow \quad R\frac{di(t)}{dt} = \frac{dy(t)}{dt}, \quad i(t) = \frac{1}{R}y(t)$$

이 결과를 대입하면 입력과 출력의 미분방정식은 다음과 같다.

$$\frac{dy(t)}{dt} + \frac{1}{RC}y(t) = \frac{dx(t)}{dt}$$

다음의 RLC로 구성된 시스템을 미분방정식으로 규정해 보자. 이 시스템의 입력과 출력은 각각 전압 $v(t)$와 전류 $i(t)$이다.

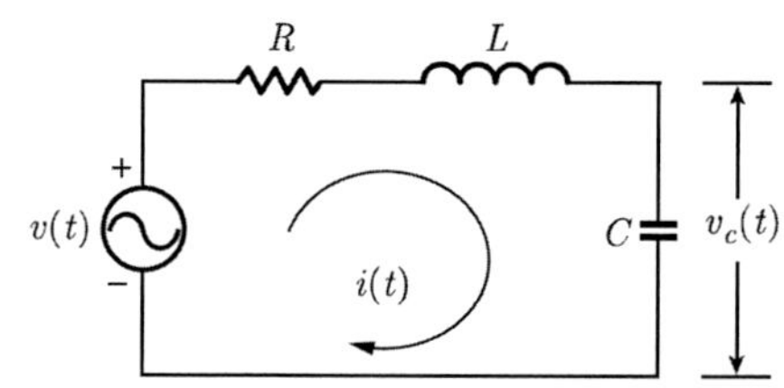

그림 2-47 예제의 RLC 시스템

이 시스템을 미분방정식으로 나타내기 위해서는 커패시터에 걸리는 전압 $v_c(t)$를 전류 $i(t)$로 나타내야 한다. 커패시터에 흐르는 전류는 다음 식과 같이 전압의 미분에 비례한다.

$$C\frac{dv_c(t)}{dt} = i(t) \rightarrow \frac{dv_c(t)}{dt} = \frac{1}{C}i(t) \rightarrow v_c(t) = \frac{1}{C}\int_0^t i(\tau)d\tau + v_0$$

이 관계를 구현 소자로 나타내면 다음과 같다.

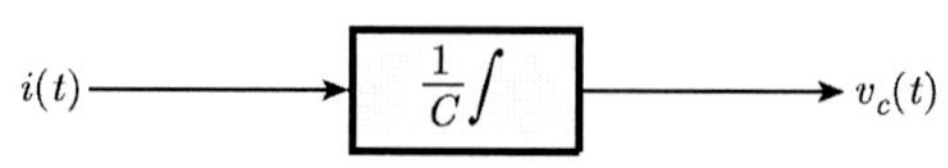

그림 2-48 커패시터에 걸리는 전압

이제 미분방정식을 만들어보자.

$$L\frac{di(t)}{dt}+Ri(t)+\left[\frac{1}{C}\int_0^t i(\tau)d\tau+v_0\right]=v(t)$$

다음과 같이 미분하여 적분기호를 없애면 미분방정식을 얻는다.

$$L\frac{d^2i(t)}{dt^2}+R\frac{di(t)}{dt}+\frac{1}{C}i(t)=\frac{dv(t)}{dt}$$

$$\frac{d^2i(t)}{dt^2}+\frac{R}{L}\frac{di(t)}{dt}+\frac{1}{LC}i(t)=\frac{1}{L}\frac{dv(t)}{dt}$$

선형 상계수 미분방정식의 해

이번에는 미분방정식의 해(solution)에 대하여 알아보기로 하자. 미분방정식의 해는 균일해(homogeneous solution)와 특수해(particular solution)의 2개의 해로 구성되며 이 두 가지 해를 합하여 완전해(complete solution)라고 부른다.

균일해는 입력 신호는 없다고 가정하고 오직 초기조건에 의해 발생하는 해를 의미한다. 특수해는 초기조건을 0으로 가정하고 오직 입력 신호에 의해 만들어지는 출력 신호를 의미한다. 다음 시스템의 미분방정식을 만들고 그 해를 구해보기로 한다. 이 시스템의 출력은 $i(t)$로 정의한다.

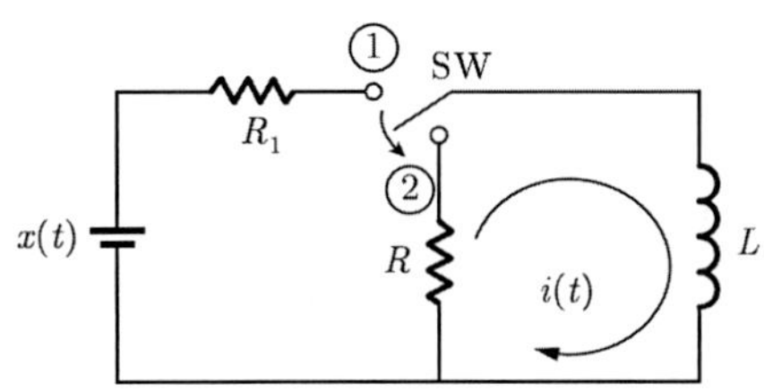

그림 2-49 예제의 RL 시스템

이 시스템에서 $t=0$에 스위치(SW)가 ①의 위치에서 ②로 스위칭한 후의 미분방정식을 만들면 다음과 같다. 이 시점의 초기 전류값은 I_0라고 하자.

$$L\frac{di(t)}{dt}+Ri(t)=0 \Rightarrow \frac{di(t)}{dt}+\frac{R}{L}i(t)=0$$

위의 식에서 입력 신호가 없으므로 특수해는 없다. 따라서 균일해가 일반해가 된다. 이 미분방정식을 풀어보자.

$$\frac{di(t)}{dt}=-\frac{R}{L}i(t), \quad \Rightarrow \frac{1}{i(t)}di(t)=-\frac{R}{L}dt$$

양변을 적분하면 다음과 같다.

$$\int_c^{i(t)}\frac{1}{i(\tau)}di(\tau)=-\frac{R}{L}\int_0^t d\tau \quad \Rightarrow \quad \ln i(\tau)|_c^{i(t)}=-\frac{R}{L}\tau\Big|_0^t$$

$$\Rightarrow \quad \ln i(t)-\ln c=-\frac{R}{L}t \quad \Rightarrow \ln\frac{i(t)}{c}=-\frac{R}{L}t$$

위의 로그 함수를 지수 함수로 바꾸면 다음과 같이 최종 해를 구할 수 있다.

$$\frac{i(t)}{c}=e^{-\frac{R}{L}t}, \quad \Rightarrow \quad i(t)=ce^{-\frac{R}{L}t}$$

위의 식에 초기값을 대입하면 다음과 같다.

$$I_0=c \quad \Rightarrow \quad i(t)=I_0e^{-\frac{R}{L}t}$$

이 식은 $t\geq 0$에서의 해이기 때문에 $i(t)=I_0e^{-(R/L)t}u(t)$로 나타내기도 한다. 이 예제로부터 다음의 일반적인 균일해를 알 수 있다.

$$\frac{dy(t)}{dt}+ay(t)=x(t)\text{의 균일해 : } y_h(t)=ce^{-at}$$

위의 식에서 c는 초기값이다.

이번에는 다음 RC 시스템의 미분방정식을 만들고 그 해를 구해보기로 한다. 이 시스템의 출력은 $i(t)$로 정의하며 커패시터의 초기전하량은 $q_0=0$으로 가정한다.

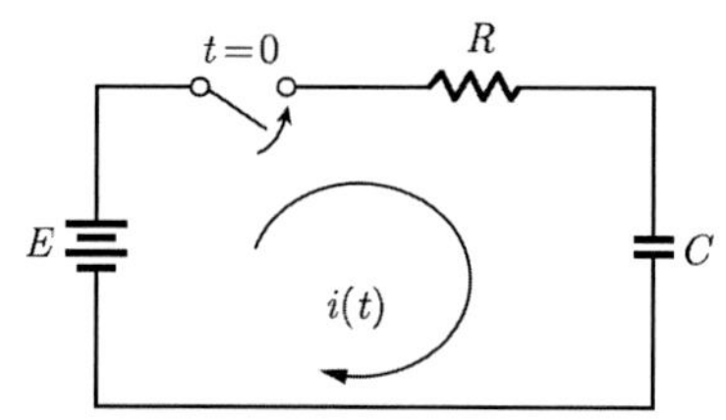

그림 2-50 예제의 RC 시스템

이 시스템에서 $t=0$에 스위치가 닫힌 후의 미분방정식을 만들면 다음과 같다.

$$Ri(t)+\frac{1}{C}\int_0^t i(\tau)d\tau=E$$

전류는 다음 식과 같이 전하량의 미분이다.

$$i(t) = \frac{dq(t)}{dt}$$

이를 대입하면 다음의 미분방정식을 얻는다.

$$R\frac{dq(t)}{dt} + \frac{1}{C}q(t) = E, \quad \Rightarrow \quad \frac{dq(t)}{dt} + \frac{1}{RC}q(t) = \frac{E}{R}$$

이 미분방정식의 균일해는 앞의 예제에서와 같이 다음과 같다.

$$q_h(t) = ce^{-\frac{1}{RC}t}$$

이제 특수해를 구해 보자. 미분방정식의 우변이 상수이므로 특수해는 $q_p(t) = n$의 상수로 가정한다. 따라서 미분은 $dq_p(t)/dt = 0$이다. 이를 대입해 보자.

$$0 + \frac{1}{RC}q_p(t) = \frac{E}{R} \quad \Rightarrow \quad q_p(t) = CE$$

따라서 일반해는 다음과 같다.

$$q(t) = q_p(t) + q_h(t) = CE + ce^{-\frac{1}{RC}t}$$

이 식에 초기조건을 대입하면 미정계수 c를 다음과 같이 구할 수 있다.

$$0 = CE + c \quad \Rightarrow \quad c = -CE \quad \Rightarrow \quad q(t) = CE(1 - e^{-\frac{1}{RC}t})$$

이 식을 미분하여 구한 최종 전류의 일반해는 다음과 같다.

$$i(t) = \frac{E}{R}e^{-\frac{1}{RC}t}$$

이 시스템의 출력 전류는 다음 그림과 같다.

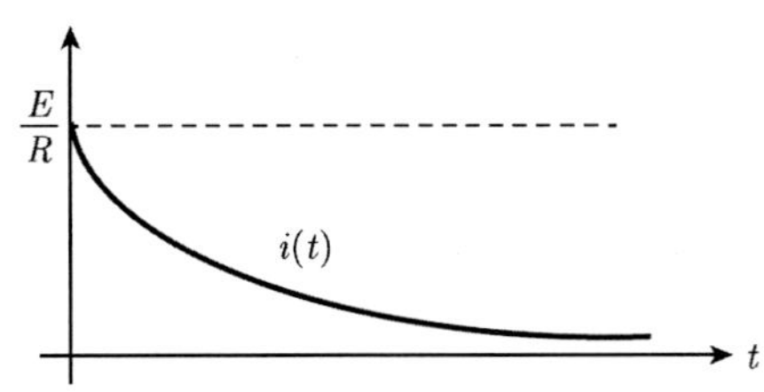

그림 2-51 **예제의 출력 전류신호**

이번에는 다음 RL 시스템의 미분방정식을 만들고 그 해를 구해 보기로 한다. 이 시스템의 출력은 $i(t)$로 정의하며 인덕터의 초기값은 0으로 가정한다.

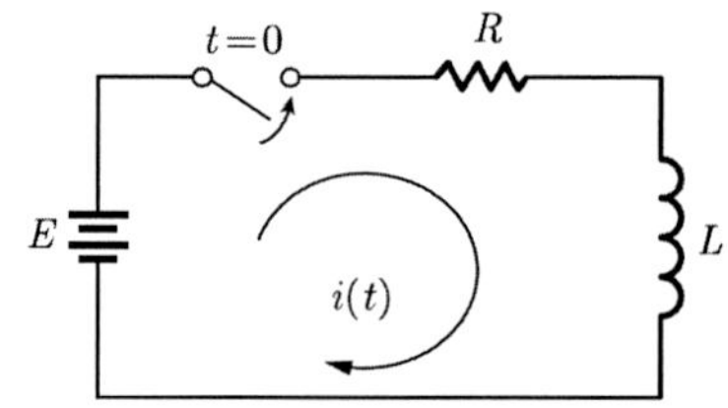

그림 2-52 예제의 RL 시스템

이 시스템에서 $t=0$에 스위치가 닫힌 후의 미분방정식을 만들면 다음과 같다.

$$L\frac{di(t)}{dt}+Ri(t)=E \Rightarrow \quad \frac{di(t)}{dt}+\frac{R}{L}i(t)=\frac{E}{L}$$

이 미분방정식의 균일해는 다음과 같다.

$$i_h(t)=ce^{-\frac{R}{L}t}$$

이제 특수해를 구해 보자. 미분방정식의 우변이 상수이므로 특수해는 $i_p(t)=n$의 상수로 가정한다. 따라서 미분은 $di_p(t)/dt=0$이다. 이를 대입해 보자.

$$0+\frac{R}{L}i_p(t)=\frac{E}{L} \quad \Rightarrow \quad i_p(t)=\frac{E}{R}$$

따라서 일반해는 다음과 같다.

$$i(t)=i_p(t)+i_h(t)=\frac{E}{R}+ce^{-\frac{R}{L}t}$$

이 식에 초기조건을 대입하면 미정계수 c를 다음과 같이 구할 수 있다.

$$0=\frac{E}{R}+c \quad \Rightarrow \quad c=-\frac{E}{R}$$

이 식을 미분하여 구한 최종 전류의 일반해는 다음과 같다.

$$i(t)=\frac{E}{R}(1-e^{-\frac{R}{L}t})$$

이 시스템의 출력 전류는 다음 그림과 같다.

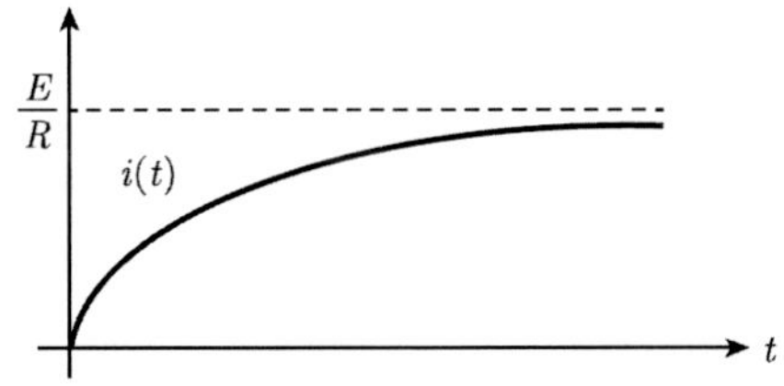

그림 2-53 예제의 출력 전류신호

미분방정식과 임펄스 응답의 관계

시스템을 규정하는 데에 임펄스 응답과 미분방정식이 사용된다. 이 절에서는 주어진 미분방정식으로부터 임펄스 응답을 찾는 방법을 알아보기로 한다.

어느 시스템을 규정하는 다음 미분방정식을 보자.

$$\frac{dy(t)}{dt}+3y(t)=2x(t)$$

임펄스 신호 $\delta(t)$가 입력되면 임펄스 응답 $h(t)$가 출력되므로 이 정의를 다음과 같이 미분방정식에 대입할 수 있다.

$$\frac{dh(t)}{dt}+3h(t)=2\delta(t)$$

이 임펄스 응답을 출력 신호로 하는 미분방정식을 풀어보자. 이 미분방정식의 완전해는 균일해로만 구성된다. 즉, 특수해는 임의의 특정한 입력 신호를 인가한 것에 대한 해이므로 이 경우에는 존재하지 않는다. 따라서 다음과 같이 균일해가 일반해가 된다.

$$h(t)=ce^{-3t}u(t)$$

이 결과 식의 미분은 다음과 같다.

$$\frac{dh(t)}{dt}=-3ce^{-3t}u(t)+ce^{-3t}\delta(t)$$

이 두 식을 미분방정식에 대입하면 다음과 같다.

$$\begin{aligned}&-3ce^{-3t}u(t)+ce^{-3t}\delta(t)+3ce^{-3t}u(t)=2\delta(t)\\ &\Rightarrow \quad ce^{-3t}\delta(t)=2\delta(t)\end{aligned}$$

임펄스 신호의 샘플링 성질을 이용하면 다음과 같다.

$$ce^{-3t}\delta(t)=c\delta(t)=2\delta(t) \quad \therefore c=2$$

따라서 최종적으로 임펄스 응답은 다음과 같다.

$$h(t)=2e^{-3t}u(t)$$

2.1.8 LTI 시스템의 구현도

기본 소자

LTI 시스템은 미분방정식으로 표현될 수 있으며, 이 미분방정식은 적분기, 가산기(감산기), 승산기를 사용하여 구현할 수 있다. 이와 같은 소자들은 실제로는 저항, 커패시터, 인덕터, 연산 증폭기 등의 하드웨어 소자로 구현된다.

i) 적분기는 다음과 같은 미분방정식을 나타내기 위한 소자이다.

$$\frac{dy(t)}{dt} = x(t)$$

양변을 적분하여 출력을 표현하면 다음과 같다.

$$y(t) = \int_{t_0}^{t} x(\tau)d\tau + y(t_0)$$

따라서 출력 $y(t)$는 다음 그림과 같은 적분기(integrator)로 나타낸다.

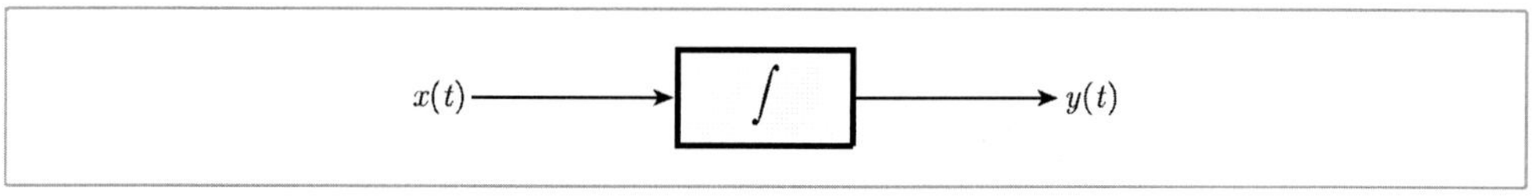

그림 2-54 **적분기**

ii) 가산기(adder)나 감산기(subtracter)는 다음 그림과 같이 두 신호를 더하거나 빼는 소자이다.

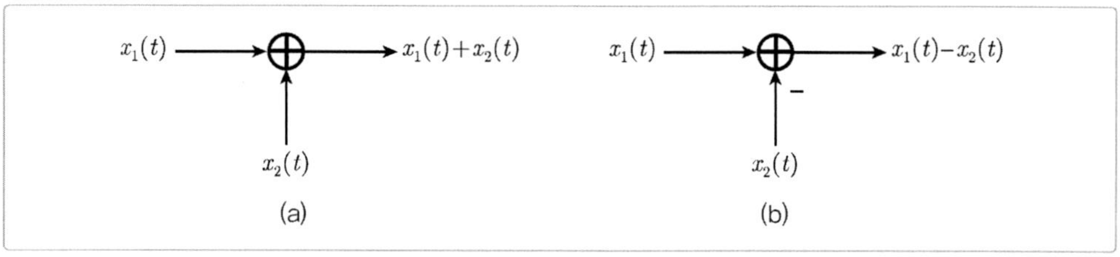

그림 2-55 **(a) 가산기 (b) 감산기**

iii) 세 번째 요소는 다음 그림과 같은 스칼라 승산기(scalar multiplier)이다.

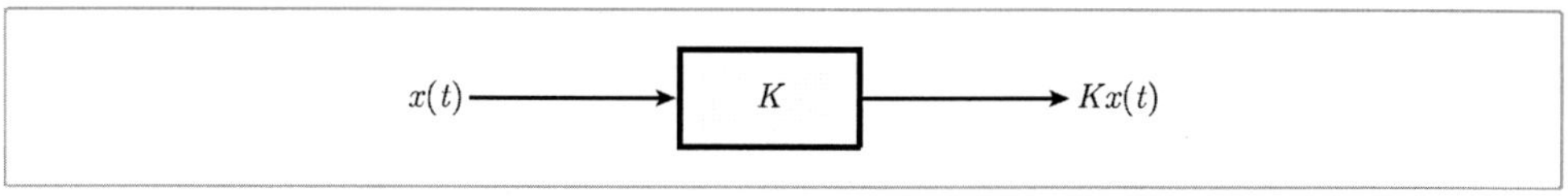

그림 2-56 **스칼라 승산기**

스칼라 승산기는 신호 $x(t)$를 K배로 크게 하거나 작게 만드는 역할을 한다.

구현도

이 절에서는 적분기, 가산기, 승산기의 기본 소자들로 구성된 구현도와 미분방정식의 관계를 알아보기로 한다. 이 절에서는 제1 표준형(first canonical form) 구현도에 대하여 알아본다. 이 구현도를 만들기 위하여 다음의 $n=m$인 연산자 미분방정식에서 시작한다.

$$\begin{aligned} &D^n y(t)+a_{n-1}D^{n-1}y(t)+a_{n-2}D^{n-2}y(t)+\cdots+a_1Dy(t)+a_0y(t) \\ &\quad =b_nD^nx(t)+b_{n-1}D^{n-1}x(t)+b_{n-2}D^{n-2}x(t)+\cdots+b_1Dx(t)+b_0x(t) \end{aligned}$$

이 연산자 미분방정식에서 D는 $y(t)$를 $dy(t)/dt$로 변환시키는 미분 연산자이다. 양변에 연산자 D^{-n}을 곱하면 다음과 같다.

$$\begin{aligned} &y(t)+a_{n-1}D^{-1}y(t)+a_{n-2}D^{-2}y(t)+\cdots+a_1D^{-(n-1)}y(t)+a_0D^{-n}y(t) \\ &\quad =b_nx(t)+b_{n-1}D^{-1}x(t)+b_{n-2}D^{-2}x(t)+\cdots+b_1D^{-(n-1)}x(t)+b_0D^{-n}x(t) \end{aligned}$$

여기에서 D^{-1}는 적분 연산자이다. 위의 식은 다음과 같이 나타낼 수 있다.

$$\begin{aligned} y(t)=&\,b_nx(t)+b_{n-1}D^{-1}x(t)+b_{n-2}D^{-2}x(t)+\cdots+b_1D^{-(n-1)}x(t)+b_0D^{-n}x(t) \\ &-\left[a_{n-1}D^{-1}y(t)+a_{n-2}D^{-2}y(t)+\cdots+a_1D^{-(n-1)}y(t)+a_0D^{-n}y(t)\right] \end{aligned}$$

이 연산자 미분방정식을 구현해보기로 한다. 구현을 간단히 하기 위하여 위의 식을 2차의 미분방정식으로 단순화시키면 다음과 같다.

$$y(t)=b_2x(t)+b_1D^{-1}x(t)+b_0D^{-2}x(t)-\left[a_1D^{-1}y(t)+a_0D^{-2}y(t)\right]$$

이 연산자 미분방정식은 다음 그림과 같이 구현할 수 있다.

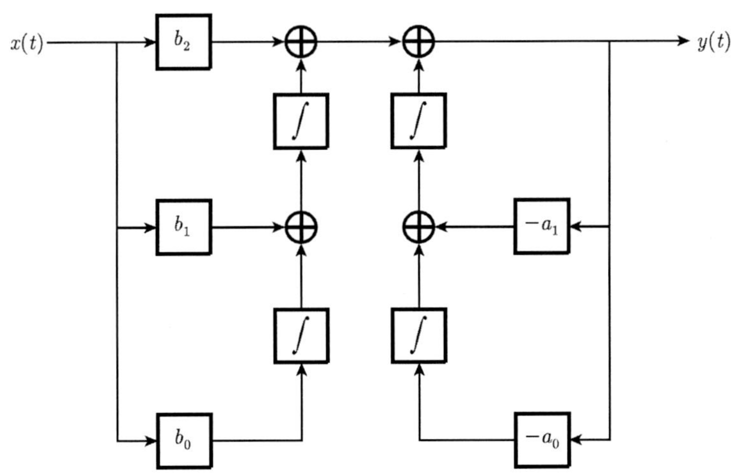

그림 2-57 연산자 미분방정식의 구현도

4개의 적분기는 오직 $y(t)$를 만드는 데 사용되므로 더해서 통과시켜도 된다. 따라서 다음의 단순화된 구현도를 얻을 수 있다. 이 구조를 제1 표준형(first canonical form) 구현도라고 부른다.

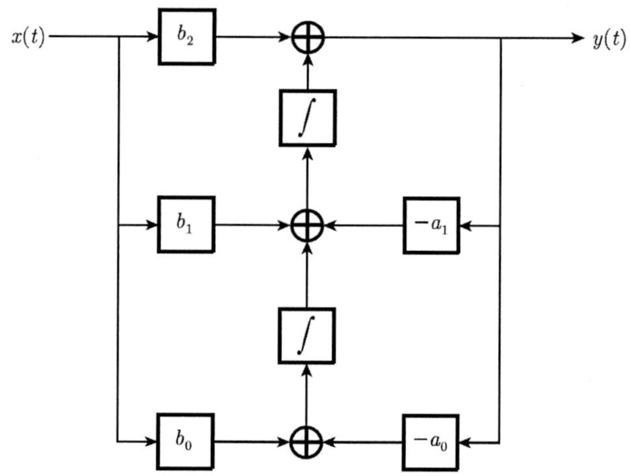

그림 2-58 제1 표준형 구현도(2차)

예제

다음 RLC 회로의 미분방정식과 제1 표준형 구현도를 구하시오. 이 시스템의 입력과 출력은 각각 전압 $v(t)$와 전류 $i(t)$이다.

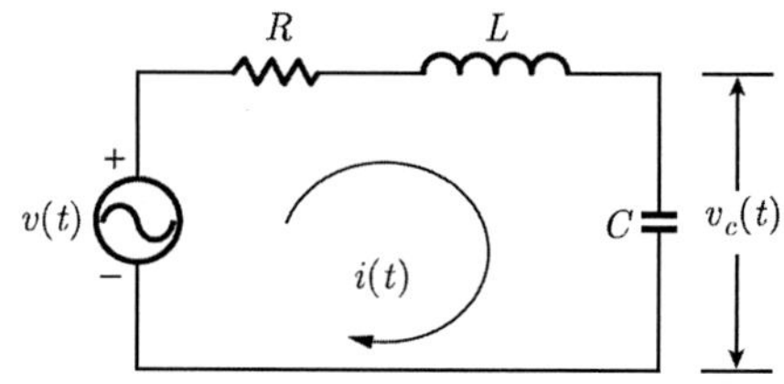

그림 2-59 예제의 RLC 시스템

풀이 이 시스템의 미분방정식은 다음 식과 같다.

$$i''(t)+\frac{R}{L}i'(t)+\frac{1}{LC}i(t)=\frac{1}{L}v'(t)$$

따라서 이 미분방정식의 제1 표준형 구현도는 다음과 같다.

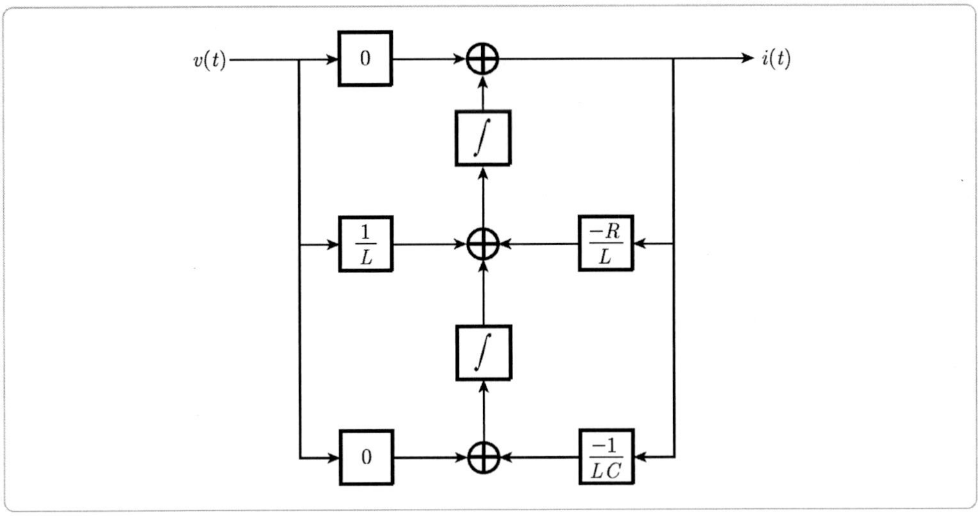

그림 2-60 예제의 제1 표준형 구현도

2.2 디지털 신호 및 시스템

주변에서 흔히 접할 수 있는 다음 그림과 같은 전자제품들은 디지털 신호를 처리하는 제품들이다.

그림 2-61 디지털 신호처리 전자기기의 예

1980년대 초반에 CD 플레이어가 처음으로 디지털 신호를 처리하는 전자기기로 선을 보인 후로 지금은 거의 대부분의 신호를 처리하는 전자기기들이 디지털화되었다.

전자기기의 아날로그에서 디지털 신호처리 기기로의 변화

- 아날로그 휴대폰 → 디지털 휴대폰(스마트폰)
- 아날로그 TV 방송 → 디지털 TV 방송
- SLR(Single Lens Reflex) 카메라 → DSLR(Digital Single Lens Reflex) 카메라
- LP → CD
- 워크맨 → MP3

이와 같은 디지털 전자기기로의 변환은 필연적으로 디지털 정보의 통신 욕구를 발생시키게 된다.

2.2.1 디지털 신호의 개념

디지털 신호는 비트(bit), 표본화(sampling), 양자화(quantization) 등의 3가지 개념을 통하여 만들어진다. 따라서 먼저 이 개념들에 관해 살펴보기로 한다.

비트

1948년에 섀넌(C. E. Shannon)의 "통신의 수학적 이론"이란 논문을 통해 완성된 비트 이론은 정보를 표현하는 수단이다. 1948년은 또한 쇼클리(W. B. Shockley) 등에 의해서 트랜지스터가 발명된 해이기도 하다. 1948년에 태어난 비트 이론과 트랜지스터 반도체가 지금의 고속 통신 시대를 여는 밑거름이 되었다. 0과 1로 표현되는 비트는 텍스트의 정보화, 수치 계산, 디지털 신호처리 등에 이용되는 중요한 도구이다. 먼저 텍스트의 정보화를 알아보기 위해서 비트를 사용하여 한글을 나타내 보기로 하자. 한글은 14개의 자음과 10개의 모음으로 구성되므로 다음 표와 같이 5비트로 그 정보를 표현할 수 있다.

| 표 2-1 | 한글의 비트 표현

ㄱ	00000	ㅈ	01000	ㅓ	10000	.	11000
ㄴ	00001	ㅊ	01001	ㅕ	10001	,	11001
ㄷ	00010	ㅋ	01010	ㅗ	10010	?	11010
ㄹ	00011	ㅌ	01011	ㅛ	10011	!	11011
ㅁ	00100	ㅍ	01100	ㅜ	10100	(	11100
ㅂ	00101	ㅎ	01101	ㅠ	10101	)	11101
ㅅ	00110	ㅏ	01110	ㅡ	10110	"	11110
ㅇ	00111	ㅑ	01111	ㅣ	10111	:	11111

위의 표와 같이 비트를 사용하면 32가지로 구분되는 정보는 $2^5=32$이므로 5비트로 나타내는 것이 가능하다. 이와 같이 비트를 사용하면 텍스트를 쉽게 디지털 정보로 나타낼 수 있음을 알 수 있다.

비트는 텍스트의 정보화 이외에도 수치계산에도 사용할 수 있다. 예를 들면 컴퓨터나 계산기 등에서 비트를 사용하여 다음과 같이 3+5=8의 덧셈을 수행할 수 있다.

$$\begin{array}{r} 0011 \\ +0101 \\ \hline 1000 \end{array}$$

이와 같은 비트 이론을 사용하는 텍스트의 정보화나 수치해석은 반도체의 집적도가 높지 않았던 1950~70년대에는 군사용 암호기나 중대형 컴퓨터 등에서 제한적으로 사용되었으며, 개인이 접할 수 있는 제품으로는 전자계산기 정도밖에 상용화되지 못하였다.

샘플링

비트 이론은 반도체의 집적도의 괄목할 만한 성장으로 드디어 1980년대부터 신호의 표현 방법으로 이용되기 시작하였다. 다음 그림의 아날로그 신호 (a)는 샘플링을 통해 이산시간 신호로 변환된다.

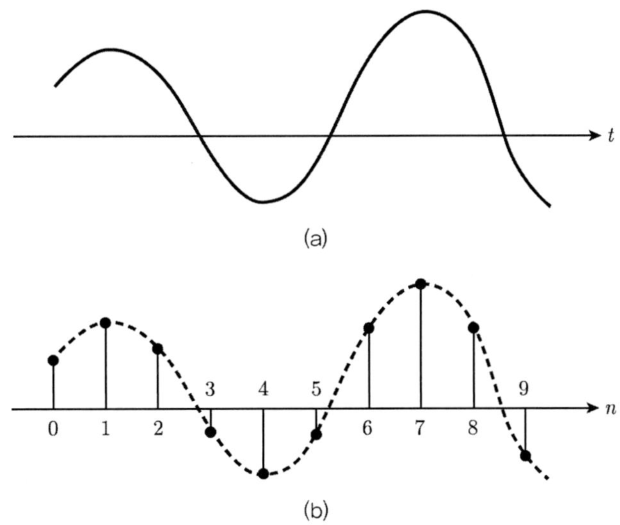

그림 2-62 (a) 연속시간 신호, (b) 디지털 신호

양자화

샘플링만으로는 아날로그 신호의 디지털화가 완성되지는 않는다. 즉, 샘플링된 신호의 값은 이론적으로 무한대의 정세도(infinite precision)를 가질 수 있다. 이와 같은 신호의 값을 비트를 사용하여 정보화하는 과정을 양자화(quantization)라고 한다. 그러나 할당하는 비트의 양은 유한하기 때문에 샘플링한 신호값을 일반적으로 비트를 사용하여 정확하게 나타낼 수 없다. 예를 들어 샘플링한 신호값이 0.883인 경우를 생각해 보자. 4비트를 사

용하여 이 값을 가장 가깝게 표현하면 0111=0.5+0.25+0.125 =0.875가 된다. 만일 8비트를 사용하여 이 값을 나타내면 01110001=0.5+0.25+0.125+0.0078125=0.8828125가 되어 원래의 이산신호에 더욱 근접하지만 양자화 에러를 완전히 없앨 수는 없다. 이와 같이 신호는 저장되거나 처리되어야 하므로 반드시 유한개의 비트로 정보화되어야 하며 이렇게 비트로 양자화된 이산신호를 디지털 신호라고 정의한다. 디지털 신호는 다음 그림의 악보를 통하여 쉽게 이해할 수 있다.

그림 2-63 **디지털 신호와 비슷한 원리의 악보**

위의 그림에서 오선은 시간 축으로 볼 수 있으며 모든 음은 시간 축에서 분리되어 있다. 이는 연속신호에서 샘플링에 의해 이산신호가 된 것과 비슷한 원리로 생각할 수 있다. 또한, 악보에서는 "미"와 "파" 사이에는 다른 음이 없다. 이는 이산신호가 비트 할당에 의해 양자화되는 원리와 비슷하다. 이와 같이 오래 전부터 사용되어 온 악보는 샘플링과 양자화와 비슷한 원리로 정보를 표기하고 저장하고 있음을 알 수 있다.

연속신호를 디지털 신호로 만들 때에, 샘플링하는 시간과 양자화할 때의 비트할당이 정보의 양과 직결되므로 경제적으로 결정되어야 한다. 샘플링의 시간을 길게 하거나 양자화의 비트할당을 줄이면 디지털 신호의 정보량은 작아지나 정보의 손실이 생길 수 있고, 또한 너무 샘플링 시간을 짧게 하거나 비트할당을 늘이면 정보량이 너무 많아져 비경제적이 되기 때문이다. 따라서 가능한 한 샘플링 시간을 길게 하고 비트할당을 작게 하되, 다시 아날로그 신호로 복원시켰을 때 원래의 아날로그 신호와 차이를 느끼지 않도록 결정하여야 한다. 예를 들면 음성 신호의 경우에는 1/8000초의 샘플링 시간과 8~12비트 정도의 비트할당을 주로 사용하며, 오디오 신호의 경우에는 1/44100초의 샘플링 시간과 16비트의 비트할당을 주로 사용한다.

2.2.2 기본 디지털 신호

연속신호는 ( )의 괄호를 사용하여 표시하고, 디지털 신호는 [ ]의 괄호를 사용하여 표시하기로 한다. 일반적으로 n은 여러 가지 경우가 있다. 음성과 같은 연속신호에서 샘플링을 통하여 디지털 신호를 얻는다면 이 경우에 n은 시간의 의미를 갖고, 사진의 연속신호에서 샘플링을 통하여 디지털 신호를 얻는다면 이 경우에 n은 화소(pixel)의 의미를 갖는다. 이 절에서는 기본적인 디지털 신호들을 알아보기로 한다.

단위 임펄스 신호

단위 임펄스 신호(unit impulse signal)는 다음 그림과 같은 신호로서 델타신호, 또는 줄여서 임펄스 신호라고도 하며 그림 2-64와 같이 나타낸다. 이 책에서는 주로 임펄스 신호를 사용하기로 한다. 임펄스 신호는 디지털 신호를 수학적으로 표현하는 데에 기본적으로 사용되며 디지털 신호처리에서 가장 중요하게 사용되는 신호 중의 하나이다.

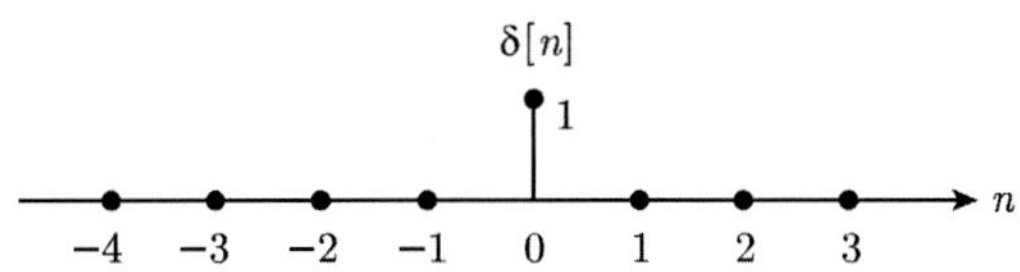

그림 2-64 단위 임펄스 신호

임펄스 신호를 식으로 표현하면 다음과 같다.

$$\delta[n] = \begin{cases} 1, & n = 0 \\ 0, & n \neq 0 \end{cases}$$

위의 그림과 식에서 보듯이 임펄스 신호는 눈금 n이 0일 때에만 1의 값을 갖고, 그 외의 모든 점에서 0의 값을 갖는 신호이다. 즉, $\delta[n]$의 괄호 안이 0일 때에만 1의 값을 갖게 된다. 따라서 다음 그림도 역시 임펄스 신호로서 $\delta[n]$이 k만큼 지연된 신호이다.

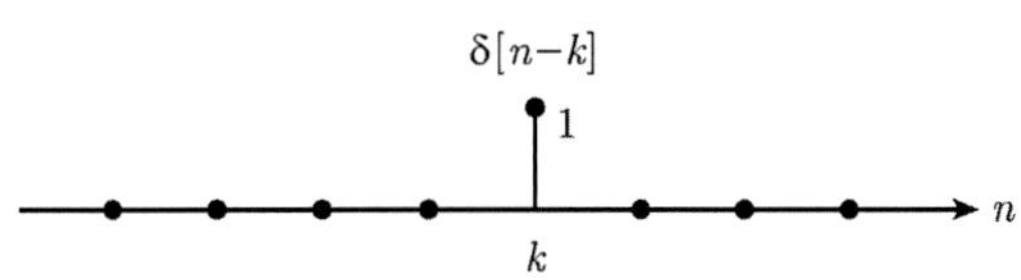

그림 2-65 다른 종류의 단위 임펄스 신호

위의 그림의 임펄스 신호를 식으로 표현하면 다음과 같다.

$$\delta[n-k] = \begin{cases} 1, & n = k \\ 0, & n \neq k \end{cases}$$

이와 같은 임펄스 신호는 디지털 신호를 표현하는 데 사용되며, 시스템을 해석하는 데에도 중요하게 사용된다.

단위 계단 신호

임펄스 신호와 더불어 다음 그림과 같은 단위 계단 신호(unit step signal)도 신호처리에서 널리 사용되는 신호이다.

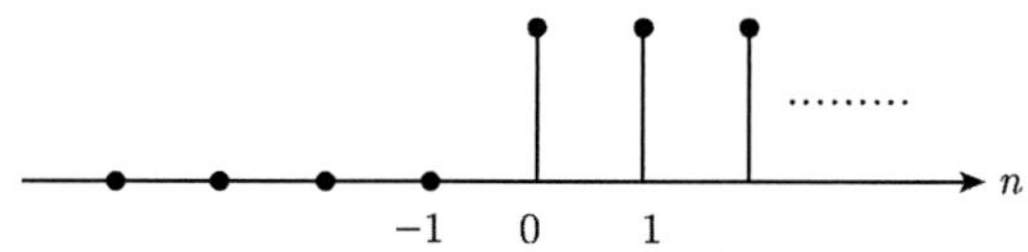

그림 2-66 단위 계단 신호

위의 단위 계단 신호는 다음과 같은 식으로 나타낼 수 있다.

$$u[n] = \begin{cases} 1, & n \geq 0 \\ 0, & n < 0 \end{cases}$$

이와 같은 단위 계단 신호는 임의의 신호의 시작점을 제한하는 용도로 많이 사용된다. 즉, 다음 그림 2-67(a)와 같이 잡음 신호가 계속되다가 일정한 시점에서 유효한 신호가 시작되는 경우에 그림 2-67(b)와 같은 단위 계단 신호를 곱하면 2-67(c)와 같은 잡음이 제거된 신호를 얻을 수 있다.

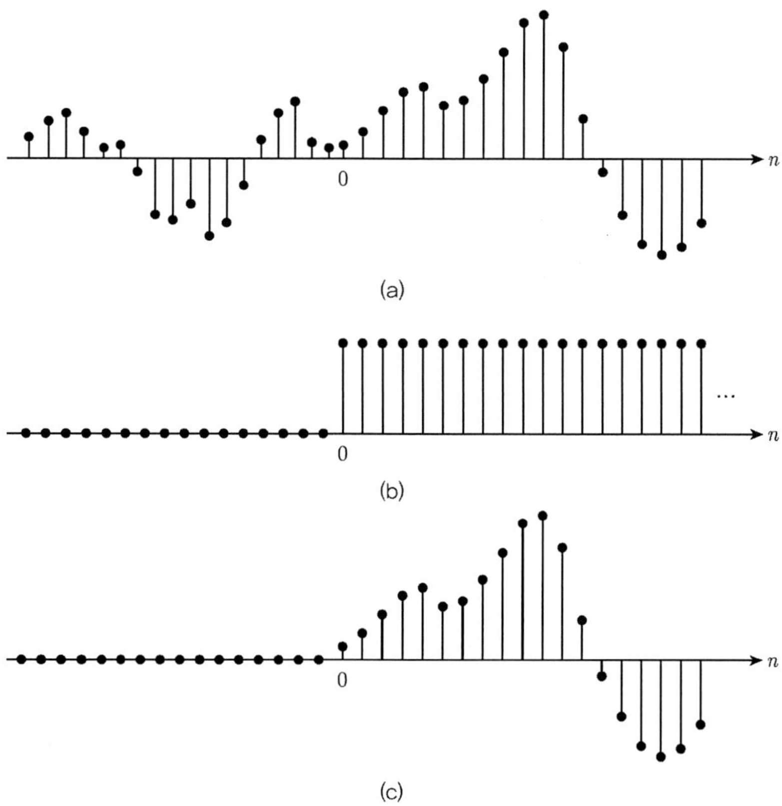

그림 2-67 (a) 신호 x[n], (b) 단위 계단 신호 u[n], (c) x[n]u[n]

단위 계단 신호를 사용하여 다음 그림과 같은 단위 펄스 신호(unit pulse signal)라고 하는 신호를 정의할 수 있다.

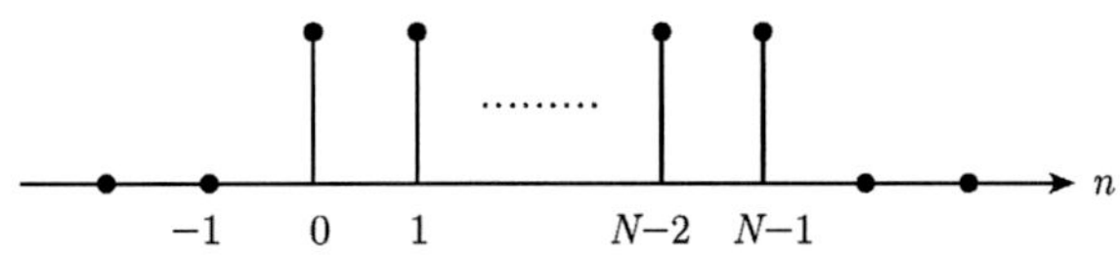

그림 2-68 단위 펄스 신호

위의 단위 펄스 신호는 $u[n] - u[n-N]$으로 나타낼 수 있다. 이와 같은 단위 펄스 신호는 임의의 이산신호 가운데 관심 있는 시간영역을 적절히 제한할 수 있다.

2.2.3 디지털 신호의 표현 방법

디지털 신호는 아날로그 신호의 샘플링에 의해서 얻을 수 있으므로 아날로그 신호처럼 그림으로 표현할 수 있다. 가로축은 샘플링 시간을 정수로 표시하며 막대사탕 옆에 샘플링된 값을 적기도 한다.

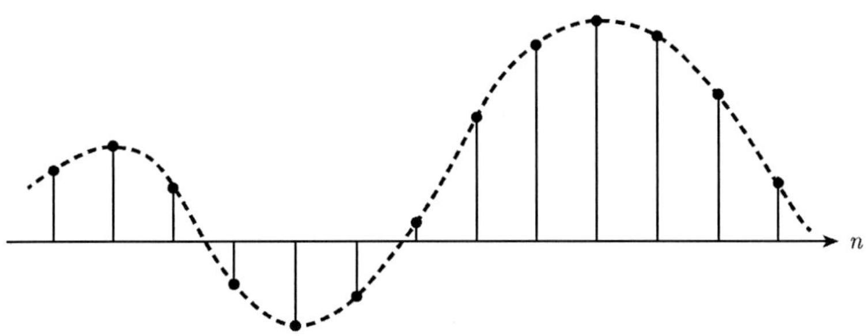

그림 2-69 디지털 신호의 그림 표현

위의 그림에서 보듯이 샘플링 인덱스는 정수로 표시되므로 원 신호인 아날로그 신호의 샘플링 주기에 대한 정보는 표시되지 않는다.

임의의 디지털 신호를 수학적으로 표현하기 위해서 임펄스 신호가 유용하게 이용된다. 다음 그림의 예를 통하여 알아보기로 하자.

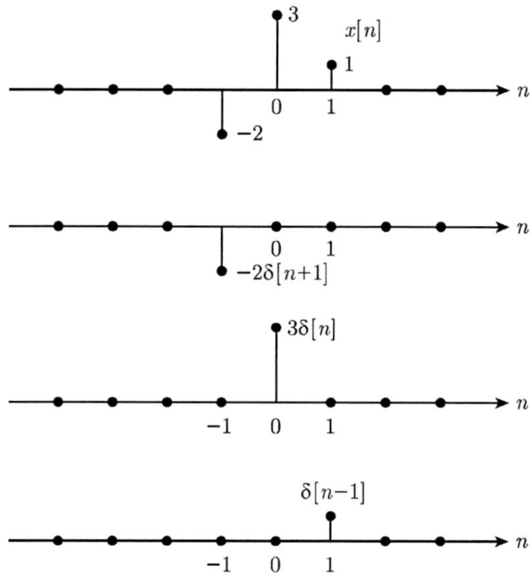

그림 2-70 임펄스 신호를 사용한 디지털 신호의 표현

그림에서 보듯이 신호 $x[n]$은 3개의 임펄스 신호의 합으로 나타내어진다. 따라서 다음과 같이 쓸 수 있다.

$$x[n] = -2\delta[n+1] + 3\delta[n] + \delta[n-1]$$

위의 예에서 보듯이 임의의 신호는 임펄스 신호의 가중 합으로 표시할 수 있음을 알 수 있다. 따라서 일반적으로 임의의 디지털 신호는 다음과 같이 나타낼 수 있다.

$$x[n] = \sum_{k=-\infty}^{\infty} x[k]\delta[n-k]$$

위의 식에서 $x[k]$는 인덱스 n이 k일 때의 신호값, 즉 가중치임을 알 수 있다. 임의의 이산신호가 위와 같이 임펄스 신호의 가중 합으로 표시될 수 있다는 것은 시스템의 해석의 중요한 의미를 가지는데, 이에 관해서는 다음 절에서 다루기로 한다.

2.2.4 디지털 시스템의 정의 및 성질

디지털 신호처리 시스템의 정의는 하나의 신호를 다른 신호로 매핑(mapping) 또는 변형(transformation)하는 규칙이다. 일반적으로 시스템의 입력 신호로서 $x[n]$을 사용하며 시스템의 출력 신호로는 $y[n]$을 사용한다. 따라서 시스템이란 입력 신호 $x[n]$을 출력 신호 $y[n]$으로 변형하는 규칙이며 다음과 같은 식으로 표현한다.

$$y[n] = T\{x[n]\}$$

시스템은 다음 그림과 같은 블록도로 나타낸다. 즉, 입력과 출력은 선으로 표현하며 신호 처리는 네모의 상자로 표현한다.

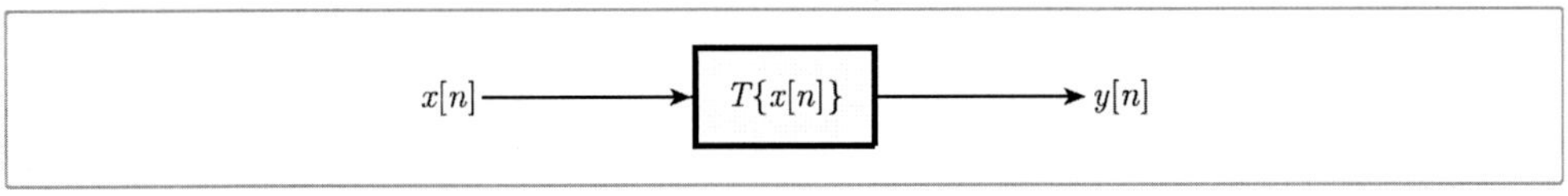

그림 2-71 **디지털 신호처리 시스템의 블록도**

시스템이 갖고 있는 몇 가지 성질을 알아보기로 한다.

선형 시스템

어느 시스템에서 다음과 같이 $x_1[n]$의 신호가 입력될 때 $y_1[n]$의 신호가 출력되고, $x_2[n]$의 신호가 입력될 때 $y_2[n]$의 신호가 출력된다고 가정하자.

$$y_1[n] = T\{x_1[n]\}$$

$$y_2[n] = T\{x_2[n]\}$$

이 시스템에서 다음의 두 가지 성질을 만족할 때 선형 시스템이라고 한다. 첫 번째 성질은 덧셈 성질(additivity property)이라고 하며, 두 개의 신호를 더해서 입력시켰을 때의 출력과 각각의 신호를 입력시켜서 얻은 출력의 합이 같은 성질을 의미한다. 두 번째 성질은 스케일링 성질(scaling property)이라고 하며, 입력 신호 $x[n]$에 계수 a를 곱해서 입력시켜서 얻은 출력과, $x[n]$을 직접 입력시켜서 얻은 출력에 a를 곱한 신호가 같아야 한다. 이를 각각 식으로 표현하면 다음과 같다.

$$T\{x_1[n] + x_2[n]\} = T\{x_1[n]\} + T\{x_2[n]\}$$

$$T\{ax[n]\} = aT\{x[n]\}$$

이와 같은 두 가지 성질을 하나의 식으로 표현하면 다음과 같다.

$$\begin{aligned} T\{ax_1[n] + bx_2[n]\} &= T\{ax_1[n]\} + T\{bx_2[n]\} \\ &= aT\{x_1[n]\} + bT\{x_2[n]\} = ay_1[n] + by_2[n] \end{aligned}$$

덧셈 성질과 스케일링 성질을 그림으로 나타내면 다음 그림과 같다.

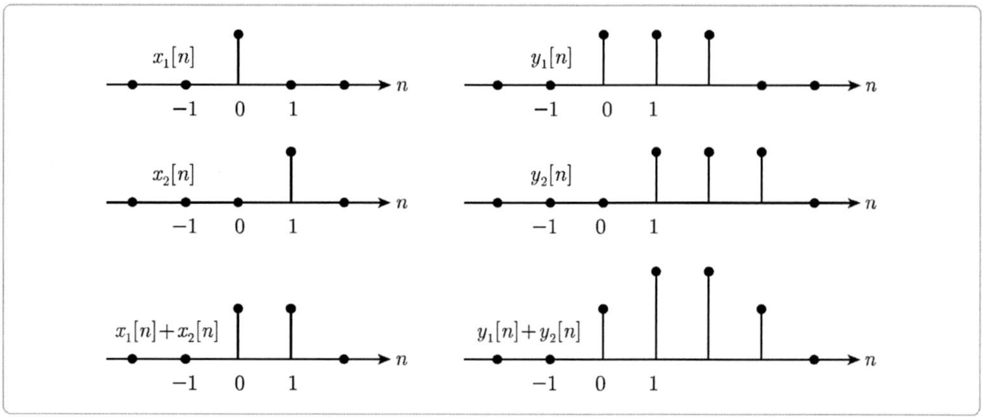

그림 2-72 덧셈 성질

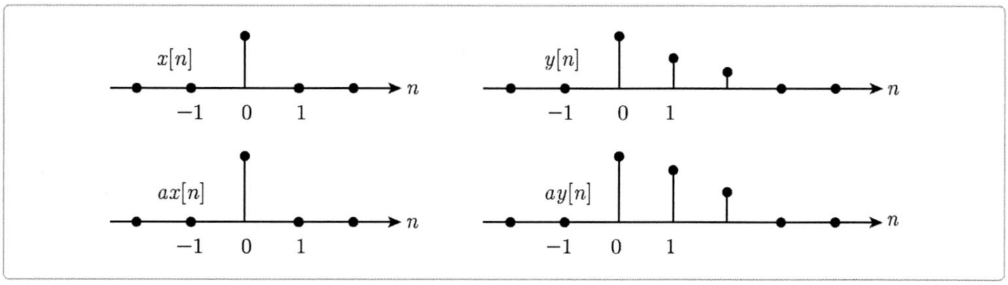

그림 2-73 스케일링 성질

시불변 시스템

$y[n]=T\{x[n]\}$의 시스템에서 다음의 성질을 만족할 때 시불변(time invariant, 또는 shift invariant)의 성질을 갖는다고 한다.

$$y[n-k]=T\{x[n-k]\}$$

즉, 입력을 k만큼 지연시켜서 입력시켰을 때 얻은 출력과 지연시키지 않고 입력시켰을 때 얻은 출력을 직접 k만큼 지연시킨 결과가 같음을 의미한다. 시불변의 성질을 그림으로 나타내면 다음 그림과 같다.

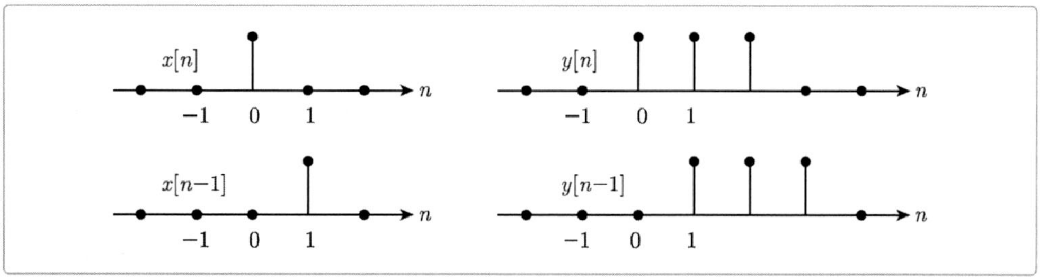

그림 2-74 시불변 성질

입력을 k만큼 지연시켜서 입력시켰을 때 얻은 출력과 지연시키지 않고 입력시켰을 때 얻은 출력을 직접 k만큼 지연시킨 결과가 같지 않을 경우에 이와 같은 시스템을 시변(time varying, 또는 shift varying) 시스템이라고 부른다.

인과 시스템

어떤 이산 시스템에서 $n=k$일 때의 출력 $y[k]$가 n이 k보다 작거나 같은 $x[n]$에 의해서만 결정될 때 이 시스템을 인과 시스템(causal system)이라고 한다. 물리적인 의미는 아직 시스템에 입력되지 않은 미래의 신호값이 현재의 출력에 영향을 미칠 수 없음을 뜻한다. 만일 아직 미래의 신호값이 현재의 시스템 출력 신호값에 영향을 미치면 이 시스템을 비인과 시스템(non-causal system)이라고 부른다. 이 두 성질을 그림으로 나타내면 다음 그림과 같다.

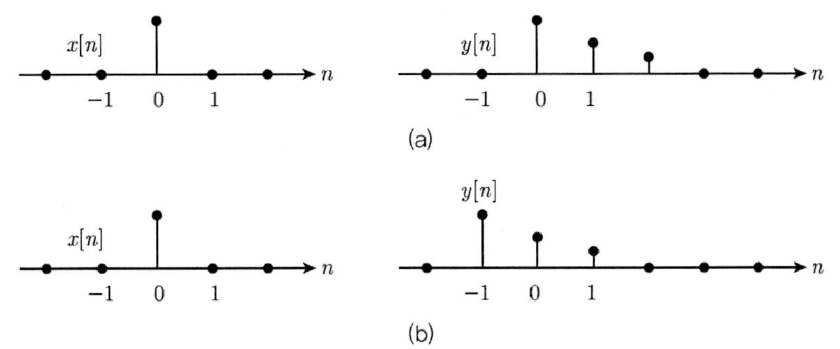

그림 2-75 (a) 어느 인과 시스템의 입출력, (b) 어느 비인과 시스템의 입출력

위의 비인과 시스템에서 보듯이 $y[-1]$의 출력값이 미래 입력 신호값 $x[0]$에 의존하므로 비인과 시스템이다. 즉, $n=-1$의 시점에서 보면 $n=0$은 미래의 시점이다.

2.2.5 디지털 컨볼루션

전 절에서 디지털 신호와 시스템의 성질에 대하여 다루었다. 이 절에서는 시스템의 출력(또는 응답)을 어떻게 구할 수 있는지를 알아보기로 한다. 원하는 시스템을 구성한 후에는 대부분의 경우, 출력 신호를 방정식을 사용하여 구할 필요는 없다. 입력이 들어오면 원하는 출력을 바로 내보내기 때문이다. 그러나 시스템을 설계할 때에 원하는 사양으로 설계되었는지 테스트하기 위해서 출력 신호를 계산하는 방법을 알아야 할 필요가 있다. 시스템의 출력을 구하는 데 사용되는 방법은 디지털 컨볼루션을 이용하는 방법과 차분방정식(difference equation)을 이용하는 두 가지 방법이 있다. 디지털 컨볼루션을 이용하는 방법을 알아보기로 한다.

임펄스 응답

임펄스 응답은 디지털 컨볼루션뿐 아니라 디지털 신호처리에서 매우 유용하게 사용되는 중요한 정의이다. 어떤 시스템에 임펄스 신호 $\delta[n]$이 입력되었을 때의 출력 신호를 임펄스 응답(impulse response)이라고 하며 $h[n]$으로 표기한다. 임펄스 응답에 대한 블록도는 다음 그림과 같다.

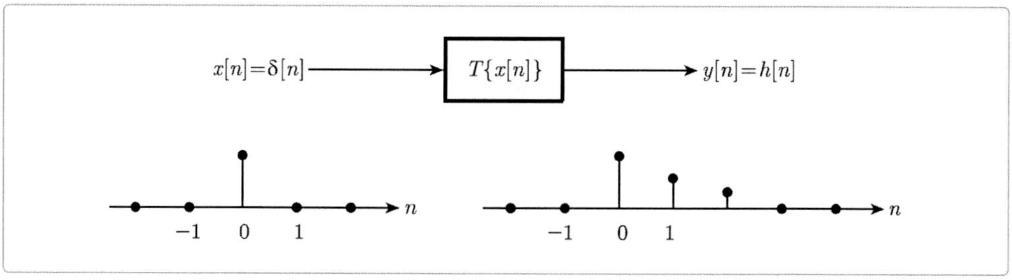

그림 2-76 임펄스 응답의 블록도

디지털 신호처리 시스템을 분류하는 방법 중 가장 많이 사용되는 방법이 임펄스 응답에 의한 분류이다. 그림 2-76과 같이 임펄스 응답의 수가 유한한 시스템을 FIR(Finite Impulse Response) 시스템이라고 하며, 임펄스 응답의 수가 무한한 시스템을 IIR(Infinite Impulse Response) 시스템이라고 한다. 어느 시스템에서 임펄스 응답이 주어지면 완벽하게 출력을 구할 수 있으므로 임펄스 응답은 시스템을 규정하는 완전한 정보라고 할 수 있다.

디지털 컨볼루션 방정식

임펄스 응답을 사용하여 시스템의 출력을 구하는 방정식을 디지털 컨볼루션이라고 한다. 임펄스 응답을 사용하여 시스템 응답을 방정식으로 나타내기 위하여 먼저 LSI(Linear Shift Invariant) 시스템이라는 가정이 수반되어야 한다. 1차원 신호처리 시스템의 경우에 LSI 시스템을 LTI(Linear Time Invariant) 시스템이라고도 부른다.

이제부터 LSI시스템에서 출력이 임펄스 응답에 의해서 어떻게 표현되는지 예제를 통하여 알아보기로 한다. 어느 시스템의 입력이 다음과 같다고 가정해 보자.

$$x[n] = 0.5\delta[n] + 0.9\delta[n-1] + 0.3\delta[n-2]$$

이 경우에 출력 신호 $y[n]$은 다음과 같이 표현된다.

$$y[n] = T\{x[n]\} = T\{0.5\delta[n] + 0.9\delta[n-1] + 0.3\delta[n-2]\}$$

그런데 선형 시스템이므로 먼저 덧셈 성질을 적용하면 다음과 같이 나타낼 수 있다.

$$\begin{aligned} &T\{0.5\delta[n] + 0.9\delta[n-1] + 0.3\delta[n-2]\} \\ &\quad = T\{0.5\delta[n]\} + T\{0.9\delta[n-1]\} + T\{0.3\delta[n-2]\} \end{aligned}$$

스케일링 성질을 적용하면 다시 다음과 같이 나타낼 수 있다.

$$
\begin{aligned}
&T\{0.5\delta[n]\}+T\{0.9\delta[n-1]\}+T\{0.3\delta[n-2]\} \\
&=0.5\,T\{\delta[n]\}+0.9\,T\{\delta[n-1]\}+0.3\,T\{\delta[n-2]\}
\end{aligned}
$$

지금까지 선형 시스템의 정의를 사용하여 표현하였다. 이 식에 임펄스 응답의 정의와 시불변 성질을 적용하면 다음과 같이 나타낼 수 있다.

$$
\begin{aligned}
&0.5\,T\{\delta[n]\}+0.9\,T\{\delta[n-1]\}+0.3\,T\{\delta[n-2]\} \\
&=0.5h[n]+0.9h[n-1]+0.3h[n-2]
\end{aligned}
$$

이 식에서 보듯이 LSI 시스템의 출력은 임펄스 응답의 가중 합으로 나타낼 수 있다. 가중치는 바로 입력 신호의 값들이 됨을 위의 식에서 알 수 있다. 위의 식을 $\sum$ 기호를 사용하여 표현하면 다음과 같다.

$$
y[n]=0.5h[n]+0.9h[n-1]+0.3h[n-2]=\sum_{k=0}^{2}x[k]h[n-k]
$$

위의 방법을 일반화하여 임의의 입력 신호 $x[n]$에 대한 출력을 방정식으로 나타내면 다음과 같다.

$$
\begin{aligned}
y[n]&=T\{x[n]\} \\
&=T\left\{\sum_{k=-\infty}^{\infty}x[k]\delta[n-k]\right\} \\
&=\sum_{k=-\infty}^{\infty}T\{x[k]\delta[n-k]\} \\
&=\sum_{k=-\infty}^{\infty}x[k]\,T\{\delta[n-k]\}=\sum_{k=-\infty}^{\infty}x[k]h[n-k]
\end{aligned}
$$

위의 마지막 식에서 보듯이 출력 신호는 쉬프트된 임펄스 응답의 가중 합으로 구할 수 있음을 알 수 있다. 이 방정식을 디지털 컨볼루션이라고 한다. 이 식은 변수 치환에 의하여 또 다른 표현을 가진다. 즉, $n-k$를 m으로 치환하면 다음의 식을 얻을 수 있다.

$$
y[n]=\sum_{k=-\infty}^{\infty}x[k]h[n-k]=\sum_{m=-\infty}^{\infty}x[n-m]h[m]=\sum_{k=-\infty}^{\infty}h[k]x[n-k]
$$

출력 $y[n]$을 쉬프트된 임펄스 신호들의 가중 합으로 표현하였으며 그때의 가중치는 입력 신호의 값들이 된다. 또한, $y[n]$을 쉬프트된 입력 신호들의 가중 합으로 표현하였으며 이때의 가중치는 임펄스 신호가 된다. 디지털 컨볼루션은 $*$를 사용하여 다음과 같이 나타내기도 한다.

$$y[n]=h[n]*x[n]=\sum_{k=-\infty}^{\infty}h[k]x[n-k]$$

2.2.6 시스템 구성 기본소자와 시스템 연결 방법

시스템 구성의 기본소자

앞 절에서 입력과 임펄스 응답이 정해져 있으면 디지털 컨볼루션을 사용해 출력을 구할 수 있음을 살펴보았다. 디지털 컨볼루션을 반도체와 같은 하드웨어로 구현하면 어떤 입력이 들어가더라도 출력이 자동으로 계산될 수 있다. 이 디지털 컨볼루션을 구현하기 위한 기본소자에 대하여 알아보기로 하자. 임펄스 응답의 길이가 3인 디지털 컨볼루션의 방정식을 다시 보자.

$$y[n]=\sum_{k=0}^{2}h[k]x[n-k]=h[0]x[n]+h[1]x[n-1]+h[2]x[n-2]$$

위의 디지털 컨볼루션을 구현하기 위해서 첫째로 입력 신호 $x[n]$을 지연시켜서 $x[n-1]$ 등을 만들기 위한 하드웨어가 필요한데, 이것을 지연소자(delay element)라고 부른다. 둘째로 $h[0]$과 같은 상수 계수와 $x[n]$의 신호를 곱하기 위한 소자가 필요한데, 이것을 곱셈기(multiplier)라고 부른다. 마지막으로 곱한 후의 값들을 더하기 위한 소자가 필요한데, 이것을 덧셈기(adder)라고 부른다. 이와 같은 지연소자, 곱셈기, 덧셈기를 다음 그림과 같이 표기한다.

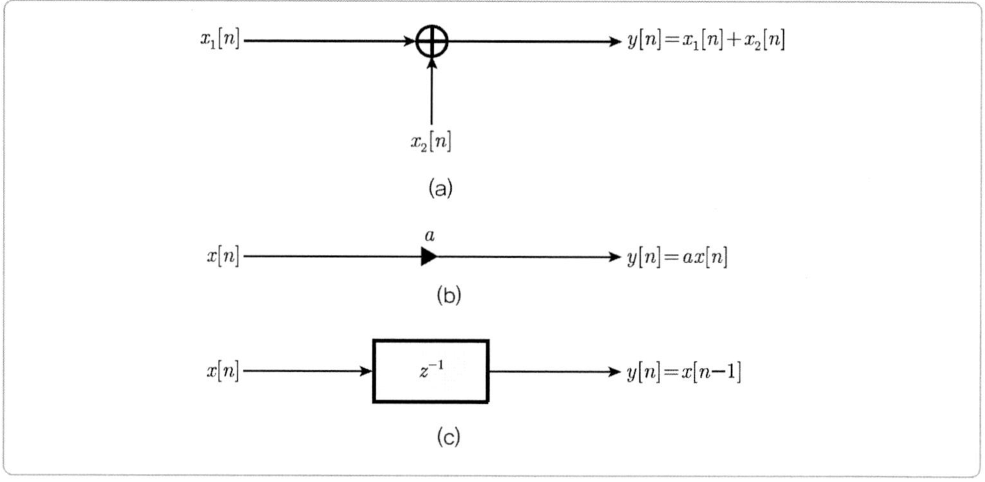

그림 2-77 (a) 덧셈기, (b) 곱셈기, (c) 지연소자

지연소자는 z^{-1}로 표기한다. 이와 같은 3가지 소자를 사용하여 어떻게 시스템을 구현할 수 있는지를 다음의 예를 통하여 알아보자.

임펄스 응답이 다음과 같은 시스템을 구현해 보자.

$$h[n] = 0.9\delta[n] + 0.7\delta[n-1] + 0.3\delta[n-2]$$

이 시스템의 출력은 다음과 같이 표시된다.

$$y[n] = \sum_{k=0}^{2} h[k]x[n-k] = 0.9x[n] + 0.7x[n-1] + 0.3x[n-2]$$

이 식을 3가지 소자를 사용하여 구현하면 다음 그림과 같다.

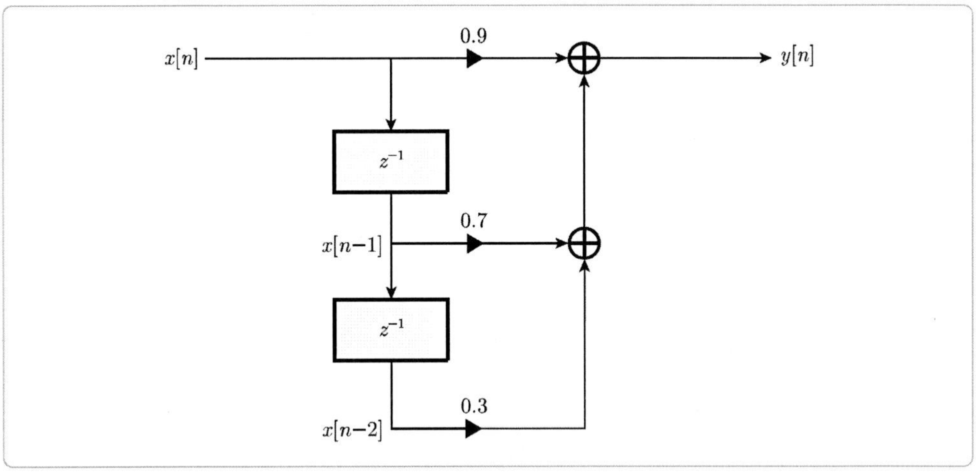

그림 2-78 덧셈기, 곱셈기, 지연소자를 사용한 시스템의 구현

앞의 그림에서 보듯이 지연소자 2개를 사용하여 $x[n-1]$과 $x[n-2]$를 만들고 0.9, 0.7, 0.3의 상수를 곱하기 위하여 3개의 곱셈기를 사용하며 이 곱셈기들의 출력들을 더하기 위하여 2개의 덧셈기를 사용한다.

직렬연결 방식

실제로 복잡한 디지털 신호처리 시스템은 여러 개의 시스템이 종속으로 또는 병렬로 연결되어 구성되는 경우가 많다. 이런 경우에 전체적인 임펄스 응답을 어떻게 구할 수 있는지 알아보기로 하자. 2개의 시스템이 다음 그림과 같이 연결되었을 때, 직렬연결이라고 부른다.

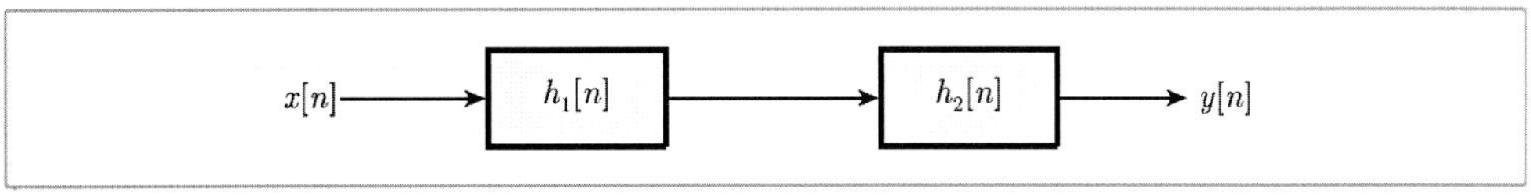

그림 2-79 시스템의 직렬연결

앞의 직렬연결에서 전체 시스템의 임펄스 응답은 다음과 같이 구할 수 있다. 즉, 정의에 의해서 $x[n]=\delta[n]$일 때의 출력이 임펄스 응답이므로, $x[n]=\delta[n]$을 입력시켜 보자. 따라서 첫 번째 시스템의 출력은 $h_1[n]$이 된다. 이 $h_1[n]$이 두 번째 시스템의 입력이 되므로 두 번째 시스템의 출력은 $h_1[n]*h_2[n]$가 된다. 이 출력이 직렬연결 시스템의 전체 임펄스 응답이 된다. 또한, 디지털 컨볼루션은 교환법칙의 성질을 갖고 있으므로 $h_2[n]*h_1[n]$으로 표현할 수도 있다.

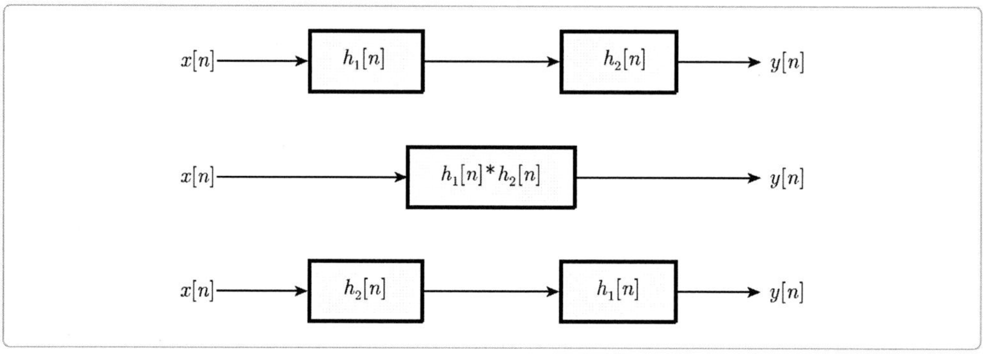

그림 2-80 **직렬연결의 등가 시스템들**

병렬연결 방식

다음의 그림과 같이 시스템이 연결되었을 때, 병렬연결이라고 부른다.

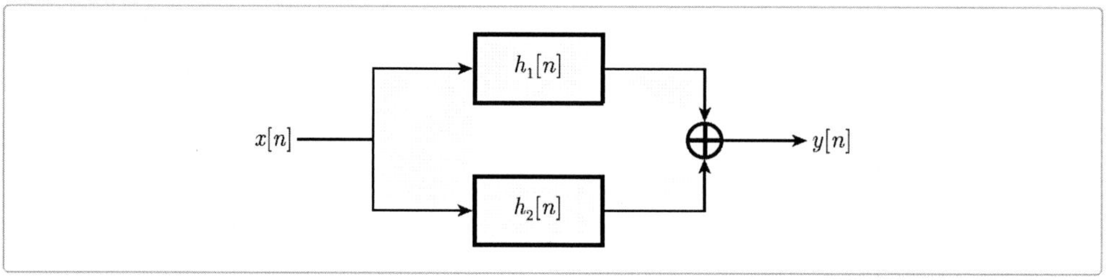

그림 2-81 **시스템의 병렬연결**

입력 신호를 임펄스 신호로 가정하면 각각의 시스템 출력이 $h_1[n]$과 $h_2[n]$이 된다. 따라서 전체 시스템의 출력은 $h_1[n]+h_2[n]$이 되며, 이것이 병렬연결의 전체 임펄스 응답이 된다. 이 결과를 이용하면 병렬연결의 시스템은 다음 그림과 같은 하나의 시스템으로 표현될 수 있다.

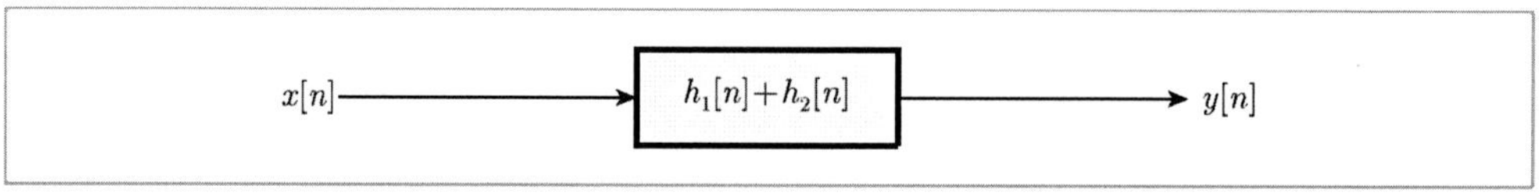

그림 2-82 **병렬연결의 등가 시스템**

복잡한 시스템을 해석할 때에, 적당히 기본소자인 덧셈기, 곱셈기, 지연소자들을 묶어서 여러 개의 시스템으로 분해하여 해석하기도 한다. 또한, 시스템을 구성할 때에도 각각의 특성을 갖는 시스템을 설계한 뒤 이들을 직렬연결과 병렬연결을 사용하여 복잡한 시스템을 구성하기도 한다.

연습문제

2-1 다음 신호들의 주기를 구하시오.

(a) $\cos t$ (b) $\cos 2t$ (c) $\cos \frac{2t}{3}$

2-2 다음 신호들의 주기를 구하시오.

(a) $\cos 2\pi t$ (b) $\cos 5\pi t$ (c) $\cos \frac{\pi}{3} t$

2-3 정현파 $\cos 2\pi ft$에서 주파수가 다음과 같을 때 주기를 구하시오.

(a) $f = 25\,\text{kHz}$

(b) $f = 125\,\text{MHz}$

(c) $f = 4\,\text{GHz}$

2-4 다음 신호들을 그리시오.

(a) $x(t) = u(t) - u(t-3)$

(b) $x(t) = r(t) - r(t-2)$

(b) $x(t) = r(t) - r(t-2) - 2u(t-2)$

2-5 신호 $\frac{\sin 2t}{t}$를 그리시오.

2-6 어느 시스템의 입력과 임펄스 응답은 다음과 같다. 출력을 구하시오.

$$x(t) = u(t), \quad h(t) = u(t)$$

2-7 어느 시스템의 입력과 임펄스 응답은 다음과 같다. 출력을 구하시오.

$$x(t) = u(t) - u(t-2), \quad h(t) = \delta(t-3)$$

2-8 어느 시스템의 입력과 임펄스 응답은 다음과 같다. 출력을 구하시오.

$$x(t) = e^{-2t}u(t) + u(t), \quad h(t) = u(t)$$

2-9 어느 시스템의 입력과 임펄스 응답은 다음과 같다. 출력을 구하시오.

$$x(t) = e^{-t}u(t) + \delta(t), \quad h(t) = u(t)$$

2-10 어느 시스템의 입력 신호와 임펄스 응답이 각각 다음과 같다. 출력을 구하시오.

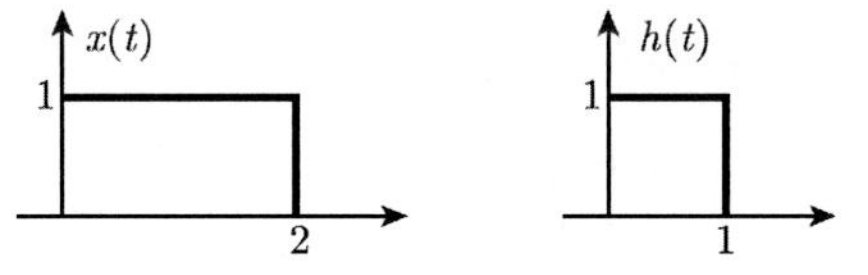

그림 II-1 예제의 입력과 임펄스 응답

2-11 어느 시스템의 입력 신호와 임펄스 응답이 각각 다음과 같다. 출력을 구하시오.

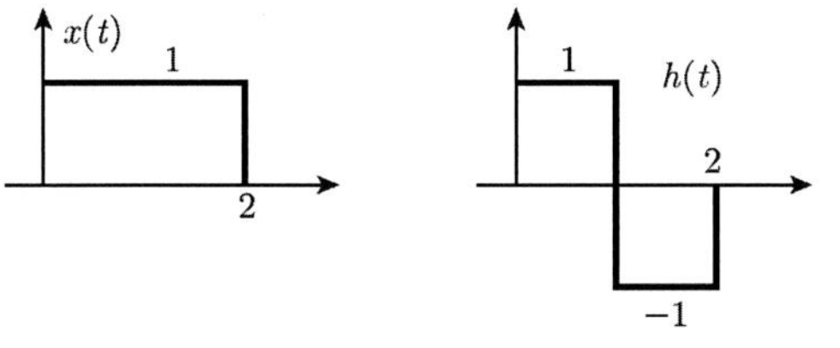

그림 II-2 예제의 입력과 임펄스 응답

2-12 어느 시스템의 입력 신호와 임펄스 응답이 각각 다음과 같다. 출력을 구하시오.

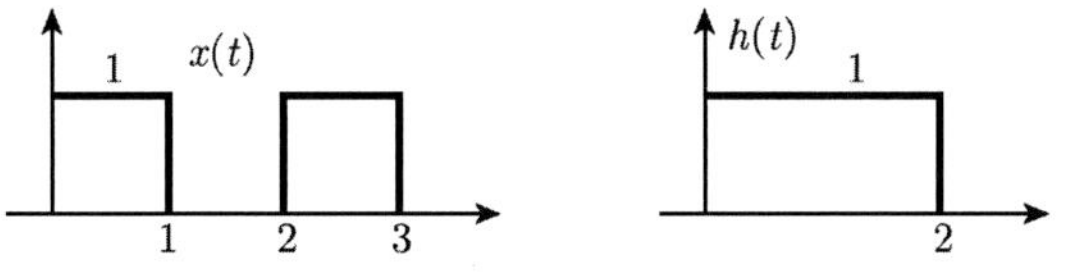

그림 II-3 예제의 입력과 임펄스 응답

2-13 어느 시스템의 입력 신호와 임펄스 응답이 각각 다음과 같다. 출력을 구하시오.

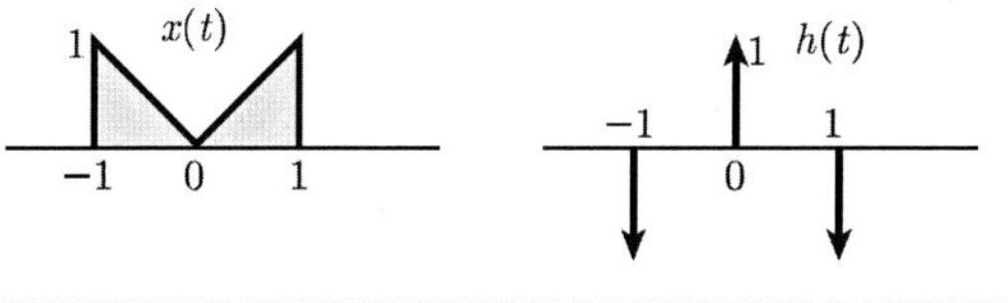

그림 II-4 예제의 입력과 임펄스 응답

2-14 두 개의 시스템이 다음과 같이 직렬로 연결되어 있다. 전체 임펄스 응답을 구하시오(단 $h_1(t)=e^{-t}u(t)$, $h_2(t)=e^{-2t}u(t)$이다).

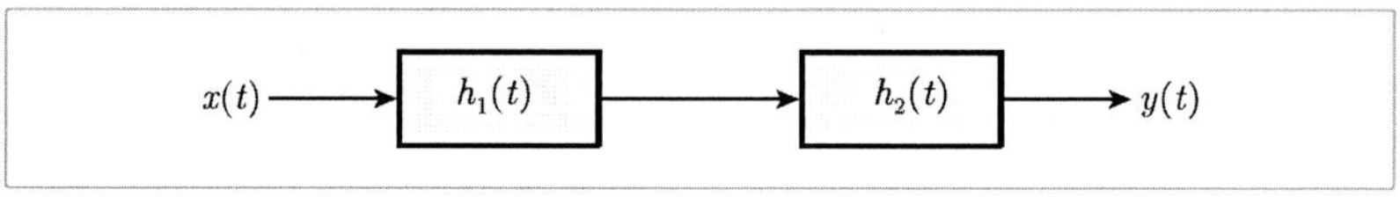

그림 II-5 **예제의 직렬 연결 시스템**

2-15 네 개의 시스템이 다음과 같이 연결되어 있다. 전체 임펄스 응답을 구하시오(단 $h_1(t)=h_3(t)=e^{-2t}u(t)$, $h_2(t)=e^{-t}u(t)$, $h_4(t)=\delta(t)$이다).

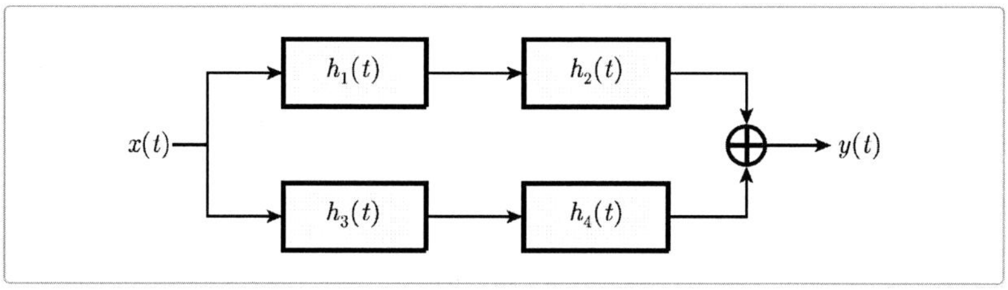

그림 II-6 **예제의 시스템**

2-16 세 개의 시스템이 직렬로 연결되어 있다. 각각의 임펄스 응답은 다음과 같다. 전체 임펄스 응답을 구하시오.

$$h_1(t)=e^{-t}u(t),\quad h_2(t)=e^{-2t}u(t),\quad h_3(t)=u(t)$$

2-17 어떤 디지털 시스템의 입력 신호 $x[n]$과 임펄스 응답 $h[n]$이 다음과 같다.

$$x[n]=0.5\delta[n]+0.2\delta[n-1]+0.7\delta[n-2]+0.4\delta[n-3]$$

$$h[n]=0.2\delta[n]+0.3\delta[n-1]+0.3\delta[n-2]+0.2\delta[n-3]$$

출력 $y[n]$을 구하시오.

2-18 어떤 LTI 시스템의 입력 신호 $x[n]$과 임펄스 응답 $h[n]$이 다음과 같다.

$$x[n]=u[n],\quad h[n]=a^n u[n],\ |a|<1$$

이 시스템의 출력 $y[n]$을 구하시오.

2-19 어떤 LTI 시스템의 입력 신호 $x[n]$과 임펄스 응답 $h[n]$이 다음과 같다.

$$x[n]=a^n u[n],\quad h[n]=b^n u[n]$$

출력 신호 $y[n]$을 계산하시오.

2-20 어떤 LTI 시스템의 임펄스 응답 $h[n]$이 다음과 같다.

$$h[n] = 0.1\delta[n] + 0.3\delta[n-1] + 0.5\delta[n-2] + 0.4\delta[n-3] + 0.2\delta[n-4]$$

이 시스템을 덧셈기, 곱셈기, 지연소자를 사용하여 구현하시오.

2-21 두 개의 시스템이 다음과 같이 직렬로 연결되어 있다.

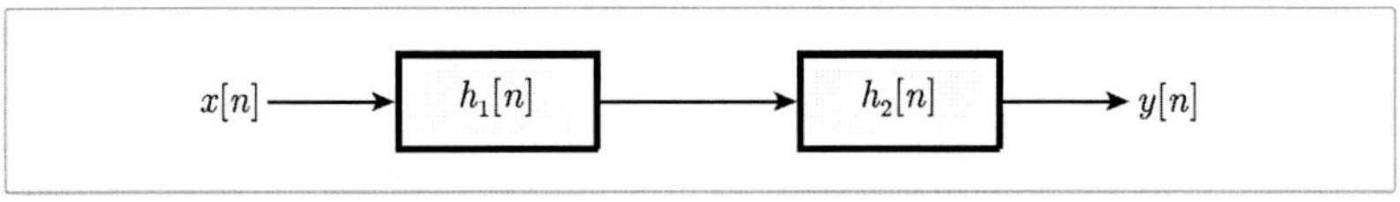

그림 II-7

각각의 시스템의 임펄스 응답은 다음과 같다.

$$h_1[n] = \delta[n] - a\delta[n-1], \quad h_2[n] = a^n u[n]$$

이 시스템 전체의 임펄스 응답을 구하시오.

2-22 두 개의 시스템이 다음과 같이 직렬로 연결되어 있다.

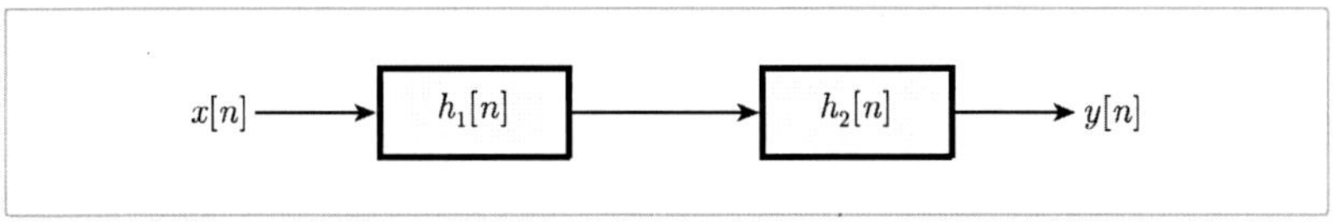

그림 II-8

각각의 시스템의 임펄스 응답은 다음과 같다.

$$h_1[n] = 0.5^n u[n], \quad h_2[n] = 0.125^n u[n]$$

이 시스템 전체의 임펄스 응답을 구하시오.

2-23 다음의 시스템에서 전체 임펄스 응답 $h[n]$을 구하시오.

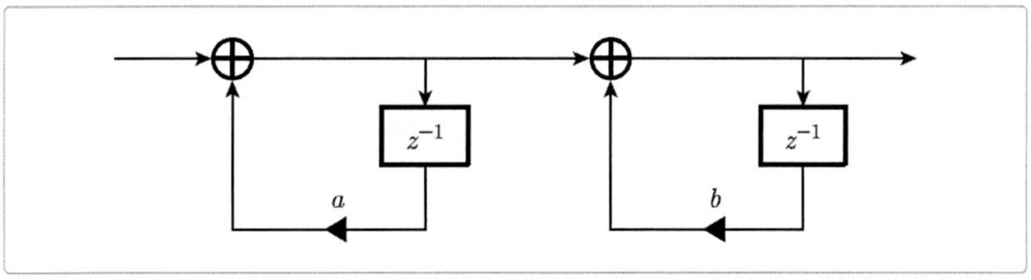

그림 II-9

CHAPTER 03

시스템의 주파수 해석

통신시스템의 각 블록에서는 신호의 주파수 성분을 분석함으로써 시스템을 효과적으로 해석할 수 있다. 또한, 통신시스템의 블록을 설계할 때에도 주파수 영역에서의 해석을 이용해야만 하는 등 주파수 영역 해석은 매우 중요한 도구이다. 이 주파수 성분을 모아 놓은 것을 스펙트럼(spectrum)이라고 부른다. 스펙트럼의 이해를 돕기 위하여 다음 그림과 같은 가시광선의 스펙트럼을 보자.

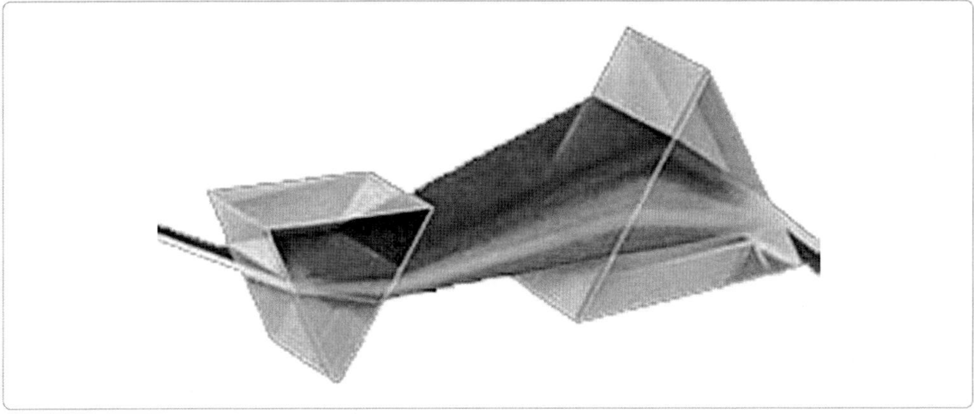

그림 3-1 빛의 스펙트럼

뉴턴(Newton)은 프리즘을 통과한 빛이 파장에 따라 굴절하는 각도가 다른 성질을 이용하여 눈에 보이는 색을 얻어냈다. 이 색을 가시광선의 스펙트럼이라고 한다.

이와 마찬가지로 시간 영역에서 정의되는 신호들도 여러 가지 주파수의 가중 합으로 구성되어 있으며, 이 신호들의 주파수 성분을 스펙트럼이라고 한다. 아날로그 신호와 디지털 신호들에 대한 스펙트럼의 관계는 다음 그림과 같다.

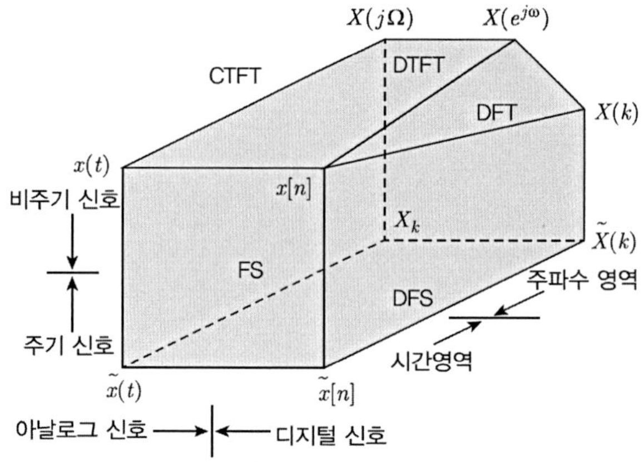

그림 3-2 **여러 신호와 그 스펙트럼의 관계도**

위의 그림에서 보듯이 시간 영역에서 정의되는 신호는 연속시간 신호와 디지털 신호, 주기와 비주기신호의 네 가지로 구분한다. 이 장에서는 다음의 4가지 스펙트럼에 대하여 알아본다.

$$\text{Fourier Series} \quad : \tilde{x}(t) \xleftrightarrow{\text{FS}} X_k$$

$$\text{CTFT} \quad : x(t) \xleftrightarrow{\text{CTFT}} X(\omega)$$

$$\text{DTFT} \quad : x[n] \xleftrightarrow{\text{DTFT}} X(e^{j\omega})$$

$$\text{DFT} \quad : x[n] \xleftrightarrow{\text{DFT}} X(k)$$

위의 그림과 식을 좀 더 자세히 살펴보기로 하자.

푸리에 변환의 종류

- 푸리에 급수(FS, Fourier Series) : 연속시간 주기신호에 대한 스펙트럼과의 관계를 푸리에 급수라고 한다.
- 연속시간 푸리에 변환(CTFT, Continuous Time Fourier Transform) : 연속시간 신호 $x(t)$에 대한 스펙트럼과의 관계를 CTFT라고 한다.
- 이산시간 푸리에 변환(DTFT, Discrete Time Fourier Transform) : 디지털 신호 $x[n]$에 대한 스펙트럼과의 관계를 DTFT라고 한다.

- DFT(Discrete Fourier Transform) : 디지털 신호에 대한 스펙트럼을 나타내는 또 다른 방법으로 DFT가 있다.

스펙트럼 해석의 시작은 푸리에 급수이다. 프랑스의 수학자인 푸리에(Fourier, 1768~1830)는 열전도론을 연구하여 1807년 '열의 해석적 이론'을 발표하였고, 푸리에 급수 이론으로 수학과 물리학 발전에 크게 공헌하였다. 열전도를 해석하기 위해 만들어졌던 푸리에 급수는 오늘날 신호처리와 통신공학의 기본이론으로 중요하게 사용되고 있다.

3.1 푸리에 급수

3.1.1 직교함수

임의의 연속시간 주기신호는 어떤 함수들의 가중 합으로 나타낼 수 있다. 그런데 그 함수가 직교함수(orthogonal function)라는 제한이 있어야만 그 가중치 값을 쉽게 구할 수 있으며 정의는 다음과 같다. 즉, 신호들의 집합 ϕ_i(여기에서 $i=0, \pm 1, \pm 2, \cdots$)가 다음의 조건을 만족하면 구간 (a, b)에서 직교(orthogonal)한다고 한다.

$$\int_a^b \phi_l(t)\phi_k^*(t)dt = \begin{cases} E_k, & l=k \\ 0, & l \neq k \end{cases}$$

여기에서 $\phi_k^*(t)$는 $\phi_k(t)$ 신호에 대한 켤레 복소함수(complex conjugate function)이다. 직교함수의 물리적인 의미는 다음과 같다. 어떤 함수의 집합에서 한 함수와 또 다른 함수의 켤레 복소함수를 꺼내서 곱한 후에 적분하면 0이 되는 함수의 집합을 직교함수라고 한다. 그러나 한 함수와 자기 자신의 공액복소함수를 꺼내서 곱한 후에 적분하면 값을 갖게 된다.

예제

$\phi_m(t) = \sin mt,\ m=1,\ 2,\ 3, \cdots$의 신호 집합은 $-\pi$에서 π의 구간에서 직교함수임을 보이시오.

풀이

$$\begin{aligned}\int_{-\pi}^{\pi} \phi_m(t)\phi_n^*(t)dt &= \int_{-\pi}^{\pi} \sin mt \sin nt dt \\ &= \int_{-\pi}^{\pi} \left\{\frac{1}{2}[\cos(m-n)t - \cos(m+n)t]\right\} \\ &= \frac{1}{2}\int_{-\pi}^{\pi} \cos(m-n)tdt - \frac{1}{2}\int_{-\pi}^{\pi} \cos(m+n)tdt = A\end{aligned}$$

$$\text{i) } m=n, A=\frac{1}{2}\int_{-\pi}^{\pi}\cos ltdt-\frac{1}{2}\int_{-\pi}^{\pi}\cos ktdt=0$$

$$\text{ii) } m\neq n, A=\frac{1}{2}\int_{-\pi}^{\pi}dt-\frac{1}{2}\int_{-\pi}^{\pi}\cos 2mtdt=\pi$$

위의 i)과 ii)의 결과를 사용하여 다음과 같이 표현할 수 있다.

$$A=\begin{cases}\pi, & m=n\\ 0, & m\neq n\end{cases}$$

따라서 $\phi_m(t)=\sin mt$는 $-\pi$에서 π의 구간에서 직교함수이다.

예제

$\phi_k(t)=e^{jkt}$, $k=0, \pm1, \pm2, \cdots$의 신호 집합은 $0<t<T$의 구간에서 직교함수임을 보이시오.

풀이 $$\int_0^T \phi_l(t)\phi_k^*(t)dt=\int_0^T e^{jlt}e^{-jkt}dt=\int_0^T e^{j(l-k)t}dt=A$$

$$\text{i) } l=k, A=\int_0^T \cos(l-k)tdt+j\int_0^T \sin(l-k)tdt=0$$

$$\text{ii) } l\neq k, A=\int_0^T dt=T$$

i)과 ii)의 결과를 사용하여 다음과 같이 표현할 수 있다.

$$A=\begin{cases}T, & l=k\\ 0, & l\neq k\end{cases}$$

따라서 신호 집합 $\phi_k(t)=e^{jkt}$는 $0<t<T$의 구간에서 직교함수이다.

3.1.2 삼각 푸리에 급수

주기가 T인 주기함수 $\tilde{x}(t)$(~는 틸드(tilde)라고 읽음)는 다음과 같이 삼각함수들의 가중 합으로 나타낼 수 있다. 이 식을 삼각 푸리에 급수(Trigonometric Fourier Series)라고 한다. 이전 절에서 살펴보았듯이 삼각함수는 직교함수이다.

$$\tilde{x}(t)=a_0+\sum_{k=1}^{\infty}[a_k\cos k\omega_0 t+b_k\sin k\omega_0 t],\quad T=\frac{2\pi}{\omega_0}$$

위의 식에서 $k=1$일 때의 각주파수 ω_0를 기본주파수(fundamental frequency)라고 한다. 이 식에서 주기 T는 $\omega_0 T=2\pi$의 식으로부터 $T=2\pi/\omega_0$를 구할 수 있다. 이제 다음의 구형파를 삼각함수의 가중 합으로 표현할 수 있음을 이해해 보기로 하자. 이 구형파의 주기는 $T=2\pi$이며 다음 그림에서 한 주기만을 굵은 실선으로 나타냈다.

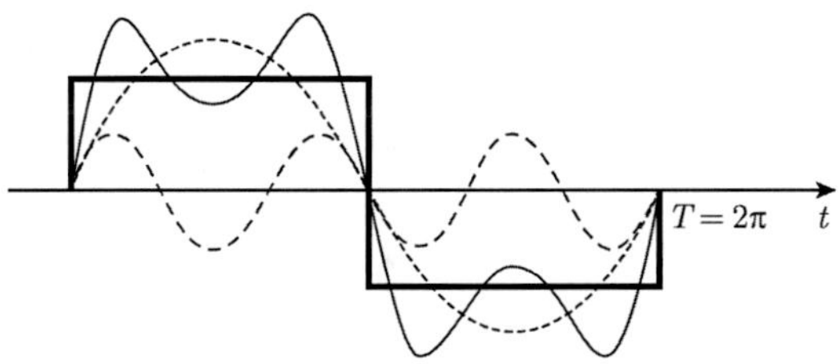

그림 3-3 구형파의 삼각 푸리에 급수 표현

이 구형파를 한 개의 삼각함수만을 사용하여 근사적으로 표현하려면 위의 그림에서와 같이 $b_1\sin t$를 사용하는 것이 가장 바람직함을 직관적으로 알 수 있다. 이때 b_1을 얼마로 정해야 하는지는 조금 후에 알아보기로 한다. 만일 2개의 삼각함수를 사용하여 근사적으로 나타내려면 $b_3\sin 3t$를 한 개 더 사용하여 $b_1\sin t$와 더하면 실선의 모양을 얻는다. 이 실선의 모양이 한 개의 삼각함수 $b_1\sin t$만을 사용한 것보다 더욱 구형파와 닮았음을 알 수 있을 것이다. 따라서 $b_5\sin 5t$를 한 개 더 사용한다면 구형파와 근사적으로 더욱 닮아진다. 이 구형파는 직류성분을 갖고 있지 않으므로 a_0는 0임을 알 수 있다. 또한, cos 함수는 우함수이므로 사용되지 않는다. 또한 기본주파수는 $\omega_0 = 2\pi/T = 1$이다. 따라서 이 구형파는 다음과 같이 홀수의 sin 파로 나타낼 수 있다.

$$\begin{aligned}\tilde{x}(t) &= a_0 + \sum_{k=1}^{\infty}[a_k\cos k\omega_0 t + b_k \sin k\omega_0 t] = \sum_{k=1}^{\infty} b_k \sin kt \\ &= b_1\sin t + b_3 \sin 3t + b_5 \sin 5t + \cdots\end{aligned}$$

삼각 푸리에 급수에서의 가중치, 즉 삼각 푸리에 급수 계수를 구하는 식은 다음과 같이 구할 수 있다.

$$\begin{aligned}\int_{t_0}^{t_0+T}\tilde{x}(t)\cos n\omega_0 t dt &= \int_{t_0}^{t_0+T}\left\{a_0 + \sum_{k=1}^{\infty}[a_k\cos k\omega_0 t + b_k\sin k\omega_0 t]\right\}\cos n\omega_0 t dt \\ &= a_0\int_{t_0}^{t_0+T}\cos n\omega_0 t dt + \sum_{k=1}^{\infty} a_k\left[\int_{t_0}^{t_0+T}\cos k\omega_0 t\cos n\omega_0 t dt\right] \\ &\quad + \sum_{k=1}^{\infty} b_k\left[\int_{t_0}^{t_0+T}\sin k\omega_0 t\cos n\omega_0 t dt\right] = a_n\frac{T}{2} \\ \therefore\ a_k &= \frac{2}{T}\int_{t_0}^{t_0+T}\tilde{x}(t)\cos k\omega_0 t dt\end{aligned}$$

$$\int_{t_0}^{t_0+T}\tilde{x}(t)\sin n\omega_0 t dt = \int_{t_0}^{t_0+T}\left\{a_0 + \sum_{k=1}^{\infty}[a_k\cos k\omega_0 t + b_k\sin k\omega_0 t]\right\}\sin n\omega_0 t dt$$

$$= a_0 \int_{t_0}^{t_0+T} \sin n\omega_0 t dt + \sum_{k=1}^{\infty} a_k \left[\int_{t_0}^{t_0+T} \cos k\omega_0 t \sin n\omega_0 t dt \right]$$

$$+ \sum_{k=1}^{\infty} b_k \left[\int_{t_0}^{t_0+T} \sin k\omega_0 t \sin n\omega_0 t dt \right] = b_n \frac{T}{2}$$

$$\therefore\ b_k = \frac{2}{T} \int_{t_0}^{t_0+T} \tilde{x}(t) \sin k\omega_0 t dt$$

a_0는 다음과 같이 $\tilde{x}(t)$의 한 주기 동안의 평균이다.

$$a_0 = \frac{1}{T} \int_{t_0}^{t_0+T} \tilde{x}(t) dt$$

예제

다음 구형파의 주기함수를 삼각 푸리에 급수로 나타내었을 때, $k = 0,\ 1,\ 2,\ 3$까지의 삼각 푸리에 급수 계수를 구하시오.

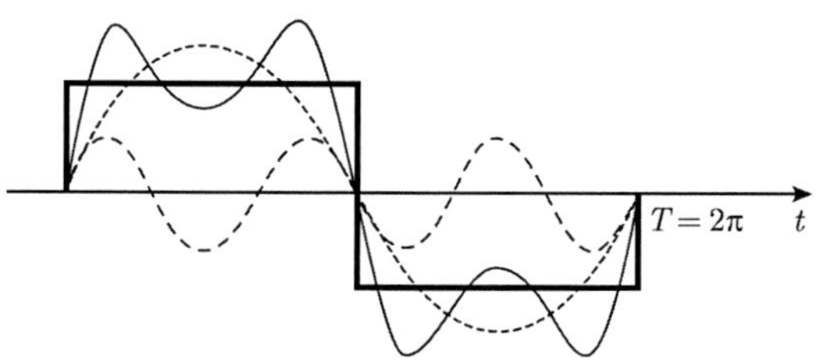

그림 3-4 예제의 구형파와 삼각 푸리에 급수 표현

풀이 $\tilde{x}(t) = b_1 \sin t + b_3 \sin 3t$

$$b_k = \frac{2}{T} \int_{t_0}^{t_0+T} x(t) \sin k\omega_0 t dt = \frac{1}{\pi} \int_0^{2\pi} x(t) \sin kt dt$$

$$= \frac{1}{\pi} \left\{ \int_0^{\pi} \sin kt dt - \int_{\pi}^{2\pi} \sin kt dt \right\}$$

$$= \frac{4}{k\pi}$$

$$\therefore\ b_1 = \frac{4}{\pi} = 1.273, \quad b_3 = \frac{4}{3\pi} = 0.424$$

앞에서 사용된 구형파에서 k를 증가시키면서 만들어지는 파형을 살펴보면 다음 그림과 같다.

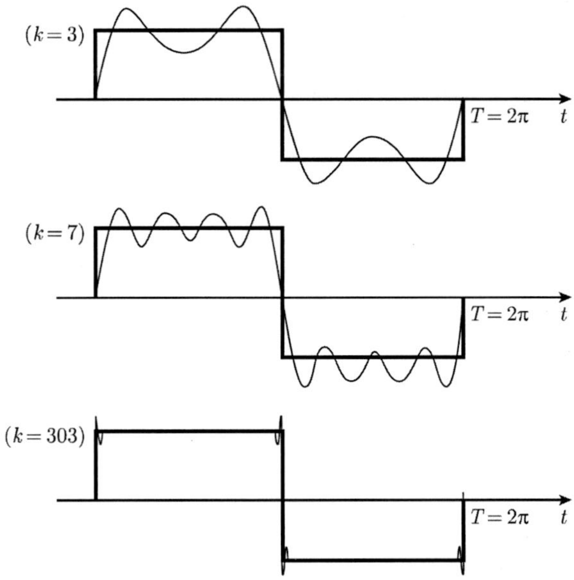

그림 3-5 구형파의 삼각 푸리에 급수 표현에서의 깁스 현상

그림에서는 $k=3$, $k=7$, $k=303$의 3가지 경우를 살펴보았는데, k를 증가시키면 구형파의 불연속점에서의 기울기는 점점 가파르게 되나 불연속점에서의 리플 크기는 작아지지 않는 현상을 관찰할 수 있다. 이 현상을 깁스 현상(Gibbs phenomenon)이라고 한다.

3.1.3 지수 푸리에 급수

삼각 푸리에 급수로 표현된 주기함수 $\tilde{x}(t)$는 삼각 푸리에 급수 계수 a_0, a_k, b_k가 모두 실수인 장점을 갖고 있으나 3가지의 계수를 따로 찾아야 한다. 그러나 지수 푸리에 급수(exponential Fourier series)를 사용하여 주기함수를 표현하면 이런 단점을 없앨 수 있다.

삼각 푸리에 급수는 어느 하나의 k에 대하여 두 가지의 계수의 가중 합이 존재하는데, 다음의 식과 같이 한 가지 종류의 가중 합으로 표현하는 것이 가능하다.

$$\begin{aligned} a_k \cos k\omega_0 t + b_k \sin k\omega_0 t &= a_k \frac{e^{jk\omega_0 t} + e^{-jk\omega_0 t}}{2} + b_k \frac{e^{jk\omega_0 t} - e^{-jk\omega_0 t}}{2j} \\ &= \frac{a_k - jb_k}{2} e^{jk\omega_0 t} + \frac{a_k + jb_k}{2} e^{-jk\omega_0 t} \\ &= X_k e^{jk\omega_0 t} + X_{-k} e^{-jk\omega_0 t} \end{aligned}$$

위의 식에서 보듯이 양수의 2개의 항이 1개의 양수 항과 1개의 음수 항으로 표현됨을 알 수 있다. 즉, a_k와 b_k의 2종류의 계수가 X_k의 한 종류의 계수로 표현될 수 있다. 따라서 위의 식을 사용하면 삼각 푸리에 급수를 다음 식과 같은 간단한 모양의 지수 푸리에 급수로 표현할 수 있다.

$$\tilde{x}(t) = \sum_{k=-\infty}^{\infty} X_k e^{jk\omega_0 t}$$

위의 식에서 보듯이 지수 푸리에 급수로 주기함수를 표현하면 삼각 푸리에 급수의 a_0, a_k, b_k의 세 종류 계수를 한 종류의 계수 X_k로 나타낼 수 있다. 이때, 지수 푸리에 급수 계수 X_k는 다음과 같이 구할 수 있다.

$$\int_0^T \tilde{x}(t)e^{-jm\omega_0 t}\,dt = \int_0^T \sum_{k=-\infty}^{\infty} X_k e^{j(k-m)\omega_0 t} dt = \sum_{k=-\infty}^{\infty} X_k \int_0^T e^{j(k-m)\omega_0 t}\,dt = X_m T$$

$$\therefore\ X_k = \frac{1}{T}\int_0^T \tilde{x}(t)e^{-jk\omega_0 t}\,dt$$

이와 같은 지수 푸리에 급수 계수의 값이 일반적으로 복소수이므로 그림으로 표현할 때에 하나의 그림으로 나타낼 수 없다. 따라서 다음과 같이 극형식(polar form)으로 표기한다.

$$X_k = |X_k| e^{j\angle X_k}$$

위의 식에서 $k\omega_0$에 대한 $|X_k|$의 그래프를 진폭 스펙트럼이라고 하며, $\tilde{x}(t)$를 구성하는 여러 주파수들의 진폭을 나타낸다. 또한 $k\omega_0$에 대한 $\angle X_k$의 그래프를 위상 스펙트럼이라고 한다. 이와 같은 진폭 스펙트럼과 위상 스펙트럼들은 선으로 구성되므로 "선 스펙트럼(line spectra)"이라고도 부른다.

예제

다음 주기함수 $\tilde{x}(t)$의 지수 푸리에 급수 계수 X_k를 구하시오.

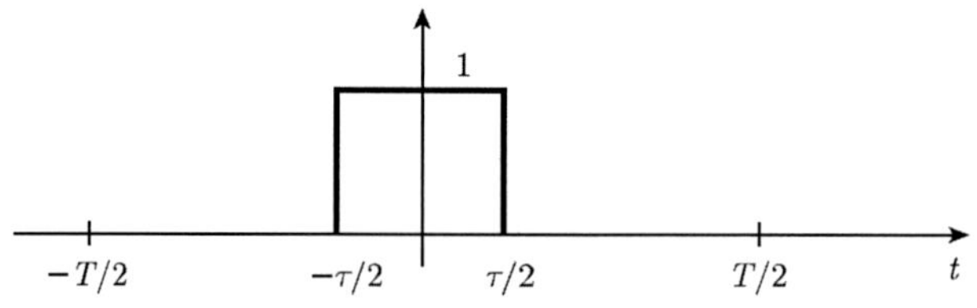

그림 3-6 예제의 주기함수

풀이 $X_k = \frac{1}{T}\int_{-T/2}^{T/2} \tilde{x}(t)e^{-j\frac{2\pi}{T}kt}\,dt = \frac{1}{T}\int_{-\tau/2}^{\tau/2} e^{-j\frac{2\pi}{T}kt}\,dt$

$$= \frac{1}{T}\left[\frac{e^{-j\frac{2\pi}{T}kt}}{-j\frac{2\pi}{T}k}\right]_{-\tau/2}^{\tau/2} = \frac{1}{j2\pi k}\left[e^{j\frac{\pi k\tau}{T}} - e^{-j\frac{\pi k\tau}{T}}\right] = \frac{1}{\pi k}\sin\frac{\pi k\tau}{T}$$

3.2 연속시간 푸리에 변환(CTFT)

3.2.1 CTFT의 전개

아날로그 주기신호의 스펙트럼을 분석하기 위하여 푸리에 급수가 사용된다. 푸리에 급수를 사용한 시스템 해석은 입력이 주기신호이어야 하는 제한을 갖고 있다. 그렇다면 비주기신호에 대한 스펙트럼은 어떻게 나타낼 수 있을까? 푸리에 급수와 유사한 방법으로 비주기신호를 표현하는 푸리에 변환이 개발되었으며 이를 연속시간 푸리에 변환(Continuous Time Fourier Transform, CTFT)이라고 한다.

이를 알아보기 위해 먼저 다음과 같은 주기 $T=5$인 구형파 주기신호와 그 푸리에 급수 계수 $|X_k|$를 그려보기로 하자. 이 경우에 푸리에 급수 계수는 다음과 같이 나타낼 수 있다.

$$X_k = \frac{1}{\pi k}\sin\frac{\pi k}{5}$$

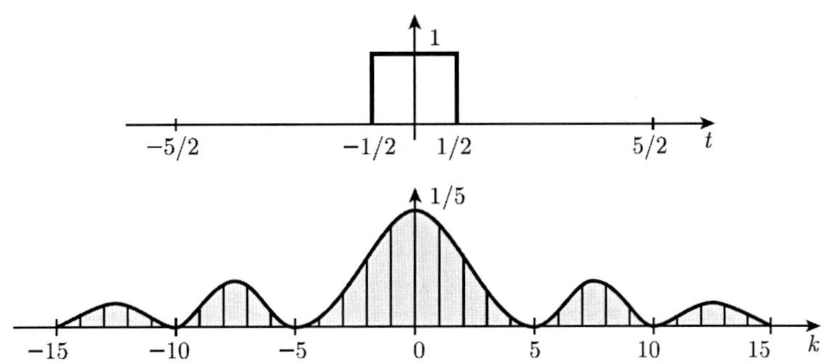

그림 3-7 $T=5$인 구형파 주기신호와 그 푸리에 급수 계수 $|X_k|$

이번에는 주기 $T=10$인 구형파 주기신호의 푸리에 급수 계수 $|X_k|$를 그려보기로 하자. 이 주기신호의 푸리에 급수 계수는 다음과 같이 표현할 수 있다.

$$X_k = \frac{1}{\pi k}\sin\frac{\pi k}{10}$$

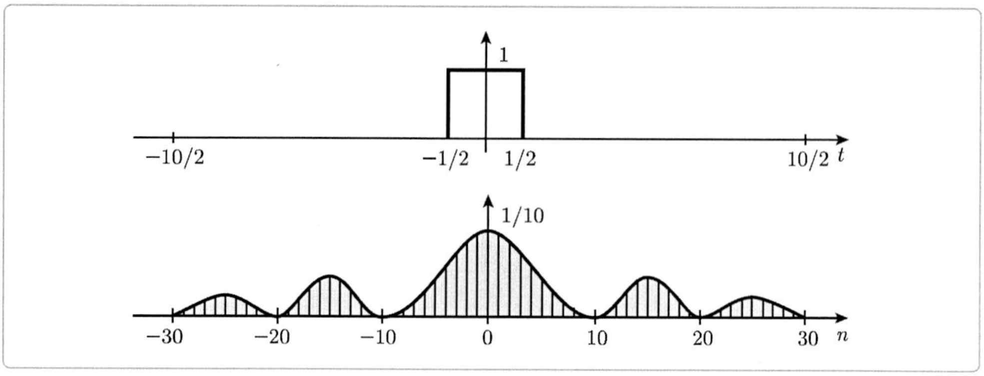

그림 3-8 $T=10$인 구형파 주기신호와 그 푸리에 급수 계수 $|X_k|$

위의 두 예에서 보듯이 $T=10$으로 주기가 늘어나면 스펙트럼은 처음으로 0이 되는 지점까지의 선 스펙트럼의 수가 5개에서 10개로 늘어남을 볼 수 있다. 그렇다면 주기가 무한대가 되면 어떤 현상이 일어날까? 원점에서부터 처음 0이 되는 지점까지 선 스펙트럼이 무한대로 증가해서 선 스펙트럼이 연속 스펙트럼으로 나타나게 될 것이다. 이와 같은 개념으로 푸리에 급수가 CTFT로 확장될 수 있다. 이제 수학적으로 어떻게 변하는지 알아보기로 하자. 먼저 푸리에 급수를 다시 불러보자.

$$\tilde{x}(t) = \sum_{k=-\infty}^{\infty} X_k e^{jk\omega_0 t}, \qquad X_k = \frac{1}{T}\int_0^T \tilde{x}(t) e^{-jk\omega_0 t}\, dt$$

(1) 먼저 주기가 무한대가 되면 푸리에 급수 계수 X_k가 어떻게 변하는지 알아보자. 주기가 무한대가 되면($T \to \infty$) 선스펙트럼의 주파수 간격 ω_0는 무한히 작아지므로 다음과 같이 $d\omega$가 된다.

$$\omega_0 = \frac{2\pi}{T} \xrightarrow{\quad T \to \infty \quad} d\omega = \frac{2\pi}{T}$$

또한 주기가 무한대가 되면 선스펙트럼의 주파수 $k\omega_0$는 연속 변수가 된다. 즉,

$$k\omega_0 \xrightarrow{\quad T \to \infty \quad} \omega$$

따라서 푸리에 급수 계수 X_k는 다음과 같이 표현될 수 있다.

$$X_k = \frac{d\omega}{2\pi}\int_0^T \tilde{x}(t) e^{-j\omega t}\, dt$$

(2) 이번에는 푸리에 급수가 어떻게 변하는지 알아보자.
주기가 무한대가 되면 주기신호는 다음과 같이 표현할 수 있다.

$$\tilde{x}(t) \xrightarrow{T \to \infty} x(t), \qquad \sum_{k=-\infty}^{\infty} \xrightarrow{T \to \infty} \int_{\omega=-\infty}^{\infty}$$

이 식들을 푸리에 급수 식에 대입하면 다음과 같다.

$$x(t) = \int_{\omega=-\infty}^{\infty} \frac{d\omega}{2\pi} \int_{t=-\infty}^{\infty} x(t)e^{-jk\omega t}\, dt\; e^{j\omega t}$$

$$= \frac{1}{2\pi}\int_{\omega=-\infty}^{\infty} \left\{ \int_{t=-\infty}^{\infty} x(t)e^{-jk\omega t}\, dt \right\} e^{j\omega t}\, d\omega$$

위의 결과로부터 다음의 CTFT가 정의된다.

$$X(\omega) = \int_{-\infty}^{\infty} x(t)e^{-j\omega t} dt$$

$$x(t) = \frac{1}{2\pi}\int_{-\infty}^{\infty} X(\omega)\, e^{j\omega t}\, d\omega$$

3.2.2 기본 신호의 CTFT

임펄스 신호의 CTFT

가장 기본적인 신호인 임펄스 신호 $\delta(t)$의 CTFT를 구해보기로 한다. 이를 위해 임펄스 신호 $\delta(t)$의 솎음 성질 $\int_{-\infty}^{\infty} x(t)\delta(t-t_0)dt = x(t_0)$을 이용하면 다음과 같다.

$$\int_{-\infty}^{\infty} \delta(t)e^{-j\omega t}dt = 1$$

따라서 다음과 같이 표현한다.

$$\delta(t) \quad \leftrightarrow \quad 1$$

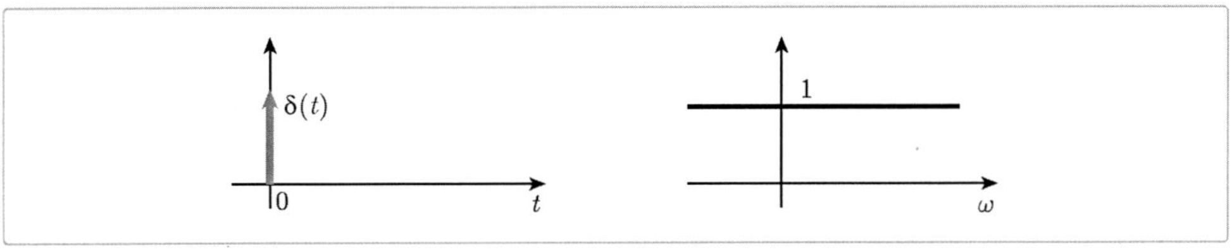

그림 3-9 $\delta(t)$와 그 CTFT

예제

임펄스 신호 $\delta(t-2)$의 CTFT를 구하시오.

풀이 솎음 성질을 이용하면 다음과 같다.

$$\int_{-\infty}^{\infty} \delta(t-2)e^{-j\omega t}dt = e^{-j2\omega}$$

이번에는 $\delta(\omega)$의 역 CTFT를 알아보기로 한다. 역시 솎음 성질을 이용하면 다음과 같다.

$$\frac{1}{2\pi}\int_{-\infty}^{\infty} \delta(\omega)e^{j\omega t}d\omega = \frac{1}{2\pi}$$

따라서 다음과 같이 표현한다.

$$1 \quad \leftrightarrow \quad 2\pi\delta(\omega)$$

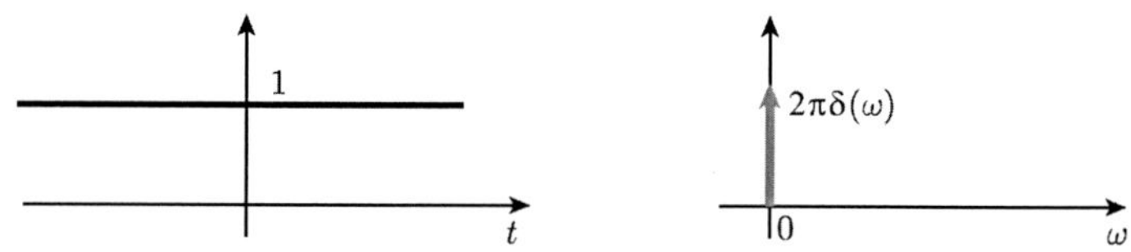

그림 3-10 $\delta(\omega)$와 역 CTFT

펄스 신호의 CTFT

다음과 같은 펄스 신호 $x(t) = \text{rect}\left(\frac{t}{\tau}\right)$의 CTFT를 구해보기로 한다.

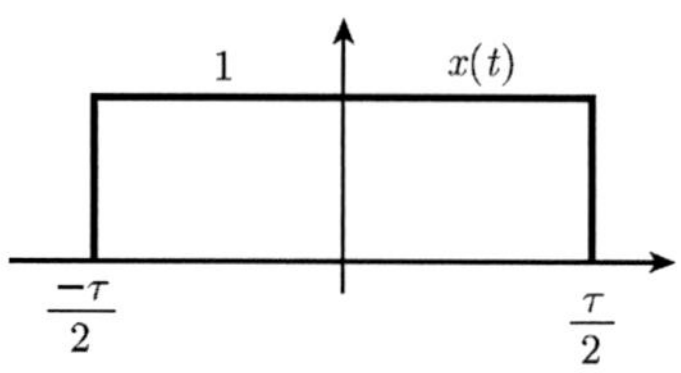

그림 3-11 예제의 펄스 신호

CTFT의 정의에 펄스 신호를 대입하면 다음과 같다.

$$X(\omega) = \int_{-\infty}^{\infty} x(t)e^{-j\omega t}dt = \int_{-\tau/2}^{\tau/2} e^{-j\omega t}dt = \left[\frac{e^{-j\omega t}}{-j\omega}\right]_{-\tau/2}^{\tau/2}$$

$$= \frac{1}{j\omega}(e^{j\omega\tau/2} - e^{-j\omega\tau/2}) = \frac{2}{\omega}\frac{e^{j\omega\tau/2} - e^{-j\omega\tau/2}}{2j} = \frac{2\sin(\omega\tau/2)}{\omega}$$

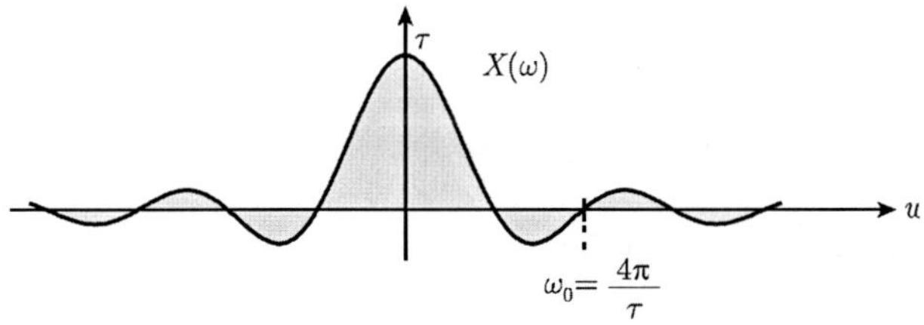

그림 3-12 예제의 CTFT

CTFT에서 $\omega = 0$에서의 값은 다음과 같다.

$$\left.\frac{(2\sin(\tau\omega/2))'}{\omega'}\right|_{\omega=0} = \left.\frac{\tau\cos(\tau\omega/2)}{1}\right|_{\omega=0} = \tau$$

이와 같이 펄스 신호(시간 영역)의 CTFT는 sinc 함수(주파수 영역)의 모양을 갖는다.

sinc 신호의 CTFT

펄스 신호의 CTFT가 주파수 영역에서 sinc 신호의 모양이 됨을 보았다. 이와 마찬가지로 sinc 신호의 CTFT는 주파수 영역에서 펄스의 모양을 갖는다. sinc 신호의 CTFT를 찾기 위하여 주파수 영역의 펄스를 역 CTFT하는 것이 쉽다. 이와 같은 주파수 영역의 펄스를 필터라고 부른다. 다음 그림의 $X(\omega) = \text{rect}\left(\frac{\omega}{2\omega_s}\right)$를 역 CTFT해보기로 한다.

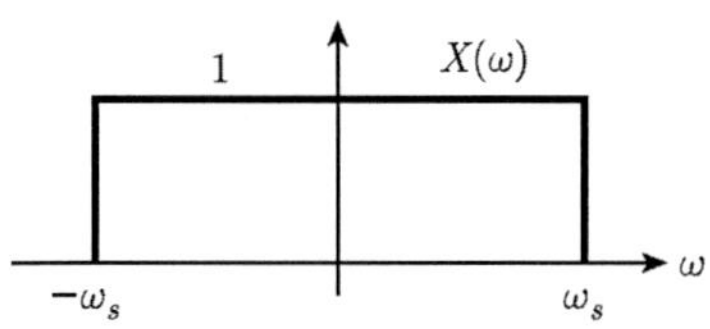

그림 3-13 예제의 $X(\omega)$

$$x(t) = \frac{1}{2\pi}\int_{-\infty}^{\infty} X(\omega)e^{j\omega t}d\omega = \frac{1}{2\pi}\int_{-\omega_s}^{\omega_s} e^{j\omega t}d\omega = \frac{1}{2\pi}\left[\frac{e^{j\omega t}}{jt}\right]_{-\omega_s}^{\omega_s}$$

$$= \frac{1}{2\pi jt}(e^{j\omega_s t} - e^{-j\omega_s t}) = \frac{\sin\omega_s t}{\pi t}$$

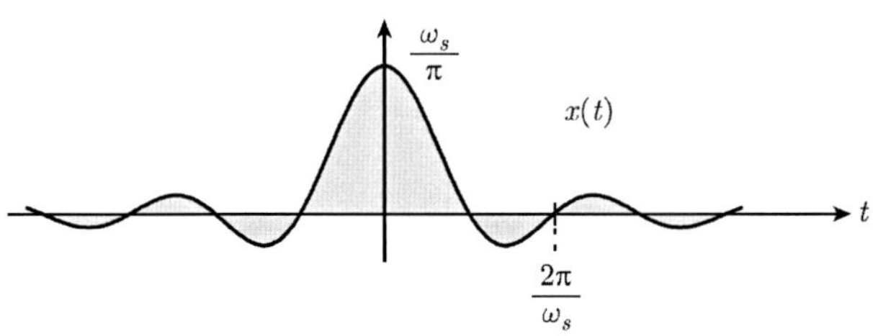

그림 3-14 예제의 $x(t)$

$x(0)$의 값은 다음과 같다.

$$\left.\frac{(\sin\omega_s t)'}{(\pi t)'}\right|_{t=0} = \left.\frac{\omega_s \cos\omega_s t}{\pi}\right|_{t=0} = \frac{\omega_s}{\pi}$$

이와 같이 저역통과 필터(주파수 영역)의 역 CTFT는 sinc 신호(시간 영역)가 됨을 보았다.

예제

다음 두 필터의 임펄스 응답을 구하시오.

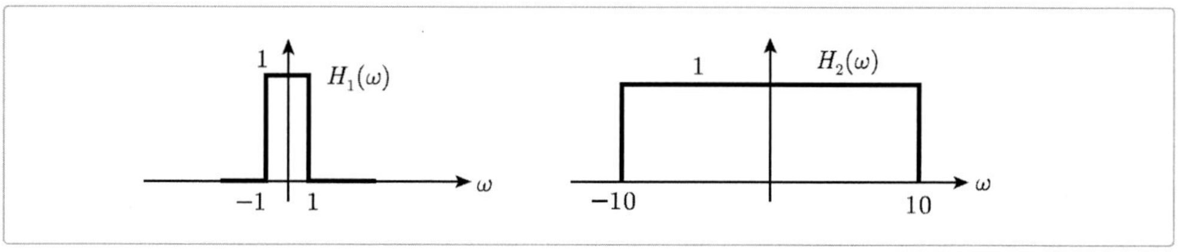

그림 3-15 예제의 필터

풀이 두 필터의 역 CTFT는 다음과 같다.

$$h_1(t) = \frac{1}{2\pi}\int_{-\infty}^{\infty} H_1(\omega)e^{j\omega t}d\omega = \frac{1}{2\pi}\int_{-1}^{1} e^{j\omega t}d\omega = \frac{1}{2\pi}\left[\frac{e^{j\omega t}}{jt}\right]_{-1}^{1}$$

$$= \frac{1}{2\pi jt}(e^{jt} - e^{-jt}) = \frac{\sin t}{\pi t}$$

$$h_2(t) = \frac{1}{2\pi}\int_{-\infty}^{\infty} H_2(\omega)e^{j\omega t}d\omega = \frac{1}{2\pi}\int_{-10}^{10} e^{j\omega t}d\omega = \frac{1}{2\pi}\left[\frac{e^{j\omega t}}{jt}\right]_{-10}^{10}$$

$$= \frac{1}{2\pi jt}(e^{j10t} - e^{-j10t}) = \frac{\sin 10t}{\pi t}$$

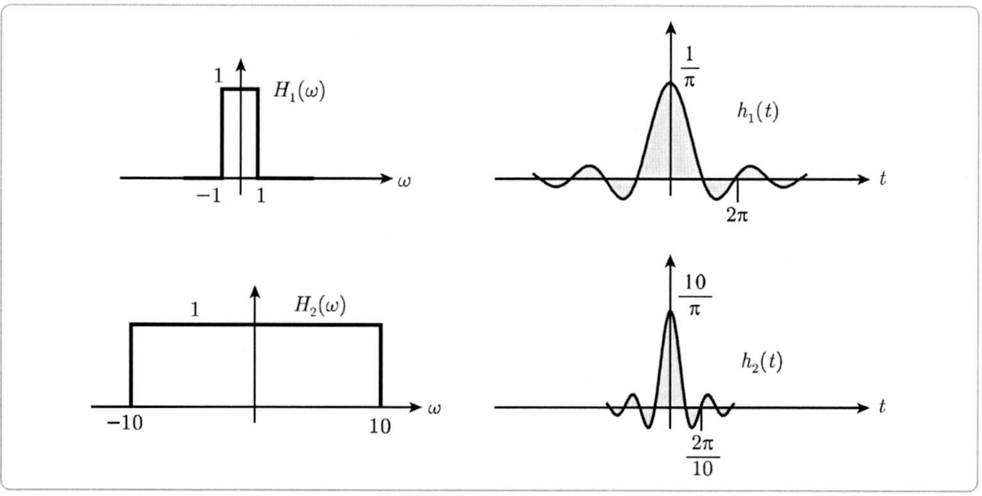

그림 3-16 예제의 임펄스 응답

$h_1(0)$와 $h_2(0)$의 값은 각각 다음과 같다.

$$\left.\frac{(\sin t)'}{(\pi t)'}\right|_{t=0} = \left.\frac{\cos t}{\pi}\right|_{t=0} = \frac{1}{\pi}, \quad \left.\frac{(\sin 10t)'}{(\pi t)'}\right|_{t=0} = \left.\frac{10\cos 10t}{\pi}\right|_{t=0} = \frac{10}{\pi}$$

이 예제에서 보듯이 필터의 대역 폭을 계속 넓히면 역 CTFT인 임펄스 응답은 폭이 점점 좁아짐을 알 수 있다. 만일 대역 폭을 무한대로 넓히면 임펄스 응답은 임펄스로 수렴하게 된다.

지수 신호의 CTFT

지수 신호의 CTFT도 중요하다. 특히, R, L, C로 이루어진 시스템에서 임펄스 응답이 지수 신호인 경우가 많다. 이와 같이 지수 신호의 임펄스 응답을 갖는 시스템의 주파수 응답은 CTFT를 사용하여 구하게 된다. 다음과 같은 임펄스 응답을 보자.

$$h(t) = ae^{-at}u(t), \quad a > 0$$

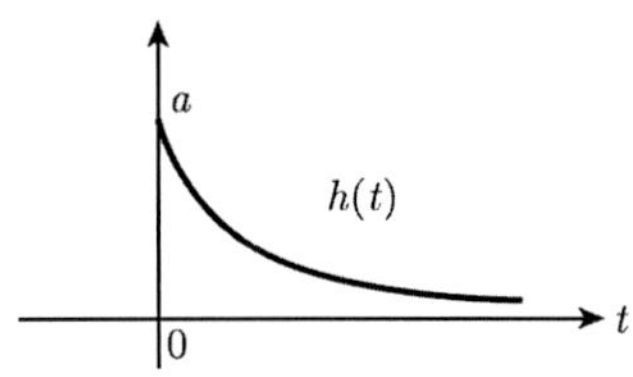

그림 3-17 **지수 신호의 임펄스 응답**

이 임펄스 응답의 CTFT는 다음과 같다.

$$H(\omega) = \int_{-\infty}^{\infty} ae^{-at}u(t)e^{-j\omega t}dt = a\int_{0}^{\infty} e^{-(a+j\omega)t}dt$$

$$= a\left[\frac{e^{-(a+j\omega)t}}{-(a+j\omega)}\right]_0^{\infty} = \frac{a}{a+j\omega}$$

$$\therefore h(t) = ae^{-at}u(t),\ a > 0 \quad \leftrightarrow \quad H(\omega) = \frac{a}{a+j\omega}$$

복소 지수 신호의 CTFT

복소 지수 신호의 CTFT를 찾기 위하여 먼저 $\delta(t)$와 $\delta(\omega)$를 다음과 같이 나타내보자. $\delta(t)$의 CTFT가 1이므로 역 CTFT 관계식을 사용하면 다음과 같이 나타낼 수 있다.

$$\delta(t) \leftrightarrow 1, \quad \Rightarrow \quad \delta(t) = \frac{1}{2\pi}\int_{-\infty}^{\infty} e^{j\omega t}d\omega$$

$\delta(\omega)$의 역 CTFT가 $1/2\pi$이므로 CTFT 관계식을 사용하면 다음과 같이 나타낼 수 있다.

$$\frac{1}{2\pi} \leftrightarrow \delta(\omega), \quad \Rightarrow \quad \delta(\omega) = \int_{-\infty}^{\infty} \frac{1}{2\pi} e^{-j\omega t} dt = \frac{1}{2\pi} \int_{-\infty}^{\infty} e^{-j\omega t} dt$$

이제 복소 주기신호 $x(t) = e^{j\omega_0 t}$의 CTFT를 찾아보기로 한다. 이 복소 주기신호의 CTFT는 다음과 같다.

$$X(\omega) = \int_{-\infty}^{\infty} e^{j\omega_0 t} e^{-j\omega t} dt = \int_{-\infty}^{\infty} e^{-j(\omega-\omega_0)t} dt$$

$\int_{-\infty}^{\infty} e^{-j\omega t} dt = 2\pi\delta(\omega)$를 이용하면 다음과 같이 CTFT를 구할 수 있다.

$$X(\omega) = \int_{-\infty}^{\infty} e^{-j(\omega-\omega_0)t} dt = 2\pi\delta(\omega-\omega_0)$$

참고

다음과 같이 CTFT를 구할 수도 있다. 먼저 $x(t)$의 CTFT를 $X(\omega)$라고 하자. 이제 $x(t)e^{j\omega_0 t}$의 CTFT를 구해보기로 한다.

$$\int_{-\infty}^{\infty} x(t) e^{j\omega_0 t} e^{-j\omega t} dt = \int_{-\infty}^{\infty} x(t) e^{-j(\omega-\omega_0)t} dt = X(\omega-\omega_0)$$

또한 다음의 관계식을 이용한다.

$$1 \leftrightarrow 2\pi\delta(\omega)$$

위의 두 식을 이용하면 $e^{j\omega_0 t}$의 CTFT는 다음과 같다.

$$e^{j\omega_0 t} \leftrightarrow 2\pi\delta(\omega-\omega_0)$$

임펄스 트레인 신호의 CTFT

임펄스 트레인의 CTFT는 연속시간 신호의 샘플링을 통한 디지털 신호의 이해에 매우 중요하다. 또한 임펄스 트레인 신호의 CTFT를 찾는 데 복소 지수신호의 CTFT가 중요한 역할을 한다. 다음과 같은 임펄스 트레인의 CTFT를 구해 보자.

$$x(t) = \sum_{k=-\infty}^{\infty} \delta(t-kT)$$

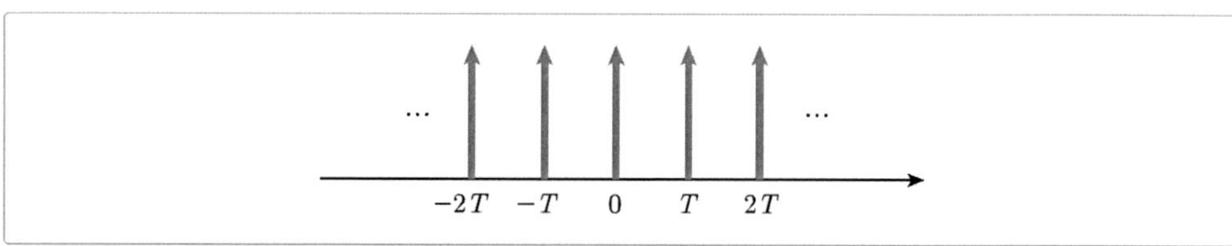

그림 3-18 임펄스 트레인

임펄스 트레인은 주기함수이므로 푸리에 급수로 나타낼 수 있으며 그 푸리에 급수 계수는 다음과 같이 구할 수 있다.

$$X_k = \frac{1}{T}\int_{-T/2}^{T/2} \delta(t) e^{-jk\omega_0 t} dt = \frac{1}{T}$$

이 계수를 대입하여 임펄스 트레인을 푸리에 급수로 표현하면 다음과 같다.

$$x(t) = \frac{1}{T}\sum_{k=-\infty}^{\infty} e^{jk\omega_0 t}$$

이 식으로부터 다음과 같이 CTFT를 구할 수 있다.

$$\begin{aligned} 1 &\leftrightarrow 2\pi\delta(\omega) \\ e^{j\omega_0 t} &\leftrightarrow 2\pi\delta(\omega-\omega_0) \\ \frac{1}{T}\sum_{k=-\infty}^{\infty} e^{jk\omega_0 t} &\leftrightarrow \omega_0 \sum_{k=-\infty}^{\infty} \delta(\omega - k\omega_0) \end{aligned}$$

이 식으로부터 임펄스 트레인 신호의 CTFT도 다음 그림과 같이 임펄스 트레인의 모양임을 알 수 있다.

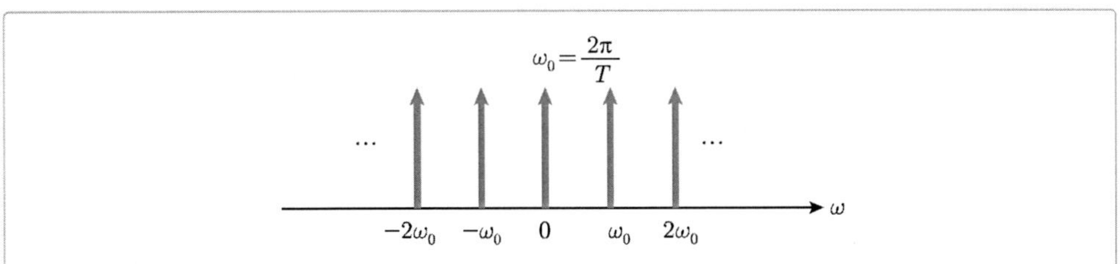

그림 3-19 임펄스 트레인의 CTFT

빈번하게 사용되는 CTFT 변환 쌍은 다음 표와 같다.

표 3-1 중요한 CTFT 변환 쌍

	신호	CTFT
1	$\delta(t)$	1
2	$\delta(t-t_0)$	$e^{-j\omega t_0}$
3	1	$2\pi\delta(\omega)$
4	$e^{j\omega_0 t}$	$2\pi\delta(\omega-\omega_0)$
5	$\cos\omega_0 t$	$\pi[\delta(\omega-\omega_0)+\delta(\omega+\omega_0)]$
6	$\sin\omega_0 t$	$\frac{\pi}{j}[\delta(\omega-\omega_0)+\delta(\omega+\omega_0)]$

| 표 3-1 | 중요한 CTFT 변환 쌍(계속)

	신호	CTFT
7	$u(t)$	$\pi\delta(\omega)+\dfrac{1}{j\omega}$
8	$\mathrm{rect}\left(\dfrac{t}{\tau}\right)$	$\dfrac{2\sin(\omega\tau/2)}{\omega}$
9	$\dfrac{\sin(\omega_s t)}{\pi t}$	$\mathrm{rect}\left(\dfrac{\omega}{2\omega_s}\right)$
10	$e^{-at}u(t),\ Re a>0$	$\dfrac{1}{a+j\omega}$
11	$e^{-a\|t\|}u(t),\ a>0$	$\dfrac{2a}{a^2+\omega^2}$
12	$te^{-at}u(t),\ Re\{a\}>0$	$\left(\dfrac{1}{a+j\omega}\right)^2$
13	$\mathrm{sgn}\,t$	$\dfrac{2}{j\omega}$
14	$\sum_{n=-\infty}^{\infty} e^{jn\omega_0 t}$	$2\pi\sum_{n=-\infty}^{\infty} a_n\delta(\omega-n\omega_0)$
15	$\sum_{n=-\infty}^{\infty} \delta(t-nT)$	$\dfrac{2\pi}{T}\sum_{n=-\infty}^{\infty}\delta\left(\omega-n\dfrac{2\pi}{T}\right)$

3.2.3 주파수 응답

이 절에서는 주기신호가 입력되는 시스템을 해석하는 것을 생각해 보기로 한다. 먼저 다음의 LTI 시스템을 보자.

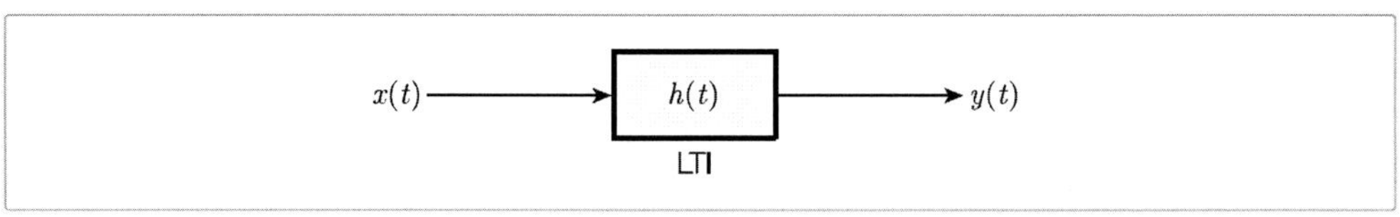

그림 3-20 LTI 시스템

이 시스템의 출력은 다음과 같이 컨볼루션으로 구할 수 있다.

$$y(t)=\int_{-\infty}^{\infty} h(\tau)x(t-\tau)d\tau$$

이 시스템에 $x(t)=e^{j\omega t}$의 주기신호가 입력되었을 경우 다음과 같이 출력을 구할 수 있다.

$$y(t)=\int_{-\infty}^{\infty} h(\tau)e^{j\omega(t-\tau)}d\tau=e^{j\omega t}\int_{-\infty}^{\infty} h(\tau)e^{-j\omega\tau}d\tau$$

위의 식에서 $e^{j\omega t}$ 이외의 부분을 다음과 같이 정의하여 주파수 응답(frequency response)

이라고 부른다.

$$H(\omega)=\int_{-\infty}^{\infty} h(\tau)e^{-j\omega\tau}d\tau$$

이와 같은 주파수 응답의 정의를 사용하여 시스템의 출력은 다음과 같이 나타낼 수 있다.

$$y(t)=H(\omega)e^{j\omega t}$$

이 식에서 ω는 주파수를 나타내는 연속 변수이다. 따라서 고정된 주파수 ω에 대한 $H(\omega)$는 상수이다. 또한, $H(\omega)$는 복소함수이므로 진폭 응답(magnitude response) $|H(\omega)|$과 위상 응답(phase response) $\measuredangle H(\omega)$으로 나누어 나타낸다.

3.2.4 CTFT의 성질

선형성

두 개 신호의 CTFT는 각각 다음과 같다.

$$x_1(t)\leftrightarrow X_1(\omega),\qquad x_2(t)\leftrightarrow X_2(\omega)$$

이때, 이들 신호의 가중합에 대한 CTFT는 다음과 같다.

$$ax_1(t)+bx_2(t)\leftrightarrow aX_1(\omega)+bX_2(\omega)$$

이 성질을 선형성(Linearity)이라고 부른다.

대칭성

신호 $x(t)$가 실수(real)의 신호이면 다음과 같은 관계가 있다.

$$X(-\omega)=X^*(\omega)$$

이 식에서 $*$는 켤레복소함수(complex conjugate)이다. 이 관계식을 대칭성(Symmetry)이라고 부른다.

증명 CTFT의 일반식은 다음과 같다.

$$X(\omega)=\int_{-\infty}^{\infty} x(t)e^{-j\omega t}dt$$

$x(t)$가 실수(real)이므로 위의 식에서 양변의 켤레복소함수를 이용하면 다음과 같다.

$$X^*(\omega)=\int_{-\infty}^{\infty} x(t)e^{j\omega t}dt=\int_{-\infty}^{\infty} x(t)e^{-j(-\omega)t}dt=X(-\omega)$$

주파수 천이 성질

신호 $x(t)$의 CTFT가 $x(t) \leftrightarrow X(\omega)$일 때, 다음과 같은 성질이 있다.

$$x(t)e^{j\omega_0 t} \leftrightarrow X(\omega - \omega_0)$$

이 성질을 주파수 천이 성질(Frequency shifting property)이라고 부른다.

시간 천이 성질

신호 $x(t)$의 CTFT가 $x(t) \leftrightarrow X(\omega)$일 때, 다음과 같은 성질이 있다.

$$x(t - t_0) \leftrightarrow X(\omega)e^{-j\omega t_0}$$

이 성질을 시간 천이 성질(Time shifting property)이라고 부른다.

증명

$$\begin{aligned}\int_{-\infty}^{\infty} x(t-t_0)e^{-j\omega t}dt &= \int_{-\infty}^{\infty} x(\tau)e^{-j\omega\tau}e^{-j\omega t_0}d\tau \\ &= e^{-j\omega t_0}\left\{\int_{-\infty}^{\infty} x(\tau)e^{-j\omega\tau}d\tau\right\} \\ &= X(\omega)e^{-j\omega t_0}\end{aligned}$$

미분 성질

신호 $x(t)$의 CTFT가 $x(t) \leftrightarrow X(\omega)$일 때, 다음과 같은 성질이 있다.

$$\frac{dx(t)}{dt} \leftrightarrow j\omega X(\omega)$$

이 성질을 미분 성질(Differentiation property)이라고 부른다.

증명 다음의 역 CTFT 식에서

$$x(t) = \frac{1}{2\pi}\int_{-\infty}^{\infty} X(\omega)e^{j\omega t}d\omega$$

양변을 미분하면 다음과 같다.

$$\frac{dx(t)}{dt} = \frac{1}{2\pi}\int_{-\infty}^{\infty} [j\omega X(\omega)]\, e^{j\omega t}d\omega$$

에너지 정리

신호 $x(t)$의 CTFT가 $x(t) \leftrightarrow X(\omega)$일 때, 다음과 같은 성질이 있다.

$$\int_{-\infty}^{\infty}|x(t)|^2dt=\frac{1}{2\pi}\int_{-\infty}^{\infty}|X(\omega)|^2d\omega$$

이 성질을 에너지 정리라고 부른다.

증명

$$\begin{aligned}\int_{-\infty}^{\infty}|x(t)|^2dt&=\int_{-\infty}^{\infty}x(t)x^*(t)dt\\&=\int_{-\infty}^{\infty}x(t)\left[\frac{1}{2\pi}\int_{-\infty}^{\infty}X^*(\omega)e^{-j\omega t}d\omega\right]dt\\&=\frac{1}{2\pi}\int_{-\infty}^{\infty}X^*(\omega)\left[\int_{-\infty}^{\infty}x(t)e^{-j\omega t}dt\right]d\omega\\&=\frac{1}{2\pi}\int_{-\infty}^{\infty}|X(\omega)|^2d\omega\end{aligned}$$

컨볼루션 성질

두 개 신호의 CTFT는 각각 다음과 같다.

$$x(t)\leftrightarrow X(\omega),\qquad h(t)\leftrightarrow H(\omega)$$

이때, 이들 신호의 컨볼루션에 대한 CTFT는 다음과 같다.

$$h(t)*x(t)\quad\leftrightarrow\quad H(\omega)X(\omega)$$

이 성질을 컨볼루션 성질이라고 부른다.

증명

$$\begin{aligned}\int_{-\infty}^{\infty}[x(t)*h(t)]e^{-j\omega t}dt&=\int_{-\infty}^{\infty}\left[\int_{-\infty}^{\infty}x(\tau)h(t-\tau)d\tau\right]e^{-j\omega t}dt\\&=\int_{-\infty}^{\infty}x(\tau)\left[\int_{-\infty}^{\infty}h(t-\tau)e^{-j\omega t}dt\right]d\tau\\&=\int_{-\infty}^{\infty}x(\tau)\left[e^{-j\omega\tau}H(\omega)\right]d\tau\\&=H(\omega)X(\omega)\end{aligned}$$

이 성질을 그림으로 나타내면 다음과 같다.

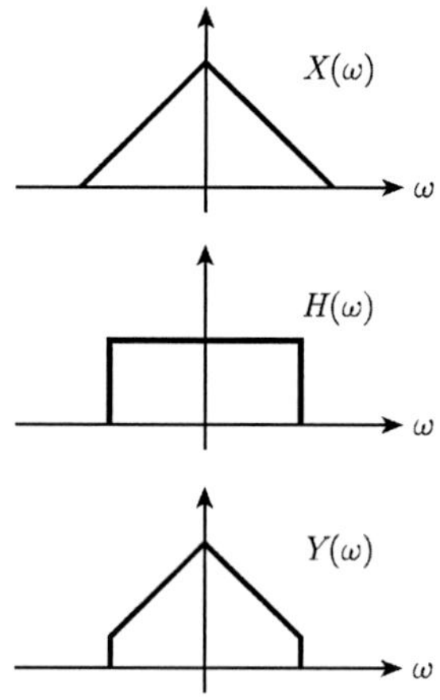

그림 3-21 **컨볼루션 성질**

변조 성질

두 개 신호의 CTFT는 각각 다음과 같다.

$$x(t) \leftrightarrow X(\omega), \quad m(t) \leftrightarrow M(\omega)$$

이때 이들 신호의 곱에 대한 CTFT는 다음과 같다.

$$x(t)m(t) \leftrightarrow \frac{1}{2\pi}X(\omega) * M(\omega)$$

위의 성질을 변조(modulation) 성질이라고 부른다.

스케일링 성질

신호 $x(t)$의 CTFT가 $X(\omega)$이다. $x(t)$가 $y(t)=x(at)$로 scaling되었을 때에 $y(t)$의 CTFT는 다음과 같다.

$$Y(\omega) = \frac{1}{|a|}X\left(\frac{\omega}{a}\right)$$

위의 성질을 스케일링(scaling) 성질이라고 한다.

3.2.5 필터

필터의 주파수 응답

시스템의 출력은 컨볼루션으로 구할 수 있다. 컨볼루션 성질에서 보듯이 스펙트럼으로 관찰하면 시스템을 더욱 잘 이해할 수 있다. 이와 같은 시스템을 필터라고도 부른다. 이상적인 필터(Ideal filter)의 전달함수는 다음과 같이 4가지가 있다.

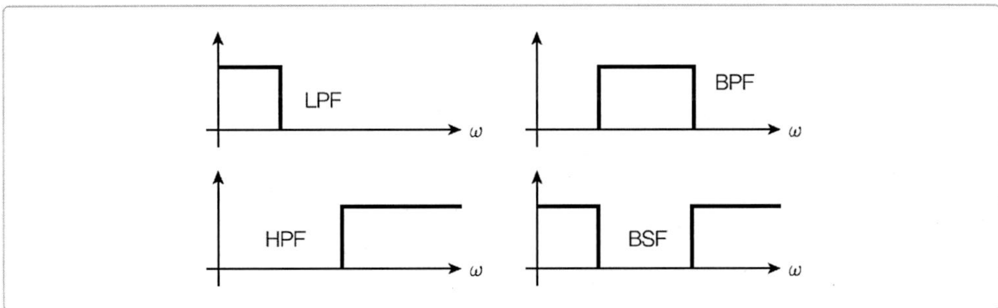

그림 3-22 **4가지 종류의 이상적인 필터의 CTFT**
(a) LPF(Low Pass Filter, 저역통과 필터), (b) BPF(Band Pass Filter, 대역통과 필터)
(c) HPF(High Pass Filter, 고역통과 필터), (d) BSF(Band Stop Filter, 대역저지 필터)

이와 같은 전달함수는 주파수 응답이라고도 부른다. 이상적인 필터에서는 통과대역과 저지대역에서의 특성이 다음과 같다.

$$|H(\omega)| = 1, \text{ 통과대역}$$
$$|H(\omega)| = 0, \text{ 저지대역}$$

그러나 실제로 전자회로 또는 반도체로 구현되는 필터의 주파수 응답은 다음 그림과 같다.

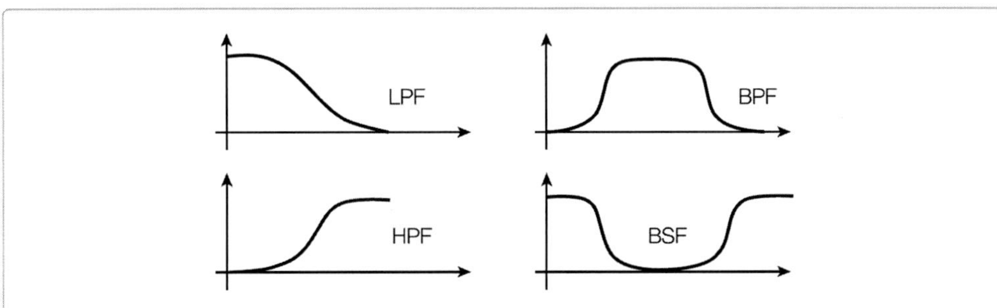

그림 3-23 **4가지 종류의 practical 필터의 주파수 응답**
(a) LPF(Low Pass Filter, 저역통과 필터), (b) BPF(Band Pass Filter, 대역통과 필터)
(c) HPF(Hand Pass Filter, 고역통과 필터), (d) BSF(Band Stop Filter, 대역저지 필터)

이와 같은 필터는 구현하는 부품에 따라 수동필터(Passive filter)와 능동필터(Active filter)로 분류한다. 수동필터는 저항, 커패시터, 인덕터 등의 수동소자를 사용하여 구현된 필터를 말한다. 능동필터는 연산 증폭기(OP amp)와 수동소자를 결합하여 구현된 필터이다.

저역통과 필터

저역통과 필터는 상대적으로 낮은 주파수의 입력 신호를 통과시키는 필터이다. 이 절에서는 다음 그림과 같은 RC 회로로 이루어진 저역통과 필터를 사용하여 그 개요를 살펴보기로 한다.

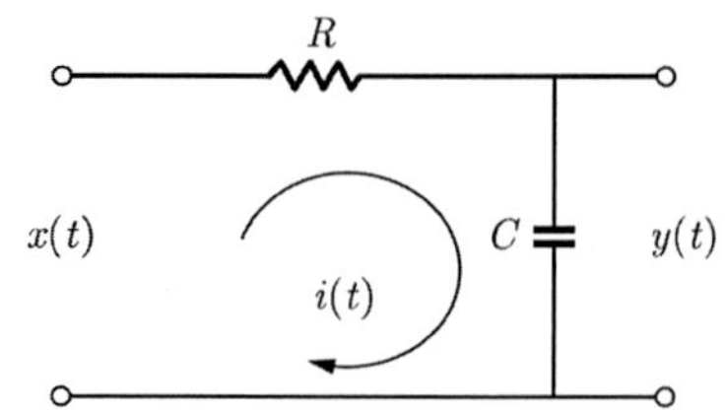

그림 3-24 RC 저역통과 필터

이 시스템을 키르히호프(Kirchhoff)의 전압 법칙을 이용하여 미분방정식으로 나타내면 다음과 같다.

$$Ri(t)+y(t)=x(t), \qquad i(t)=C\frac{dy(t)}{dt}$$

위의 식을 이용하여 입력과 출력의 미분방정식을 구하면 다음과 같다.

$$\frac{dy(t)}{dt}+\frac{1}{RC}y(t)=\frac{1}{RC}x(t)$$

주파수 응답을 구하기 위해 다음의 주파수 응답 관계식을 이용한다.

$$x(t)=e^{j\omega t} \quad \Rightarrow \quad y(t)=H(\omega)e^{j\omega t}$$

이 식과 미분방정식을 이용하여 주파수 응답을 구하면 다음과 같다.

$$j\omega H(\omega)e^{j\omega t}+\frac{1}{RC}H(\omega)e^{j\omega t}=\frac{1}{RC}e^{j\omega t}$$

$$H(\omega)=\frac{1/RC}{1/RC+j\omega}, \quad |H(\omega)|=\frac{1/RC}{\sqrt{(1/RC)^2+\omega^2}}$$

이와 같은 진폭 응답을 플롯하면 다음 그림과 같다. 그림에서 보듯이 이 그림은 저역통과 특성을 갖는다.

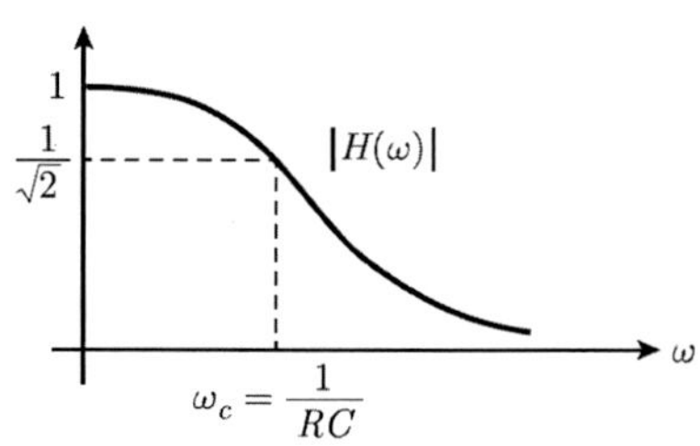

그림 3-25 RC 저역통과 필터의 주파수 응답

또한, 임펄스 응답은 다음과 같이 구할 수 있다.

$$H(\omega) = \frac{1/RC}{1/RC + j\omega} \quad \leftrightarrow \quad h(t) = \frac{1}{RC} e^{-\frac{1}{RC}t} u(t)$$

$R = 1\,\text{k}\Omega$, $C = 0.1\,\mu\text{F}$일 경우에, 저역통과 필터의 주파수 응답을 확인해 보기로 한다. 이를 위하여 다음과 같이 직류(DC), 1 kHz, 10 kHz 등의 3가지 단일 주파수 신호를 입력시켜보자. 먼저 주파수 응답은 다음과 같다.

$$\frac{1}{RC} = \frac{1}{10^3 \times 10^{-7}} = 10^4, \; H(\omega) = \frac{10^4}{10^4 + j\omega} \Rightarrow |H(\omega)| = \frac{10^4}{\sqrt{10^8 + \omega^2}}$$

이 필터의 Cutoff 주파수는 다음과 같다.

$$|H(\omega_c)| = \frac{1}{\sqrt{2}} \quad \Rightarrow \quad \frac{1}{1 + (\omega_c RC)^2} = \frac{1}{2} \quad \Rightarrow \quad \omega_c = \frac{1}{RC} = 10^4$$

$$2\pi f_c = 10^4 \quad \therefore f_c = 1{,}591\,\text{Hz} \simeq 1.59\,\text{kHz}$$

(a) 1 V의 직류 주파수의 이득

$$|H(0)| = \frac{10^4}{\sqrt{10^8}} = 1$$

(b) 1 kHz 주파수의 이득(1 V)

$$|H(2\pi \times 1000)| = \frac{10^4}{\sqrt{10^8 + (2\pi \times 1000)^2}} = 0.847$$

(c) 10 kHz 주파수의 이득(1 V)

$$|H(2\pi \times 10000)| = \frac{10^4}{\sqrt{10^8 + (2\pi \times 10000)^2}} = 0.157$$

각각의 입력 신호에 대한 이득을 플롯하면 다음 그림과 같다.

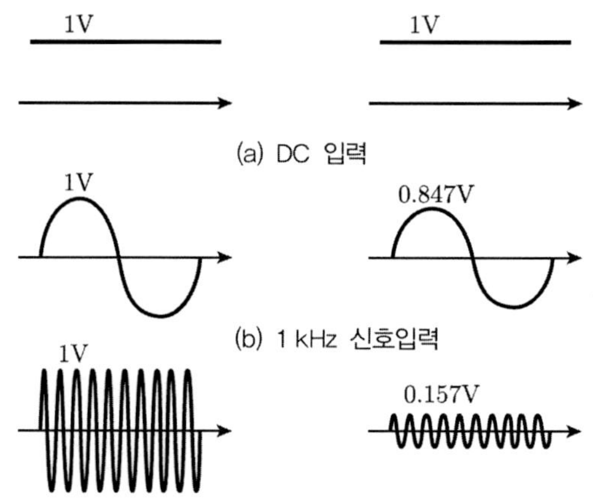

그림 3-26 단일 주파수에 대한 이득(RC 저역통과 필터)

그림 3-26(a)에서 보듯이 0 주파수에 해당하는 직류 신호는 출력에 그대로 나타난다. 또한, 1 kHz의 신호는 0.847 V로 약간 신호의 크기가 감소됨을 볼 수 있다. 반면에 10 kHz의 높은 주파수 신호는 출력 단에서 보면 0.157 V로 그 크기가 매우 감소됨을 볼 수 있다. 이와 같이 3개의 주파수를 입력시켜보면 저역통과 필터임을 확인할 수 있다.

다음 그림과 같은 주파수 응답을 이상적인 저역통과 필터라고 한다. 일반적으로 주파수 응답은 복소수지만 다음 그림과 같이 주파수 응답이 진폭 응답과 같은 경우가 이상적이다(즉, 위상 응답이 0이다).

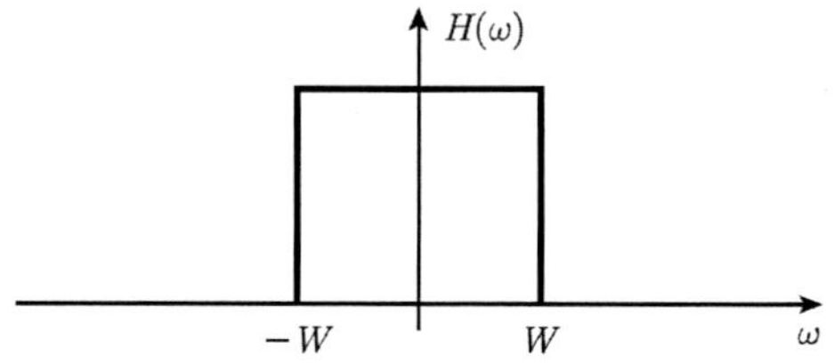

그림 3-27 이상적인 저역통과 필터

이 경우에 임펄스 응답을 구해 보자.

$$h(t) = \frac{1}{2\pi}\int_{-\infty}^{\infty} H(\omega)e^{j\omega t}\,d\omega = \frac{1}{2\pi}\int_{-W}^{W} e^{j\omega t}\,d\omega$$

$$= \frac{1}{2\pi}\left[\frac{e^{j\omega t}}{jt}\right]_{-W}^{W} = \frac{1}{2\pi}\left\{\frac{e^{jWt} - e^{-jWt}}{jt}\right\} = \frac{1}{\pi t}\left\{\frac{e^{jWt} - e^{-jWt}}{2j}\right\}$$

$$= \frac{\sin Wt}{\pi t}, \qquad WT = 2\pi, \quad \therefore T = \frac{2\pi}{W}, \qquad \left[\frac{W\cos Wt}{\pi}\right]_{t=0} = \frac{W}{\pi}$$

이를 그리면 다음과 같다.

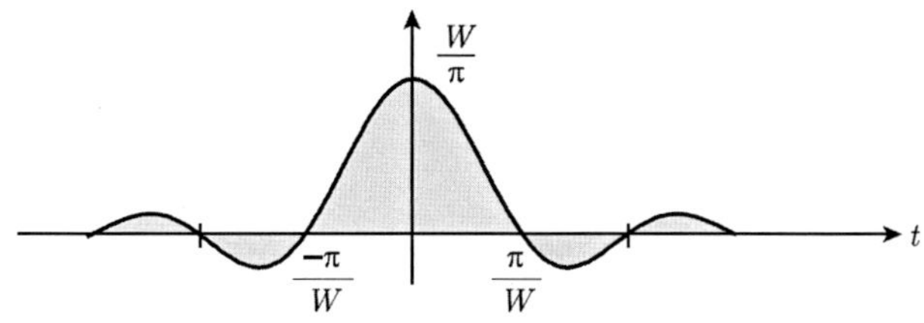

그림 3-28 이상적인 저역통과 필터의 임펄스 응답

$$h(t) = \frac{\sin Wt}{\pi t} \quad \Leftrightarrow \quad H(\omega) = \mathrm{rect}\left(\frac{\omega}{2W}\right)$$

이상적인 저역통과 필터를 만들기 위해서는 이와 같은 모양의 임펄스 응답이 필요하다. 그러나 $t=0$에서 임펄스가 입력되었는데, 위와 같이 $-\infty$부터 ∞까지의 임펄스 응답이 필요하므로 이와 같은 임펄스 응답은 만들 수 없다. 즉, 비인과 시스템이다. 따라서 인과 시스템으로 만들기 위해서 위의 임펄스 응답을 다음과 같이 지연시켜서 윈도우를 씌우면 실제 저역통과 필터가 된다.

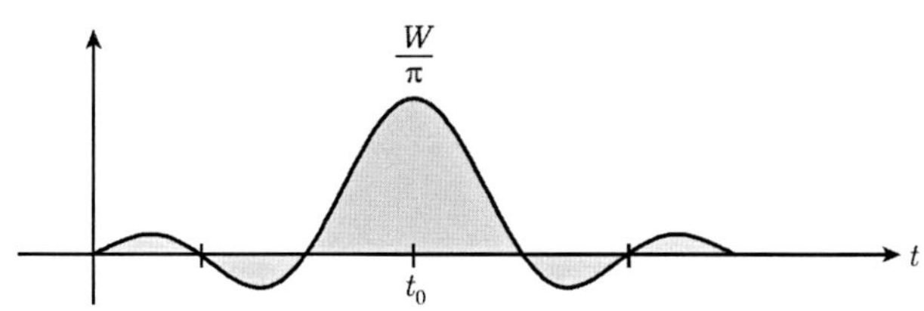

그림 3-29 이상적인 저역통과 필터의 임펄스 응답의 변형

$$h_{LP}(t) = \frac{\sin W(t-t_0)}{\pi(t-t_0)}[u(t) - u(t-2t_0)]$$

고역통과 필터

고역통과 필터는 상대적으로 높은 주파수의 입력 신호를 통과시키는 필터이다. 이 절에서는 다음 그림과 같은 RC 회로로 이루어진 고역통과 필터의 동작원리를 살펴보기로 한다.

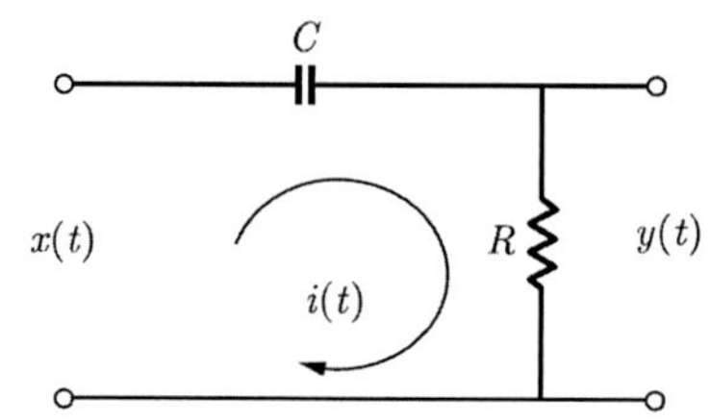

그림 3-30 RC 고역통과 필터

먼저 이 시스템의 미분방정식을 구해보기로 한다.

$$\frac{1}{C}\int i(t)dt + Ri(t) = x(t),\ \ Ri(t) = y(t) \rightarrow i(t) = \frac{1}{R}y(t)$$

$$\therefore \frac{1}{RC}\int y(t)dt + y(t) = x(t) \Rightarrow \frac{dy(t)}{dt} + \frac{1}{RC}y(t) = \frac{dx(t)}{dt}$$

다음과 같은 시스템의 전달함수 관계식을 다시 불러보자.

$$x(t) = e^{j\omega t} \quad \Rightarrow \quad y(t) = H(\omega)e^{j\omega t}$$

이 식과 미분방정식을 이용하여 주파수 응답을 구하면 다음과 같다.

$$j\omega H(\omega)e^{j\omega t} + \frac{1}{RC}H(\omega)e^{j\omega t} = j\omega e^{j\omega t}$$

$$\Rightarrow \quad H(\omega) = \frac{j\omega}{1/RC + j\omega} \quad \Rightarrow |H(\omega)| = \frac{\omega}{\sqrt{(1/RC)^2 + \omega^2}}$$

이 주파수 응답의 진폭 응답은 다음 그림과 같다.

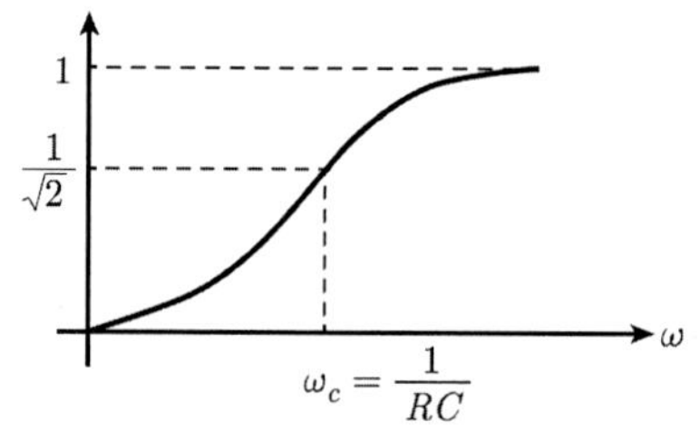

그림 3-31 RC 고역통과 필터의 주파수 응답

위의 그림으로부터 고역통과 필터임을 알 수 있다. 임펄스 응답은 다음과 같이 구할 수 있다.

$$H(\omega) = \frac{j\omega}{1/RC + j\omega} = 1 - \frac{1/RC}{1/RC + j\omega} \quad \leftrightarrow \quad h(t) = \delta(t) - \frac{1}{RC}e^{-\frac{1}{RC}t}u(t)$$

$R = 1\,\text{k}\Omega$, $C = 0.1\,\mu\text{F}$일 경우에 이 고역통과 필터의 주파수 응답을 확인해 보기로 한다. 이를 위하여 다음과 같이 직류(DC), 1 kHz, 10 kHz 등의 3가지 단일 주파수 신호를 입력시켜보자. 먼저 주파수 응답은 다음과 같다.

$$\frac{1}{RC} = \frac{1}{10^3 \times 10^{-7}} = 10^4,\;\; H(\omega) = \frac{j\omega}{10^4 + j\omega} \Rightarrow |H(\omega)| = \frac{\omega}{\sqrt{10^8 + \omega^2}}$$

이 필터의 Cutoff 주파수는 다음과 같다.

$$|H(\omega_c)| = \frac{1}{\sqrt{2}} \quad \Rightarrow \quad \frac{\omega_c^2}{(1/RC)^2 + \omega_c^2} = \frac{1}{2} \quad \Rightarrow \quad \omega_c = \frac{1}{RC} = 10^4$$

$$2\pi f_c = 10^4 \quad \therefore f_c = 1{,}591\,\text{Hz} \simeq 1.59\,\text{kHz}$$

(a) 1 V의 직류 주파수의 이득

$$|H(0)| = \frac{0}{\sqrt{10^8}} = 0$$

(b) 1 kHz 주파수의 이득(1 V)

$$|H(2\pi \times 10^3)| = \frac{2\pi \times 10^3}{\sqrt{10^8 + (2\pi \times 10^3)^2}} = 0.532$$

(c) 10 kHz 주파수의 이득(1 V)

$$|H(2\pi \times 10^4)| = \frac{2\pi \times 10^4}{\sqrt{10^8 + (2\pi \times 10^4)^2}} = 0.988$$

각각의 입력 신호에 대한 이득을 플롯하면 다음 그림과 같다.

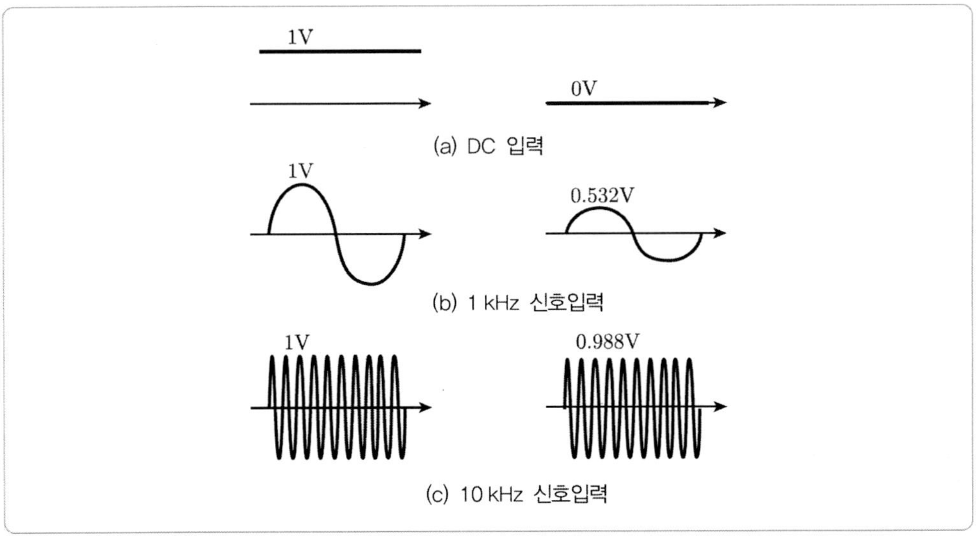

그림 3-32 단일 주파수에 대한 이득(RC 고역통과 필터)

그림 3-32(a)에서 보듯이 0 주파수에 해당하는 직류 신호는 필터를 통과하면서 완전히 제거된다. 또한, 1 kHz의 신호는 0.532 V로 신호의 크기가 감소됨을 볼 수 있다. 반면에 10 kHz의 높은 주파수 신호는 출력 단에서 보면 0.988 V로 그 크기가 거의 그대로 통과됨을 볼 수 있다. 이와 같이 3개의 주파수를 입력시켜보면 고역통과 필터임을 알 수 있다.

3.3 이산시간 푸리에 변환(DTFT)

3.3.1 DTFT

이번 절에서는 연속 신호의 스펙트럼으로부터 디지털 신호의 스펙트럼을 정의하는 방법을 알아보기로 하자. 디지털 신호는 연속 신호에서 샘플링을 통하여 얻을 수 있다. 디지털 신호의 스펙트럼을 정의하기 위해서 샘플링을 다음 그림과 같은 모델로 나타내는 것이 편리하다.

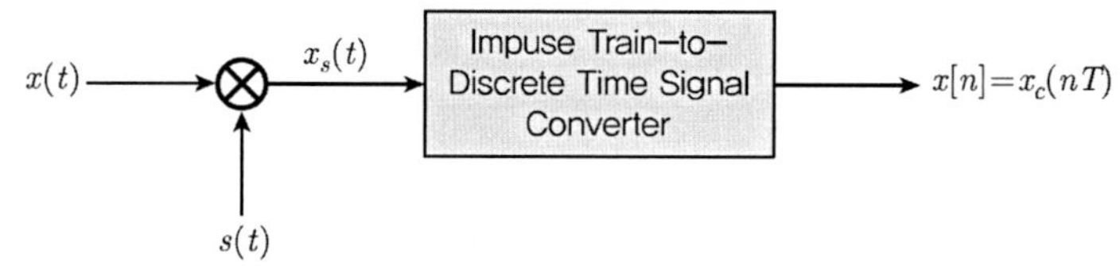

그림 3-33 디지털 신호의 스펙트럼을 정의하기 위한 샘플링의 모델

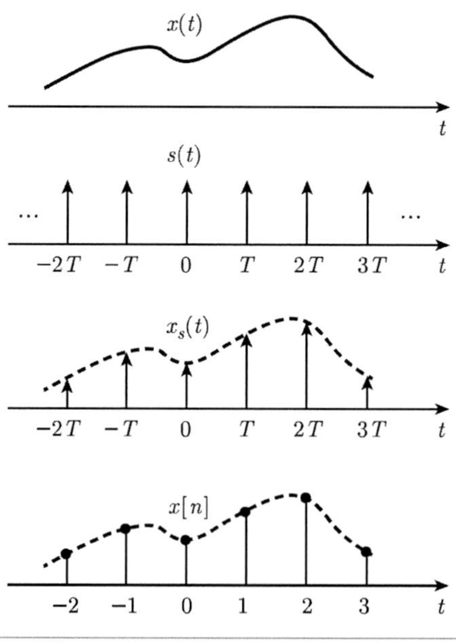

그림 3-34 샘플링 모델의 아날로그 신호와 디지털 신호

앞 그림의 모델은 디지털 신호의 스펙트럼을 정의하기 위한 샘플링의 모델이며 실제로 디지털 신호를 얻을 때 사용하는 샘플링이 아니다. 그림에서 첫 번째 신호의 스펙트럼은 이미 CTFT로서 정의하였으며, 나머지 신호들의 스펙트럼을 유도함으로써 최종적으로 디지털 신호 $x[n]$의 스펙트럼을 정의할 수 있게 될 것이다.

먼저 그림의 세 번째 신호인 임펄스 트레인 신호는 다음과 같은 식으로 나타낼 수 있다.

$$x_s(t) = x(t)s(t)$$

두 연속 신호의 곱은 주파수 영역에서는 두 스펙트럼의 아날로그 컨볼루션으로 다음과 같이 나타낼 수 있다.

$$x_s(t) = x(t)s(t) \xleftrightarrow{\text{CTFT}} X_s(\omega) = \frac{1}{2\pi} X(\omega) * S(\omega)$$

위의 주파수영역 컨볼루션에서 원래의 연속신호의 스펙트럼 $X(\omega)$는 이미 알고 있는 스펙트럼이므로 $S(\omega)$를 구해 보기로 하자. 우선 $s(t)$는 다음과 같이 임펄스 신호의 트레인으로 나타낼 수 있다.

$$s(t) = \sum_{n=-\infty}^{\infty} \delta(t - nT) = \tilde{\delta}(t)$$

이 임펄스 트레인 $s(t)$는 주기가 T인 주기신호이므로 푸리에 급수를 사용하여 다음과 같이 표현할 수 있다.

$$\tilde{\delta}(t) = \sum_{k=-\infty}^{\infty} X_k e^{jk\omega_0 t}$$

임펄스 트레인 $s(t)$의 주기가 T이므로 기본주파수 ω_0는 $\omega_0 = 2\pi/T$로 정의된다. 이 푸리에 급수의 계수는 다음과 같이 구할 수 있다.

$$X_k = \frac{1}{T}\int_{-T/2}^{T/2} \tilde{\delta}(t) e^{-jk\omega_0 t} dt = \frac{1}{T}$$

이 계수를 푸리에 급수에 다시 대입하면 임펄스 트레인 $s(t)$는 다음과 같이 지수함수의 합으로 나타낼 수 있다.

$$s(t) = \sum_{n=-\infty}^{\infty} \delta(t - nT) = \frac{1}{T} \sum_{k=-\infty}^{\infty} e^{jk\omega_0 t}$$

이 지수함수의 푸리에 변환은 다음과 같이 구할 수 있으므로 지수함수들의 합에 대한 푸리에 변환도 다음과 같이 표현할 수 있다.

$$1 \leftrightarrow 2\pi\delta(\omega)$$

$$e^{jk\omega_0 t} \leftrightarrow 2\pi\delta(\omega-\omega_0)$$

$$s(t)=\frac{1}{T}\sum_{k=-\infty}^{\infty}e^{jk\omega_0 t}\leftrightarrow\frac{2\pi}{T}\sum_{k=-\infty}^{\infty}\delta(\omega-k\omega_0)=\omega_0\sum_{k=-\infty}^{\infty}\delta(\omega-k\omega_0)=S(\omega)$$

이와 같이 임펄스 주기함수 $s(t)$의 스펙트럼은 역시 임펄스 주기함수임을 알 수 있다. 이때 이 임펄스 주기함수의 주기는 ω_0이다.

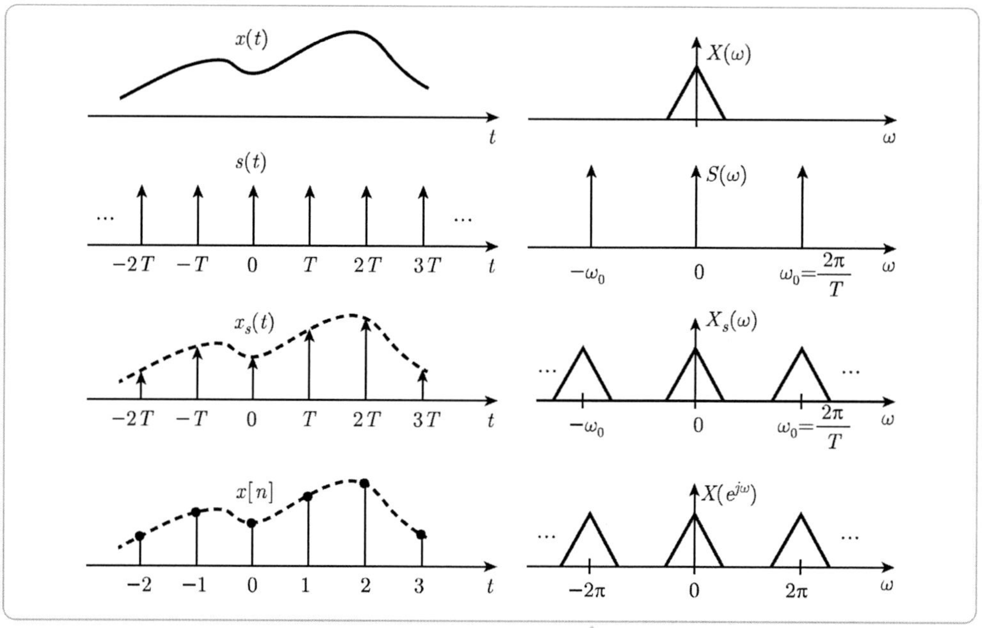

그림 3-35 **아날로그 신호와 디지털 신호의 스펙트럼 관계**

이제 원 신호의 스펙트럼과 지금 구한 스펙트럼을 아날로그 컨볼루션해 보자.

$$\begin{aligned}X_s(\omega)&=\frac{1}{2\pi}X(\omega)*S(\omega)\\&=\frac{1}{2\pi}X(\omega)*\frac{2\pi}{T}\sum_{k=-\infty}^{\infty}\delta(\omega-k\omega_0)=\frac{1}{T}\sum_{k=-\infty}^{\infty}X(\omega-k\omega_0)\end{aligned}$$

위의 식에서 보듯이 연속 신호 $x(t)$를 임펄스 트레인 신호 $x_s(t)$로 만들었을 때, 그 스펙트럼은 원 스펙트럼의 반복으로 나타남을 알 수 있다. 즉, 원 신호 $x(t)$의 스펙트럼 $X(\omega)$를 알고 있을 때 임펄스 트레인에 대한 스펙트럼은 $X(\omega)$의 반복으로 나타낼 수 있게 된다. 단, 크기만 $1/T$이 된다.

이제부터는 네 번째 그림인 $x[n]$과 $X(e^{j\omega})$의 그림에 대하여 설명하기로 한다. 이 그림은 CTFT의 스케일링 성질을 이용하여 이해할 수 있다. $x_s(t)$와 $x[n]$의 관계는 시간축에서 nT가 n으로 스케일링되었으므로 $x[n]=x_s(nT)$이다. 따라서 CTFT의 스케일링 성질을 이용하면 $x[n]$의 스펙트럼은 다음과 같다.

$$\frac{1}{T}X_s\left(\frac{\omega}{T}\right)$$

예를 들어 음성 신호의 경우에 $T=1/8000$을 사용하므로 스펙트럼은 다음과 같다.

$$8000X_s(8000\omega)$$

따라서 $X_s(\omega)$의 $\omega_0=2\pi/T=16000\pi$가 $x[n]$의 스펙트럼에서는 2π로 매핑된다.

이제 $x_s(t)$와 $X_s(\omega)$를 수학적으로 표현해 보기로 한다. 먼저 $x_s(t)$는 다음과 같이 나타낼 수 있다.

$$x_s(t)=x(t)s(t)=x(t)\sum_{n=-\infty}^{\infty}\delta(t-nT)=\sum_{n=-\infty}^{\infty}x(nT)\delta(t-nT)$$

따라서 $X_s(\omega)$는 다음과 같다.

$$X_s(\omega)=\sum_{n=-\infty}^{\infty}x(nT)e^{-j\omega nT}$$

위의 식의 nT를 n으로 치환하면 다음의 스펙트럼 식을 얻을 수 있다. 이 식이 그림 3-35 우측의 네 번째 그림에 대한 스펙트럼 식이다.

$$X(e^{j\omega})=\sum_{n=-\infty}^{\infty}x[n]e^{-j\omega n}$$

아날로그 영역에서의 변수 nT가 디지털 영역에서 변수 n으로 바뀌었다. 위의 식은 $e^{j\omega}$의 함수이므로 $X(e^{j\omega})$라고 표현하며 이를 디지털 신호에 대한 DTFT로 정의한다. DTFT는 $-\pi$에서 π까지의 모양이 계속 주기적으로 반복됨을 알 수 있다. 또한, 0에서 $-\pi$까지의 스펙트럼은 0에서 π까지의 스펙트럼과 대칭이므로 실제로 스펙트럼의 정보는 0에서 π까지 나타내는 것이 일반적이다.

예제

$x[n]=\delta[n]$의 스펙트럼을 구하시오.

풀이 $\delta[n]$을 DTFT의 정의에 대입하면 다음과 같다.

$$X(e^{j\omega})=\sum_{n=-\infty}^{\infty}\delta[n]e^{-j\omega n}=1$$

이를 그림으로 표현하면 다음 그림과 같다.

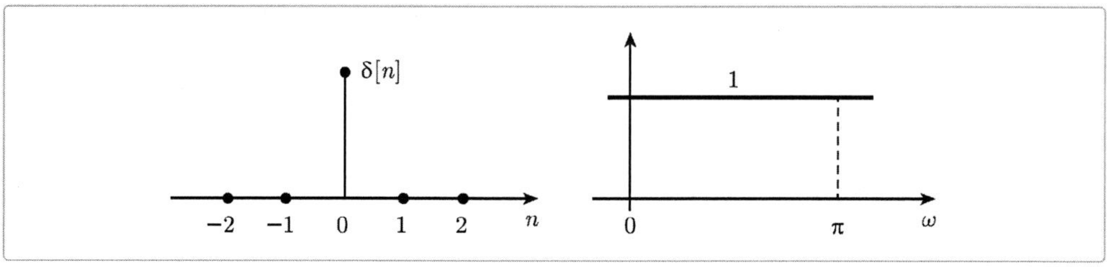

그림 3-36 임펄스 신호의 스펙트럼

일반적으로 DTFT는 복소함수이다. 따라서 그림으로 표현하기 위해서는 스펙트럼을 다음과 같이 극형으로 나타낸다.

$$X(e^{j\omega}) = |X(e^{j\omega})|e^{j\measuredangle X(e^{j\omega})}$$

위의 식에서 $|X(e^{j\omega})|$를 진폭 스펙트럼(magnitude spectrum)이라고 하고, $\measuredangle X(e^{j\omega})$를 위상 스펙트럼(phase spectrum)이라고 부른다.

예제

$x[n] = \delta[n-3]$의 진폭 스펙트럼과 위상 스펙트럼을 구하시오.

풀이 DTFT의 정의에 대입하면 다음과 같다.

$$X(e^{j\omega}) = \sum_{n=-\infty}^{\infty} \delta[n-3]e^{-j\omega n} = e^{-j3\omega}$$

위의 식으로부터 진폭 스펙트럼과 위상 스펙트럼은 다음과 같이 구할 수 있다.

$$|X(e^{j\omega})| = 1, \quad \measuredangle X(e^{j\omega}) = -3\omega$$

3.3.2 역 DTFT

DTFT에 대한 역 변환을 역 DTFT(Inverse DTFT)라고 하며 다음과 같이 정의한다.

$$x[n] = \frac{1}{2\pi}\int_{-\pi}^{\pi} X(e^{j\omega})e^{j\omega n}d\omega$$

역 DTFT를 증명해 보기로 하자.

증명 역 DTFT의 식에 다음과 같이 DTFT를 대입하여 그 결과가 $x[n]$이 됨을 보임으로써 증명한다.

$$\frac{1}{2\pi}\int_{-\pi}^{\pi}\left\{\sum_{m=-\infty}^{\infty} x[m]e^{-j\omega m}\right\}e^{j\omega n}d\omega = \hat{x}[n]$$

앞의 $\hat{x}[n]$이 $x[n]$과 같음을 증명해 보자. 위의 식에서 $\int$과 $\sum$의 위치가 서로 교환될 수 있으므로 다음과 같이 나타낼 수 있다.

$$\hat{x}[n] = \sum_{m=-\infty}^{\infty} x[m]\left\{\frac{1}{2\pi}\int_{-\pi}^{\pi} e^{j\omega(n-m)}d\omega\right\}$$

위의 식에서 대괄호의 값이 크로네커 델타 함수(Kronecker delta function)가 되어 결과값이 $x[n]$이 된다. 크로네커 델타 함수가 되는 증명은 다음과 같다.

$$\frac{1}{2\pi}\int_{-\pi}^{\pi} e^{j\omega(n-m)}d\omega = \frac{1}{2\pi}\left[\frac{e^{j\omega(n-m)}}{j(n-m)}\right]_{-\pi}^{\pi}$$

$$= \frac{1}{2\pi}\frac{e^{j\pi(n-m)} - e^{-j\pi(n-m)}}{j(n-m)} = \frac{\sin\pi(n-m)}{\pi(n-m)}$$

위의 결과식은 n과 m이 서로 다른 정수이면 분자가 0이 되므로 0이 되고, n과 m이 같을 때는 부정형이므로 미분하여 값을 구하면 다음과 같이 1이 된다.

$$\text{i) } n \neq m, \quad \frac{\sin\pi(n-m)}{\pi(n-m)} = 0$$

$$\text{ii) } n = m, \quad \frac{\sin\pi(n-m)}{\pi(n-m)} = 1$$

위의 식으로부터 다음과 같이 나타낼 수 있다.

$$\frac{\sin\pi(n-m)}{\pi(n-m)} = \delta[n-m]$$

이 결과를 대입하면 다음과 같이 증명된다.

$$\hat{x}[n] = \sum_{m=-\infty}^{\infty} x[m]\delta[n-m] = x[n]$$

3.3.3 주파수 응답

이 절에서는 신호와 시스템의 주파수 영역 해석방법에 대하여 알아보기로 한다. 시스템에서 입력, 출력, 임펄스 응답에 대한 다음과 같은 DTFT를 보자.

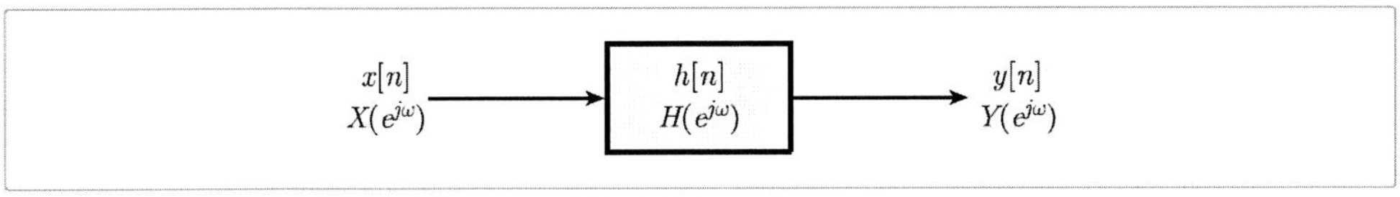

그림 3-37 시스템에서의 입력, 출력, 임펄스 응답의 DTFT

앞의 그림에서 임펄스 응답의 DTFT를 주파수 응답이라고 한다.

$$H(e^{j\omega}) = \sum_{n=-\infty}^{\infty} h[n]e^{-j\omega n}$$

주파수 응답을 정의하는 다른 방법도 있다. 이 방법은 시스템의 입력으로서 $e^{j\omega n}$을 입력시켜서 출력을 관찰하는 방법이다. 즉, $e^{j\omega n}$을 입력시켰을 때 출력은 이 입력과 $e^{j\omega}$의 함수와의 곱으로 나타낼 수 있으며, 이 $e^{j\omega}$의 함수를 주파수 응답으로 정의한다. $e^{j\omega n}$을 입력시켰을 때의 출력을 디지털 컨볼루션으로 구해 보자.

$$y[n] = \sum_{k=-\infty}^{\infty} h[k]x[n-k] = \sum_{k=-\infty}^{\infty} h[k]e^{j\omega(n-k)}$$
$$= e^{j\omega n}\sum_{k=-\infty}^{\infty} h[k]e^{-j\omega k} = H(e^{j\omega})e^{j\omega n}$$

이 식에서의 주파수 응답의 정의도 DTFT의 정의와 같음을 알 수 있다. 이 주파수 응답을 관찰하면 임의의 주파수의 입력 신호에 대한 출력의 반응 정도를 관찰할 수 있다. 디지털 시스템에서는 주파수 응답이 복소평면의 단위 원(unit circle)에서 정의되므로 복소평면에서 단위 원을 나타내는 $e^{j\omega}$를 사용하여 $H(e^{j\omega})$로 표현한다.

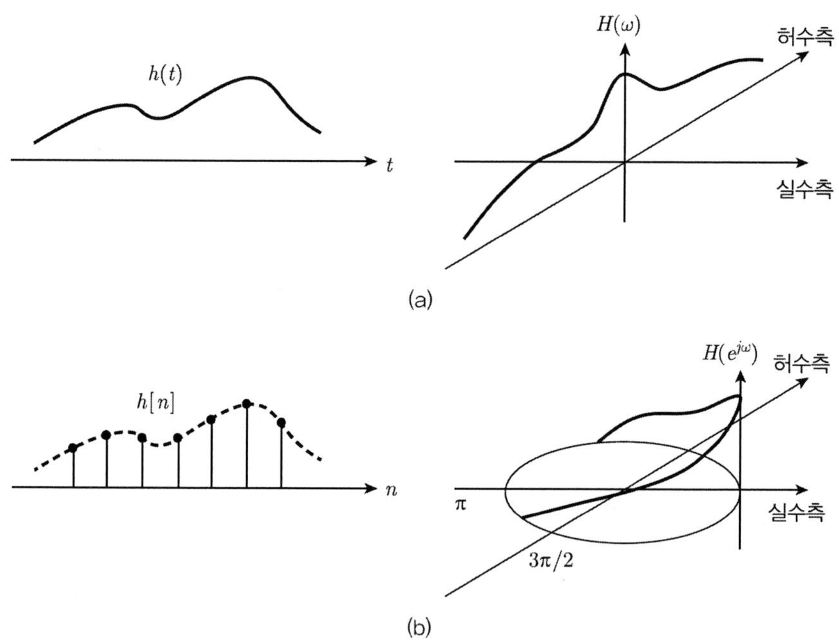

그림 3-38 (a) 아날로그 시스템의 주파수 응답, (b) 디지털 시스템의 주파수 응답

디지털 신호처리 시스템에서 주파수 응답은 위의 그림과 같이 복소평면 중에서 단위 원(unit circle)에서만 정의된다. 복소평면에서는 단위 원을 나타내기 위해서 $e^{j\omega}$의 극 좌표를 사용한다. 즉, 극 좌표(polar coordinate)로 나타내는 복소함수 $H(re^{j\omega})$에서 주파수 응답은 $r=1$인 $e^{j\omega}$(단위 원)에서만 정의되므로 $H(e^{j\omega})$로 표현하는 것이 일반적이다. 위의 그림에서 보듯이 아날로그 시스템의 주파수 응답 $H(\omega)$는 복소평면의 허수 축을 따라 주파수가 무한하게 분포할 수 있으나, 디지털 시스템의 주파수 응답 $H(e^{j\omega})$는 2π를 주기로 반복됨을 알 수 있다. 주파수 응답을 2차원의 평면에 펼쳐서 그리면 그림 3-39와 같다.

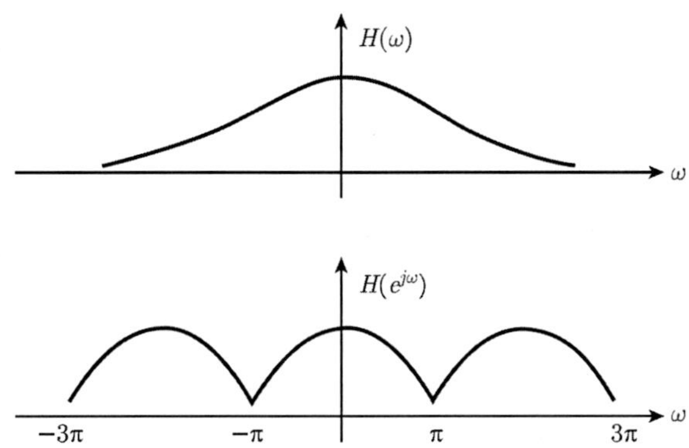

그림 3-39 주파수 응답의 2차원 표현

그러나 그림 3-39는 주파수 응답의 개념을 이해하기 위해서 실수(real number)로 가정하고 그린 것이고 일반적으로는 주파수 응답은 복소수이므로 이와 같이 그릴 수 없다. 따라서 일반적으로 임의의 주파수 응답을 정량적으로 나타내기 위해서는 다음과 같이 진폭 응답(magnitude response) $|H(e^{j\omega})|$과 위상 응답(phase response) $\measuredangle H(e^{j\omega})$으로 나누어서 표시한다.

$$H(e^{j\omega}) = |H(e^{j\omega})| e^{j\measuredangle H(e^{j\omega})}$$

예제

어느 시스템의 임펄스 응답은 다음과 같다. 진폭 응답과 위상 응답을 구하시오.

$$h[n] = \frac{1}{3}\{\delta[n] + \delta[n-1] + \delta[n-2]\}$$

풀이 주파수 응답은 다음과 같다.

$$H(e^{j\omega}) = \sum_{n=-\infty}^{\infty} \frac{1}{3}\{\delta[n] + \delta[n-1] + \delta[n-2]\} e^{-j\omega n}$$

$$= \frac{1}{3}(1 + e^{-j\omega} + e^{-j2\omega})$$

$$= \frac{1}{3}[e^{-j\omega}(e^{j\omega} + e^{-j\omega}) + e^{-j\omega}] = \frac{1}{3}(2\cos\omega + 1)e^{-j\omega}$$

위의 주파수 응답에서 진폭 응답과 위상 응답을 다음과 같이 구할 수 있다.

$$|H(e^{j\omega})| = \left|\frac{1}{3}(2\cos\omega + 1)\right|, \quad \measuredangle H(e^{j\omega}) = -\omega$$

진폭 응답과 위상응답을 그림으로 나타내면 그림 3-40과 같다.

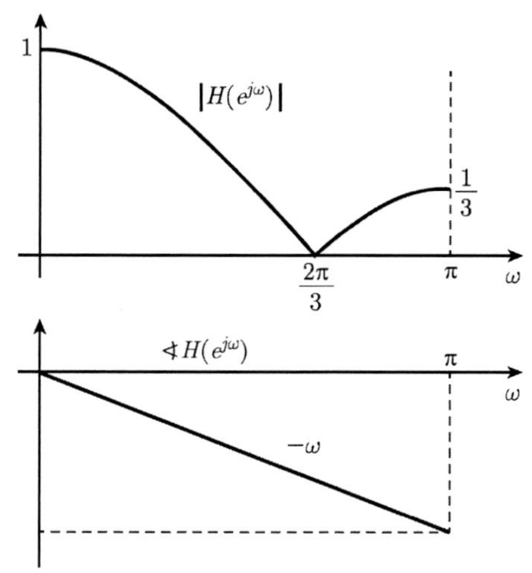

그림 3-40 예제의 진폭 응답과 위상응답

위의 진폭 응답에서 보듯이 디지털 신호처리 시스템의 스펙트럼은 보통 0에서 π까지 표시한다. 실수로 표현되는 디지털 신호의 스펙트럼은 우함수이므로 0에서 $-\pi$의 스펙트럼은 0에서 π까지의 스펙트럼과 대칭이기 때문이다. 이 스펙트럼에서 0의 주파수 부분을 저주파수 대역(low frequency band)이라고 하고, π의 주파수 부분을 고주파수 대역(high frequency band)이라고 한다.

예를 들면 0에서부터 4,000 Hz의 주파수 성분을 갖고 있는 아날로그 신호를 1초에 8000개씩 샘플링을 했다고 가정하면 4,000 Hz의 고주파수가 π로 매핑된다. 임펄스 응답을 DTFT한 주파수 응답도 같은 방법으로 해석할 수 있다. 따라서 주파수 응답의 그림에서 π의 주파수가 의미하는 정확한 고주파수의 의미는 그 시스템에서 사용하는 샘플링 주파수를 알아야 한다. 음성 신호처리에서는 8,000 Hz의 샘플링 주파수를 사용하므로 π는 4,000 Hz의 아날로그 주파수를 나타내며, 오디오 신호처리에서는 44,100 Hz의 샘플링 주파수를 사용하므로 π는 22,050 Hz의 아날로그 주파수를 나타낸다. 그림 3-40의 진폭 응답을 보면 저주파수 대역의 이득은 매우 크고 고주파수 대역의 이득은 상대적으로 매우 작음을 관찰할 수 있다. 이와 같은 필터를 저역통과 필터(low-pass filter, LPF)라고 부른다. 일반적으로 시스템과 필터는 같은 의미로 사용된다.

다음 그림과 같은 주파수 응답을 이상적인 저역통과 필터(ideal LPF)라고 한다.

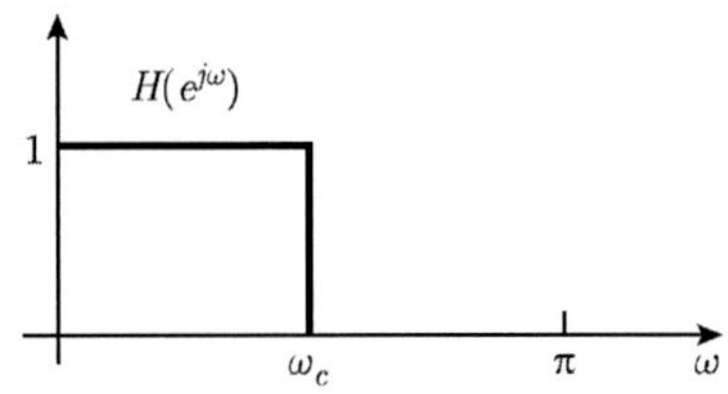

그림 3-41 **이상적인 저역통과 필터의 주파수 응답**

그림에서 필터 이득이 1인 0부터 ω_c까지의 주파수 대역을 통과대역(pass band)이라고 하고 필터 이득이 0인 ω_c부터 π까지의 주파수 대역을 저지대역(stop band)이라고 한다. 그림 3-41은 통과대역 이득과 저지대역 이득이 완전한 1과 0이며 통과대역에서 저지대역으로의 기울기가 90도이므로 이상적인 저역통과 필터라고 부른다. 이 주파수 응답은 다음의 식으로 나타낼 수 있다.

$$H(e^{j\omega}) = \begin{cases} 1, & |\omega| < \omega_c \\ 0, & \omega_c < |\omega| \le \pi \end{cases}$$

이 주파수 응답을 역 DTFT하면 임펄스 응답을 구할 수 있다. 위의 이상적인 저역통과 필터의 주파수 응답을 만족하는 임펄스 응답을 구해보기로 한다.

$$h[n] = \frac{1}{2\pi}\int_{-\pi}^{\pi} H(e^{j\omega})e^{j\omega n}d\omega = \frac{1}{2\pi}\int_{-\omega_c}^{\omega_c} e^{j\omega n}d\omega = \frac{1}{2\pi}\left[\frac{e^{j\omega n}}{jn}\right]_{-\omega_c}^{\omega_c}$$

$$= \frac{1}{\pi n}\frac{e^{j\omega_c n} - e^{-j\omega_c n}}{2j} = \frac{\sin\omega_c n}{\pi n}, \quad -\infty < n < \infty$$

위의 필터에서 통과대역 주파수가 $\omega_c = \pi/2$인 경우에 이 임펄스 응답을 그려보면 그림 3-42와 같다.

이와 같은 이상적인 저역통과 필터의 임펄스 응답은 길이가 무한대이므로 구현할 수 없다. 또한, $n < 0$일 때에도 임펄스 응답이 있으므로 인과 시스템이 아니다. 따라서 구현 가능한 인과 시스템으로 만들기 위해서 위의 임펄스 응답의 길이를 $-M$에서 M까지 제한한 다음에 우측으로 M만큼 쉬프트해서 사용한다. M이 5인 경우에 임펄스 응답은 그림 3-43과 같다.

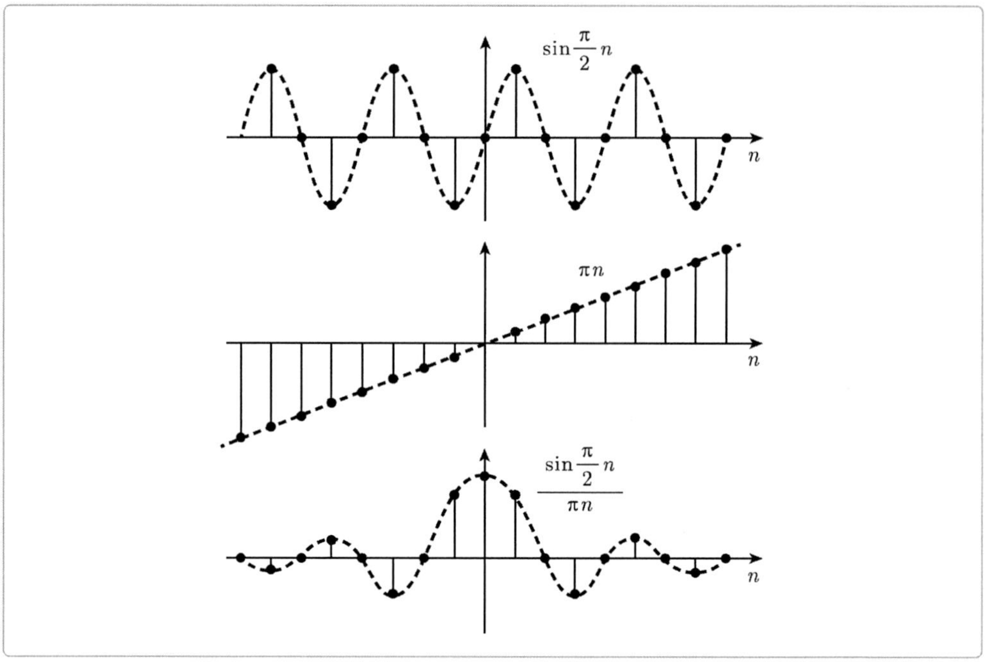

그림 3-42 이상적인 저역통과 필터의 임펄스 응답($\omega_c = \pi/2$)

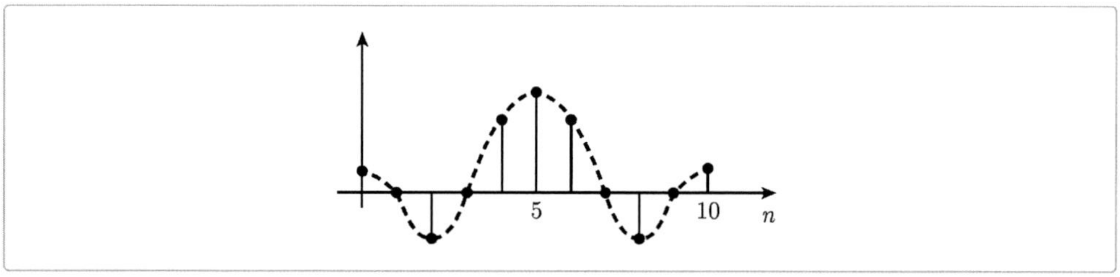

그림 3-43 $M=5$인 저역통과 필터의 임펄스 응답($\omega_c = \pi/5$)

3.3.4 DTFT의 성질

이 절에서는 DTFT가 디지털 신호처리 시스템에서 유용하게 사용되기 위하여 어떤 중요한 성질들을 갖고 있는지 알아보도록 한다.

선형성

2개의 신호 $x_1[n]$과 $x_2[n]$에 대한 DTFT를 각각 $X_1(e^{j\omega})$, $X_2(e^{j\omega})$라고 하자. 이때 두 신호의 가중 합에 대한 DTFT는 다음과 같다.

$$ax_1[n] + bx_2[n] \longleftrightarrow aX_1(e^{j\omega}) + bX_2(e^{j\omega})$$

위의 성질을 DTFT의 선형성(linearity)이라고 한다. 위의 식에서 a와 b는 상수의 계수들이다.

시간 천이 (time shifting)

어느 디지털 신호 $x[n]$에 대한 DTFT를 $X(e^{j\omega})$라고 하자. 이때 $x[n]$의 신호를 우측으로 k만큼 쉬프트시킨 신호인 $x[n-k]$의 DTFT는 다음과 같다.

$$x[n-k] \longleftrightarrow e^{-j\omega k}X(e^{j\omega})$$

주파수 천이 (frequency shifting)

어느 디지털 신호 $x[n]$에 대한 DTFT를 $X(e^{j\omega})$라고 하자. 이때 $X(e^{j\omega})$의 스펙트럼을 우측으로 ω_0만큼 쉬프트시킨 $X(e^{j(\omega-\omega_0)})$의 역 DTFT는 다음과 같다.

$$e^{j\omega_0 n}x[n] \longleftrightarrow X(e^{j(\omega-\omega_0)})$$

위의 시간 쉬프팅과 주파수 쉬프팅의 성질에서 보듯이 어느 한쪽에서 주파수가 곱해지면 다른 영역에서는 쉬프트가 일어남을 알 수 있다.

변조 (modulation)

어느 디지털 신호 $x[n]$에 대한 DTFT를 $X(e^{j\omega})$라고 하자. 이때 $x[n]$의 신호를 $\cos\omega_0 n$으로 변조시킨 신호의 스펙트럼은 다음과 같다.

$$x[n]\cos\omega_0 n \longleftrightarrow \frac{1}{2}X(e^{j(\omega+\omega_0)})+\frac{1}{2}X(e^{j(\omega-\omega_0)})$$

컨볼루션

어느 시스템에서 입력 $x[n]$과 임펄스 응답 $h[n]$이 주어지면 출력 $y[n]$은 다음과 같이 디지털 컨볼루션으로 표현된다.

$$y[n]=h[n]*x[n]$$

이때, $x[n]$, $h[n]$, $y[n]$의 DTFT를 각각 $X(e^{j\omega})$, $H(e^{j\omega})$, $Y(e^{j\omega})$라고 하면 스펙트럼들 사이에 다음의 관계가 성립한다.

$$Y(e^{j\omega})=H(e^{j\omega})X(e^{j\omega})$$

위와 같이 두 신호의 컨볼루션은 주파수 영역에서 곱으로 표시됨을 알 수 있다.

Windowing 정리

디지털 신호 $x[n]$의 어느 구간을 선택하기 위하여 다음과 같이 $w[n]$을 곱하는 연산을

windowing이라고 한다.

$$y[n] = x[n]w[n]$$

이때, $x[n]$, $w[n]$, $y[n]$의 DTFT를 각각 $X(e^{j\omega})$, $W(e^{j\omega})$, $Y(e^{j\omega})$라고 하면 스펙트럼들 사이에 다음의 관계가 성립한다.

$$Y(e^{j\omega}) = \frac{1}{2\pi} X(e^{j\omega}) * W(e^{j\omega})$$

위의 windowing theorem과 컨볼루션 성질을 비교해 보면 어느 한 영역에서 곱의 연산이 다른 영역에서 컨볼루션이 됨을 알 수 있다. 그러나 $X(e^{j\omega})$와 $W(e^{j\omega})$의 스펙트럼은 연속함수이므로 아날로그 컨볼루션이 된다.

Parseval 정리

어느 디지털 신호 $x[n]$에 대한 DTFT를 $X(e^{j\omega})$라고 하자. 이때 신호 $x[n]$의 에너지는 다음과 같이 스펙트럼의 에너지의 $1/2\pi$과 같다.

$$\text{신호의 에너지} = \sum_{n=-\infty}^{\infty} |x[n]|^2 = \frac{1}{2\pi}\int_{-\pi}^{\pi} |X(e^{j\omega})|^2 d\omega$$

3.4 이산 푸리에 변환(DFT)

유한 디지털 신호에 대한 주파수 영역의 표현방법은 DFT(Discrete Fourier Transform)와 DTFT가 있다. 다른 점은 DFT는 주파수 축의 표기가 k인 이산신호이며, DTFT는 주파수 축의 표기가 ω인 연속신호이다. 이 절에서는 DFT와 DTFT의 관계를 알아보기로 하자. 먼저 유한 이산신호에 대한 DFT와 DTFT의 정의는 다음과 같다.

$$\text{DFT} \;:\; X(k) = \sum_{n=0}^{N-1} x[n] e^{-j\frac{2\pi}{N}kn}$$

$$\text{DTFT} \;:\; X(e^{j\omega}) = \sum_{n=0}^{N-1} x[n] e^{-j\omega n}$$

위의 식을 비교해 보면 DTFT에서 $\omega = 2\pi k/N$일 때 DFT와 같아짐을 알 수 있다. 즉, 다음의 관계식을 유도할 수 있다.

$$X(k) = \begin{cases} X(e^{j\omega})|_{\omega = 2\pi k/N} & 0 \le k \le N-1 \\ 0 & \text{otherwise} \end{cases}$$

위의 관계를 그림으로 표현하면 다음 그림과 같다.

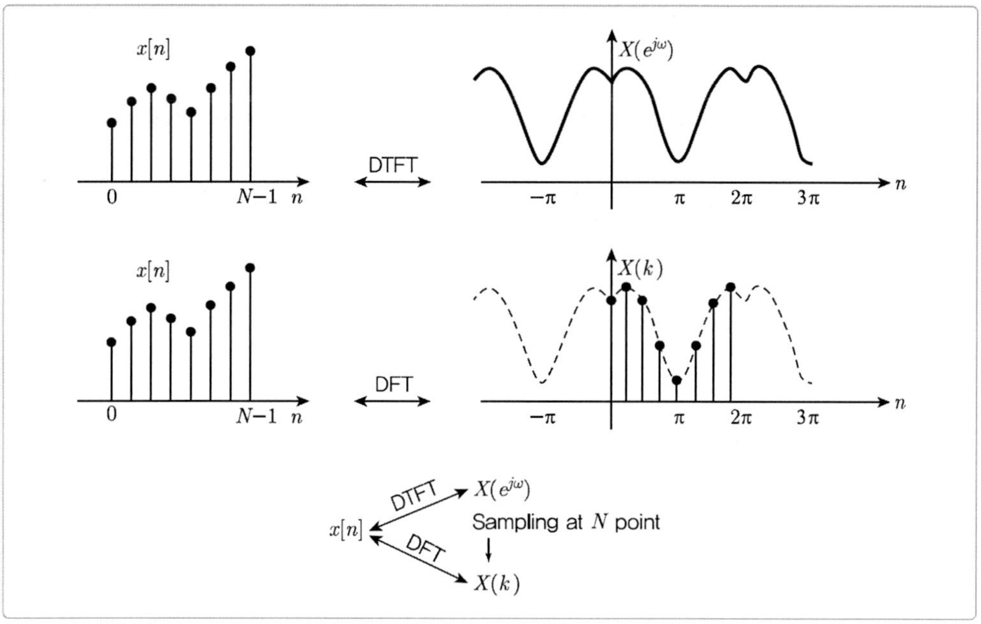

그림 3-44 DFT와 DTFT의 관계도

DFT는 유한개의 이산신호에 대한 주파수 성분을 이산값으로 표현하므로 디지털 신호처리에서 매우 유용하게 사용된다. 그러나 DFT를 수행하거나 역 DFT를 수행할 때에 많은 곱셈기와 덧셈기가 필요하다. 특히, 곱셈기는 덧셈기에 비해서 VLSI(Very Large Scaled Integrator)로 구현할 때에 매우 넓은 영역을 필요로 하므로 곱셈기의 수를 줄이는 알고리즘이 필요하다. 먼저 $W_N = e^{-j2\pi/N}$으로 정의하면 N-point DFT의 정의는 다음과 같다.

$$X(k) = \sum_{n=0}^{N-1} x[n]\, W_N^{kn}, \quad k = 0, 1, \cdots, N-1$$

이 식의 N-point DFT 계산에는 N^2의 곱셈이 필요함을 알 수 있다. 예를 들어 1024-point DFT의 연산에는 1,048,576개의 곱셈연산이 필요하다. 이와 같은 DFT의 계산에서 곱셈연산의 수를 감소시키는 알고리즘을 고속 푸리에 변환(Fast Fourier Transform, FFT)이라고 한다. FFT의 자세한 방법은 제10장(LTE OFDM 통신시스템)에서 다룬다.

연습문제

3-1 $\phi_m(t) = \cos mt,\ m = 1,\ 2,\ 3 \cdots$의 신호 집합은 $-\pi$에서 π의 구간에서 직교 함수임을 보이시오.

3-2 다음 구형파의 주기함수를 삼각 푸리에 급수로 나타내었을 때, $k = 0, 1, 2, \cdots$, 10까지의 삼각 푸리에 급수 계수를 구하고 컴퓨터를 사용하여 그리시오.

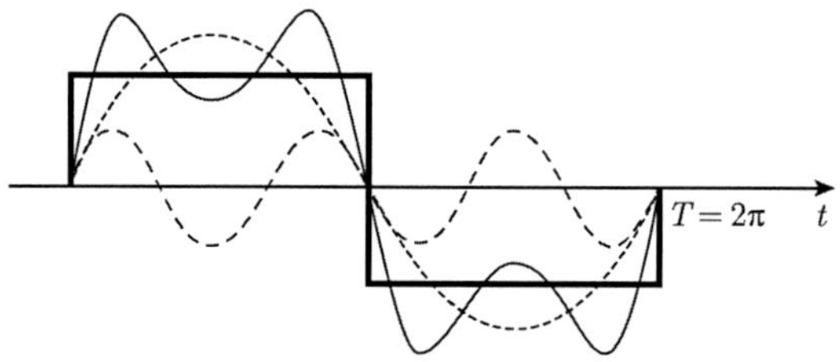

그림 III-1 예제의 구형파

3-3 다음 구형파의 주기함수를 삼각 푸리에 급수로 나타내었을 때, $k = 0, 1, 2, \cdots$, 10까지의 삼각 푸리에 급수 계수를 구하고 컴퓨터를 사용하여 그리시오.

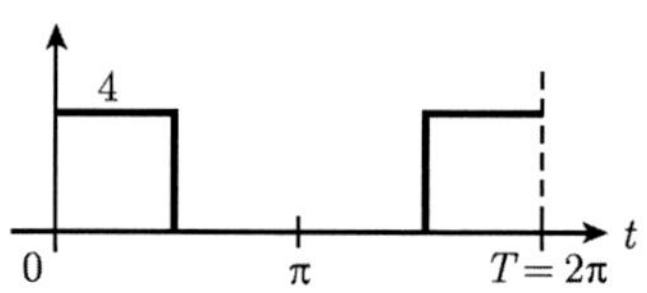

그림 III-2 예제의 구형파

3-4 다음 주기신호를 푸리에 급수로 나타내었을 때, 푸리에 급수 계수 X_k를 구하시오.

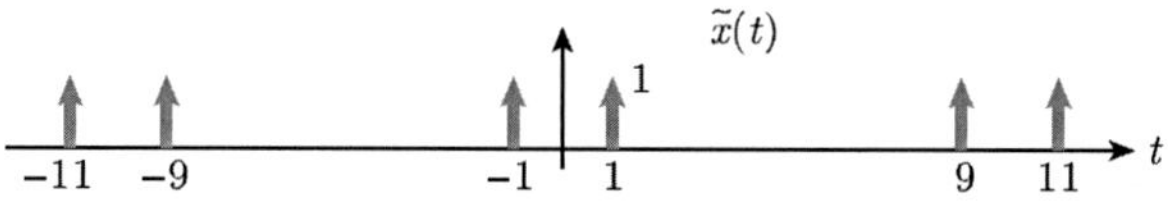

그림 III-3 예제의 주기신호

3-5 어느 시스템의 주파수 응답 $H(\omega)$는 다음 그림과 같다. 이 시스템의 임펄스 응답 $h(t)$를 구하고 그리시오.

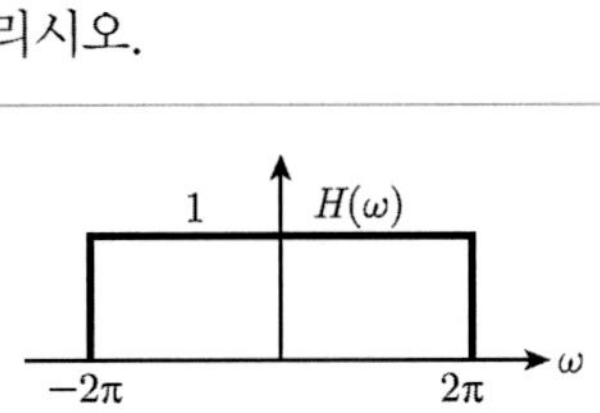

그림 III-4

3-6 다음 그림의 RC 회로로 이루어진 시스템에서 주파수 응답, 임펄스 응답, cutoff 주파수를 구하시오(단 $R = 1\text{k}\Omega$, $C = 0.01\mu\text{F}$ 이다).

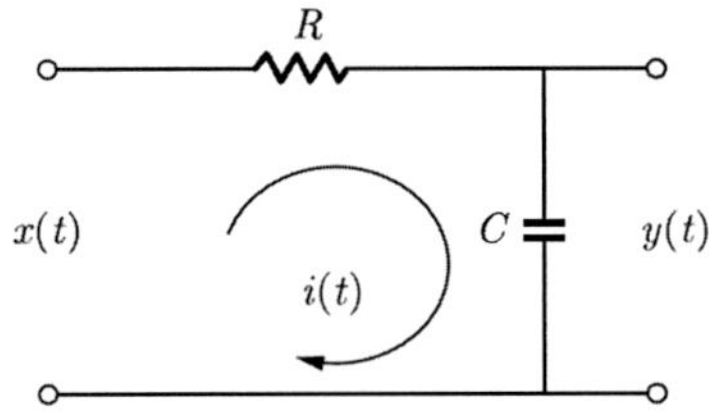

그림 III-5

3-7 다음 그림의 RL 회로로 이루어진 시스템을 보고 물음에 답하시오(단, $L = 1\,\text{mH}$, $R = 1\,\text{k}\Omega$이다).

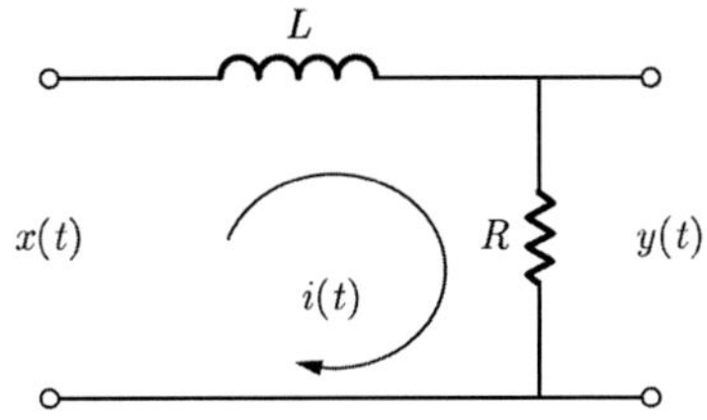

그림 III-6

(a) 주파수 응답, 임펄스 응답을 구하시오.

(b) cutoff 주파수, 1 kHz와 1 MHz 입력 주파수에 대한 이득을 구하시오.

3-8 다음 그림과 같은 RC 회로로 이루어진 시스템에서 주파수 응답과 cutoff 주파수를 구하시오(단, $C = 0.001\mu\text{F}$, $R = 1\,\text{k}\Omega$이다).

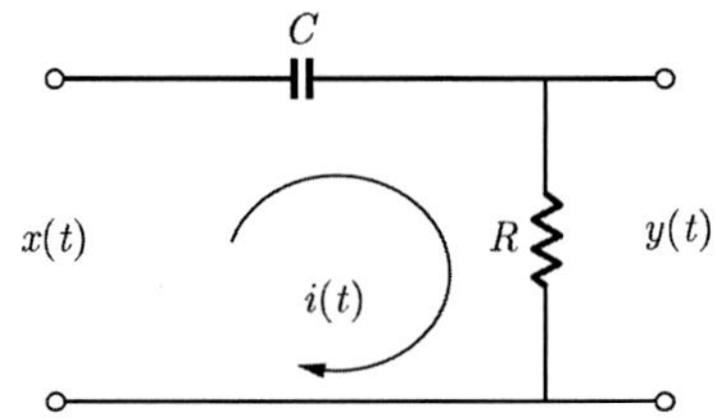

그림 III-7

3-9 다음 그림과 같은 RL 회로로 이루어진 시스템에서 주파수 응답과 cutoff 주파수를 구하시오(단, $L = 10\,\text{mH}$, $R = 1\,\text{k}\Omega$이다).

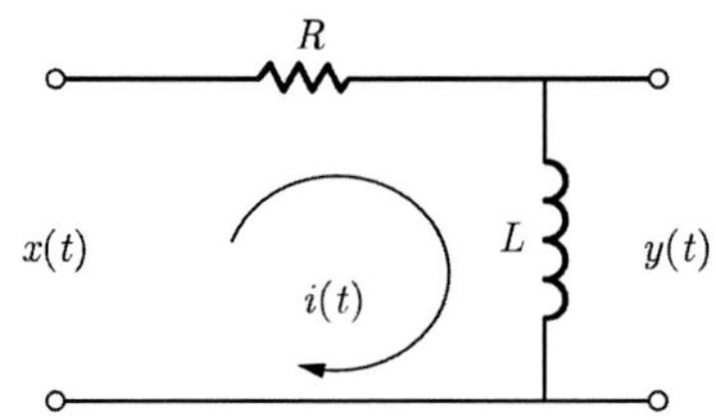

그림 III-8

3-10 다음과 같은 $X(\omega)$의 역 CTFT를 구하시오.

$$X(\omega) = \text{rect}\left(\frac{\omega - 1}{2}\right)$$

3-11 다음 신호의 CTFT를 구하시오.

(a) $x(-t)$

(b) $x^*(t)$

3-12 다음 신호의 CTFT를 구하시오.

(a) $x_e(t)$

(b) $x_o(t)$

3-13 다음 신호의 CTFT를 구하시오.

(a) $Re\{x(t)\}$

(b) $Im\{x(t)\}$

3-14 다음 신호의 에너지를 구하시오.

$$x(t) = e^{-2t}u(t)$$

3-15 다음 신호의 에너지를 구하시오.

$$x(t) = \frac{\sin \pi t}{\pi t}$$

3-16 신호 $x(t) = \frac{\sin t}{\pi t} \cos 10t$로부터 다음을 구하시오.

$$\int_{-\infty}^{\infty} |x(t)|^2 dt$$

3-17 다음 신호 $y(t)$의 CTFT $Y(\omega)$를 구하시오.

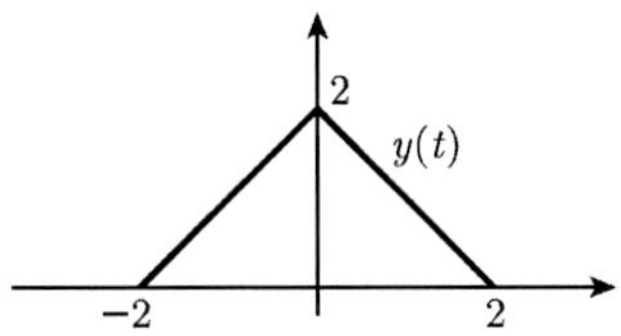

그림 III-9

3-18 다음 그림과 같이 어떤 신호 $x(t)$가 빠른 주파수의 신호 $\cos \omega_0 t$로 변조되었다. $X(\omega)$는 다음 그림과 같다. $Y(\omega)$를 구하고 그리시오(단, $\omega_0 = 4{,}000\pi$).

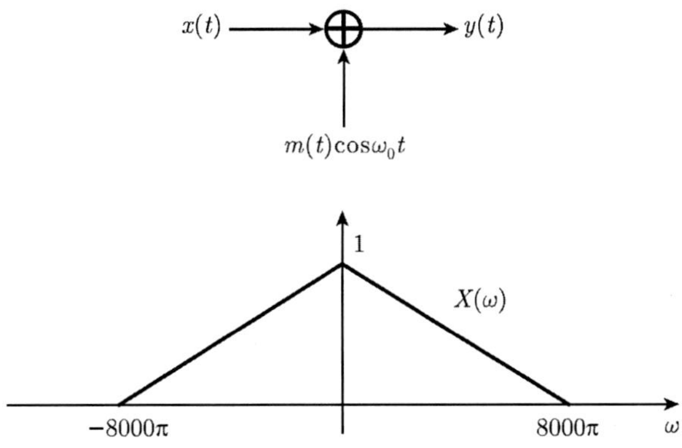

그림 III-10 빠른 주파수 신호로 modulation

3-19 신호 $x(t)$가 다음과 같이 변조되었다.

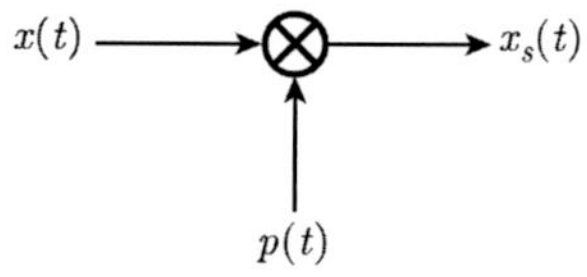

그림 III-11 **예제의 변조**

이 그림에서 $x(t)$와 $p(t)$는 각각 다음과 같다.

$$x(t) = e^{-|t|}, \quad p(t) = \sum_{n=-\infty}^{\infty} \delta(t-nT), \quad \text{where } T=1$$

$X_s(\omega)$의 DC 성분인 $X_s(0)$을 구하시오.

3-20 무선 송신을 위해 3 GHz의 변조신호를 사용하여 진폭 변조하였다. 송신안테나의 길이를 구하시오. 단 안테나의 길이는 radio 신호 파장의 1/2을 사용하시오.

3-21 다음과 같은 $x(t)$의 CTFT를 구하시오.

$$x(t) = \frac{\sin t}{\pi t} \cos(2\pi \times 1000)t$$

3-22 최대주파수 4 kHz의 음성 신호와 최대주파수 22 kHz의 오디오 신호에 대하여 적당한 샘플링 주기를 선택하고 그 스펙트럼을 그리시오.

3-23 어떤 LTI 시스템의 임펄스 응답이 $g[n]$이며 주파수 응답은 다음과 같다.

$$G(e^{j\omega}) = \begin{cases} 1, & |\omega| < \pi/4 \\ 0, & \pi/4 < |\omega| \le \pi \end{cases}$$

또 다른 어느 시스템의 임펄스 응답은 다음과 같다. 즉,

$$h[n] = (-1)^n g[n]$$

그리고 이 시스템으로 입력되는 입력 신호의 DTFT는 다음과 같다.

$$X(e^{j\omega}) = 1 - \frac{|\omega|}{2\pi} \quad \text{for } |\omega| \le \pi$$

이 시스템의 출력 신호 $y[n] = h[n] * x[n]$의 DTFT $Y(e^{j\omega})$를 그리시오.

3-24 다음과 같은 신호가 있다.

$$x[n] = 0.25^n u[n+2]$$

(a) 위 신호의 DTFT인 $X(e^{j\omega})$를 구하시오.

(b) $\int_{-\pi}^{\pi} X(e^{j\omega})d\omega$를 구하시오.

(c) $\int_{-\pi}^{\pi} |X(e^{j\omega})|^2 d\omega$를 구하시오.

3-25 어떤 LTI 시스템의 임펄스 응답 $h[n]$이 다음과 같다.

$$h[n] = \frac{1}{3}(\delta[n] + \delta[n-1] + \delta[n-2])$$

진폭 응답 $|H(e^{j\omega})|$를 그리시오($\omega = 0$과 $\omega = \pi$에서의 값을 표시하시오).

3-26 어떤 LTI 시스템의 임펄스 응답 $h[n]$은 다음과 같다.

$$h[n] = 0.5\delta[n] - 0.5\delta[n-1]$$

진폭 응답 $|H(e^{j\omega})|$를 그리시오($\omega = 0$과 $\omega = \pi$에서의 값을 표시하시오).

3-27 어느 LTI 시스템의 임펄스 응답 $h[n]$은 다음과 같다.

$$h[n] = 0.5\delta[n] - 0.5\delta[n-2]$$

진폭 응답 $|H(e^{j\omega})|$를 그리시오($\omega = 0$과 $\omega = \pi$에서의 값을 표시하시오).

3-28 어느 LTI 시스템의 임펄스 응답 $h[n]$은 다음과 같다.

$$h[n] = 0.5\delta[n] - 0.5\delta[n-4]$$

진폭 응답 $|H(e^{j\omega})|$를 그리시오($\omega = 0$과 $\omega = \pi$에서의 값을 표시하시오).

3-29 어느 LTI 시스템의 주파수 응답이 다음과 같다.

$$H(e^{j\omega}) = \begin{cases} 1, & |\omega| < \pi/3 \\ 0, & \pi/3 < |\omega| \le \pi \end{cases}$$

이 시스템의 임펄스 응답을 구하고 그리시오.

3-30 어느 LTI 시스템의 주파수 응답이 다음과 같다.

$$H(e^{j\omega}) = \begin{cases} 1, & |\omega| < \pi/4 \\ 0, & \pi/4 < |\omega| \le \pi \end{cases}$$

이 시스템의 임펄스 응답을 구하고 그리시오.

3-31 어떤 아날로그 신호 $x(t)$의 최대주파수가 4,000 Hz이다. 이 아날로그 신호를 디지털 신호로 만들기 위해서 8,000 Hz로 샘플링하였다. 물음에 답하시오.

(a) 최대주파수 4,000 Hz의 주파수 성분이 샘플링된 후의 디지털 신호 $x_{\pi}[n]$을 구하시오.

(b) 2,000 Hz의 주파수 성분이 샘플링된 후의 디지털 신호 $x_{\pi/2}[n]$을 구하시오.

3-32 어떤 아날로그 신호 $x(t)$의 최대주파수가 24,000 Hz이다. 이 아날로그 신호를 디지털 신호로 만들기 위해서 48,000 Hz로 샘플링하였다. 물음에 답하시오.

(a) 최대주파수 24,000 Hz의 주파수 성분이 샘플링된 후의 디지털 신호 $x_{\pi}[n]$을 구하시오.

(b) 12,000 Hz의 주파수 성분이 샘플링된 후의 디지털 신호 $x_{\pi/2}[n]$을 구하시오.

CHAPTER 04

4 AM 및 FM 방송

4.1 무선 통신 개요

4.1.1 무선 통신 주파수 대역

무선 통신시스템에서는 공중이라는 미디어 채널을 통해 정보가 송수신된다. 공기와 같은 무선 채널은 공용 채널이므로 국가가 관리하며 주파수 대역 별로 다음과 같은 용도로 사용하고 있다.

표 4-1 무선 주파수 대역별 용도

주파수 명칭	영문 주파수 명칭	주파수 대역	파장	용도
초장파	VLF(Very Low Frequency)	3~30 kHz	10~100 km	선박 무선 통신
장파	LF(Low Frequency)	30~300 kHz	1~10 km	선박 무선 통신
중파	MF(Medium Frequency)	300~3000 kHz	0.1~1 km	AM 방송
단파	HF(High Frequency)	3~30 MHz	10~100 m	단파 방송
초단파	VHF(Very High Frequency)	30~300 MHz	1~10 m	FM 방송, TV 방송
극초단파	UHF(Ultra High Frequency)	300~3000 MHz	0.1~1 m	이동통신, TV 방송
초고주파	SHF(Super High Frequency)	3~30 GHz	10~100 mm	레이더, 위성 통신
마이크로파	EHF(Extremely High Frequency)	30~300 GHz	1~10 mm	마이크로웨이브 통신

AM 방송

앞의 표에서 보듯이 AM 방송은 중파(MF, Medium Frequency) 대역의 주파수를 사용하여 방송한다. 대한민국에서는 525 kHz부터 1,605 kHz까지의 주파수를 AM 방송에 할당하고 있다. 이 방송은 AM 변조(Amplitude Modulation) 방식을 사용하며 대역폭은 음성주파수 정도를 포함하는 5 kHz 정도이므로 음악과 같은 고음질의 오디오 방송으로는 적당하지 않다. 방송국과 방송국 사이의 주파수 간격은 9 kHz이다.

중파대역의 전파는 낮에는 지상 100 km 정도의 상공에 발생하는 전리층(D·E층)에 흡수되어 버리고, 수신 안테나에 포착되는 전파는 주로 지표를 따라서 퍼져나가는 전자기파뿐이므로 AM 방송은 도시를 중심으로 해서 그 주변 지역을 수신 대상으로 한다. 야간에는 D·E층이 없어지고, 200~400 km 상공에 발생하는 전리층(F층)에서 반사되므로 수천 km나 멀리 전파되는 경우도 있다. 근래에는 대전력(약 1,000 kW)의 중파 송신기술이 개발되어 해외방송용으로도 사용되고 있다. 외국에서는 현재 중파 중심의 라디오 방송망을 소수의 대전력 중파방송국과 도시 중심의 FM 방송망으로 재편성하는 경향이 있다.

단파방송

단파대(3~30 MHz)의 전파에서는 지표파가 급속히 감쇠되므로 도시를 중심으로 한 근거리 방송에는 적합하지 않다. 그러나 전리층에서 흡수됨 없이 잘 반사되어 수천 km 떨어진 지점까지 도달하므로 해외방송에 적합하다. 주파수대는 6, 9, 11, 17, 21, 25 MHz이고 변조방식은 중파대와 같은 진폭변조를 사용한다. 또한, 대역폭은 5 kHz이다.

단파방송의 전파는 전리층으로부터 반사되므로 수신점에는 경로가 다른 몇 개의 전파가 도달하는데, 이를 페이딩 현상이라고 한다. 이와 같이 송출되는 전파는 서로 간섭하므로 음질과 음량의 변화를 초래하기 쉽다.

FM 방송

FM 방송은 VHF(30~300 MHz) 대역을 사용하는 방송이며 주파수 변조를 사용하므로 FM (Frequency Modulation) 방송이라 부른다. FM 방송에 할당되고 있는 주파수대역은 88~108 MHz이며, 대역폭은 200 kHz이다. 방송국 간의 주파수 간격은 600~800 kHz이다. 예를 들어 93.1 MHz FM 방송의 경우 93.1 MHz의 반송파 주파수를 기본으로 사용한다. 이 기본 주파수를 중심으로 ±100 kHz의 주파수 변화를 이용한다. 즉, 93 MHz부터 93.2 MHz 사이의 주파수가 사용된다.

200 kHz의 대역폭은 정보량과 밀접한 관계가 있다. AM 방송의 대역은 5 kHz 밖에 되지 않아서 음성 주파수 대역만을 송출할 수 있지만 FM 방송은 200 kHz나 되기 때문에 스테레오 및 고음질 방송이 가능하다.

이동통신

이동통신시스템에서는 극초단파(UHF, 300~3,000 MHz) 대역의 주파수를 사용한다. 예를 들면 LTE 스마트폰은 주로 1,800 MHz의 주파수 대역을 사용하며 대역폭은 55 MHz이다. 또한 이와 같은 이동통신 기기들은 주로 OFDM(Orthogonal Frequency Division Multiplexing) 방식의 변조기술을 사용하고 있다.

4.1.2 안테나의 원리

송수신을 위해 전자기파를 공중으로 보내거나 받기 위한 장치를 안테나라고 한다. 즉 송신용 안테나는 송신기에 의해 변조된 교류 전압을 전자기파로 공중으로 방사하고, 수신용 안테나는 수신된 전자기파를 받아서 교류 전압으로 변환시키는 기능을 수행한다. 송신용 안테나와 수신용 안테나는 기본원리는 같으나 사용하는 파장에 따라 모양이 여러 가지로 달라진다. 안테나가 효율적으로 동작하려면 사용 주파수에 공진시켜야 한다. 안테나 길이가 파장의 1/4 또는 1/2이 되어야 공진하므로 전자기파를 송출시키려면 이 길이의 안테나가 효율적이다.

송신 안테나

안테나의 송신 원리는 마치 다음 그림과 같이 비눗방울이 터지는 것과 비슷하다.

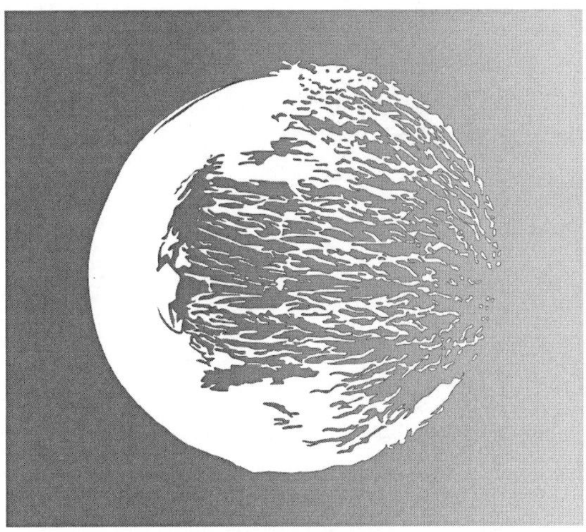

그림 4-1 송신 안테나의 원리와 비슷한 비눗방울 터지는 현상

비눗방울은 터지는 순간에 공중으로 분사되며 눈에 안보이게 된다. 눈에는 안보이지만 비눗방울의 입자와 파동의 정보는 멀리까지 다다를 수 있다.

송신 안테나의 원리를 다음 그림을 통하여 좀 더 자세히 알아보기로 한다.

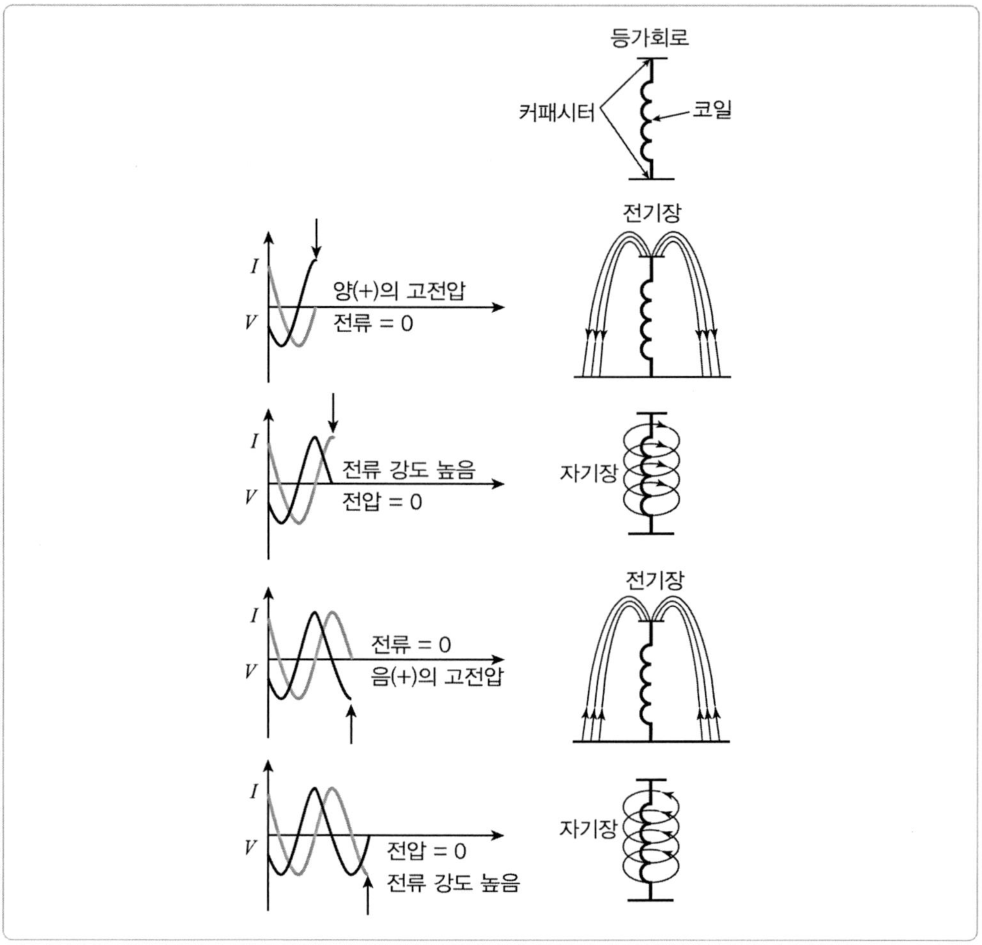

그림 4-2 **송신 안테나의 원리**

안테나 송신 원리

- 전압은 안테나에 전기장을 형성하고 전류는 자기장을 형성한다.
- 안테나 팁은 안테나 베이스와 함께 커패시터로 모델링할 수 있다. 안테나의 팁과 베이스 사이에 전압이 작용하면 전기장이 형성된다. 전기력선은 수직 안테나에 나란하게 방출된다.
- 교류전압 주기 중에 전압이 상승하거나 하강하면 수직 안테나를 통해 전류가 흐르게 되며 안테나를 코일로 모델링할 수 있다. 코일에 전류가 흐르므로 자기장을 생성하게 되어 자기력선이 수직 안테나 주위에 링처럼 배열된다.
- 전기장 및 자기장은 교대로 바뀌면서 송신 안테나에 의해 서로 간에 직각을 이루며 방사된다. 이들을 합쳐서 전자기파라고 한다. 이와 같이 안테나는 커패시터와 코일로 모델링할 수 있으며 교류전압을 전자기파로 변환하여 공중으로 방사할 수 있다.

수신 안테나

전자기파가 안테나에 도달하면 전기장이 수신 안테나에 교류 전압을 생성할 수도 있고 자기장이 수신 안테나에 교류전압을 생성할 수도 있다. 수직 안테나는 전기장을 이용하고 코일 안테나는 자기장을 이용하여 교류전압을 만들어낸다. 이때 안테나의 길이는 수신 주파수의 파장에 동조되어야 한다. 안테나의 길이가 파장의 1/4일 때 주파수에 동조된다. 예를 들면 1 GHz의 반송파를 사용하는 수신기 안테나의 최적의 길이는 다음과 같다.

$$1\text{ GHz의 최적 수신 안테나 길이}=\frac{3\times10^8\text{ m/s}}{4\times10^9\text{ Hz}}=7.5\text{ cm}$$

4.2 AM 방송

4.2.1 AM 송신부

AM 방송 통신 송수신 시스템의 블록도는 그림과 같다.

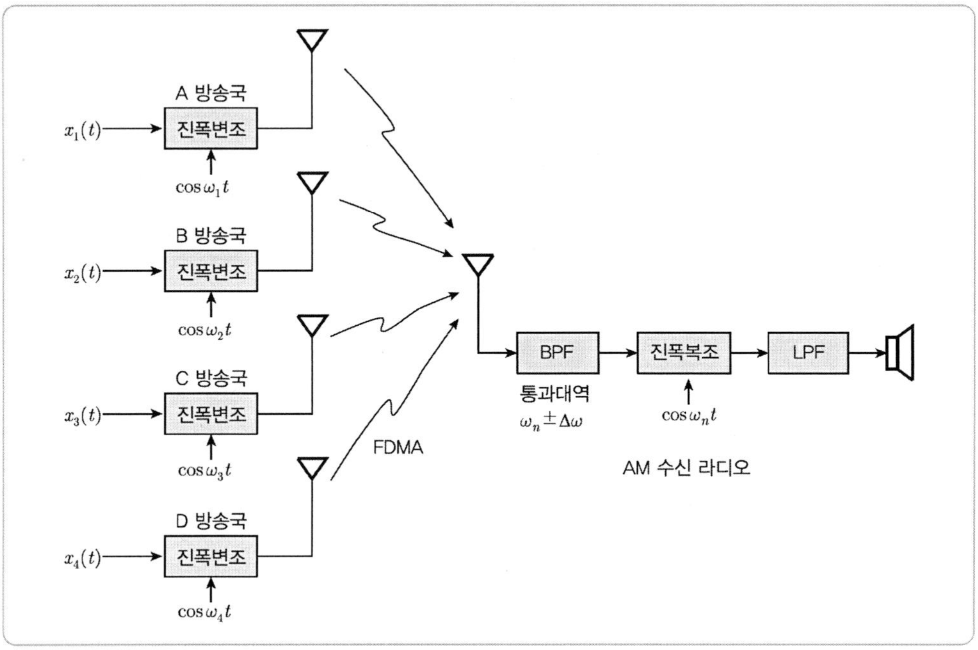

그림 4-3 AM-FDMA 통신시스템의 블록도

그림은 4개의 서로 다른 정보신호가 AM-FDMA(Amplitude Modulation-Frequency Division Multiple Access) 방식으로 통신하는 시스템의 블록도이다. 변조는 정보신호를 주어진 통신채널에 적합하도록 처리하는 과정이다. 그림과 같은 무선 통신시스템에서 전송신호는 전자기파로 변환되어 안테나를 통해 방사된다. 다음 그림은 미국 노스캐롤라이나주에 있는 AM 방송 송신 안테나이다.

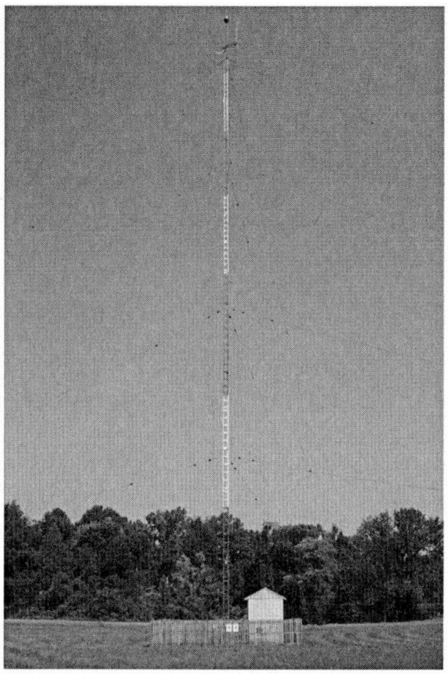

그림 4-4 AM 방송 송신 안테나(미국, 노스캐롤라이나주)

이 AM 송신기로부터 무선 주파수 전류가 직접 송신탑의 철제 격자로 흘러간다. 이 탑의 높이는 반송파 주파수 파장의 1/4 길이이다. 송신탑에 인가되는 고전압은 사람에게 위험하므로 사람이 접근하지 못하도록 울타리로 차단하고 있다. 안테나 옆에 있는 건물에는 송신기에서 안테나로 가는 에너지 전달을 최대화하기 위한 안테나 튜닝 코일이 있다.

AM 방송의 송신 안테나는 철제 탑을 통해서 전파를 발산하는 데 효과적인 송신 전달을 위해 그 길이를 반송파 파장의 4분의 1로 한다. 변조의 첫 번째 이유는 대기라는 채널로 전자기파를 방사하기 위하여 안테나 효율을 고려해야 하기 때문이다. 만일 3 kHz의 음성 신호를 변조 없이 전자파로 바로 방사하려면 안테나 길이는 다음과 같이 실현이 어렵다.

$$3\,\text{kHz의 최대방사효율 안테나 길이} = \frac{3\times10^8\ \text{m/s}}{4\times3\times10^3\ \text{Hz}} = 25\ \text{km}$$

이 식에서 분자는 전자파의 속도이고 분모는 전자파의 주파수이다. 이 식에서 보듯이 3 kHz의 전자파를 방사하려면 25 km의 안테나가 필요하여 안테나 설치가 거의 불가능하다. 이 신호를 1 MHz로 변조하여 공중으로 방사할 경우 그 안테나 길이는 다음과 같다.

$$1\,\text{MHz의 최대방사효율 안테나 길이} = \frac{3\times10^8\ \text{m/s}}{4\times10^6\ \text{Hz}} = 75\ \text{m}$$

이와 같이 안테나 길이가 75 m가 되어 안테나 설치가 가능하다.

변조의 두 번째 이유는 여러 통신 가입자들을 공중이라는 하나의 채널로 송신하기 위한 다중화가 가능하기 때문이다. 즉, 여러 개의 서로 다른 방송국 신호가 주파수 분할 다중접속(FDMA) 방식으로 서로 섞이지 않고 공중을 통해 전송된다. 진폭을 변조시키는 방식에는 양측파대(DSB, Double Side Band) 변조와 진폭변조(AM, Amplitude modulation)가 있다.

DSB 변조

이 절에서는 진폭을 변조시키는 다음 그림과 같은 DSB(Double Side Band, 양측파대) 변조에 대하여 알아보기로 한다.

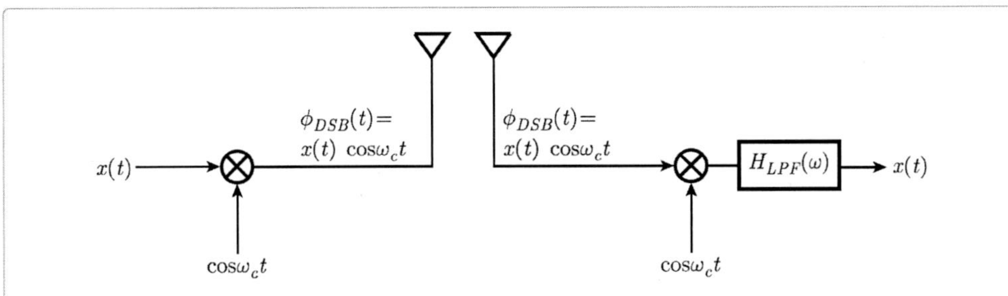

그림 4-5 DSB 변조 통신시스템

전송신호 $x(t)$의 푸리에 변환이 다음 그림과 같다고 가정한다.

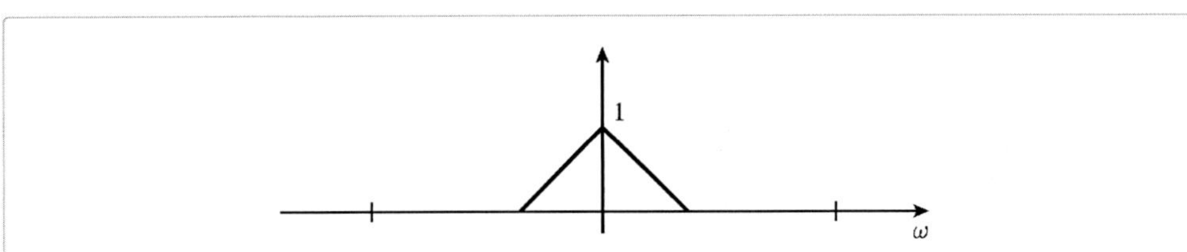

그림 4-6 전송신호의 CTFT

이 전송신호에 $\cos\omega_c t$를 곱하면 그 스펙트럼은 다음과 같다.

$$\int_{-\infty}^{\infty} x(t)\cos\omega_c t e^{-j\omega t}dt = \int_{-\infty}^{\infty} x(t)\frac{e^{j\omega_c t}+e^{-j\omega_c t}}{2}e^{-j\omega t}dt$$

$$=\frac{1}{2}\int_{-\infty}^{\infty} x(t)e^{-j(\omega-\omega_c)t}dt+\frac{1}{2}\int_{-\infty}^{\infty} x(t)e^{-j(\omega+\omega_c)t}dt$$

$$=\frac{1}{2}X(\omega-\omega_c)+\frac{1}{2}X(\omega+\omega_c)$$

이 식의 스펙트럼을 그림으로 나타내면 다음 그림과 같다.

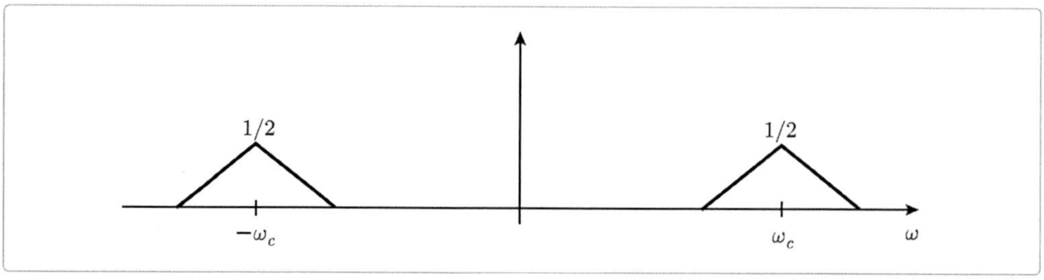

그림 4-7 DSB 변조 신호의 CTFT

그림에서 보듯이 정보신호의 스펙트럼은 그 모양을 그대로 유지한 채 높은 주파수 대역으로 이동하였다. 이 $\cos\omega_c t$를 반송파(carrier wave)라고 한다.

이번에는 DSB 통신시스템의 수신기에 대하여 알아보자. 수신기에서는 변조된 신호에서 원래의 전송신호를 찾아내는 과정이며 이를 복조라고 한다. DSB 복조기에서도 먼저 다음과 같이 $\cos\omega_c t$를 곱한다.

$$\begin{aligned}\int_{-\infty}^{\infty} x(t)\cos\omega_c^2 t e^{-j\omega t}dt &= \int_{-\infty}^{\infty} x(t)\frac{1+\cos 2\omega_c t}{2}e^{-j\omega t}dt \\ &= \frac{1}{2}\int_{-\infty}^{\infty} x(t)e^{-j\omega t}dt + \frac{1}{2}\int_{-\infty}^{\infty} x(t)\cos 2\omega_c t e^{-j\omega t}dt \\ &= \frac{1}{2}X(\omega)+\frac{1}{4}X(\omega-2\omega_c)+\frac{1}{4}X(\omega+2\omega_c)\end{aligned}$$

이 관계식을 그림으로 나타내면 다음과 같다.

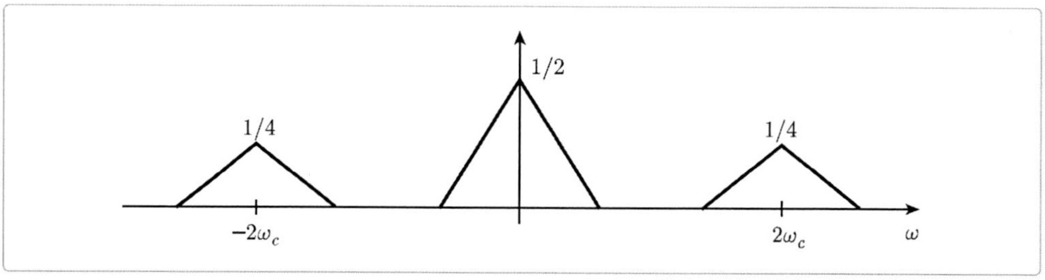

그림 4-8 DSB 복조 신호의 CTFT

이 스펙트럼에 저역통과 필터를 거치면 원래의 전송신호를 찾을 수 있다. 이 복조기에서의 국부발진기는 변조기의 반송파와 위상이 동기되어야 하며 이를 동기검파라 한다.

AM 변조

AM 변조의 블록도는 다음과 같다.

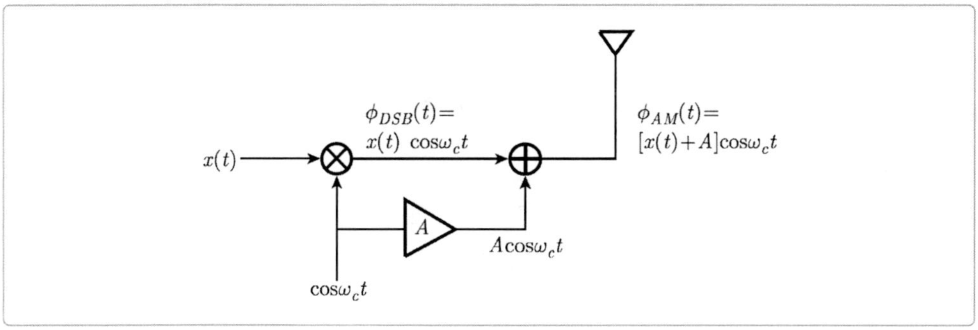

그림 4-9 **AM 변조의 블록도**

변조된 신호는 다음과 같이 표현된다.

$$\phi_{AM}(t) = \phi_{DSB}(t) + A\cos\omega_c t = [x(t) + A]\cos\omega_c t$$

이 식에서 보듯이 정보신호에 A의 직류성분을 더하여 완전히 양수(positive)의 신호로 만든 후 반송파를 곱해주는 방식이다. 이와 같은 방식을 AM 변조라 한다. 변조된 신호의 모양은 다음과 같다.

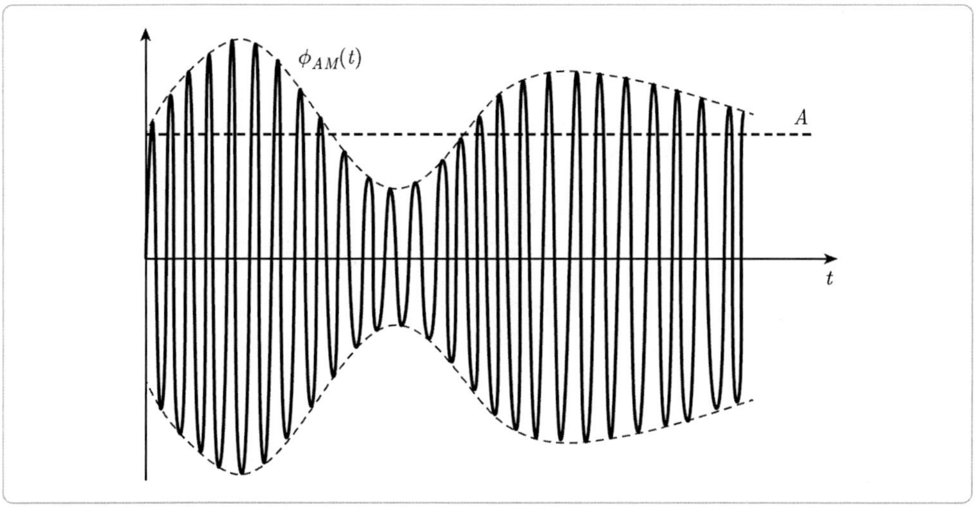

그림 4-10 **AM 변조의 변조된 신호**

이와 같이 변조된 신호는 동기 검파가 필요 없는 포락선 검파(envelope detector)라는 매우 간단한 회로로 정보신호를 찾을 수 있다(수신기 구현비용이 상대적으로 낮다). 이번에는 AM으로 변조된 신호를 만들 수 있는 회로에 대하여 알아본다. 다음 그림과 같은 트랜지스터 회로를 사용하여 AM 변조기를 만들 수 있다.

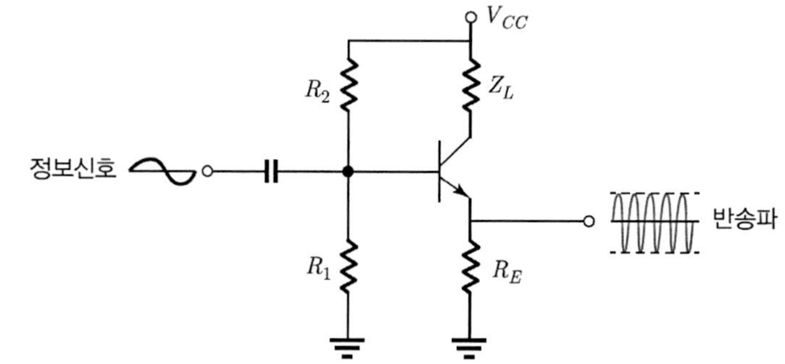

그림 4-11 트랜지스터 AM 변조기

반송파와 정보신호가 입력되지 않은 정지 상태에서 베이스 전류를 구하기 위한 등가 회로는 다음과 같다.

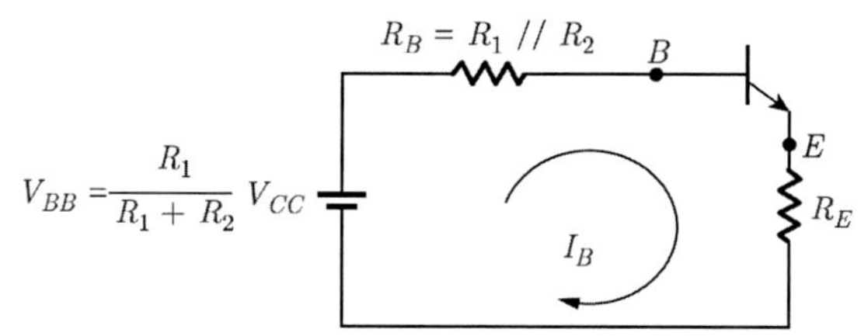

그림 4-12 베이스 전류를 구하기 위한 등가 회로

이 등가회로에서 정지 상태의 베이스 전류는 다음과 같다.

$$V_{BB} = R_B I_B + V_{BE} + R_E(1+\beta)I_B$$

$$\therefore \ I_B = \frac{V_{BB} - V_{BE}}{R_B + (1+\beta)R_E}$$

이 식에서 R_E가 상대적으로 작으면 정지 상태의 베이스 전류는 그림 4-13의 Q_1 지점이 되고 R_E가 상대적으로 크면 정지 상태의 베이스 전류는 Q_2 지점으로 이동한다. Q_2 지점에서 정지 전류가 흐르고 있을 때 반송파와 정보 신호를 입력시키면 베이스 전류 I_b는 다음 그림과 같다.

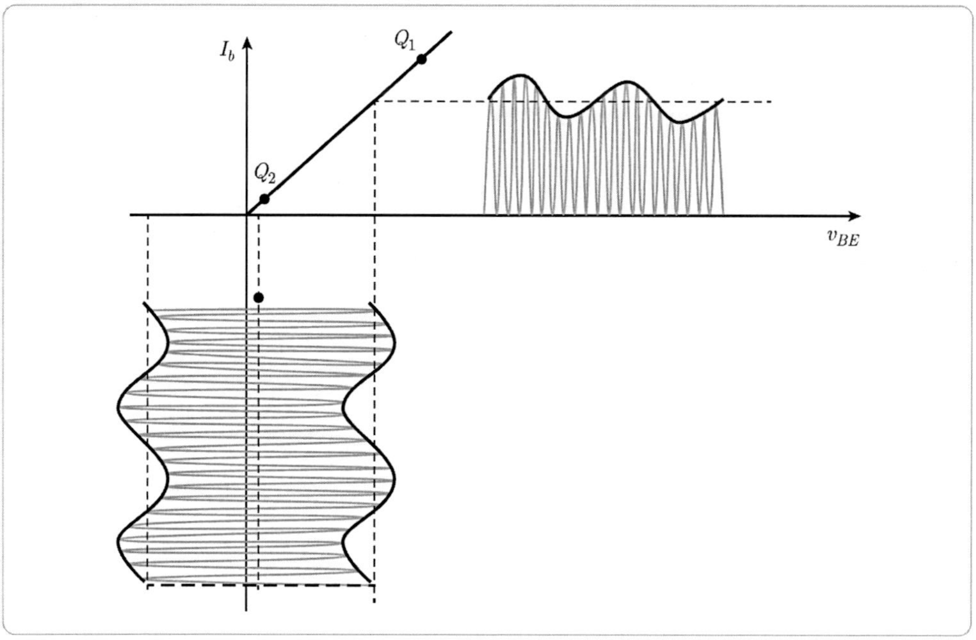

그림 4-13 트랜지스터 AM 변조기의 베이스 전류

따라서 콜렉터 전류는 $I_c = \beta I_b$로 구할 수 있다. 이 콜렉터 전류를 코일에 통과시키면 코일에 걸리는 전압은 $v = L\frac{di}{dt}$이므로 다음과 같은 변조된 신호를 얻을 수 있다.

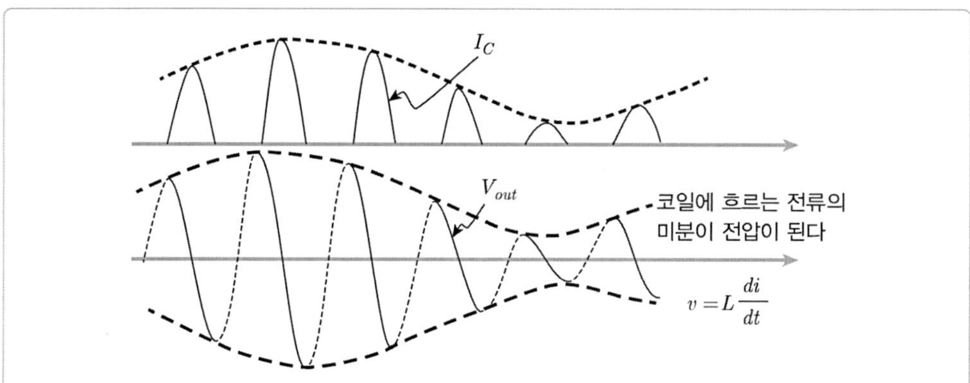

그림 4-14 트랜지스터 AM 변조기의 변조된 신호

이 변조된 신호의 스펙트럼은 $\phi_{DSB}(t)$의 CTFT와 $A\cos\omega_c t$의 CTFT의 합이다. $A\cos\omega_c t$의 CTFT는 다음과 같이 구할 수 있다.

$$\int_{-\infty}^{\infty} A\cos\omega_c t e^{-j\omega t}dt = \int_{-\infty}^{\infty} A\frac{e^{j\omega_c t}+e^{-j\omega_c t}}{2}e^{-j\omega t}dt$$

$$= \frac{A}{2}\int_{-\infty}^{\infty} e^{-j(\omega-\omega_c)t}dt + \frac{A}{2}\int_{-\infty}^{\infty} e^{-j(\omega+\omega_c)t}dt$$

$$= \pi A\delta(\omega-\omega_c) + \pi A\delta(\omega+\omega_c)$$

따라서 $\phi_{AM}(t)$의 CTFT는 다음과 같다.

$$\Phi_{AM}(\omega) = \frac{1}{2}X(\omega-\omega_c) + \frac{1}{2}X(\omega+\omega_c) + \pi A\delta(\omega-\omega_c) + \pi A\delta(\omega+\omega_c)$$

이 변조된 신호 $\phi_{AM}(t)$의 CTFT는 다음과 같이 그릴 수 있다.

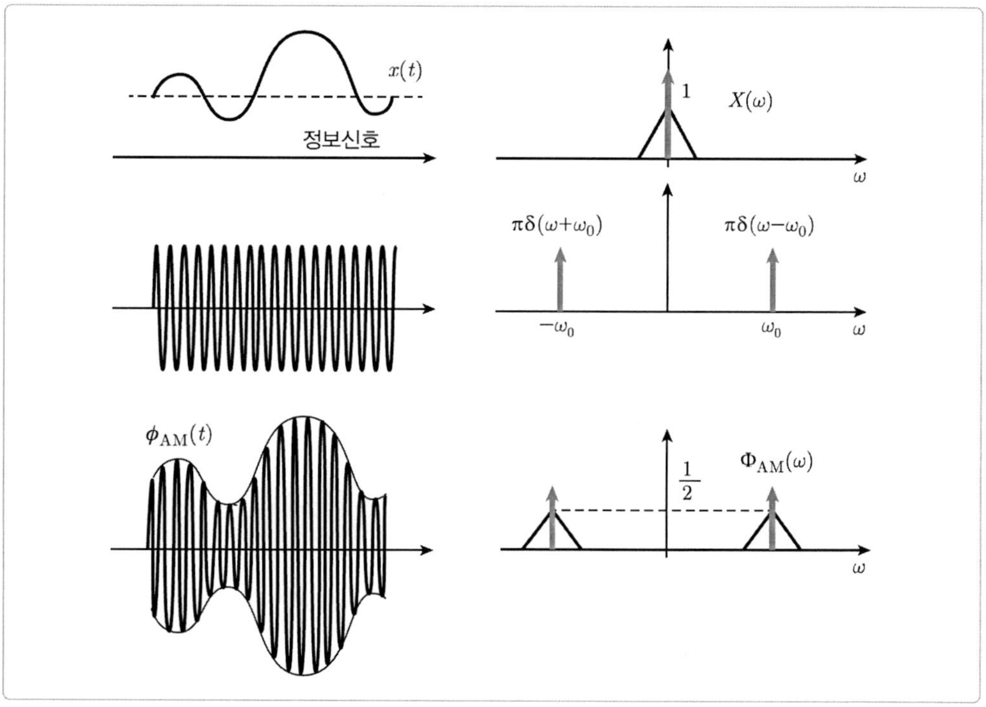

그림 4-15 변조된 신호 $\phi_{AM}(t)$의 CTFT

4.2.2 AM 수신부

공중으로 송출된 신호는 AM 라디오를 통해 수신된다.

다음 그림은 상용 AM 라디오이다.

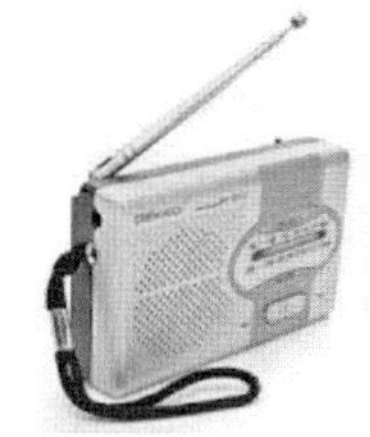

그림 4-16 AM 수신 라디오

AM 라디오에서는 변조된 신호가 원래의 소리 신호로 변환되는데, 이 과정을 AM 복조라고 한다. 이 절에서는 AM 수신부에 대하여 알아보기로 한다. AM 수신부의 블록도는 다음 그림과 같다.

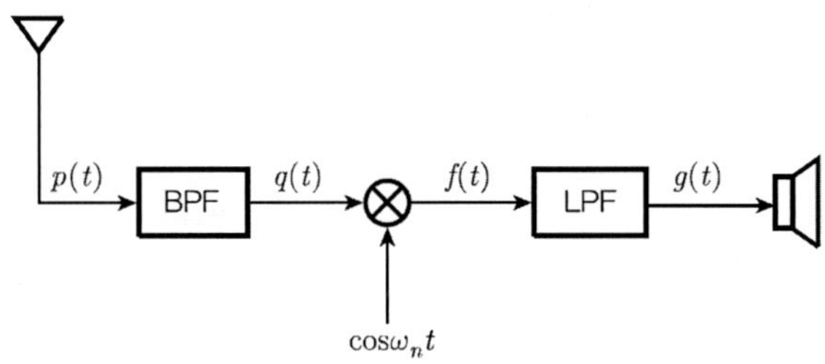

그림 4-17 AM 수신부의 블록도

위의 블록도에서 보듯이 AM 수신부는 특정 방송의 주파수 대역만을 뽑아내는 대역통과 필터와 반송파를 사용하여 변조된 신호에서 원 신호를 찾아내는 AM 복조로 구성되어 있다.

대역통과 필터

AM 라디오 안테나로 수신된 신호 $p(t)$는 다음과 같이 여러 방송의 신호가 섞여있다.

$$p(t)=\phi_{AM1}(t)+\phi_{AM2}(t)+\cdots+\phi_{AM8}(t)$$

AM 라디오에서는 다음 그림과 같이 대역통과 필터 $H_{BPF}(\omega)$를 사용하여 특정 방송의 주파수 대역의 신호를 먼저 추출한다.

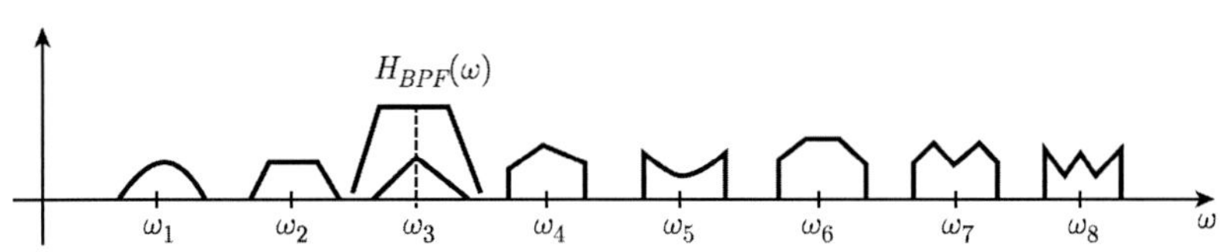

그림 4-18 AM 수신기의 대역통과 필터를 사용한 특정 방송 신호 튜닝

그림에서는 8개 방송 주파수 대역을 예로 들었다. 이 중에서 ω_3의 반송파를 사용하는 방송의 신호를 들으려면 대역통과 필터 $H_{BPF}(\omega)$를 사용하여 $\omega_3 \pm 10$ kHz의 주파수 대역의 신호만을 추출하면 대역통과 필터의 출력 신호는 다음과 같다.

$$q(t) = \phi_{AM3}(t)$$

대역통과 필터는 RLC 소자를 사용한 직렬공진 또는 병렬공진 회로로 쉽게 구현할 수 있다. 이 절에서는 다음 그림과 같은 RLC 직렬공진 회로를 사용한 대역통과 필터에 대하여 알아본다.

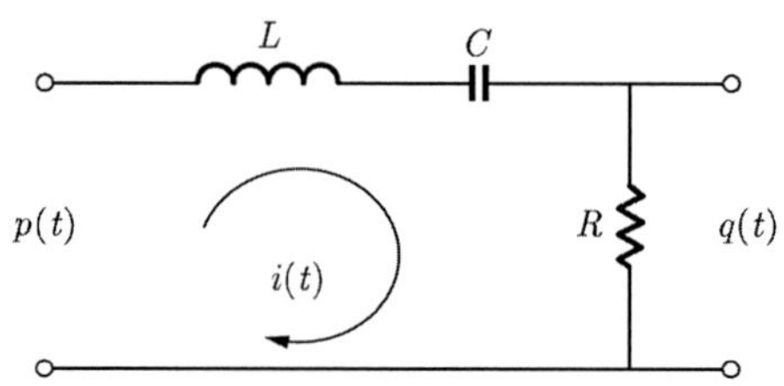

그림 4-19 **RLC 직렬공진 대역통과 필터**

위의 회로에서 특정한 주파수 ω_0의 신호가 입력되었을 때 L과 C가 직렬공진된다. 이 경우에 L과 C의 저항 성분이 0이 되어 입력전압이 출력에 그대로 나타나게 되므로 이득이 최대가 된다. 즉, 이 회로가 ω_0의 주파수만을 통과시키는 대역통과 필터(BPF, Band Pass Filter)이다. 이 회로의 주파수 응답을 구하기 위해 이 회로의 미분방정식을 찾아야 한다. 위의 회로에서 먼저 다음과 같은 식을 얻을 수 있다.

$$L\frac{di(t)}{dt} + \left[\frac{1}{C}\int_0^t i(\tau)d\tau + v_0\right] + Ri(t) = p(t), \quad q(t) = Ri(t)$$

위의 식에서 적분을 없애기 위해 한 번 더 미분하면 다음과 같다.

$$L\frac{d^2i(t)}{dt^2} + \frac{1}{C}i(t) + R\frac{di(t)}{dt} = \frac{dp(t)}{dt}$$

이 식에 $q(t) = Ri(t)$의 관계를 대입하면 다음의 미분방정식을 얻을 수 있다.

$$\frac{d^2q(t)}{dt^2} + \frac{R}{L}\frac{dq(t)}{dt} + \frac{1}{LC}q(t) = \frac{R}{L}\frac{dp(t)}{dt}$$

이 미분방정식으로부터 주파수 응답은 다음과 같이 두 가지 방법으로 구할 수 있다.

✤ $q(t) = H(\omega)e^{j\omega t}$를 이용한 주파수 응답

이 미분방정식에서 주파수 응답을 얻기 위해 $p(t) = e^{j\omega t}$에 대한 시스템의 출력이

$q(t) = H(\omega)e^{j\omega t}$가 되는 것을 이용한다. 이 관계식을 앞의 미분방정식에 대입하면 다음과 같다.

$$-\omega^2 H(\omega)e^{j\omega t} + \frac{R}{L}j\omega H(\omega)e^{j\omega t} + \frac{1}{LC}H(\omega)e^{j\omega t} = \frac{R}{L}j\omega e^{j\omega t}$$

이 식을 $H(\omega)$로 정리하면 다음과 같이 주파수 응답을 얻을 수 있다.

$$H(\omega) = \frac{R}{R + j\left(\omega L - \dfrac{1}{\omega C}\right)}$$

이 주파수 응답은 $\omega L = 1/(\omega C)$일 때 최대가 되므로 이때의 주파수는 $\omega_0 = 1/\sqrt{LC}$로 구할 수 있으며 주파수 응답의 모양은 다음과 같다.

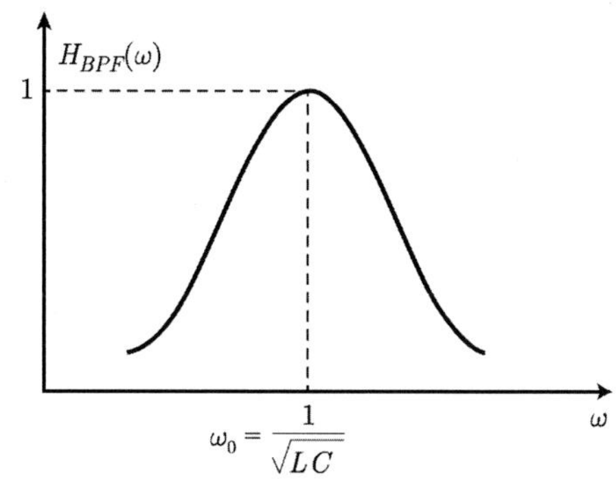

그림 4-20 RLC 직렬공진 대역통과 필터의 주파수 응답

✤ 라플라스 변환을 이용한 주파수 응답

미분방정식을 라플라스 변환하면 다음과 같다.

$$s^2 Q(s) + \frac{R}{L}sQ(s) + \frac{1}{LC}Q(s) = \frac{R}{L}sP(s)$$

이 식을 정리하면 다음과 같다.

$$H(s) = \frac{Q(s)}{P(s)} = \frac{\dfrac{R}{L}s}{s^2 + \dfrac{R}{L}s + \dfrac{1}{LC}}$$

이 식에서 $s = j\omega$를 대입하면 다음과 같이 주파수 응답을 구할 수 있다.

$$H(\omega) = \frac{R}{R + j\left(\omega L - \dfrac{1}{\omega C}\right)}$$

AM 복조

대역통과 필터를 통과한 신호는 다시 $\cos\omega_0 t$로 다시 변조하여 저역통과 필터를 통과시키면 다음과 같이 원 신호를 얻을 수 있다.

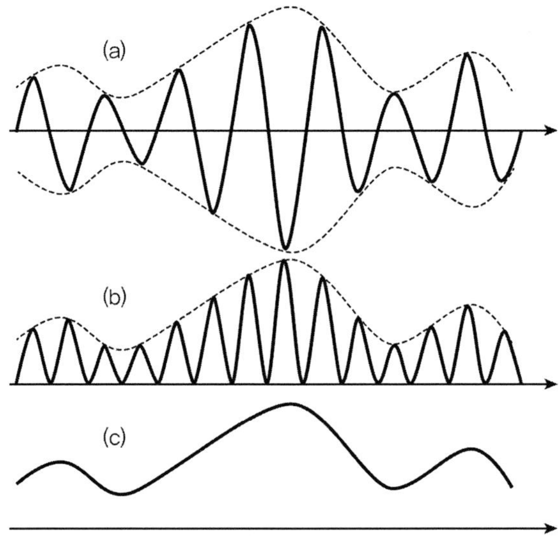

그림 4-21 (a) 수신 신호 $q(t)$, (b) 다시 변조된 신호 $f(t)$, (c) LPF로 얻은 원 신호 $x(t)$

위의 그림에서 $f(t)$는 대역통과 필터를 통과한 신호 $q(t)$를 다음과 같이 $\cos\omega_n t$로 변조한 신호이다.

$$f(t) = q(t)\cos\omega_n t = x(t)\cos^2\omega_n t$$

따라서 $f(t)$는 송신부의 원 신호 $x(t)$에 $\cos^2\omega_n t$를 곱한 것과 같다. 그런데 $\cos^2\omega_n t$는 다음과 같이 나타낼 수 있다.

$$\cos^2\omega_n t = \frac{1+\cos 2\omega_n t}{2}$$

이 식에서 보듯이 $\cos^2\omega_n t$는 0에서 1 사이를 움직이는 양수의 신호이며 주파수는 수신 신호 $y(t)$와 비교하여 주파수가 두 배로 빨라졌음을 알 수 있다. 이 신호 $f(t)$에 저역통과 필터를 통과시키면 그림 4-21(c)와 같은 원 신호 $x(t)$를 얻을 수 있다.

AM 복조의 신호의 변환들을 주파수 영역에서 분석해보기로 한다. AM 복조에서 $f(t)$의 CTFT는 다음과 같이 나타낼 수 있다.

$$f(t) = q(t)\cos\omega_n t \quad \leftrightarrow \quad F(\omega) = \frac{1}{2}\left[\, Q(\omega - \omega_n) + Q(\omega + \omega_n)\right]$$

$$= \frac{1}{2}X(\omega) + \frac{1}{4}X(\omega - 2\omega_n) + \frac{1}{4}X(\omega + 2\omega_n)$$

저역통과 필터

수신부에서 다시 변조된 신호 $f(t)$를 저역통과 필터로 필터링하면 $X(\omega)$를 얻을 수 있다. 이 과정을 주파수 영역에서 나타내면 다음 그림과 같다.

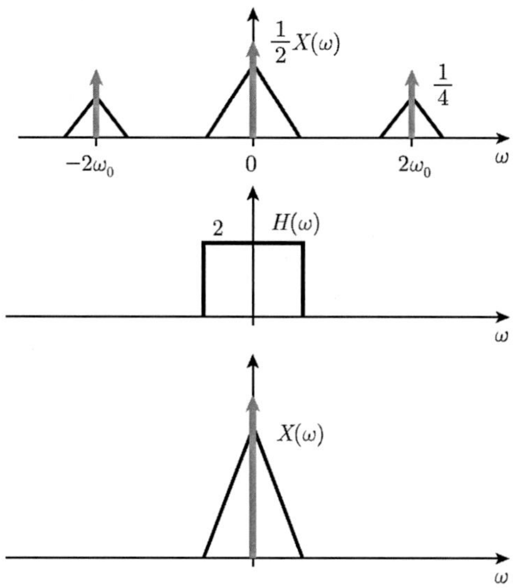

그림 4-22 AM 복조의 CTFT

저역통과 필터는 상대적으로 낮은 주파수의 신호를 통과시키는 필터이다. RC 회로나 RL 회로를 사용하여 저역통과 필터를 쉽게 구현할 수 있다. 이 절에서는 다음 그림과 같은 RL 회로로 이루어진 저역통과 필터의 구현 방법을 살펴보기로 한다.

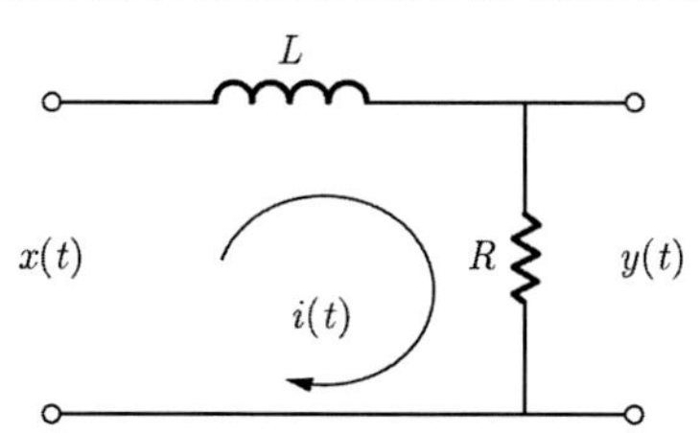

그림 4-23 RL 저역통과 필터

이 시스템의 미분방정식은 다음과 같다.

$$L\frac{di(t)}{dt}+Ri(t)=x(t),\ y(t)=Ri(t)\rightarrow i(t)=\frac{1}{R}y(t)\rightarrow\frac{di(t)}{dt}=\frac{1}{R}\frac{dy(t)}{dt}$$

위의 식을 이용하여 입력과 출력의 미분방정식을 구하면 다음과 같다.

$$\frac{dy(t)}{dt}+\frac{R}{L}y(t)=\frac{R}{L}x(t)$$

다음과 같은 시스템의 전달함수 관계식을 다시 불러보자.

$$x(t)=e^{j\omega t}\quad\Rightarrow\quad y(t)=H(\omega)e^{j\omega t}$$

이 식과 미분방정식을 이용하여 전달함수를 구하면 다음과 같다.

$$j\omega H(\omega)e^{j\omega t}+\frac{R}{L}H(\omega)e^{j\omega t}=\frac{R}{L}e^{j\omega t}\quad\Rightarrow\quad H(\omega)=\frac{R/L}{R/L+j\omega}$$

이 필터의 주파수 응답은 다음과 같다.

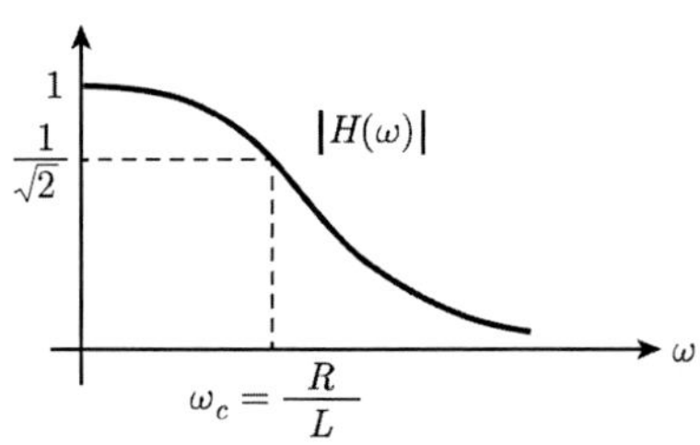

그림 4-24 RL 저역통과 필터의 주파수 응답

임펄스 응답을 다음과 같이 구할 수 있다.

$$H(\omega)=\frac{R/L}{R/L+j\omega}\quad\leftrightarrow\quad h(t)=\frac{R}{L}e^{-\frac{R}{L}t}u(t)$$

예제

위의 그림의 RL 저역통과 필터에서 $R=1\,\mathrm{k\Omega}$, $L=1\,\mathrm{mH}$이다. 다음을 구하시오.

(a) DC 이득

(b) 100 kHz 정현파 신호의 이득

(C) 1 MHz 정현파 신호의 이득

풀이 먼저 주파수 응답은 다음과 같다.

$$\frac{R}{L}=\frac{10^3}{10^{-3}}=10^6,\quad H(\omega)=\frac{10^6}{10^6+j\omega}\quad\Rightarrow\quad |H(\omega)|=\frac{10^6}{\sqrt{10^{12}+\omega^2}}$$

(a) 1 V의 직류 주파수의 이득

$$|H(0)|=\frac{10^6}{\sqrt{10^{12}}}=1$$

(b) 100 kHz 주파수의 이득

$$|H(2\pi\times10^5)|=\frac{10^6}{\sqrt{10^{12}+(2\pi\times10^5)^2}}=0.847$$

(c) 1 MHz 주파수의 이득

$$|H(2\pi\times10^6)|=\frac{10^6}{\sqrt{10^{12}+(2\pi\times10^6)^2}}=0.157$$

각각의 입력 신호에 대한 이득을 플롯하면 다음 그림과 같다.

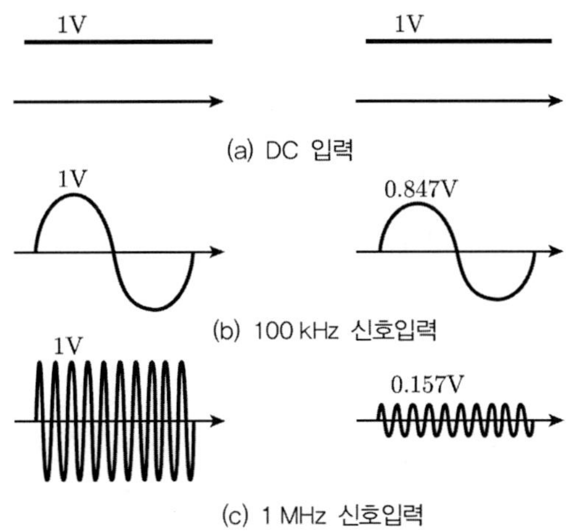

그림 4-25 **3개 주파수에 대한 RL 저역통과 필터 이득**

그림 4-25(a)에서 보듯이 0 주파수에 해당하는 직류 신호는 출력에 그대로 나타난다. 또한, 1 kHz의 신호는 0.847 V로 약간 신호의 크기가 감소됨을 볼 수 있다. 반면에 10 kHz의 높은 주파수 신호는 출력 단에서 보면 0.157 V로 그 크기가 매우 감소됨을 볼 수 있다. 이와 같이 3개의 주파수를 입력시켜보면 저역통과 필터임을 확인할 수 있다.

포락선 검파기

AM으로 변조된 신호는 다음 그림과 같은 포락선 검파(envelop detector)라는 간단한 회로를 사용하여 수신할 수 있다.

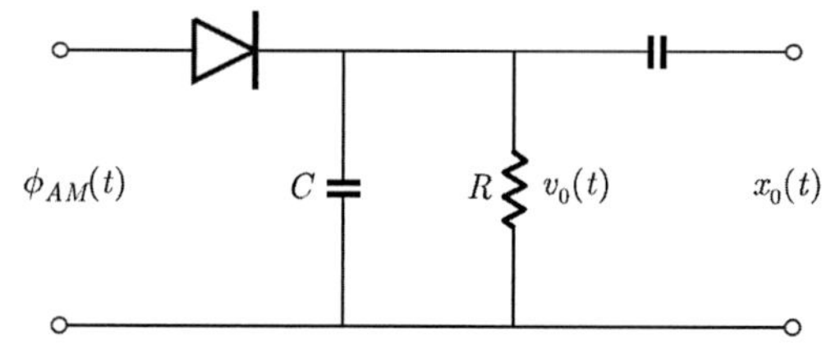

그림 4-26 포락선 검파 회로를 사용한 AM 복조 회로

그림과 같은 포락선 검파 회로를 사용하는 AM 수신기는 일찍부터 AM 상업방송에서 사용되고 있다. 포락선 검파 회로의 동작 원리를 시간별로 알아본다.

포락선 검파 회로의 동작 원리

- AM파의 양의 반주기 : 다이오드가 on 되고 C는 다이오드를 통해 입력된 AM 웨이브의 최대치까지 충전된다.

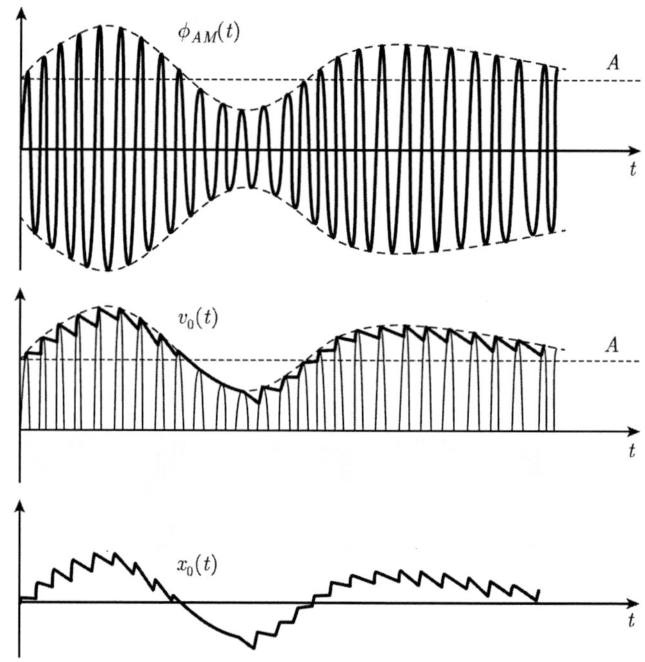

그림 4-27 포락선 검파 회로의 노드별 신호 모양

- AM 웨이브의 전압이 최대치로부터 하강 : 다이오드는 off 되고 C에 충전된 전압은 R을 통해 방전되기 시작한다.

- 다음에 더 큰 AM 웨이브가 들어오는 경우 : AM 웨이브의 양의 반주기동안 다이오드는 on 되고, C는 다이오드를 통해 입력된 AM 웨이브의 최대치까지 충전된다.
- 다음에 더 작은 AM 웨이브가 들어오는 경우 : AM 웨이브의 양의 반주기 동안에도 다이오드는 차단 지속, C는 충전된 전압을 R을 통해 계속 방전시킨다.
- 그림의 우측의 커패시터는 직류성분(A volts)을 제거하는 역할을 한다.

예제

R이 너무 커서 천천히 방전되면 출력 신호는 어떻게 변하나?

예제

R이 너무 작아서 급격히 방전되면 출력 신호는 어떻게 변하나?

4.2.3 슈퍼헤테로다인 수신기

AM 방송 수신기에 사용되는 다음 그림의 슈퍼헤테로다인 수신에 대하여 알아본다.

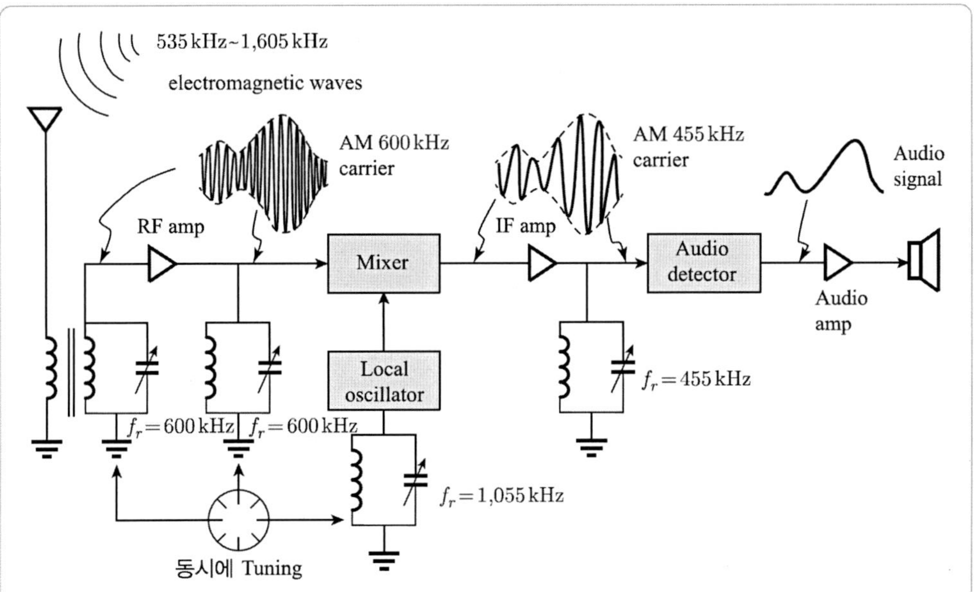

그림 4-28 슈퍼헤테로다인 수신기

이 수신에서 600 kHz 반송파로 송신되는 방송을 수신하는 경우를 예로 들어보자. A와 B 회로는 다음 그림과 같은 LC 병렬공진 대역통과 필터이다.

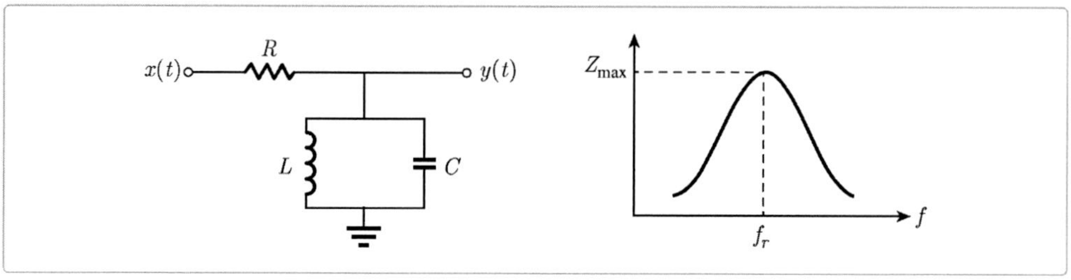

그림 4-29 LC 병렬공진 대역통과 필터와 그 주파수 응답

즉, C 값을 조정하여 600 kHz의 주파수가 들어올 때 jX_L와 $-jX_C$와 크기가 같아져 공진이 발생하도록 한다. 이때에 전류도 $I_C = I\angle 90°$ 와 $I_L = I\angle -90°$ 가 되어 전체 전류는 0이 되므로 임피던스는 최대가 되고 600 kHz의 신호는 이득이 1이므로 600 kHz의 대역통과 필터가 만들어진다. 국부 발진기(Local oscillator)는 항상 선택된 신호보다 455 kHz만큼 높은 주파수의 cos 신호를 발생시키는 회로이다. 따라서 600 kHz의 주파수를 수신할 경우에 1,055 kHz의 cos 신호를 발생시킨다. 믹서는 600 kHz의 변조된 신호를 1,055 kHz의 cos 신호로 변조시키는 역할이며 구조는 다음 그림과 같다.

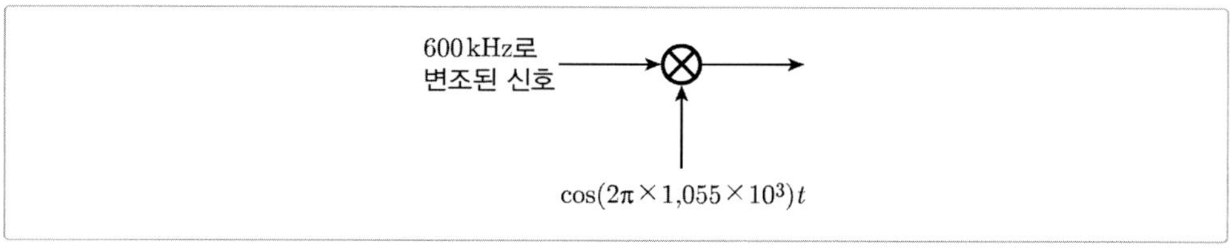

그림 4-30 믹서 구조

따라서 믹서 출력은 다음 그림과 같이 두 개의 주파수의 합과 차인 455 kHz와 1,655 kHz 대역에 분포한다.

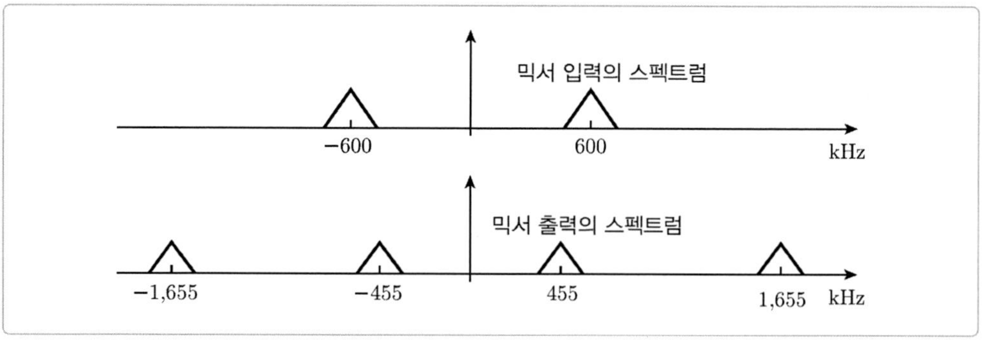

그림 4-31 믹서 출력의 스펙트럼

이 믹서 출력은 1,055 kHz의 신호를 제거하기 위하여 455 kHz 대역통과 필터를 사용하면 항상 455 kHz로 변조된 신호가 얻어진다. 이 과정을 슈퍼헤테로다이닝(superheterodyning)이라고 한다. 즉, 어떤 방송국의 신호가 동조회로에서 선택되더라도 믹서에 의해 언제나 455 kHz로 변조된 신호가 된다. 이같이 항상 일정한 주파수로 변조된 신호는 동조 증폭, 노이즈 특성 등의 장점이 있다. 이렇게 선택된 455 kHz의 변조된 신호는 앞서 설명한 포락선 검파기를 사용하여 정보신호로 변환된다.

4.2.4 AM-FDMA

AM 방송 송수신 시스템의 블록도를 다시 보자.

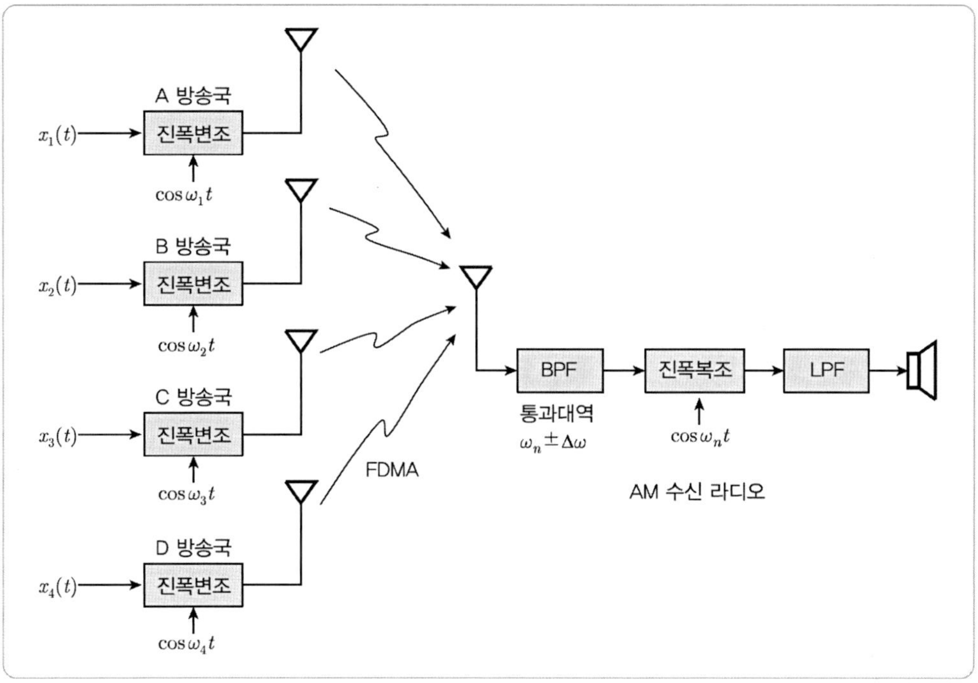

그림 4-32 AM-FDMA 통신시스템의 블록도

그림은 8개의 서로 다른 방송국 정보신호가 하나의 무선 채널을 통해 전송된다. 이와 같은 공동 채널에서 많은 정보신호가 서로 섞이지 않고 전송되는 기술을 다중화라고 한다. 이 AM 방송국들은 서로 다른 반송파 주파수를 사용하므로 주파수 대역이 겹치지 않도록 송신한다. 이와 같은 다중화 방식을 주파수분할 다중접속(FDMA, Frequency Division Multiple Access) 방식이라고 한다.

즉, AM-FDMA 방송 통신에서는 AM 방송국마다 서로 다른 반송파를 사용하여 하나의 안테나를 통해 여러 방송국의 전파를 송신해도 섞이지 않고 공기 중으로 방사된다. 한국에서는 AM 방송용 주파수로 525 kHz부터 1,605 kHz의 주파수 대역을 할당하고 있으며 한 방송국마다 10 kHz 대역을 할당하고 있다. 8개의 방송국이 있다면 다음 그림과 같이 서로 다른 반송파를 사용하여 변조한다.

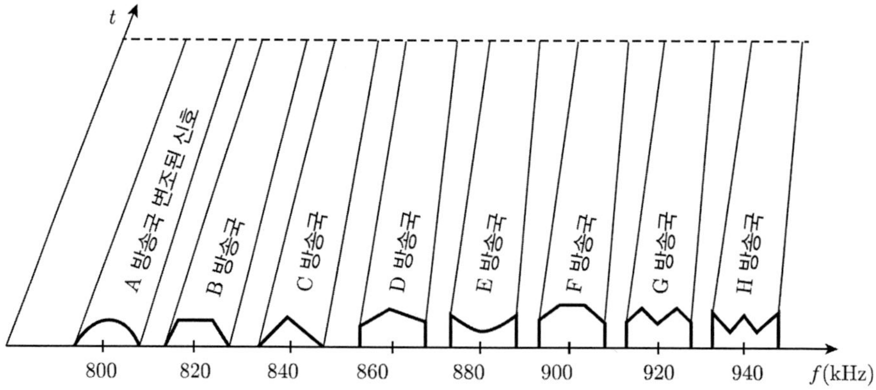

그림 4-33 AM 방송의 주파수 할당 예(8개 방송국 대역)

여러 방송국들이 서로 다른 주파수를 사용하여 AM 변조하면 변조된 신호가 공기라는 공통 채널로 방사될 때 자동으로 다중화된다. 즉, 서로 다른 주파수를 사용하여 AM 변조하는 중요한 이유 중 하나는 다중화가 가능하기 때문이다.

4.3 FM 방송

FM 방송은 VHF대의 주파수를 사용하는 오디오 방송이다. FM 방송은 변조방식이 주파수 변조(FM, Frequency Modulation)이기 때문에 FM 방송이라고 부른다. FM 방송의 특징은 다음과 같다.

- 잡음에 강하므로 좋은 음질의 하이파이 방송 및 스테레오 방송이 가능하다.
- VHF전파는 직진성이 강하므로 방송 범위가 넓지 않다.
- 수신기는 산이나 빌딩에서 반사된 전파도 수신되므로 지향성 안테나를 써서 직접파만을 수신할 수 있도록 주의를 기울여야 한다.

FM 방송의 송수신 시스템 블록도는 다음 그림과 같다.

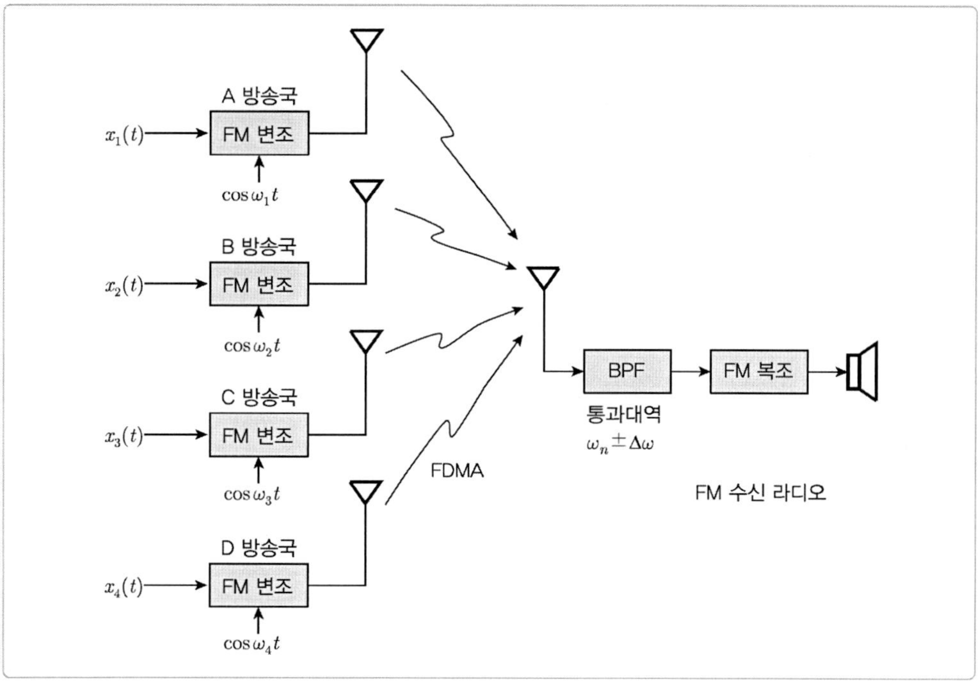

그림 4-34 FM-FDMA 방송 송수신 시스템의 블록도

위의 그림은 4개의 서로 다른 방송 신호가 FM-FDMA(Frequency Modulation-Frequency Division Multiple Access) 방식으로 방송하는 시스템의 블록도이다. 변조는 정보신호를 주어진 통신채널에 적합하도록 처리하는 과정이다. 그림과 같은 무선 통신시스템에서 전송신호는 전자기파로 변환되어 안테나를 통해 방사된다.

변조의 중요한 이유는 공기라는 공통채널로 전자기파를 방사하기 위하여 안테나 효율을 고려해야 하기 때문이다. FM 방송의 송신 안테나로는 고리 모양의 링 안테나를 주로 사용한다. 링 안테나의 둘레의 길이는 파장의 1/2을 사용하며 고리 모양의 소자를 여러 겹 쌓아서 구성한다. 100 MHz의 반송파를 사용하는 FM 방송의 송신 안테나 효율적인 길이를 구해 보자. 송신 안테나의 최대 방사효율을 얻을 수 있는 안테나 길이는 전송신호의 파장의 1/2이나 1/4 길이이다. 반송파 파장의 2분의 1 길이를 사용한 안테나의 길이는 다음과 같다.

$$100\text{ MHz의 FM 송신안테나 둘레길이} = \frac{3\times 10^8 \text{ m/s}}{2\times 100\times 10^6 \text{ Hz}} = 1.5 \text{ m}$$

변조의 또 다른 중요한 이유는 여러 통신 가입자들을 공기라는 하나의 채널로 송신하기 위한 다중화가 가능하기 때문이다. 그림에서는 서로 다른 4개의 방송국 신호가 주파수 분할 다중화(FDM)로 서로 섞이지 않고 공중으로 송출되고 있다.

우리나라에서는 1964년도부터 FM 방송을 시작하였으며 주파수대역은 88~108 MHz이다.

4.3.1 FM 송신부

FM 변조의 송/수신기 블록도는 다음 그림과 같다.

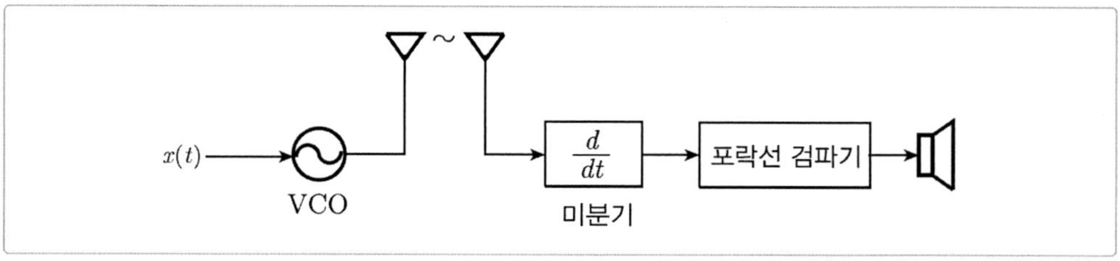

그림 4-35 **FM 변조의 송/수신기 블록도**

그림의 FM 변조부는 VCO(Voltage Controlled Oscillator) 회로를 사용하여 구현될 수 있다. VCO는 입력된 전압의 크기에 비례하는 주파수의 정현파를 만들어내는 장치이다.

정보신호가 1 볼트에서 -1 볼트 사이를 움직이는 신호라면 이 신호에 대한 FM 변조 신호는 다음 그림과 같다.

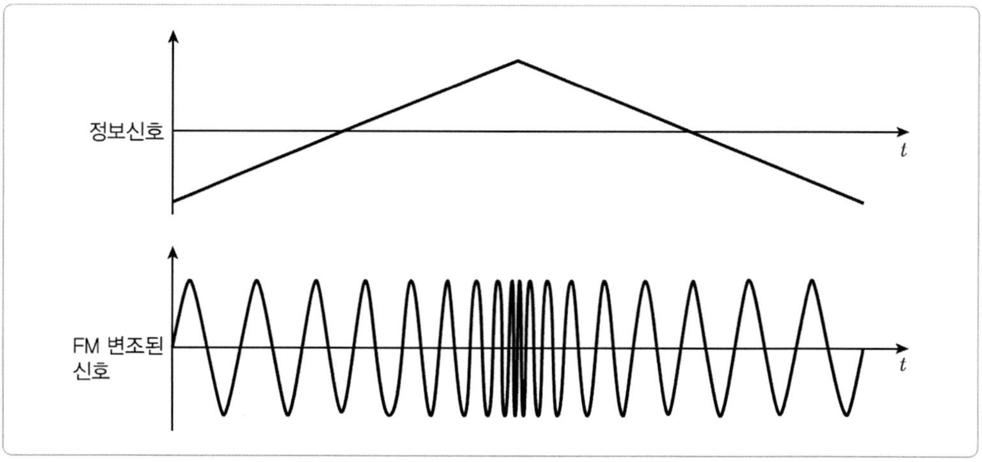

그림 4-36 **정보신호 $x(t)$와 FM으로 변조된 신호 $\phi_{FM}(t)$**

위의 그림에서는 정보신호 주파수와 반송파 주파수가 20배 정도이지만 실제 FM 변조에서는 정보신호는 20 kHz이고 반송파는 100 MHz라고 가정하면 반송파가 5,000배 빠른 주파수의 신호이다. 그림에서 보듯이 정보신호의 크기가 최대일 때 주파수도 가장 빠르고 정보신호의 크기가 최소일 때 주파수가 가장 느림을 볼 수 있다.

FM 변조에서 변조된 신호는 다음과 같이 나타낼 수 있다.

$$\phi_{FM}(t) = \cos[\omega_c t + \beta(t)] = \cos\theta(t)$$

FM 변조에서는 정보신호 $x(t)$의 크기에 비례하여 $\beta(t)$가 변화하여 정보가 송신된다. 전체적인 주파수 $\theta(t)$는 시간의 함수이다. 정보신호 $x(t)$가 변화하면 매 순간마다 주파수도 변화하므로 순간 순간 마다의 주파수, 즉 순시주파수(instantaneous frequency)의 개념이 필요하다. 순시주파수는 다음 식과 같이 $\theta(t)$를 시간으로 미분한 것이다.

$$\omega_i(t)=\frac{d\theta(t)}{dt}=\omega_c+\frac{d\beta(t)}{dt}$$

만일 정보신호 $x(t)$가 일정하면 $d\beta(t)/dt$가 0이 되어 순시주파수는 ω_c가 된다.

예제

FM 변조된 신호 $\phi_{FM}(t)=\cos[2\pi(100\times10^6)t+2\pi\sin(75\times10^3)t]$의 순시주파수 변화폭을 구하시오.

풀이 주파수와 순시주파수는 다음과 같다.

$\theta(t)=2\pi(100\times10^6)t+2\pi\sin(75\times10^3)t$

$$\therefore\frac{d\theta(t)}{dt}=2\pi(100\times10^6)+2\pi(75\times10^3)\sin(75\times10^3)t$$

따라서 변조된 신호의 주파수는 100 MHz ± 75 kHz 사이에서 변화한다.

FM 변조는 $d\beta(t)/dt$를 다음과 같이 정보신호 $x(t)$에 비례하게 하는 방식이다.

$$\frac{d\beta(t)}{dt}=kx(t)$$

따라서 순시주파수는 다음과 같이 정보신호를 사용하여 나타낼 수 있다.

$$\omega_i(t)=\omega_c+\frac{d\beta(t)}{dt}=\omega_c+kx(t)$$

이와 같이 정보신호의 크기에 따라 순시주파수가 변화하는 방식을 주파수 변조(FM)라고 한다.

예제

FM 변조의 순시주파수가 다음과 같다.

$$2\pi(100\times10^6)+2\pi(75\times10^3)x(t)$$

정보신호 $x(t)$가 1볼트에서 −1볼트 사이를 변화하는 경우에 순시주파수의 변화폭을 구하시오.

풀이 $x(t)$가 1볼트이면 변조된 주파수는 100 MHz+75 kHz가 되고 $x(t)$가 −1볼트이면 변조된 주파수는 100 MHz−75 kHz가 된다.

4.3.2 FM 수신부

FM 수신부는 그림 4-35와 같은 미분기와 포락선 검파기를 사용하여 구성할 수 있다. 미분기 입력으로 $\sin\omega_i t$의 정현파가 입력되면 미분기 출력은 $\omega_i \cos\omega_i t$가 된다. 포락선 검파기에서는 포락선(envelop)을 검출하므로 $\omega_i \cos\omega_i t$의 포락선은 $k\omega_i$가 된다. 따라서 매 순간마다 변하는 순시주파수에 대하여 순시주파수 자체가 포락선 검파기 출력이 된다.

FM 수신부를 만드는 다음 그림과 같은 또 다른 회로를 알아보자. 이 방식에서는 RLC 병렬공진 대역통과 필터와 포락선 검파기를 사용하여 구성한다.

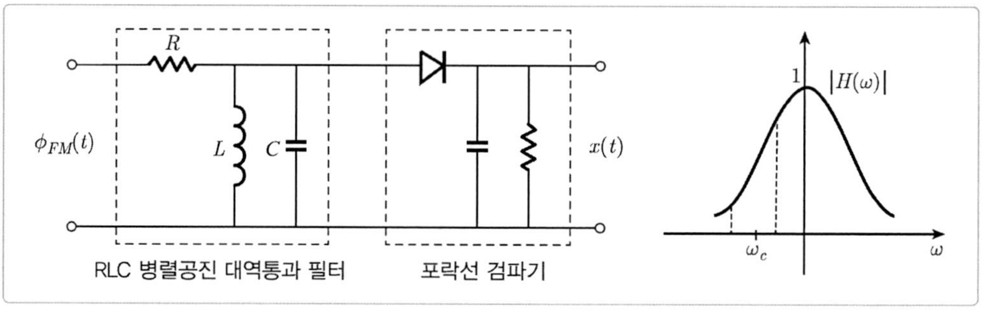

그림 4-37 대역통과 필터를 사용한 FM 수신부

그림에서 보듯이 RLC 병렬공진 대역통과 필터의 주파수 응답에서 공진주파수 좌측의 선형 영역을 이용한다. 즉, 이 대역통과 필터의 공진주파수는 반송파의 주파수보다 높게 설정하여야 한다. 그리고 반송파 대역의 주파수 응답은 선형이어야 한다. 이 선형 영역에서는 입력 주파수에 비례하여 이득이 결정된다. 예를 들어 입력 주파수가 $\omega_c + \Delta\omega$일 때의 이득이 0.8이고 $\omega_c - \Delta\omega$일 때의 이득이 0.4이면 그 상이의 입력 주파수에 대한 이득은 0.4와 0.8 사이에서 선형적으로 결정된다. 따라서 포락선 검파기를 사용하면 이득값 만을 출력시킬 수 있다.

4.3.3 스테레오 방송

FM 방송은 일반적으로 음악 방송을 위한 스테레오 신호를 송출한다. 스테레오 방송의 블록도는 그림 4-38과 같다.

고음질의 방송을 위하여 필수적으로 스테레오 방송이 필요하다. 그림에서 왼쪽 마이크를 통하여 들어온 소리는 $x_L(t)$이고 오른쪽 마이크를 통해 들어온 소리는 $x_R(t)$이다. 이 두 소리의 합 신호 $x_L(t)+x_R(t)$는 50 Hz~15 kHz의 대역폭을 갖는다. 이 신호는 바로 FM 변조기로 입력되어 FM으로 변조된다. 또한, 이 두 소리의 차이 신호인 $x_L(t)-x_R(t)$는 평형 변조기로 입력되어 38 kHz 주파수로 변조된다. 따라서 변조 후 주파수 대역은 그림과 같이 23 kHz~53 kHz 대역이다. 이와 같이 1차 변조 후에 FM 변조기로 입력된다.

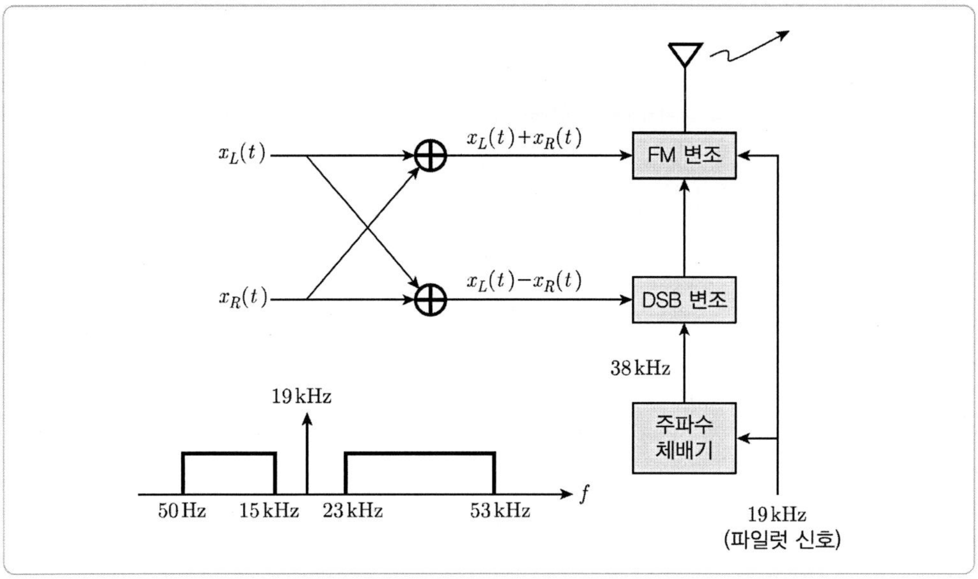

그림 4-38 FM 스테레오 방송 블록도

4.3.4 FM-FDMA

FM-FDMA 방송의 송수신 시스템 블록도를 다시 보자.

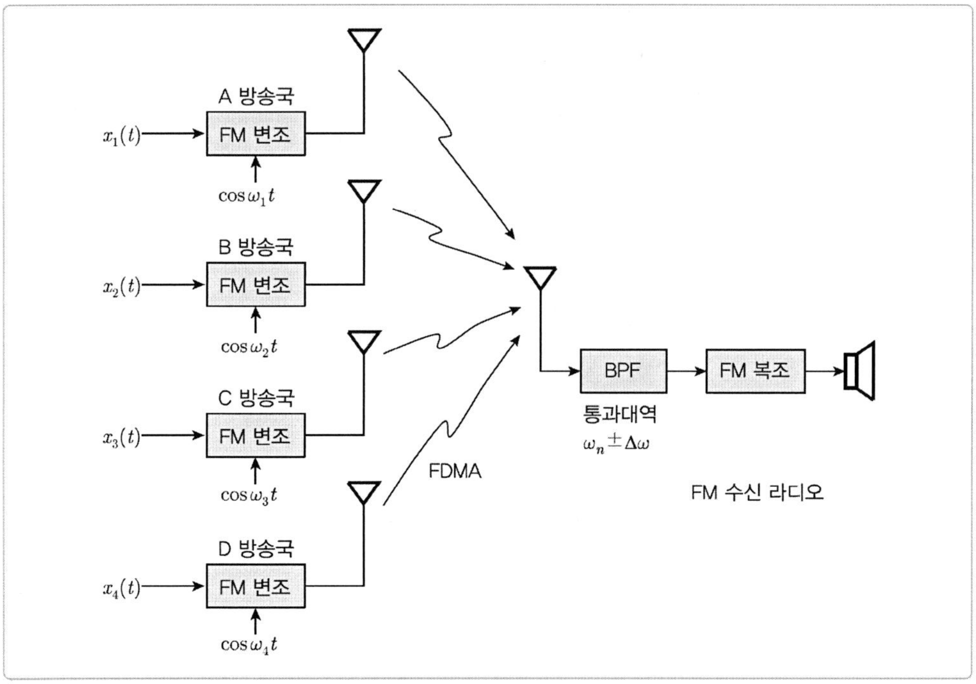

그림 4-39 FM-FDMA 방송 송수신 시스템의 블록도

그림은 4개의 서로 다른 방송 신호가 송출되는 경우이다. 우리나라에서는 88 MHz부터 108 MHz까지의 대역을 상업적 또는 비상업적 FM 방송 대역으로 할당하고 있다. 그리고 한 FM 방송의 주파수 대역은 ±100 kHz이다. 예를 들어 100 MHz의 주파수를 사용하는 방송의 주파수 대역은 다음 그림과 같다.

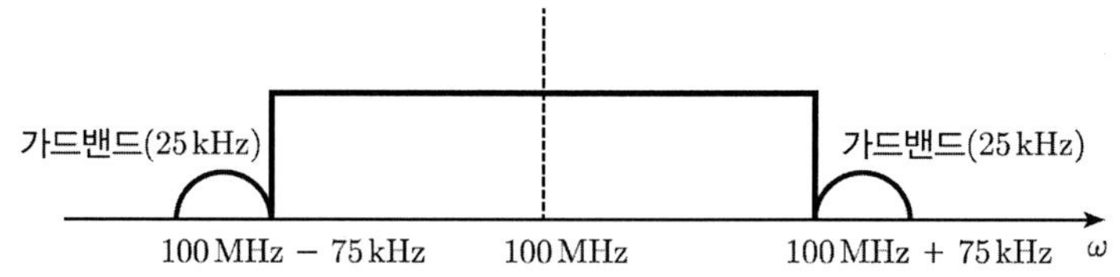

그림 4-40 100 MHz 반송파를 사용하는 FM 방송국 주파수 할당

그림에서 보듯이 반송파를 중심으로 75 kHz의 주파수를 사용하고 25 kHz의 가드밴드를 두고 있다.

연습문제

4-1 전송해야 할 신호 $x(t)$를 $\cos\omega_c t$로 변조하여 $y(t)$를 만들었다.

$$y(t) = x(t)\cos\omega_c t$$

$x(t)$의 푸리에 변환 $X(\omega)$는 다음 그림과 같다.

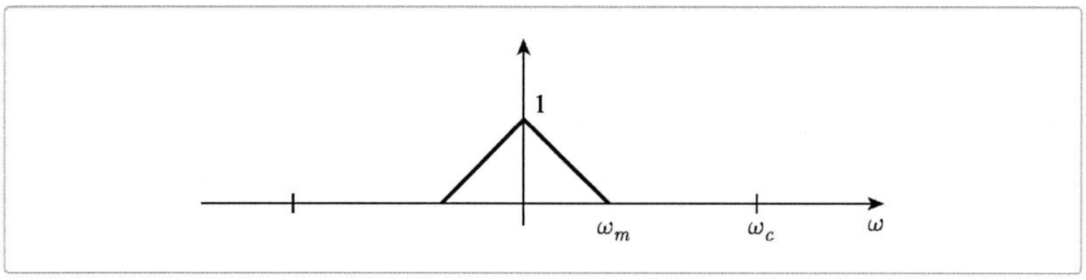

그림 IV-1 예제의 $X(\omega)$

변조된 신호인 $y(t)$의 푸리에 변환 $Y(\omega)$를 구하고 그리시오(단 $\omega_c = 2\omega_m$이다).

4-2 양측파대(DSB) 변조 송신기와 전송해야 할 신호 $x(t)$의 스펙트럼 $X(\omega)$는 다음 그림과 같다.

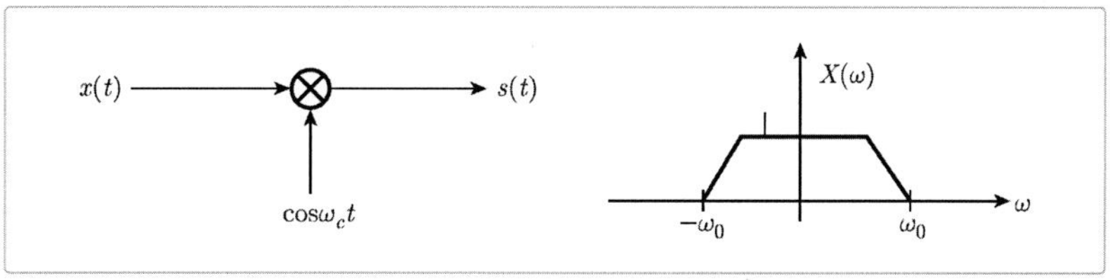

그림 IV-2 예제의 DSB 변조 송신기와 $X(\omega)$

$S(\omega)$를 구하고 그리시오(단 $\omega_c \gg \omega_0$).

4-3 어느 송신기의 구조는 다음과 같다.

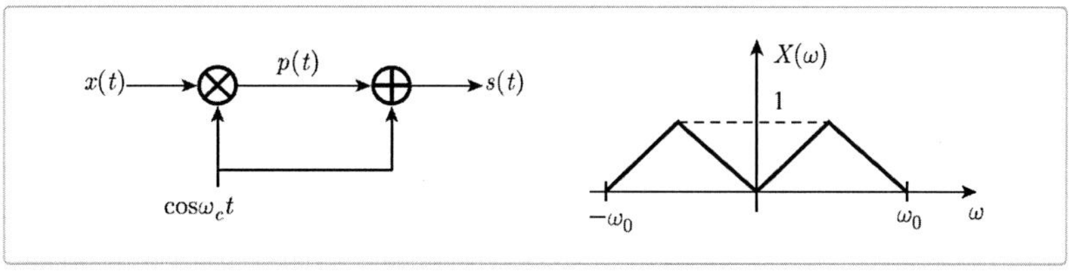

그림 IV-3 예제의 송신기와 $X(\omega)$

입력 신호 $x(t)$의 푸리에 변환 $X(\omega)$는 위의 그림과 같다. $S(\omega)$를 구하고 그리시오(단 $\omega_c \gg \omega_0$이다).

4-4 어떤 아날로그 신호가 다음과 같이 변조되어 송신되었다.

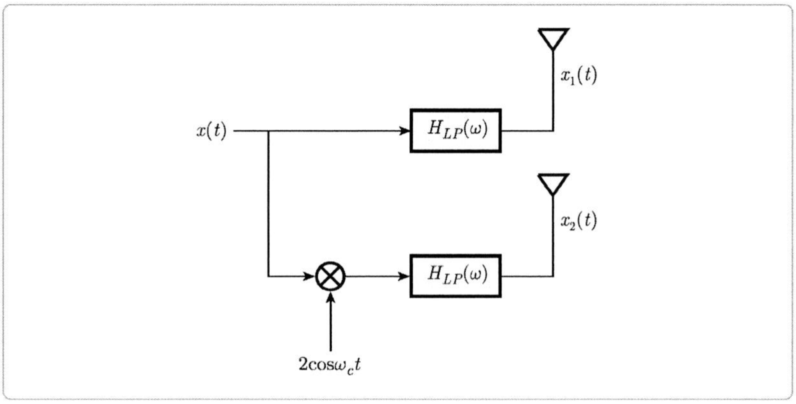

그림 IV-4 **예제의 변조기**

$x(t)$의 스펙트럼 $X(\omega)$와 $H_{LP}(\omega)$는 각각 다음과 같다. $x_1(t)$와 $x_2(t)$의 스펙트럼 $X_1(\omega)$와 $X_2(\omega)$를 각각 그리시오.

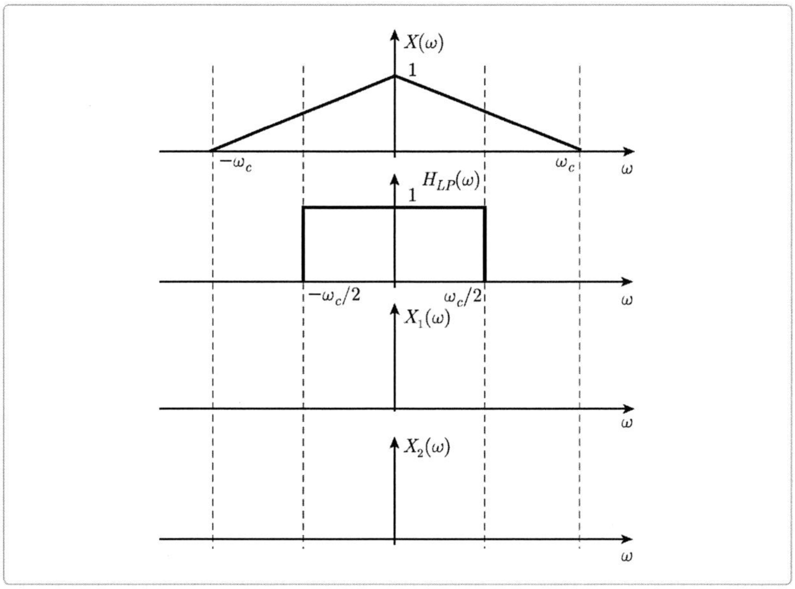

그림 IV-5 **예제의 $X(\omega)$와 $H_{LP}(\omega)$**

4-5 어느 AM 방송국은 800 kHz의 주파수를 사용하여 송신하고 있다. 이 방송국의 주파수를 송신하기 위한 최적의 송신 안테나 길이를 구하시오(단, 최적 안테나 길이는 송신 주파수 파장의 4분의 1로 계산하시오).

4-6 어느 FM 방송국은 93 MHz의 주파수를 사용하여 송신하고 있다. 이 방송국의 주파수를 송신하기 위한 최적의 송신 안테나 길이를 구하시오(단, 최적 안테나 길이는 송신 주파수 파장의 2분의 1로 계산하시오).

4-7 다음 그림의 DSB(Double Side Band, 양측파대) 변조 시스템을 보고 물음에 답하시오.

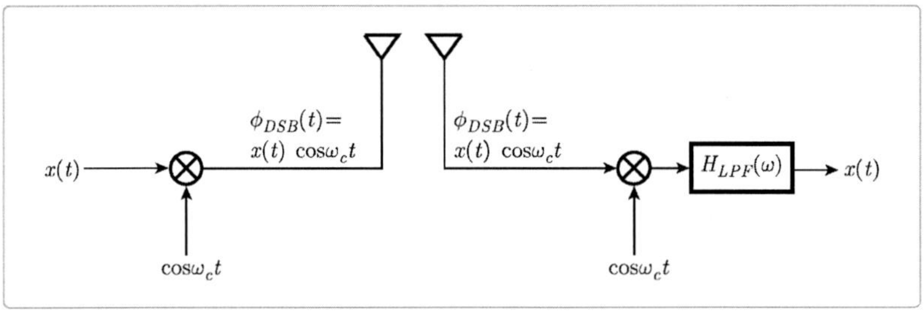

그림 IV-6 **예제의 DSB 통신시스템**

전송신호 $x(t)$의 푸리에 변환 $X(\omega)$가 다음 그림과 같다.

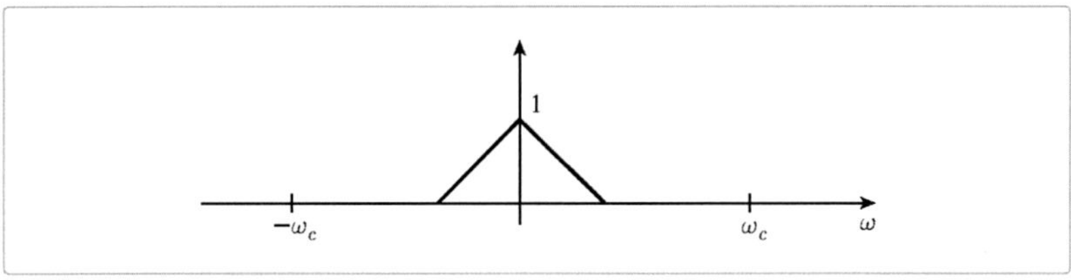

그림 IV-6 **예제의** $X(\omega)$

최종 복조된 신호까지 시스템의 각각의 노드에서의 스펙트럼을 그리시오(채널에서의 잡음은 없다고 가정하시오).

CHAPTER 05

PAM-TDMA 통신 시스템

5.1 PAM

5.1.1 PAM 변조

PAM-TDMA 통신 송수신 시스템의 블록도는 그림과 같다.

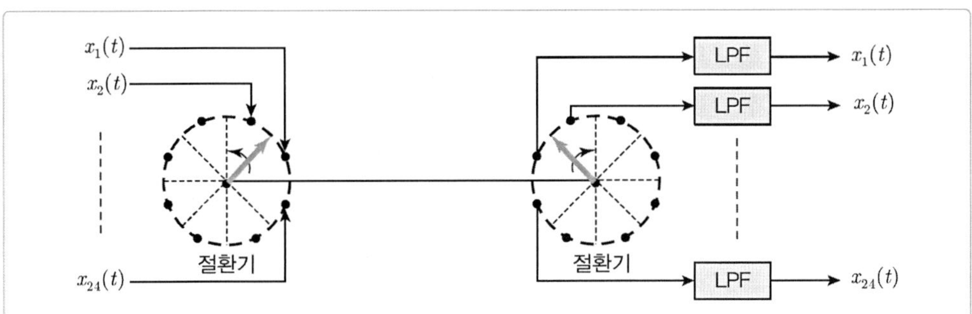

그림 5-1 PAM-TDMA 통신시스템의 블록도

먼저 펄스진폭변조(PAM, Pulse Amplitude Modulation)에 대하여 알아본다. 음성 신호와 같은 아날로그 신호의 경우에 일정한 간격으로 신호를 표본화한 표본값들만으로도 전체 신호의 파형을 나타낼 수 있다. 즉, 음성 신호의 모든 파형을 전송할 필요 없이 표본값들만 대표로 전송해도 수신기에서 음성 신호를 완벽히 복조해 낼 수 있다. 그림 5-1에서 한 채널의 신호가 절환기를 통하여 전송선으로 송신되는 신호가 바로 PAM 신호가 된다.

펄스진폭변조를 이해하기 위하여 먼저 샘플링을 알아보기로 하자. 샘플링은 신호가 가지고 있는 정보를 상실하지 않는 범위 내에서 시간상에서의 잉여부분을 제거하는 작업이다. 임의의 신호 $x(t)$의 최대주파수가 $f_{\max}$인 신호라면 $x(t)$를 일정한 시간간격인 $T_s < 1/(2f_{\max})$의 주기로 샘플링하면 그 샘플값들로부터 원래신호 $x(t)$를 왜곡 없이 재생시킬 수 있으며 이를 나이퀴스트 표본화율(Nyquist Sampling Rate)이라고 한다. 이 식에서 T_s를 샘플링 주기라고 하며 음성 신호의 경우에 8000분의 1초를 많이 사용한다. 즉 음성 신호의 경우에 8000분의 1초마다 샘플링하면 충분히 정보를 송신할 수 있음을 의미한다. 그리고 이 표본주기의 역수인 $f_s = 1/T_s$를 샘플링 주파수로 정의한다. 다음 그림과 같은 1 kHz sin 파형 아날로그 신호의 샘플링을 생각해 보자.

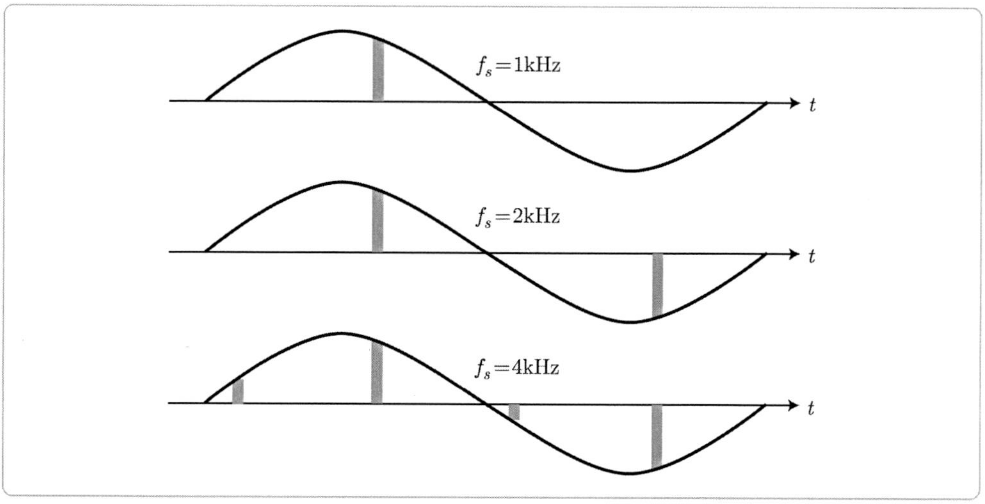

그림 5-2 $x(t) = \sin 2\pi(1\text{KHz})t$의 샘플링

그림 5-2에서 보듯이 2 kHz의 샘플링 주파수를 사용하여 샘플링하면 수신기에서 원래의 신호를 복원시킬 수 있다. 음성 신호가 PAM 변조되면 다음 그림과 같은 파형이 된다.

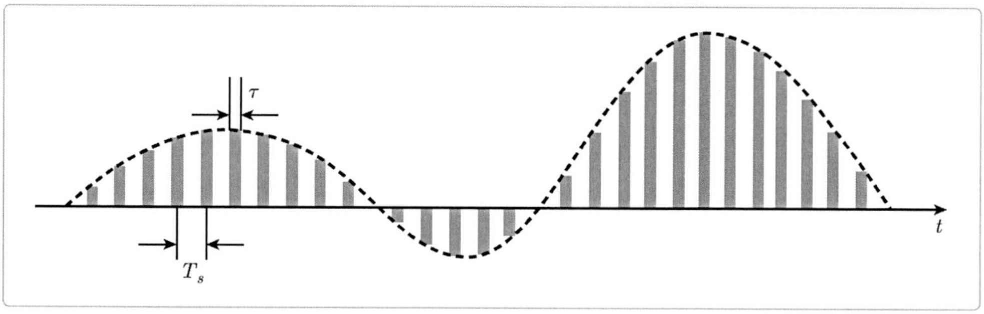

그림 5-3 PAM으로 변조된 음성 신호

이 그림에서 음성 신호와 같은 아날로그 신호가 연속적인 펄스 신호로 변조되었다. 이와 같은 펄스가 전송되기 위해서는 전송선의 특성을 고려하여야 한다. 즉, 펄스의 폭을 좁게

하면 할수록 전송선의 전송대역은 넓어져야 하며, 따라서 전송선의 설비를 위한 비용이 증가하게 된다. 다음 그림과 같은 상대적으로 넓은 폭의 펄스 신호를 보자.

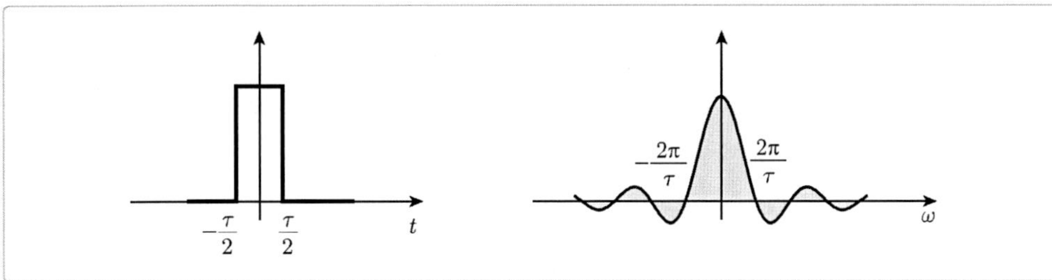

그림 5-4 넓은 폭의 펄스 신호

이 넓은 폭의 펄스 신호의 CTFT는 다음과 같은 sinc 함수가 된다.

$$X(\omega) = \int_{-\infty}^{\infty} x(t) e^{-j\omega t} dt = \int_{-\tau/2}^{\tau/2} e^{-j\omega t} dt$$

$$= \left[\frac{e^{-j\omega t}}{-j\omega} \right]_{-\tau/2}^{\tau/2} = \left\{ \frac{e^{-j\omega \tau/2} - e^{j\omega \tau/2}}{-j\omega} \right\} = \left\{ \frac{e^{j\omega \tau/2} - e^{-j\omega \tau/2}}{j\omega} \right\}$$

$$= \frac{2}{\omega} \left\{ \frac{e^{j\omega \tau/2} - e^{-j\omega \tau/2}}{2j} \right\} = \frac{2\sin(\frac{\tau}{2}\omega)}{\omega}$$

그림에서 보듯이 sinc 함수 모양의 상대적으로 좁은 대역폭을 갖는다. 따라서 전송선의 대역폭이 좁아도 되므로 전송선 설비비용이 상대적으로 낮다. 이번에는 다음 그림과 같은 매우 좁은 폭의 펄스신호를 보자.

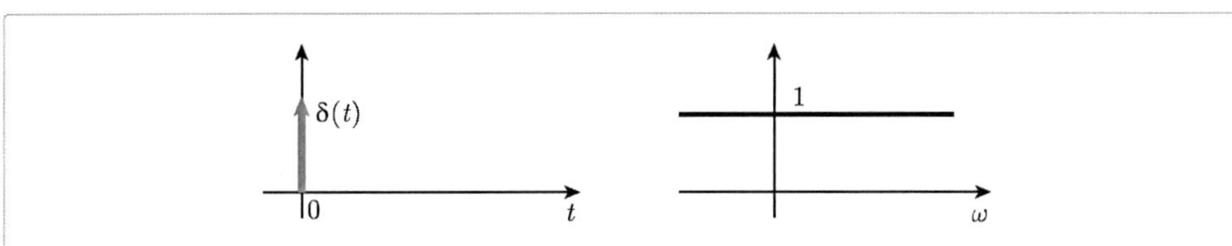

그림 5-5 매우 좁은 폭의 펄스 신호

임펄스와 같은 극단적으로 좁은 폭의 펄스는 CTFT가 그림과 같이 넓은 대역폭을 갖는다. 따라서 이와 같은 신호가 전송되려면 전송선의 대역폭도 역시 매우 넓어져야만 한다. 즉, 전송선의 대역폭이 매우 넓어야 하므로 전송선 설비비용이 비싸진다. 그림 5-3의 PAM 신호에서 보듯이 펄스의 폭 τ가 좁을수록 한 표본 주기 T_s 동안에 더 많은 펄스를 다중화시킬 수 있다. 그러나 τ가 작을수록 펄스의 스펙트럼이 차지하는 대역은 비례하여 증가하므로 이를 수용하는 전송선의 주파수 특성도 비례하여 넓어져야 한다. PAM 신호의 종류는 다음과 같다.

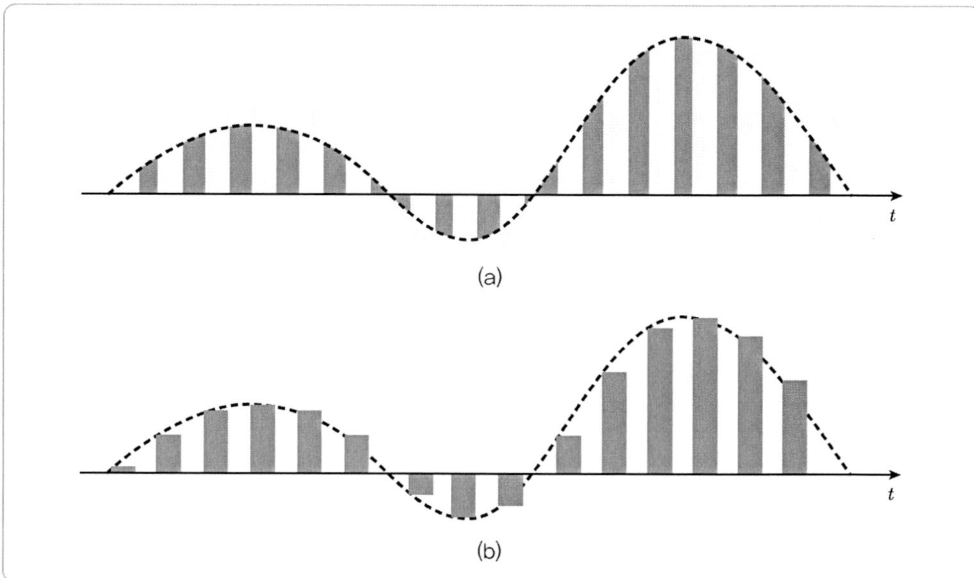

그림 5-6 PAM 신호의 종류 (a) 자연표본화(natural sampling) (b) 평탄표본화(flat-top sampling)

이제 PAM 변조 회로에 대하여 알아본다. 평탄표본화 PAM 펄스의 변조 및 복조는 표본/유지(sample and hold)라는 간단한 회로를 이용하여 만들 수 있다. 다음과 같은 회로를 사용하여 평탄표본화 PAM 신호가 만들어질 수 있다.

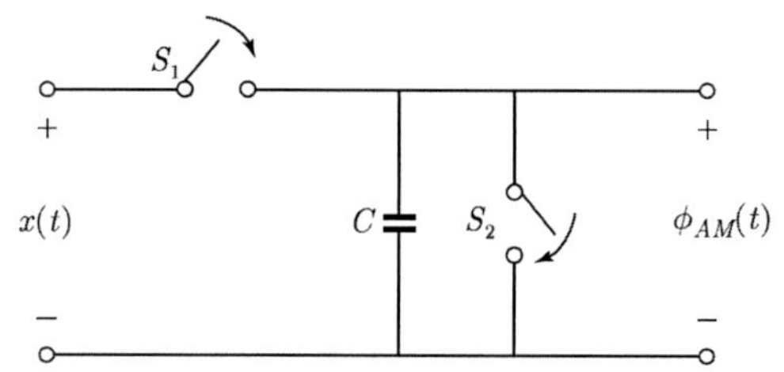

그림 5-7 PAM 변조부 회로

S_1 스위치는 T_s마다 아주 짧은 시간 동안(τ보다 아주 짧은 시간 동안) 닫힌 상태로 있고 나머지 시간 동안 개방된다. 따라서 S_1이 닫히는 순간에 신호의 표본전압이 커패시터에 충전된다. 또한, S_1이 닫힌 상태에서는 S_2는 반드시 열려있어야 한다. C에 충전된 전압이 τ만큼 유지된 후에 S_2가 닫힌다. 이때 C에 충전된 전압은 S_2를 통하여 급속히 방전된다. 이 회로를 통해 PAM 신호가 만들어질 수 있다.

5.1.2 PAM 신호의 주파수 특성

이 절에서는 평탄표본화 PAM 신호의 주파수 특성을 분석하기로 한다.

임펄스 주기신호의 CTFT

제일 먼저 다음과 같은 임펄스 주기신호의 CTFT를 구해 보기로 한다.

$$s(t)=\sum_{k=-\infty}^{\infty}\delta(t-kT)$$

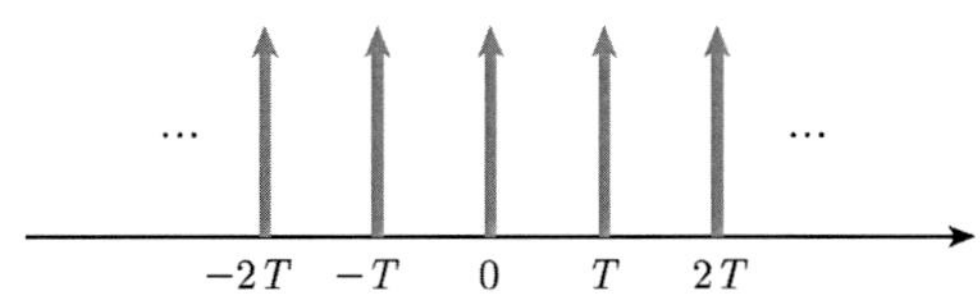

그림 5-8 임펄스 트레인

임펄스 주기함수는 주기함수이므로 다음과 같이 푸리에 급수로 나타낼 수 있다.

$$s(t)=\sum_{k=-\infty}^{\infty}X_k e^{jk\omega_0 t}$$

따라서 푸리에 급수 계수는 다음과 같이 구할 수 있다.

$$X_k=\frac{1}{T}\int_{-T/2}^{T/2}\delta(t)e^{-jk\omega_0 t}dt=\frac{1}{T}$$

이 계수를 대입하여 임펄스 주기함수를 푸리에 급수로 표현하면 다음과 같다.

$$x(t)=\frac{1}{T}\sum_{k=-\infty}^{\infty}e^{jk\omega_0 t}$$

이 식으로부터 다음과 같이 CTFT를 구할 수 있다.

$$1 \leftrightarrow 2\pi\delta(\omega)$$

$$e^{j\omega_0 t}\leftrightarrow 2\pi\delta(\omega-\omega_0)$$

$$s(t)=\frac{1}{T}\sum_{k=-\infty}^{\infty}e^{jk\omega_0 t}\leftrightarrow \omega_0\sum_{k=-\infty}^{\infty}\delta(\omega-k\omega_0)=S(\omega)$$

이 결과로부터 임펄스 주기신호의 CTFT도 다음 그림과 같이 임펄스 주기신호가 됨을 알 수 있다.

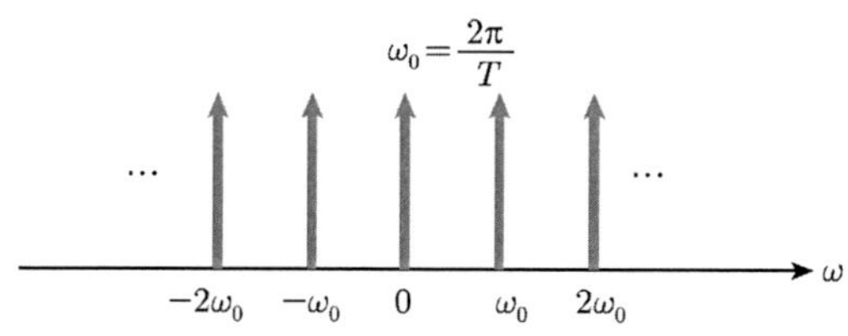

그림 5-9 임펄스 주기신호 $s(t)$의 CTFT $S(\omega)$

임펄스 트레인의 CTFT

임의의 신호 $x(t)$를 다음 그림과 같이 임펄스 주기신호 $s(t)$로 변조하였을 때 출력 $x_s(t)$를 임펄스 트레인이라고 부른다. 이 임펄스 트레인의 스펙트럼 $X_s(\omega)$를 $x(t)$의 CTFT인 $X(\omega)$를 사용하여 나타내보기로 한다.

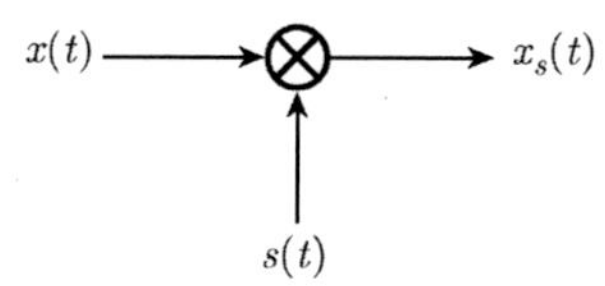

그림 5-10 예제의 변조

이때에 $s(t)$는 다음과 같은 임펄스 주기신호이며 CTFT는 다음과 같다.

$$s(t) = \sum_{-\infty}^{\infty} \delta(t - nT) \quad \leftrightarrow \quad S(\omega) = \omega_0 \sum_{n=-\infty}^{\infty} \delta(\omega - n\omega_0), \qquad \omega_0 = \frac{2\pi}{T}$$

CTFT의 변조 성질을 적용하면 출력의 CTFT $X_s(\omega)$는 다음과 같다.

$$x_s(t) = x(t)s(t) \quad \leftrightarrow \quad X_s(\omega) = \frac{1}{2\pi} X(\omega) * S(\omega)$$

위의 식을 이용하여 전개하면 다음과 같다.

$$\begin{aligned} X_s(\omega) &= \frac{1}{2\pi} X(\omega) * S(\omega) = \frac{1}{2\pi} X(\omega) * \frac{2\pi}{T} \sum_{n=-\infty}^{\infty} \delta(\omega - n\omega_0) \\ &= \frac{1}{T} \left[\sum_{n=-\infty}^{\infty} X(\omega) * \delta(\omega - n\omega_0) \right] = \frac{1}{T} \sum_{n=-\infty}^{\infty} X(\omega - n\omega_0) \end{aligned}$$

이 관계를 그림으로 나타내면 다음과 같다.

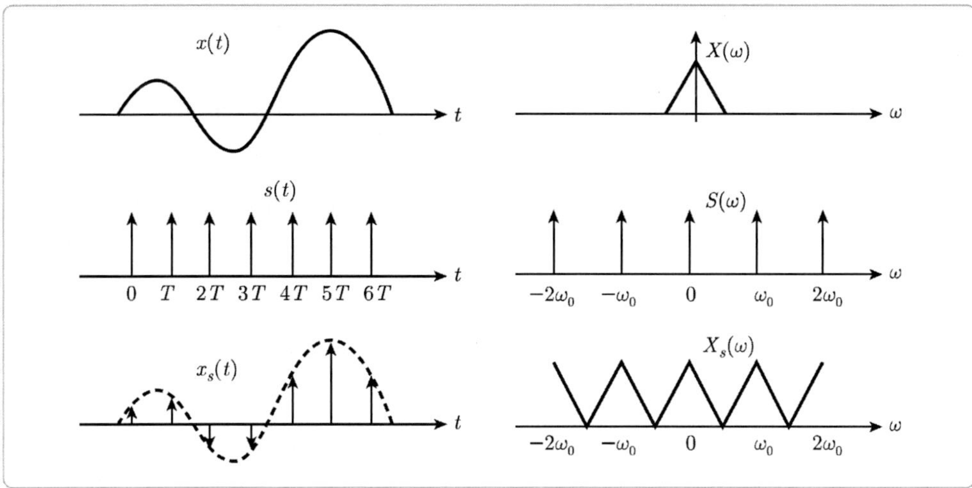

그림 5-11 임펄스 트레인 신호의 CTFT

아날로그 신호 $x(t)$에 임펄스 주기신호 $s(t)$를 곱해서 임펄스 트레인 신호 $x_s(t)$를 만드는 것을 샘플링이라고 하는데 그 샘플링 주기에 대하여 알아본다. 다음 그림과 같이 2가지 샘플링 주기에 대한 경우를 살펴보자.

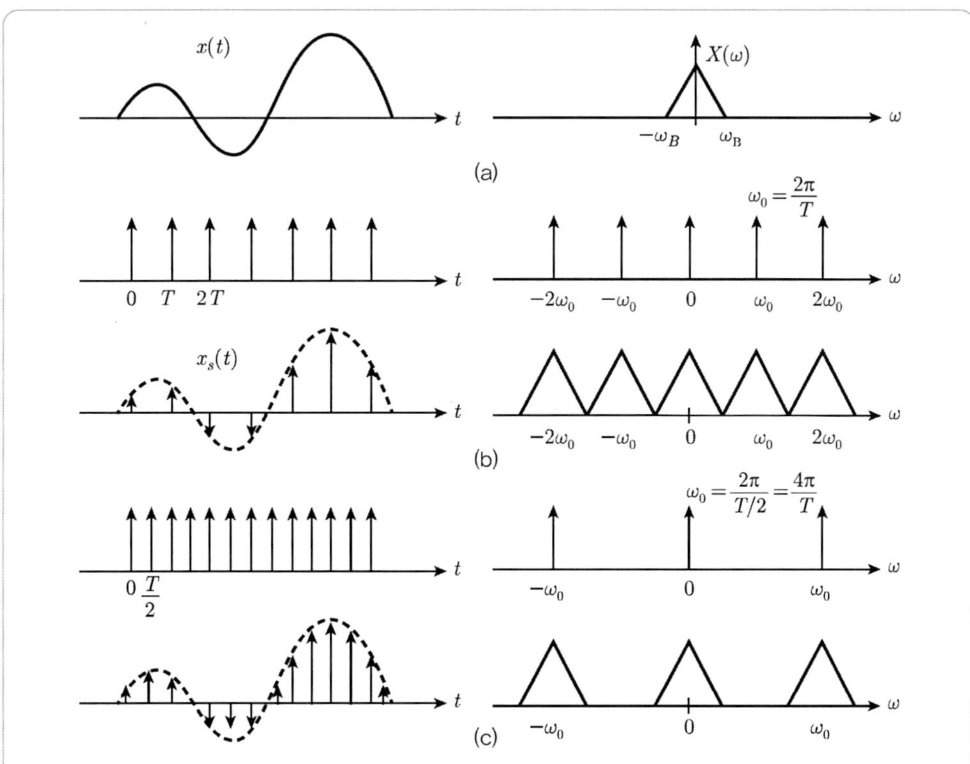

그림 5-12 3개의 샘플링 주기에 대한 출력 디지털 신호의 CTFT

그림 5-12에서 (a)는 원 신호 $x(t)$와 그 스펙트럼이다. (b)에서의 샘플링 주파수 ω_0는 신호의 최대주파수 ω_B의 두 배임을 알 수 있다. 이 스펙트럼을 보면 원 스펙트럼의 모양이 서로 붙어서 원래의 모양이 그대로 유지되고 있음을 볼 수 있다. 이와 같은 샘플링 주기가 가장 적당한 선택이다.

그림 5-12(c)의 샘플링 주기는 너무 빨라서 원래의 스펙트럼 모양이 유지되고는 있으나 멀리 떨어져있다. 이와 같은 샘플링을 하면 샘플의 개수가 너무 많아 비경제적이다. 따라서 그림에서 보듯이 샘플링 주파수 ω_0는 다음과 같이 선택되어야 한다.

$$\omega_0 > 2\omega_m, \quad f_0 > 2f_m$$

위의 식을 나이퀴스트(Nyquist) 샘플링 주파수라고 부른다. 즉, 샘플링 주파수는 신호 최대주파수의 2배보다 크게 선택하는 것이 효율적이다. 그러나 너무 크면 샘플의 수가 많아져 비경제적인 샘플링이 된다.

최대주파수가 4,000 Hz인 음성 신호를 $T = 1/8{,}000$ sec의 샘플링 주기로 샘플링할 경우 즉 샘플링 주파수가 f_0 =8,000 Hz 그 스펙트럼은 그림 5-13과 같다.

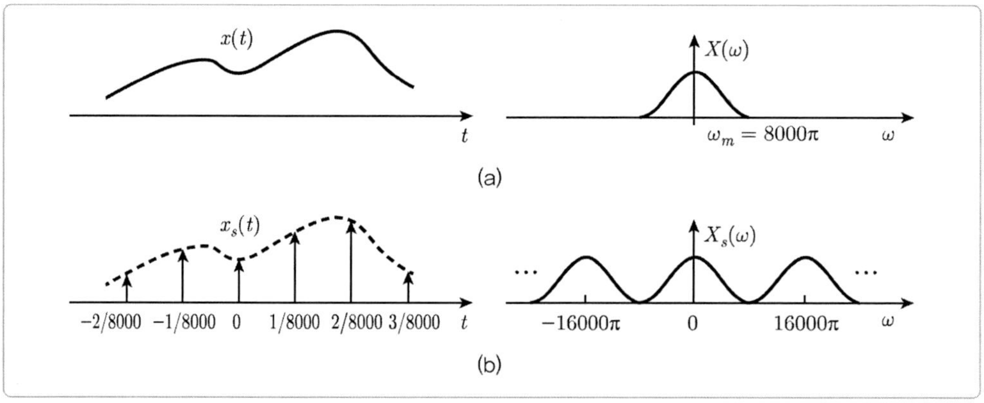

그림 5-13 음성 신호의 스펙트럼

그림 5-13(a)에서 음성 신호의 최대주파수는 f_m =4,000 Hz이므로 각주파수로 표현하면 $\omega_M = 2\pi f_M = 8{,}000\pi$가 된다. 이 아날로그 신호를 임펄스 트레인 신호로 표현하기 위해서 샘플링 주파수를 최대주파수의 2배인 8,000 Hz로 한다. 따라서 샘플링 주기는 $T = 1/8{,}000$ sec이다. 아날로그 신호를 임펄스 트레인 신호로 표현하면 그 스펙트럼은 그림과 같이 반복되며 주기는 $\omega_0 = 2\pi/T = 16{,}000\pi$가 된다.

아날로그 신호로부터 디지털 신호를 얻을 때, 주파수 영역에서는 원래의 스펙트럼의 반복이 나타남을 알았다. 따라서 샘플링 주파수를 6,000 Hz로 하면 그림 5-13에서 $\omega_0 = 2\pi/T = 12{,}000\pi$가 되어 고주파수 부분이 서로 겹치게 되며 이러한 현상을 에일리어싱(aliasing)이라고 부른다. 따라서 에일리어싱이 발생하지 않는 가장 낮은 샘플링 주파수인 나이퀴스트 샘플링 주파수로 샘플링하는 것이 가장 경제적인 샘플링임을 알 수 있다. 나이퀴스트 샘플링 주파수보다 낮게 샘플링하면 에일리어싱의 발생으로 원래의 신호를 복원할 수 없게 되고, 나이퀴스트 샘플링 주파수보다 높게 샘플링하면 샘플링의 수가 많아져서 비경제적이 된다.

펄스 신호의 CTFT

다음 그림과 같은 펄스 신호의 CTFT를 구해 보기로 한다.

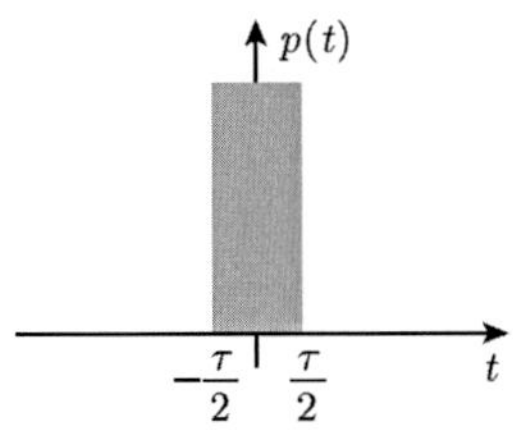

그림 5-14 **펄스 신호**

이 펄스 신호의 CTFT는 다음과 sinc 함수가 된다.

$$P(\omega)=\int_{-\infty}^{\infty}p(t)e^{-j\omega t}\,dt=\int_{-\tau/2}^{\tau/2}e^{-j\omega t}\,dt$$

$$=\left[\frac{e^{-j\omega t}}{-j\omega}\right]_{-\tau/2}^{\tau/2}=\left\{\frac{e^{-j\omega\,\tau/2}-e^{j\omega\,\tau/2}}{-j\omega}\right\}=\left\{\frac{e^{j\omega\,\tau/2}-e^{-j\omega\,\tau/2}}{j\omega}\right\}$$

$$=\frac{2}{\omega}\left\{\frac{e^{j\omega\,\tau/2}-e^{-j\omega\,\tau/2}}{2j}\right\}=\frac{2\sin\left(\frac{\tau}{2}\omega\right)}{\omega}$$

다음 그림에서 보듯이 펄스 신호의 CTFT는 sinc 함수 모양임을 알 수 있다.

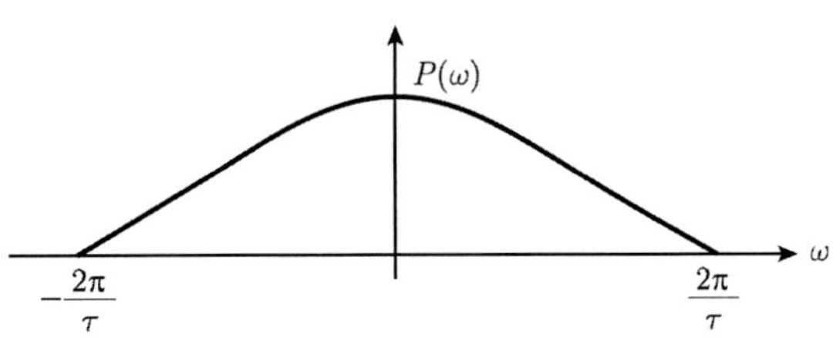

그림 5-15 **펄스 신호의 CTFT**

PAM 신호의 CTFT

PAM 신호는 다음 그림과 같이 임펄스 트레인 신호 $x_s(t)$와 펄스 신호 $p(t)$의 컨볼루션으로 나타낼 수 있다.

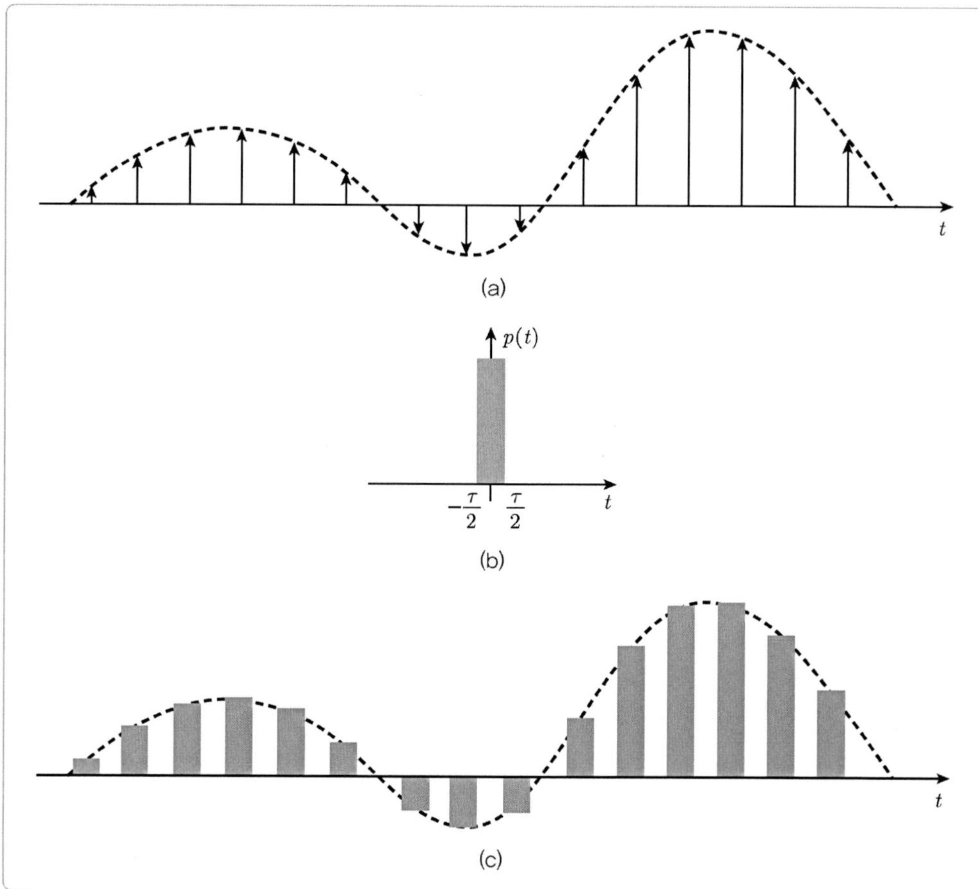

그림 5-16 (a) 임펄스 트레인, (b) 펄스, (c) PAM 신호

PAM 신호는 다음과 같이 펄스 트레인 신호로 나타내진다.

$$\begin{aligned}\phi_{PAM}(t) &= p(t) * x_s(t) = p(t) * \sum_{n=-\infty}^{\infty} x(kT_s)\delta(t-kT_s) \\ &= \sum_{n=-\infty}^{\infty} x(kT_s)p(t-kT_s)\end{aligned}$$

따라서 PAM 신호의 CTFT는 다음과 같다.

$$\Phi_{PAM}(\omega) = P(\omega)X_s(\omega)$$

이 관계를 그림으로 나타내면 다음과 같다.

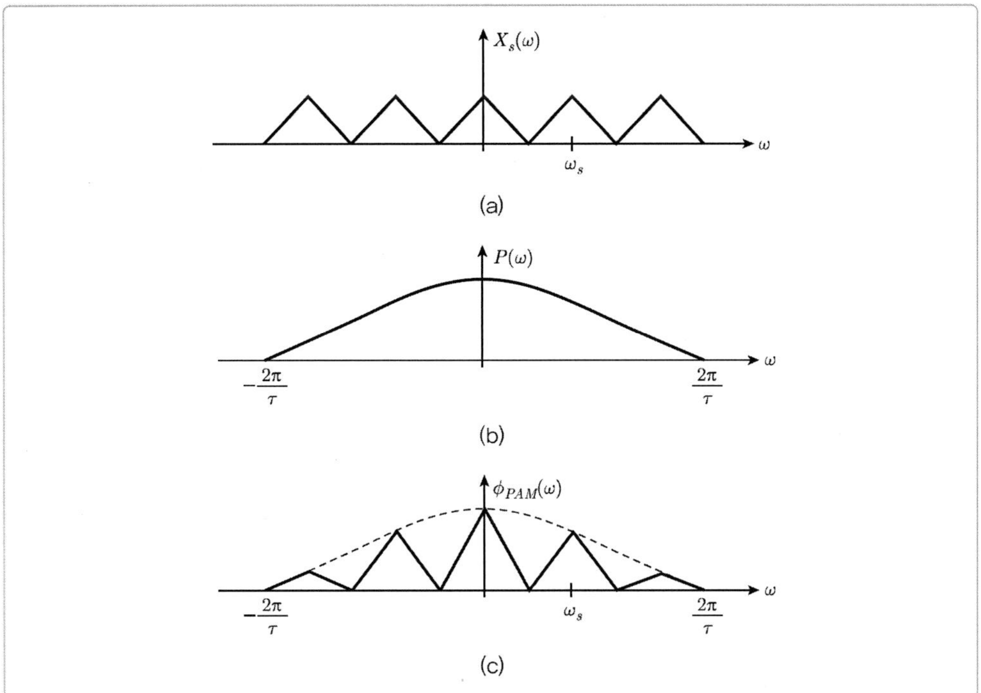

그림 5-17 (a) 임펄스 트레인의 CTFT, (b) 펄스 신호의 CTFT, (c) PAM 신호의 CTFT

그림 5-17(a)와 같이 신호를 임펄스 트레인으로 변형시키면 그 CTFT는 원 스펙트럼의 반복이 된다. 그림에서 표본주기 T_s가 1/8,000초인 경우에 $\omega_s = 2\pi/T_s$이므로 $16,000\pi$가 된다.

또한, 그림과 같이 펄스의 폭이 $\tau = 1/20,000$초이면 그 CTFT의 대역폭은 $\omega_c = 2\pi/\tau = 40,000\pi$가 된다. 이 그림에서는 $\omega_c = 40,000\pi$가 $\omega_s = 16,000\pi$의 2.5배이다. 위의 그림에서 보듯이 $X_s(\omega)$가 $P(\omega)$와 곱해질 때에 $P(\omega)$가 평탄하지 않으므로 원 스펙트럼에 왜곡이 생긴다.

5.1.3 PAM 복조

PAM 복조는 $X_s(\omega)$에서 $X(\omega)$를 찾는 저역통과 필터 기능과 $P(\omega)$의 왜곡을 보상하는 기능의 두 가지 기능을 수행하여야 한다. 이와 같이 신호에 대한 왜곡특성이 알려져 있으므로 역 전달함수를 이용하여 다음과 같이 PAM 복조를 할 수 있다.

$$H(\omega) = \begin{cases} T_s P^{-1}(\omega), & |\omega| \le W \\ 0, & |\omega| > W \end{cases}$$

이 저역통과 필터는 통과대역이 완전히 평평한게 아니고 $P^{-1}(\omega)$로 왜곡을 보정하는 기능을 수행하며 이를 등화기(equalizer)라고 한다. 펄스폭 τ가 좁아질수록 영교차주파수

$2\pi/\tau$는 원점으로부터 멀어지므로 저역통과 대역 내에서 특성이 더욱 평탄해진다(전송라인의 주파수특성만 좋다면 τ를 좁게 하는 것이 좋다). $\tau/T_s \leq 0.1$의 한도 내에서는 복조시에 등화작업은 무시할 수 있다.

이 절에서는 등화작업을 할 필요가 없는 경우의 PAM 수신부에 대하여 알아본다. 먼저 수신된 PAM 신호는 다음과 같은 회로를 통하여 복조한다.

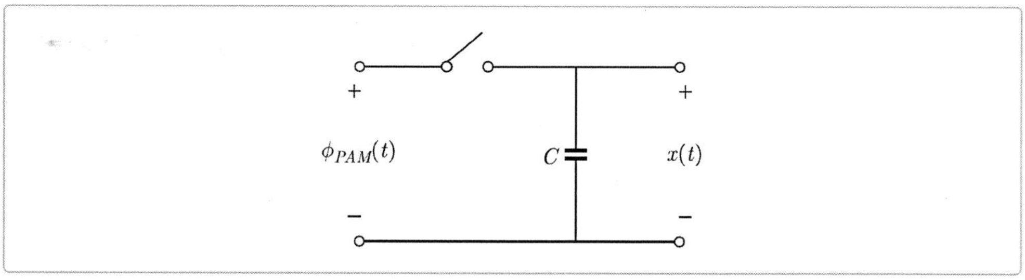

그림 5-18 PAM 수신부 회로

위의 수신부로 입력되는 PAM 신호는 다음 그림의 (a)와 같다.

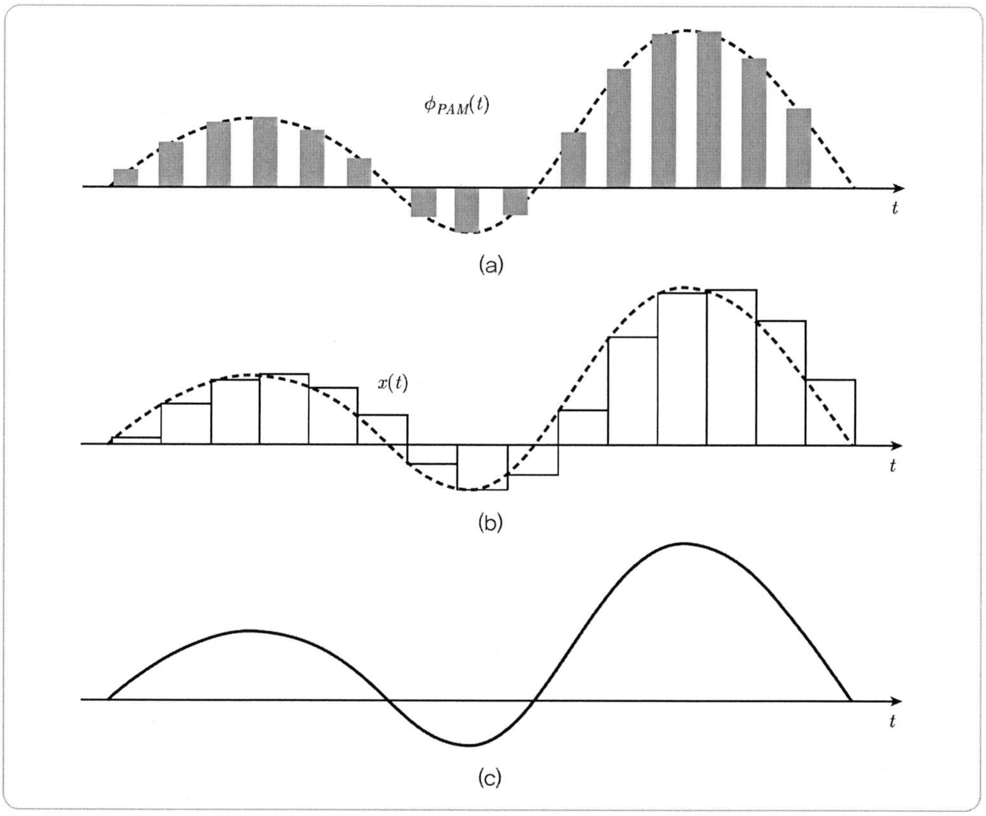

그림 5-19 PAM 수신부 회로의 복조된 신호 (a) 수신된 PAM 신호, (b) 스위치와 커패시터를 사용하여 복조된 신호, (c) 저역통과 필터 통과 신호

입력된 PAM 신호는 스위치가 열려도 커패시터에 의해 입력전압이 일정시간 유지되어 그림 5-19(b)와 같이 서로 연결된 신호를 얻을 수 있다. 마지막으로 저역통과 필터를 사용하면 그림 5-19(c)와 같은 고주파수 성분이 제거된 원 신호를 얻을 수 있다.

5.2 PAM-TDMA

통신시스템에서는 많은 통신 가입자들이 유선 또는 무선의 공동으로 사용하는 채널을 통하여 정보를 송수신한다. 이와 같은 유무선 공통 채널에서 많은 정보신호가 서로 섞이지 않고 전송되는 기술을 다중화라고 한다. 이전 절에서 알아본 PAM 신호는 TDMA(Time Division Multiple Access, 시분할 다중접속) 방식을 사용하여 다중화할 수 있다. 다음 그림의 PAM-TDMA 통신시스템의 블록도를 다시 보자.

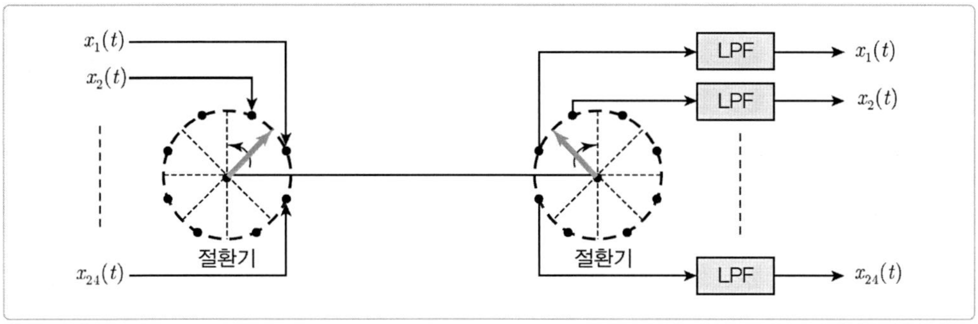

그림 5-20 PAM-TDMA 통신시스템의 블록도

그림 5-20을 보면 여러 통신 가입자들의 PAM 신호가 절환기를 통해 시간영역에서 섞이지 않고 모아진다. 이렇게 모아진 신호가 PAM-TDMA 신호가 된다. 즉, 전송로를 통하여 신호의 펄스폭을 표본주기에 비해 충분히 작도록 하여 펄스와 펄스 간의 공백 시간에 다수의 다른 신호를 삽입하여 다중화하는 방식을 TDMA이라고 한다. 다음 그림은 2명의 가입자의 신호를 PAM-TDMA 방식으로 다중화한 신호이다.

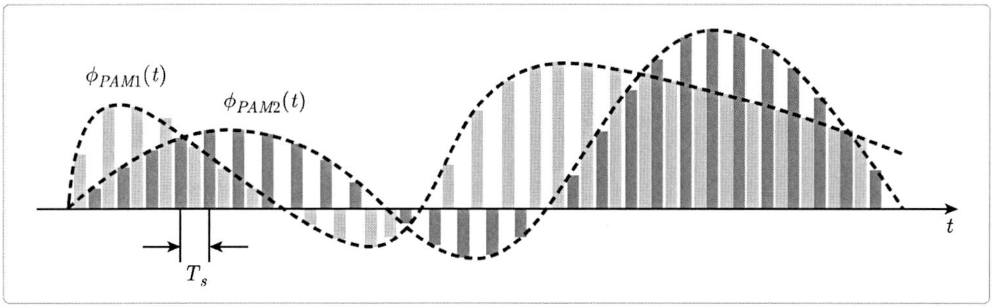

그림 5-21 PAM-TDMA 신호의 예

다음의 PAM-TDMA 신호의 스펙트럼을 보자.

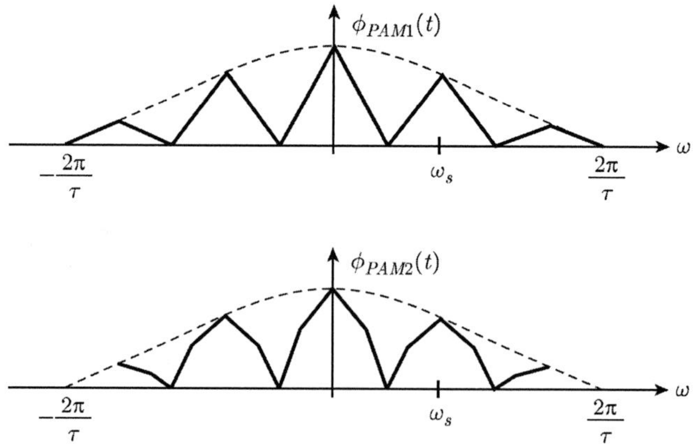

그림 5-22 PAM-TDMA 신호의 예

그림에서 보듯이 위의 두 신호는 동일한 전송대역폭을 갖는다. 즉, 시분할 다중화된 PAM 신호들은 서로 같은 대역폭을 점유하므로 주파수 상에서 분리가 불가능하다. PAM-TDMA로 다중화된 신호는 복조부에서 역다중화를 통해 가입자 신호들을 분리한다. PAM-TDMA 통신시스템의 블록도에서 수신부의 절환기가 이 기능을 수행한다. 즉, 송신부 절환기와 같은 타이밍으로 회전하면 시간축 상에서 모아진 신호들을 분리해낼 수 있다.

이번에는 PAM-TDMA 통신시스템에서 전송선은 어느 정도의 전송대역폭을 갖고 있어야 하는지를 고려해 보기로 한다. 음성 신호를 PAM-TDMA로 다중화하는 경우의 전송대역폭을 계산해 보자. 먼저 음성 신호의 최대주파수를 $B = 3{,}500\,\mathrm{Hz}$로 가정하고 보호대역까지 고려한 최대주파수를 $B_1 = 4{,}000\,\mathrm{Hz}$로 가정해 보자. 이 경우에 PAM 신호를 만드는 표본주파수와 표본주기는 각각 $f_s = 2B_1 = 8{,}000\,\mathrm{Hz}$와 $T_s = 1/8{,}000\,\mathrm{sec}$가 된다. 그리고 PAM 신호의 펄스폭을 $\tau = 1/16{,}000\,\mathrm{sec}$라고 가정해 보자. 즉 다중화하는 채널을 $N = 2$로 가정한다. 따라서 PAM-TDMA 신호의 스펙트럼을 보면 $\omega_s = 16{,}000\pi$가 되고 $2\pi/\tau = 32{,}000\pi$가 된다. 이 관계를 일반화하면 영교차주파수를 근사적인 전송선의 대역폭으로 사용할 경우 전송선의 대역폭은 $B_T \cong 1/\tau = 2NB_1\,\mathrm{Hz}$가 된다.

PAM-TDMA 펄스와 같이 펄스가 좁은 간격을 두고 연이어 나타나게 되면 이웃한 펄스 간에 간섭이 생기는 현상을 부호간간섭(intersymbol interference)이라고 한다. 다음 그림과 같은 인접한 PAM-TDMA 펄스를 확대하여 보자.

그림 5-23(a)는 인접한 PAM-TDMA 펄스이다. 그리고 그림 5-23(b)는 저역통과특성으로 대역 제한된 전송로를 통과한 왜곡된 파형으로서 부호간간섭이 생겼음을 알 수 있다.

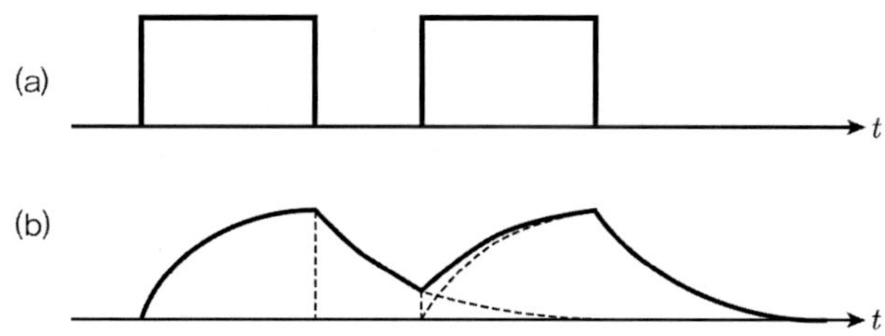

그림 5-23 부호간간섭(intersymbol interference)

PAM-TDMA 전화통신에서 부호간간섭에 의해 하나의 채널로부터 인접 채널에 신호가 전달되어 인접 채널의 대화가 들리는 현상을 누화(cross talk)라고 한다. 부호간간섭을 줄이기 위해 인접 펄스간의 간격을 어느 이상 띄어주는 시간을 보호시간대(guard time)라고 부른다.

5.3 최적의 펄스 형태

PAM 펄스 형태 이외에 어떤 모양의 신호가 가능할지 고려해 보기로 한다. 광케이블과 같은 고가의 전송로는 대역폭이 매우 넓어서 부호간간섭을 줄일 수 있다. 즉, 전송로의 임펄스 응답이 임펄스이면 스펙트럼은 ∞ 여서 PAM 펄스의 폭을 줄일 수 있다. 그러나 이 방식은 전송로의 시설비용이 높다.

이번에는 주어진 전송로의 특성에 맞도록 펄스의 형태를 바꿈으로써 부호간간섭을 줄이는 방법을 고려해보기로 한다. 즉 다음 그림과 같이 임펄스 트레인의 송신 신호를 다음과 같이 sinc 트레인 신호로 만들어 송신하는 것을 고려해 보자.

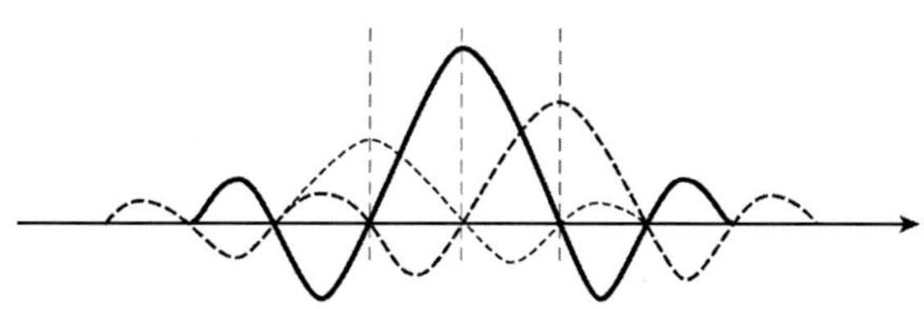

그림 5-24 sinc 펄스 송신신호

이 그림과 같이 sinc 신호로 만들어 신호를 송신하면 임의의 펄스를 표본화하는 순간에는 해당 펄스의 진폭은 최대가 되고 인접 펄스들에 의한 진폭의 영향은 모두 0이 된다. 즉, 샘플링 순간에는 부호간간섭이 없음을 알 수 있다. 이와 같이 sinc 트레인 신호로 신호를 만들어 송신하면 저비용의 대역폭이 좁은 전송로로도 부호간간섭 없이 신호를 전송할 수 있다.

다음 그림을 통하여 sinc 트레인 신호 전송시 왜곡이 생기지 않음을 보자.

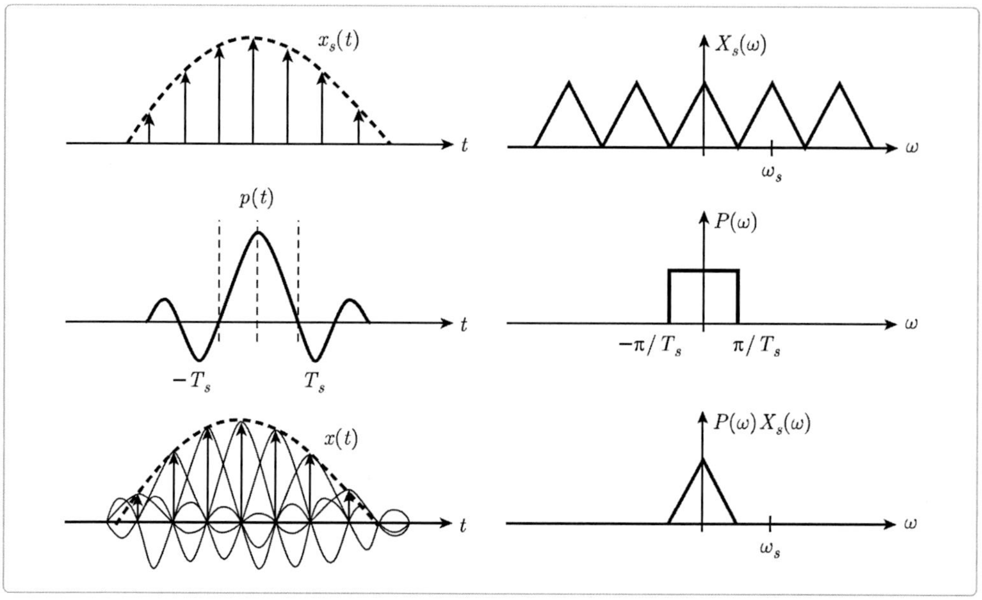

그림 5-25 sinc 펄스 신호의 스펙트럼

위의 그림에서 왼쪽 3개의 그림을 보면 원래의 아날로그 신호로부터 만들어진 임펄스 트레인 신호와 sinc 펄스를 컨볼루션하여 sinc 트레인 신호가 만들어짐을 보이고 있다. 우측 상단의 두 그림은 각각 임펄스 트레인과 sinc 펄스의 스펙트럼이다. CTFT의 성질로부터 시간 영역에서의 컨볼루션은 주파수 영역에서는 곱이 되므로 우측 하단의 sinc 트레인 신호의 스펙트럼을 얻을 수 있다. 위와 같은 신호가 송신될 때에 수신기에서 샘플링 주기에 약간의 오차가 생겨도 인접 펄스들의 부엽들의 합에 의해 샘플링 순간에 생기는 에러를 지터(jitter)라고 부른다.

연습문제

5-1 PAM(평탄표본화) 변조하기 위한 신호와 스펙트럼은 다음 그림과 같다.

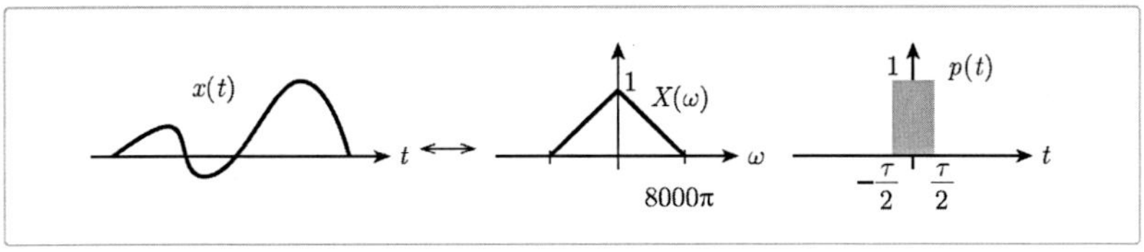

그림 V-1 **예제의 평탄표본화 $X(\omega)$와 $p(t)$**

신호 $x(t)$를 $T_s = 1/8,000$초로 샘플링하여 $x_s(t)$를 만들었다. 이 $x_s(t)$와 $p(t)$를 컨볼루션하여 PAM 신호 $y(t)$를 만들었다. ($\tau = 1/28,000\,\mathrm{sec}$) $Y(\omega)$를 그리시오.

5-2 PAM 신호 $\phi_{PAM}(t)$는 다음 그림과 같이 임펄스 트레인 신호 $s(t)$와 펄스 신호 $p(t)$의 컨볼루션으로 나타낼 수 있다.

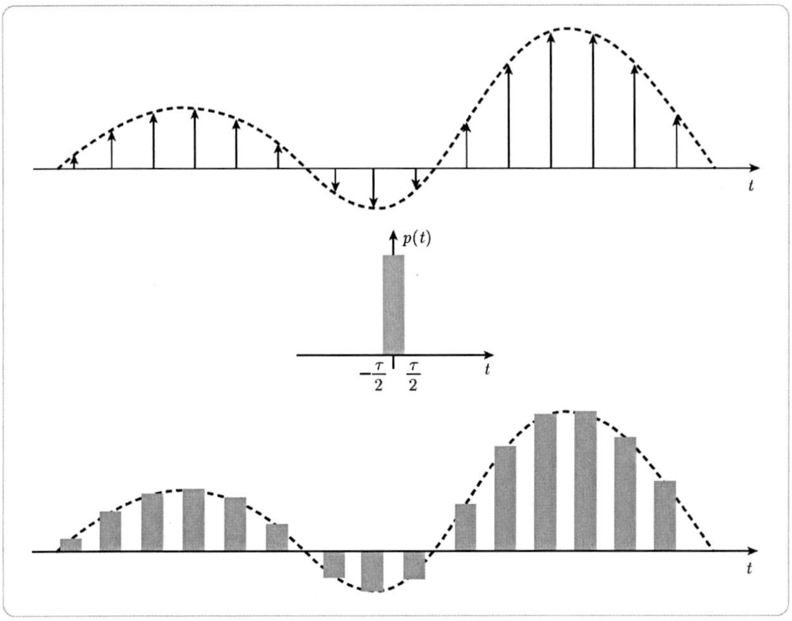

그림 V-2 **예제의 임펄스 트레인, 펄스, PAM 신호**

(a) 임펄스 트레인 신호 $s(t)$의 샘플링주기는 $T_s = 1/8{,}000\,\mathrm{sec}$이다. $s(t)$의 스펙트럼 $S(\omega)$를 그리시오.

(b) 펄스 신호 $p(t)$의 스펙트럼 $P(\omega)$를 구하고 그리시오($\tau = 1/24{,}000\,\mathrm{sec}$).

(c) $\phi_{PAM}(t)$의 스펙트럼 $\Phi(\omega)$를 그리시오.

5-3 아날로그 신호를 다음과 같이 평탄표본화의 PAM으로 변조하였다. 좌측은 시간 영역의 신호이고 우측은 그에 대한 스펙트럼이다.

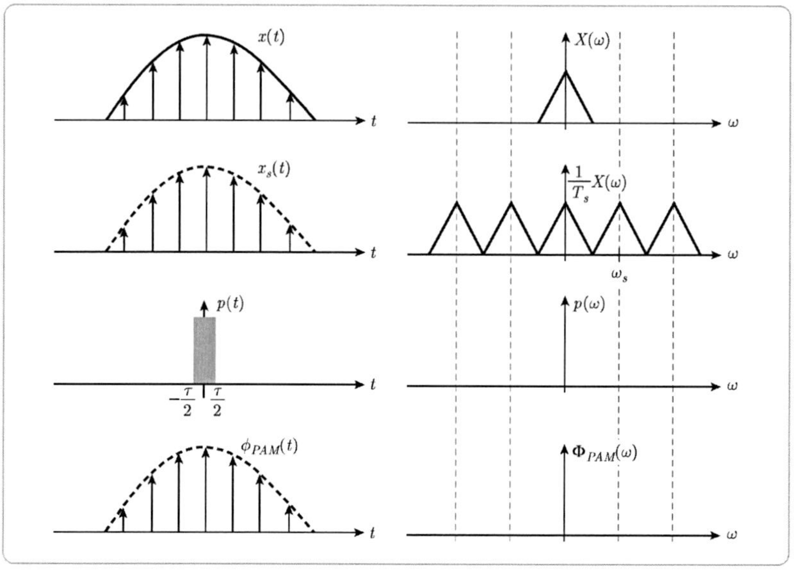

그림 V-3 예제의 평탄표본화 스펙트럼

$x(t)$를 샘플링할 때에 $T_s = 1/8{,}000\,\mathrm{sec}$를 사용하였다. 따라서 $\omega_s = 2\pi/T_s = 16{,}000\pi$이다. 또한, $p(t)$에서 $\tau = 1/12{,}000\,\mathrm{sec}$를 사용하였다.

(a) $P(\omega)$의 영교차주파수를 구하시오.

(b) 위의 그림 우측 중간에 $P(\omega)$를 그리시오.

(b) 위의 그림 좌측 아래에 $\phi_{PAM}(t)$를 그리시오.

(c) 위의 그림 우측 아래에 $\Phi_{PAM}(\omega)$를 그리시오.

CHAPTER 06

6 디지털 기저대역 통신

1과 0의 조합으로 구성된 디지털 데이터를 송수신하는 통신을 디지털 통신이라고 한다. 이와 같은 디지털 통신에서 상대적으로 근거리의 유선 채널을 통해 디지털 데이터를 송수신할 때에는 디지털 데이터를 변조시키지 않고 기저대역 신호 파형으로 변환하여 전송해도 된다. 이 경우에 디지털 데이터를 전송하기 위하여 기저대역의 신호 파형으로 변환하는 과정을 라인 코딩(line coding)이라고 한다. 대표적인 디지털 기저대역 통신 방식으로 다음 그림과 같은 근거리 컴퓨터 통신시스템의 블록도를 보자.

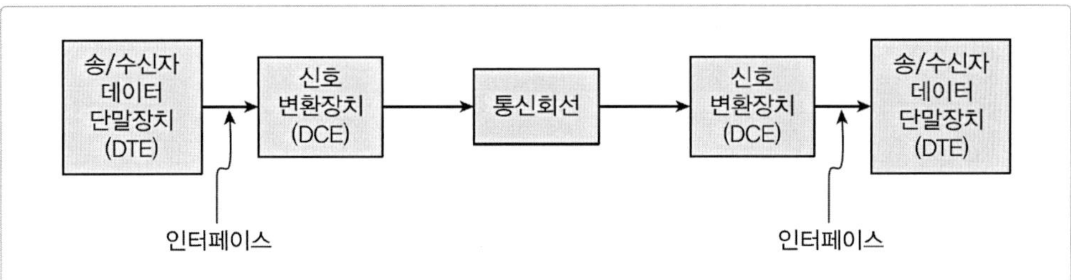

그림 6-1 근거리 컴퓨터 통신시스템 블록도

위의 그림의 블록도는 단말장치와 컴퓨터 사이의 통신, 또는 컴퓨터 상호 간의 근거리 통신시스템이다.

각 블록별 처리과정

- 데이터 단말 장치(DTE, Data Terminal Equipment) : 사용자가 직접 이용하는 장치로서 컴퓨터나 입출력 단말기 등을 데이터 단말 장치라고 한다. 컴퓨터 데이터 단말 장치는 컴퓨터가 저장하고 있는 디지털 데이터를 송신한다. 입력 단말기 데이터 단말 장치는 입력된 아날로그 신호를 A/D 변환기를 통해 디지털 데이터로 변환하여 송신된다.
- 인터페이스 : DTE와 신호변환 장치 사이의 연결에 대한 정의로서 커넥터의 크기, 전기

적인 신호, 각 핀의 기능 등에 대한 규약을 담고 있다.

- 신호변환 장치(DCE, Data Circuit terminating Equipment, 데이터 회선종단 장치) : 통신회선에 전송할 수 있는 전기적 신호로 변환한다. 전송 파형으로서 다음과 같은 파형이 있다.
  - NRZ(Non Return to Zero) 코드
  - RZ(Return to Zero) 코드
  - AMI(Alternate Mark Inversion) 코드
  - Manchester 코드
- 통신회선 : 기저대역 통신에서는 유선 채널을 사용하여 통신하며 트위스트페어(twist pair) 선을 사용한다.

6.1 기저대역 전송 신호 파형

기저대역 전송 신호는 유선 통신 회선의 특성에 맞게 만들어져야 한다. 이 신호는 근거리 컴퓨터 통신시스템 블록도의 신호 변환장치 블록에서 만들어진다. 신호 변환장치는 데이터 단말 장치(DTE)와 통신회선을 연결하는 장치이다.

이 신호 변환장치 블록을 DCE(Data Circuit terminating Equipment, 데이터 회선종단 장치)라고도 한다. 특히, 근거리 컴퓨터 통신시스템에서 사용되는 DCE를 DSU(Digital Service Unit)라고 부른다.

디지털 기저대역 통신시스템에서는 유선 전송선의 채널을 통해 디지털 데이터가 송수신된다. 이 절에서는 신호 변환장치에서 만들어내는 기저대역 신호의 파형에 대하여 알아보기로 한다. 1과 0을 전송하는 방식은 비트 정보 1은 +V 볼트로 전송하고 비트 정보 0은 0 볼트로 전송하는 단극성(Unipolar) 방식과 비트 정보 1을 +V 볼트로 전송하고 비트 정보 0을 -V 볼트로 전송하는 양극성(Polar) 방식이 있다.

NRZ 파형

가장 기본적인 전송 파형으로는 다음 그림과 같은 NRZ(Non Return to Zero) 파형이 있다.

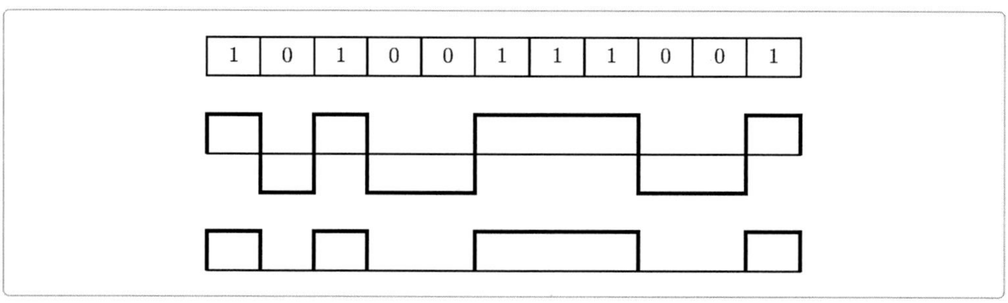

그림 6-2 NRZ 파형

그림 6-2에서 첫 번째 파형은 양극성 NRZ 파형이며 두 번째 그림은 단극성 NRZ 파형이다. NRZ 파형은 비트의 시작과 끝을 구분하기 어려우므로 수신기에서 동기를 맞추기가 어렵다. 따라서 비트 1이나 0이 연속으로 반복되는 경우에 수신기에서 정확히 복호하기 어려워진다.

디지털 기저대역 통신시스템은 변조 없이 송수신하는 상대적으로 근거리용의 통신시스템이다. 이와 같은 근거리 통신시스템에서 사용되는 전송선은 이중나선(twist pair)이나 동축 케이블을 사용하는데, 다음 그림과 같은 저주파수를 제한하는 고역통과 필터(HPF)의 특성을 갖는다.

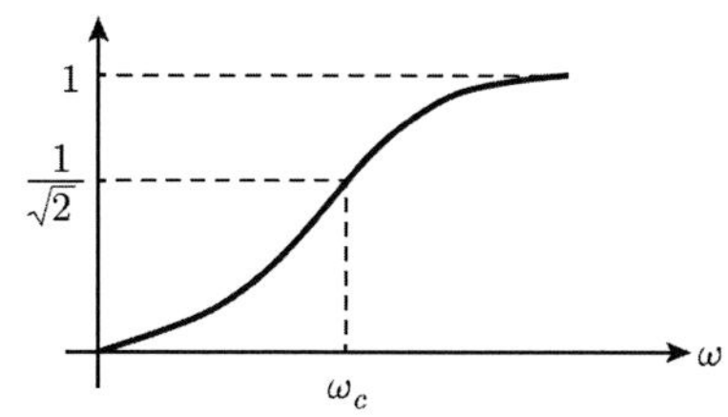

그림 6-3 PCM 전송로의 특성

채널이 위의 그림과 같은 고역통과 필터의 주파수 특성을 갖고 있으므로 직류를 포함한 저주파수가 통과할 수 없다. 따라서 이와 같은 전송로로 기저대역 신호를 송신하면 신호에 섞여 있는 직류 성분은 사라지게 된다. 다음 그림과 같은 기저대역 신호를 전송하면 어떻게 될지 생각해 보자.

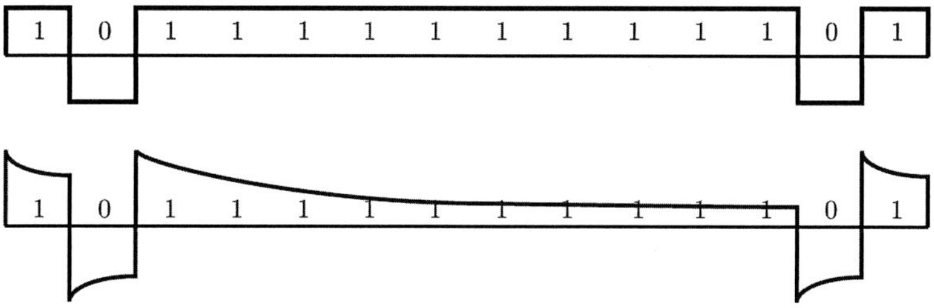

그림 6-4 T1-디지털 시스템 채널의 입력 신호와 출력 신호

직류 성분과 같은 저주파수 성분은 제거되므로(저주파수 성분에 대한 이득이 낮음) 위의 그림과 같은 신호를 수신하게 된다. 이런 채널에서의 왜곡을 극복하기 위하여 다양한 기저대역 신호 파형이 개발되었다. 이와 같은 채널의 특성을 분석하고 더 나은 파형을 만들기 위해 채널을 하나의 시스템, 즉 필터로 모델링하면 편리하다. 특정한 채널을 특정한 고역통과 필터로 모델링하면 채널을 분석하고 어떤 신호를 전송했을 때에 어떤 신호가

수신될지도 예상할 수 있다. 이 절에서는 위의 채널을 다음 그림과 같은 RL 고역통과 필터로 모델링해 보기로 한다.

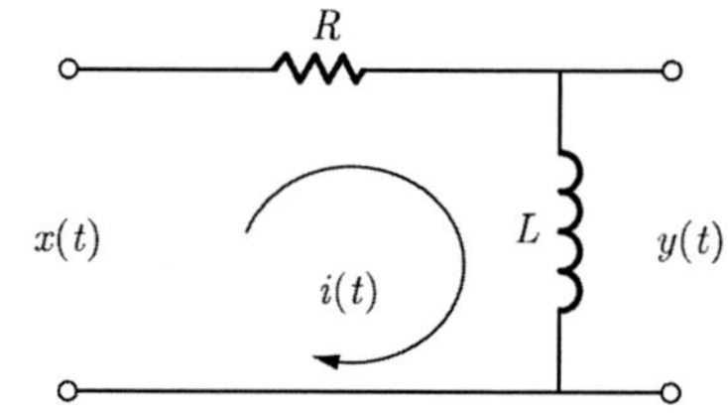

그림 6-5 **RL 고역통과 필터**

이 RL 회로로 이루어진 시스템의 미분방정식을 구해 보자.

$$L\frac{di(t)}{dt}+Ri(t)=x(t)$$

$$y(t)=L\frac{di(t)}{dt}\rightarrow\frac{1}{L}\int y(t)dt=\int\frac{di(t)}{dt}dt=i(t)$$

$$\therefore y(t)+\frac{R}{L}\int y(t)dt=x(t)\Rightarrow\frac{dy(t)}{dt}+\frac{R}{L}y(t)=\frac{dx(t)}{dt}$$

시스템에 $x(t)=e^{j\omega t}$가 입력되면 $y(t)=H(\omega)e^{j\omega t}$가 출력되는 관계식을 이용하면 다음과 같이 주파수 응답을 얻는다.

$$j\omega H(\omega)e^{j\omega t}+\frac{R}{L}H(\omega)e^{j\omega t}=j\omega e^{j\omega t}$$

$$\Rightarrow\quad H(\omega)=\frac{j\omega}{R/L+j\omega}\quad\Rightarrow|H(\omega)|=\frac{\omega}{\sqrt{(R/L)^2+\omega^2}}$$

이 주파수 응답을 플롯하면 다음 그림과 같다.

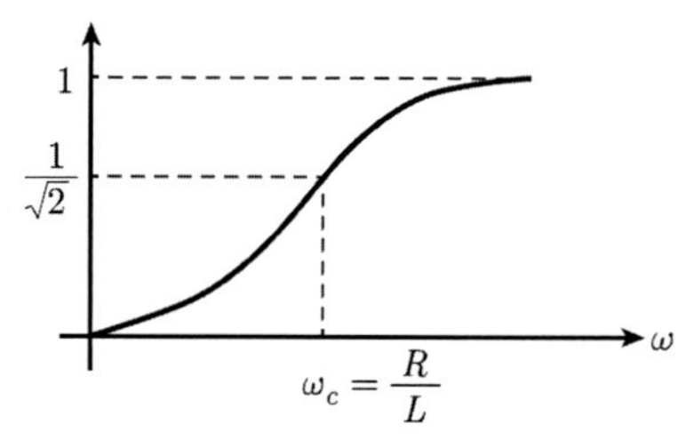

그림 6-6 **RL 고역통과 필터의 주파수 응답**

임펄스 응답은 다음과 같이 구할 수 있다.

$$H(\omega)=\frac{j\omega}{R/L+j\omega}=1-\frac{R/L}{R/L+j\omega} \quad \leftrightarrow \quad h(t)=\delta(t)-\frac{R}{L}e^{-\frac{R}{L}t}u(t)$$

예제

위의 고역통과 필터에서 $R=1\,\text{k}\Omega$, $L=1\text{mH}$이다. 다음을 구하시오.

(a) 직류(DC) 이득

(b) 100 kHz 정현파 신호에 대한 이득

(c) 1 MHz 정현파 신호에 대한 이득

풀이 먼저 주파수 응답은 다음과 같다.

$$\frac{R}{L}=\frac{10^3}{10^{-3}}=10^6,\ H(\omega)=\frac{j\omega}{10^6+j\omega} \quad \Rightarrow \quad |H(\omega)|=\frac{\omega}{\sqrt{10^{12}+\omega^2}}$$

이 필터의 Cutoff 주파수는 다음과 같다.

$$|H(\omega_c)|=\frac{1}{\sqrt{2}} \quad \Rightarrow \quad \frac{\omega_c^2}{(R/L)^2+\omega_c^2}=\frac{1}{2} \quad \Rightarrow \quad \omega_c=\frac{R}{L}=10^6$$

$$2\pi f_c=10^6 \quad \therefore f_c=159{,}154\text{Hz}\simeq 159\,\text{kHz}$$

(a) 1 V의 직류 주파수의 이득

$$|H(0)|=\frac{0}{\sqrt{10^{12}}}=0$$

(b) 100 kHz 주파수의 이득

$$|H(2\pi\times 10^5)|=\frac{2\pi\times 10^5}{\sqrt{10^{12}+(2\pi\times 10^5)^2}}=0.532$$

(c) 1 MHz 주파수의 이득

$$|H(2\pi\times 10^6)|=\frac{2\pi\times 10^6}{\sqrt{10^{12}+(2\pi\times 10^6)^2}}=0.988$$

각각의 입력 신호에 대한 이득을 플롯하면 그림 6-7과 같다.

위의 예제에서 보듯이 0 주파수에 해당하는 직류 신호는 필터를 통과하면서 완전히 제거된다. 또한 100 kHz의 신호는 0.532볼트로 신호의 크기가 감소됨을 볼 수 있다. 반면에 1 MHz의 높은 주파수 신호는 출력 단에서 보면 0.988볼트로 입력 신호의 전압이 거의 그대로 통과됨을 볼 수 있다.

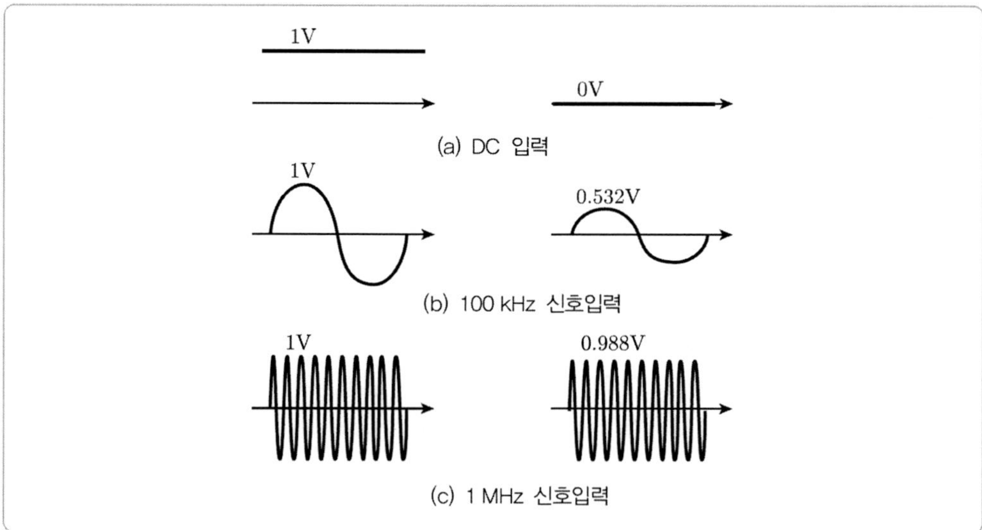

그림 6-7 3개 주파수에 대한 RL 고역통과 필터의 이득

RZ 파형

NRZ 파형의 동기 문제와 채널에서의 직류성분이 통과하지 못하는 것을 극복하기 위하여 다음 그림과 같은 RZ(Return to Zero) 파형이 개발되었다.

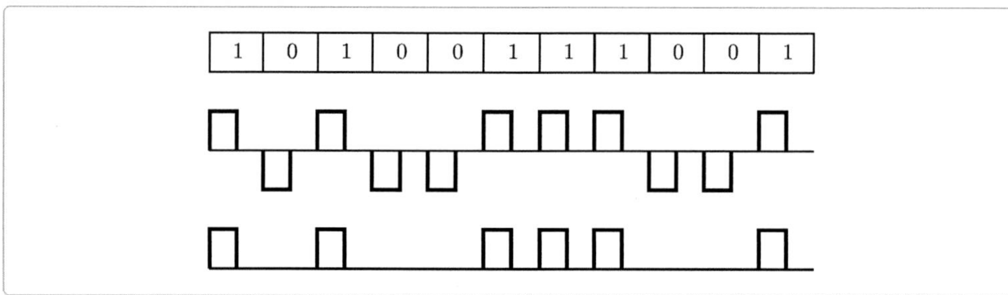

그림 6-8 RZ 파형

위의 그림에서 첫 번째 파형은 양극성 RZ 파형이며 두 번째 파형은 단극성 RZ 파형이다. RZ 파형은 1이나 0이 연속적으로 반복되어도 그 비트의 중간에서 항상 0볼트로 돌아가는 방식이다. 이와 같은 방식은 수신기의 판정을 위한 동기화에 유리하며 채널의 직류성분 억압에서도 벗어날 수 있다.

AMI 파형

직류 성분이 축적되지 않는 다음 그림과 같은 파형을 AMI(Alternate Mark Inversion) 파형이라고 한다.

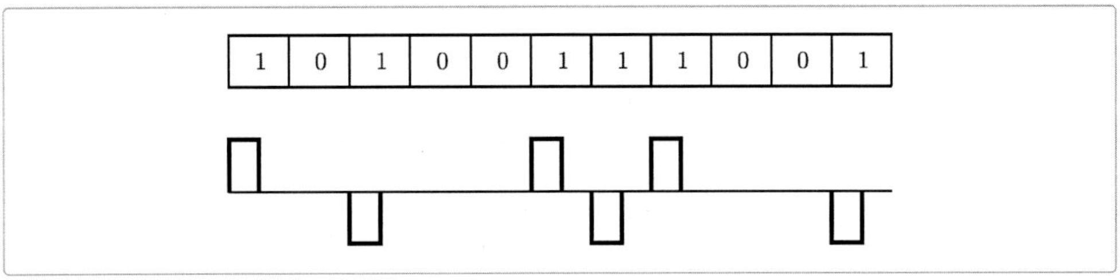

그림 6-9 AMI 파형

그림에서 보듯이 첫 번째 1의 준위는 +V 볼트이고 두 번째 1의 준위는 −V 볼트가 된다. 세 번째 1의 준위는 다시 +V 볼트가 되어 1이 연속적으로 발생하여도 직류성분이 축적되지 않는 특징이 있다.

맨체스터 파형

각 비트의 중간에서 항상 전압의 변화가 발생하는 다음 그림과 같은 파형을 맨체스터(Manchester) 파형이라고 한다.

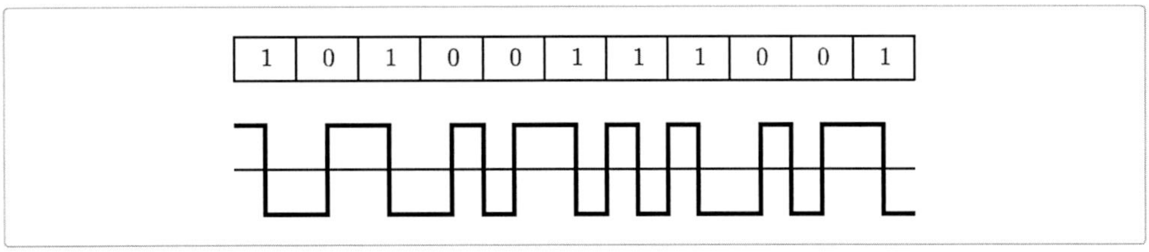

그림 6-10 맨체스터 파형

위의 그림에서 보듯이 맨체스터 파형은 전송 비트 1에서는 비트 중간에서 +V 볼트에서 −V 볼트로 변한다. 그리고 전송 비트 0에서는 비트 중간에서 −V 볼트에서 +V 볼트로 변한다.

6.2 데이터 단말 장치

데이터 단말 장치(DTE, Data Terminal Equipment)는 컴퓨터나 입출력 단말기와 같은 통신시스템의 가장 끝에 위치한 장치로서 사용자가 직접 이용하는 장치이다. 컴퓨터와 같은 단말 장치는 자체 컴퓨터가 갖고 있는 디지털 데이터를 송신하려고 하며, CCTV와 같은 단말기는 촬영한 동영상 데이터를 송신하려고 할 것이다. 컴퓨터가 갖고 있는 정보의 타입은 문자 정보, 음성 정보, 오디오 정보, 영상 정보, 동영상 정보 등이다. 문자와 같은 정보는 다음과 같은 아스키(ASCII)코드를 사용하여 전송될 수 있다.

| 표 6-1 | ASCII 코드

	000	001	010	011	100	101	110	111
0000	NUL	DLE	SP	0	@	P	‘	p
0001	SOH	DC1	!	1	A	Q	a	q
0010	STX	DC2	“	2	B	R	b	r
0011	ETX	DC3	#	3	C	S	c	s
0100	EOT	DC4	$	4	D	T	d	t
0101	ENQ	NAK	%	5	E	U	e	u
0110	ACK	SYN	&	6	F	V	f	v
0111	BEL	ETB	‘	7	G	W	g	w
1000	BS	CAN	(	8	H	X	h	x
1001	HT	EM	)	9	I	Y	i	y
1010	LF	SUB	*	:	J	Z	j	z
1011	VT	ESC	_	;	K	(	k	{
1100	FF	FS	,	〈	L		l	|
1101	CR	GS	-	=	M	)	m	}
1110	SO	RS	.	〉	N	^	n	~
1111	SI	US	/	?	O	_	o	DEL

아스키코드는 7비트로 구성되는데 3비트의 존 코드와 4비트의 디지트 비트로 되어 있다. 아스키코드는 존 코드별로 다음과 같이 구성된다.

아스키코드의 존 코드별 구성

- 100부터 111의 4열의 64개 : 주로 영어 알파벳으로 구성
- 존 코드 010과 011의 2열 32개 : 숫자 등의 기호로 구성
- 존 코드 000과 001의 2열의 32개 : 컴퓨터에서 사용되는 약자들로 구성

000 0000	NUL	Null Character(공백 문자)
000 0001	SOH	Start of Header(헤더 시작)
000 0010	STX	Start of Text(본문 시작, 헤더 종료)
000 0011	ETX	End of Text(본문 종료)
000 0100	EOT	End of Transmission(전송 종료, 데이터 링크 초기화)
000 0101	ENQ	Enquiry(응답 요구)
000 0110	ACK	Acknowledgment(긍정의 응답)
000 0111	BEL	Bell(경고음)
000 1000	BS	Backspace(백스페이스)
000 1001	HT	Horizontal Tab(수평 탭)
000 1010	LF	Line feed(개행)
000 1011	VT	Vertical Tab(수직 탭)
000 1100	FF	Form feed(다음 페이지)

000 1101	CR	Carriage return(복귀)
000 1110	SO	Shift Out(확장문자 시작)
000 1111	SI	Shift In(확장문자 종료)
001 0000	DLE	Data Link Escape(전송 제어 확장)
001 0001	DC1	Device Control 1(장치 제어 1)
001 0010	DC2	Device Control 2(장치 제어 2)
001 0011	DC3	Device Control 3(장치 제어 3)
001 0100	DC4	Device Control 4(장치 제어 4)
001 0101	NAK	Negative Acknowledgement(부정의 응답)
001 0110	SYN	Synchronous idle(동기)
001 0111	ETB	End of Transmission Block(전송블록 종료)
001 1000	CAN	Cancel(무시)
001 1001	EM	End of Medium(매체 종료)
001 1010	SUB	Substitute(치환)
001 1011	ESC	Escape(제어기능 추가)
001 1100	FS	File Separator(파일경계 할당)
001 1101	GS	Group Separator(레코드 그룹경계 할당)
001 1110	RS	Record Separator(레코드 경계 할당)
001 1111	US	Unit Separator(장치 경계 할당)

위의 약어에서 보듯이 ACK는 Acknowledge의 약자로서 "확인했다는 응답"의 문자이다. 아스키코드로 문자 A를 전송하려면 100의 존 코드와 0001의 디지트 비트를 더하여 1000001의 7비트가 전송된다. 전송 도중의 에러 발생을 감지하기 위하여 짝수 패리티(parity)를 사용하면 0100 0001의 8비트가 전송된다.

6.3 인터페이스

RS-232C

RS-232C는 컴퓨터가 주변기기와 데이터를 주고 받기 위하여 국제적으로 표준화한 데이터 통신규격의 하나로서 사양은 다음과 같다.

RS-232C 사양

- 핀수 : 9핀 또는 25핀
- 직렬 통신 인터페이스
- 공식 명칭 : EIA-232-C(CCITT의 권고, 미국의 EIA(미국전자공업회))
- 디지털 데이터 0 : +3볼트에서 +12볼트 사이의 전압으로 전송
- 디지털 데이터 1 : −3볼트에서 −12볼트 사이의 전압으로 전송

- 사용 거리 : 15 m 이내의 거리에서 사용
- 전송률 : 20 Kbps 이내
- RS-232C 25핀 커넥터

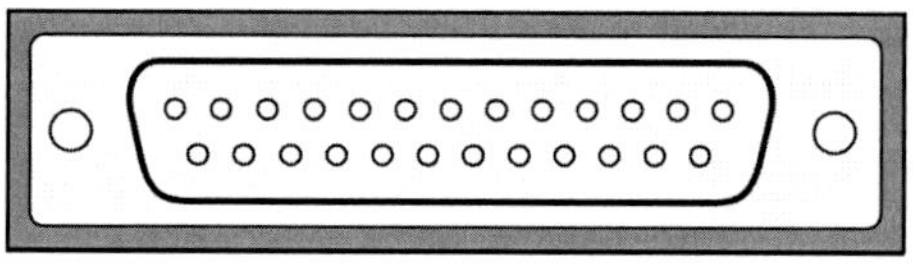

그림 6-11 RS-232C용 25핀 커넥터

다음 그림은 RS-232C 인터페이스로 문자 A를 전송할 경우의 신호 파형이다.

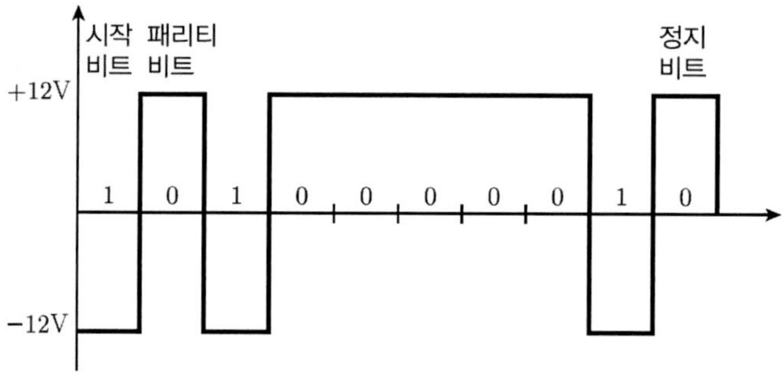

그림 6-12 RS-232C에서의 문자 A 전송

위의 그림에서는 짝수 패리티를 사용하므로 0의 패리티가 앞에 추가되어 전송된다. 그림에서 보듯이 디지털 데이터 0은 12볼트로, 디지털 데이터 1은 −12볼트로 송신되고 있다.

RS-422

RS-422 인터페이스는 TIA/EIA-422로도 불리며 컴퓨터와 주변기기를 트위스트페어선(Twisted Pair wire)으로 연결한다. 이 인터페이스로 구현되는 사양은 다음과 같다.

RS-422 사양

- 비트율 : 100 kbps～10 Mbps
- 통신 가능 거리 : 1500 m
- voltage level : −6 V to +6 V
- 최대 연결기기 : 10
- 가용 신호 : Tx+, Tx−, Rx+, Rx−
- Full Duplex

- 디지털 정보 1 : − voltage
- 디지털 정보 0 : + voltage

USB

USB의 가장 일반적인 플러그는 다음 그림과 같은 표준 타입 A 플러그이다.

그림 6-13 USB standard type A plug

사양은 다음과 같다.

USB 사양

- 길이 : 5미터(최대)
- 너비 : 11.5 mm(A단자), 8.45 mm(B단자)
- 높이 : 4.5 mm(A단자), 7.78 mm(B단자, v3.0 이전)
- 전기 : 직류 5 V
- 최대 전압 : 5 V(±5%)
- 최대 전류 : 500~900 mA @ 5V
- 대역폭 : 1.5/12/480/5,000 Mbps
- 최대 장치수 : 127
- 규약 : 직렬 포트
- 케이블 4줄, USB 3.0은 8줄
- 핀 수 4(공급 1, 데이터 2, 그라운드 1)
- USB 3.0은 8(슈퍼스피드를 위해 4개 추가)
- Pin out(표준 USB A 단자)
  - 핀 1 : VCC(+5V)
  - 핀 2 : Data−
  - 핀 3 : Data+
  - 핀 4 : Ground

연습문제

6-1 다음의 디지털 신호를 기저대역 통신방식을 사용하여 송신하려고 한다.

1 0 1 0 1 1 0 0 1 0 1 1

다음 각 방식에 따른 파형을 그리시오.

(a) 양극성 NRZ 파형을 그리시오.

(b) 단극성 NRZ 파형을 그리시오.

6-2 다음의 디지털 신호를 기저대역 통신방식을 사용하여 송신하려고 한다.

1 0 1 0 1 1 0 0 1 0 1 1

다음 각 방식에 따른 파형을 그리시오.

(a) 양극성 RZ 파형을 그리시오.

(b) 단극성 RZ 파형을 그리시오.

6-3 다음의 디지털 신호를 기저대역 통신방식을 사용하여 송신하려고 한다.

1 0 1 0 1 1 0 0 1 0 1 1

AMI 파형을 그리시오.

6-4 다음의 디지털 신호를 기저대역 통신방식을 사용하여 송신하려고 한다.

1 0 1 0 1 1 0 0 1 0 1 1

맨체스터 파형을 그리시오.

CHAPTER 07

확률변수와 랜덤 프로세스

1과 0을 전송하는 통신시스템에서 수신기는 송신기가 보내오는 1과 0을 연속적으로 수신한다. 앞으로 수신될 1과 0은 확률론적으로 예측할 수밖에 없다. 이와 같은 확률론적인 사건에서 사건의 결과에 수치를 매긴 것을 확률변수(random variable)라고 한다. 예를 들면 동전을 던져서 앞이 나오면 −12의 수치를 매기고 뒤가 나오면 12의 수치를 매기는 것이 확률변수가 된다. 이는 RS232C 근거리 통신에서 디지털 정보 1은 −12볼트로, 디지털 정보 0은 12볼트로 할당하는 것과 똑같은 확률변수로 해석할 수 있다.

이와 같은 RS232C 확률변수의 규칙에 따라 100만개의 디지털 정보를 NRZ 코드로 전송하게 되면 확률변수가 시간의 함수로 전개된다. 이와 같은 확률변수의 시간에 따라 전개되어가는 과정을 확률 과정(random process, stochastic process)이라고 한다. 이와 같은 확률 과정은 정확히 예측할 수는 없지만 어느 정도는 예측이 가능하다.

7.1 확률

어떤 사건이 시행된 횟수를 N이라고 했을 때 여러 가지 결과 중에서 A라는 결과가 나타난 횟수를 N_A라고 가정하자. 예를 들어 동전던지기 사건이 시행된 횟수를 10번이라고 했을 때 앞면은 두 번 나올 수도 있고 7번 나올 수도 있고 그 빈도수는 0번부터 10번까지 11가지가 가능하다. 그러나 이와 같은 사건의 시행이 수없이 반복되었을 때에, 특정한 결과의 상대적인 빈도수는 한계값에 접근한다. 이와 같은 한계값을 다음과 같이 결과 A의 확률(probability)로 정의한다.

$$P(A) = \lim_{N \to \infty} \frac{N_A}{N}$$

시행 가능한 두 개의 사상(event)에서 한 사상과 다른 사상이 동시에 발생할 수 없는 두 사상을 상호배반 사상이라고 한다.

예를 들면 동전던지기 사건에서 앞면이 나오는 사상 H와 뒷면이 나오는 사상 T는 상호배반 사상이다. 이와 같은 상호배반 사상의 확률을 각각 $P(H)$과 $P(T)$라고 했을 때 H 또는 T가 일어날 확률은 다음과 같다.

$$P(H \text{ or } T) = P(H) + P(T) = 1$$

주사위던지기 사건에서 1부터 6까지의 사상은 상호배반 사상이다. 이 경우에는 1부터 6까지의 어느 하나가 나올 확률은 다음과 같다.

$$P(A_1 \text{ or } A_2 \text{ or } A_3 \text{ or } A_4 \text{ or } A_5 \text{ or } A_6) = \sum_{n=1}^{6} P(A_n) = 1$$

7.2 확률변수

과거에 이미 일어나 사건을 결정론적(deterministic)인 사건이라고 하고 미래에 일어날 사건을 확률론적(probabilistic, stochastic) 사건이라고 한다. 따라서 아직 발생하지 않은 사건은 확률론적으로 설명하는 것이 합리적이다. 이와 같은 확률론적인 사건에서 어떤 결과에 정해진 규칙에 의한 수치를 매겨 표현한 것을 확률변수(random variable)라고 한다. 예를 들면 동전던지기 사건은 확률론적인 사건이다. 이 실험에서 다음과 같이 사상에 수치를 부여하면 확률변수가 된다.

$$X(Head) = 1, \quad X(Tail) = 0$$

아날로그 신호를 샘플링한 후에 양자화하여 디지털 신호를 만들 때에, 양자화는 확률론적인 사건이다. 이때 매 샘플마다 생기는 양자화잡음의 확률은 $-s$에서 s까지 균일하게 분포한다. 이 실험에서 확률변수를 다음과 같이 만들 수 있다.

$$e[n] = x[n] - x_q[n]$$

즉, 확률변수는 실제의 샘플링된 값 $x[n]$에서 양자화된 값 $x_q[n]$을 뺀 것으로 만들었음을 알 수 있다.

지금까지의 예와 같이 확률변수는 이산적 확률변수와 연속적 확률변수가 있다. 예를 들어 동전던지기 결과에 수를 부여하면 2가지의 경우만 발생하므로 이와 같은 확률변수를 이산적 확률변수라고 한다. 이와 비교하여 양자화잡음 확률변수는 그 값이 무한대의 수가 가능하므로 이와 같은 확률변수를 연속적 확률변수라고 한다.

예제

다음과 같은 디지털 데이터 전송 사건을 양극형 NRZ(Non-Return to Zero) 코드의 확률변수로 모델링하시오. 그림의 NRZ 코드는 5 volts와 −5 volts이다.

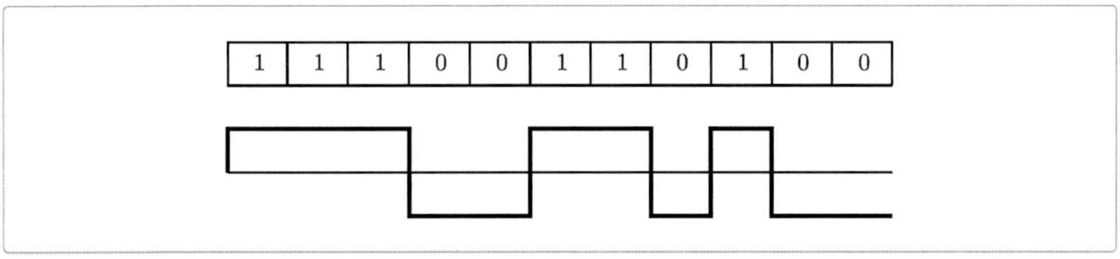

그림 7-1 NRZ 코드 확률변수

풀이 $X(1)=5,\ X(0)=-5$

예제

다음과 같은 디지털 데이터 전송 사건을 ASK 변조의 확률변수로 만드시오. 디지털 정보 1일 때의 sin 파의 진폭은 5볼트이며, 0일 때의 sin파의 진폭은 0볼트이다.

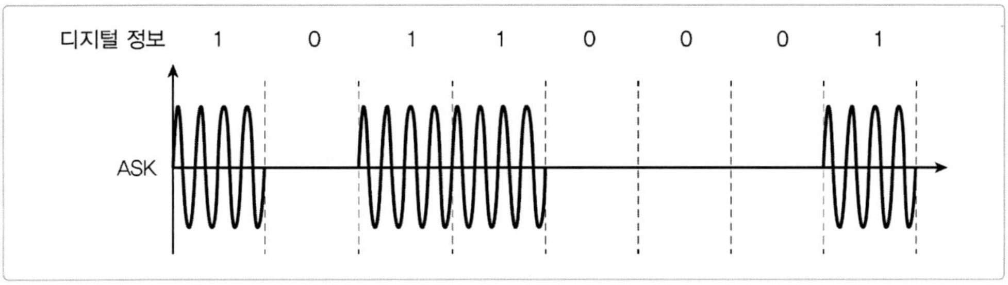

그림 7-2 ASK 변조의 확률변수

풀이 $X(1)=5\sin\omega_0 t,\quad X(0)=0$

7.2.1 확률분포함수

확률변수는 그 값이 결정론적으로 정할 수 없기 때문에 확률분포가 필요하다. 확률분포함수(PDF; Probability Distribution Function)의 정의는 다음과 같다.

$$F_X(x)=P(X\le x)$$

위의 식에서 보듯이 확률분포함수는 확률변수 X가 어떤 정해진 실수 x 이하의 값을 가질 확률이다.

예제

동전던지기 사건의 확률은 $P(H)=p$, $P(T)=q$이다. 이때 각각의 결과에 대한 확률변수를 $X(H)=\pi$, $X(T)=0$로 만들었다. 확률분포함수 $F_X(x)$를 구하시오.

풀이 i) $x<0$, $F_X(x)=P(X\le x)=0$

ii) $0\le x<\pi$, $F_X(x)=P(X\le x)=q$

iii) $x\ge\pi$, $F_X(x)=P(X\le x)=1$

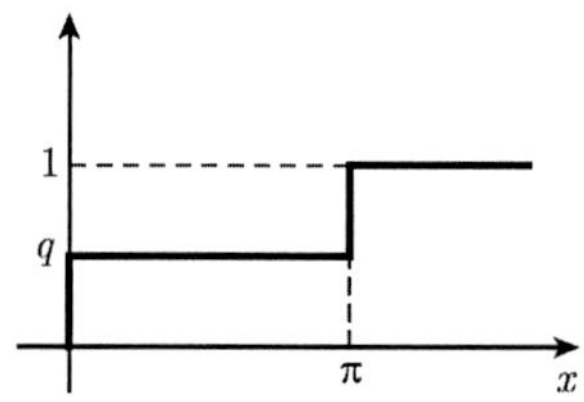

그림 7-3 동전던지기 확률분포함수 $F_X(x)$

예제

주사위던지기의 확률은 다음과 같다.

$$P(1)=\frac{1}{6},\ P(2)=\frac{1}{6},\ P(3)=\frac{1}{6},\ P(4)=\frac{1}{6},\ P(5)=\frac{1}{6},\ P(6)=\frac{1}{6}$$

이때 확률변수를 다음과 같이 만들었다.

$$X(1)=10,\ X(2)=20,\ X(3)=30,\ X(4)=40,\ X(5)=50,\ X(6)=60$$

이 확률변수의 확률분포함수 $F_X(x)$를 구하시오.

풀이 i) $x<10$ $\quad F_X(x)=0$

ii) $10\le x<20$ $\quad F_X(x)=\frac{1}{6}$

iii) $20\le x<30$ $\quad F_X(x)=\frac{2}{6}$

iv) $30\le x<40$ $\quad F_X(x)=\frac{3}{6}$

v) $40\le x<50$ $\quad F_X(x)=\frac{4}{6}$

vi) $50\le x<60$ $\quad F_X(x)=\frac{5}{6}$

vii) $60\le x$ $\quad F_X(x)=1$

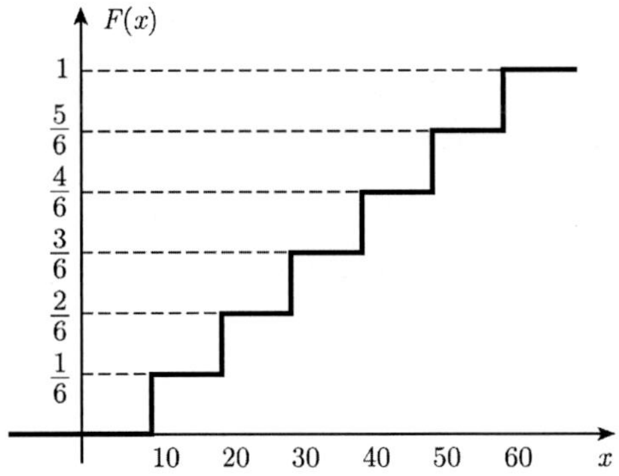

그림 7-4 주사위던지기 확률분포함수 $F_X(x)$

예제

전화기 콜링이 (0, 1분)의 사이에서 한 번 발생한다. 확률변수를 다음과 같이 정의하였다.

$$X(t) = t,\ 0 \le t \le 1$$

이 확률변수의 확률분포함수 $F_X(x)$를 구하시오.

풀이 i) $x < 0$ $\quad F(x) = P(X \le x) = 0$

ii) $0 \le x \le 1$ $\quad F(x) = P(X \le x) = x$

iii) $1 < x$ $\quad F(x) = P(X \le x) = 1$

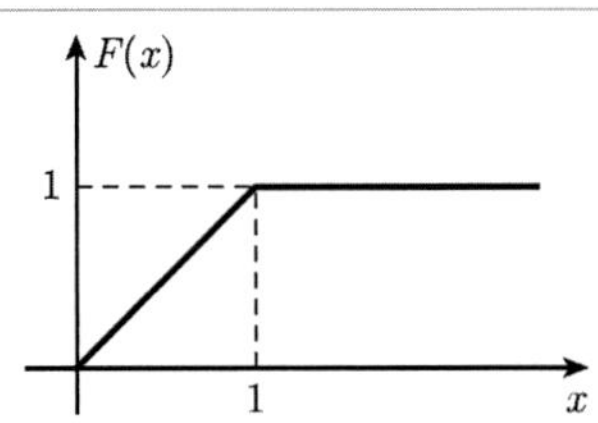

그림 7-5 전화기 콜링 확률분포함수 $F_X(x)$

예제

두 번 동전던지기 사건에서 각각의 결과에 대한 확률은 다음과 같다.

$$P(HH) = \frac{1}{4},\ P(HT) = \frac{1}{4}, P(TH) = \frac{1}{4},\ P(TT) = \frac{1}{4}$$

위의 확률에서 H는 앞면이고 T는 뒷면이다. 확률변수는 다음과 같이 만들었다.

$$X(HH) = 2,\ X(HT) = 1,\ X(TH) = 1,\ X(TT) = 0$$

이 확률변수의 확률분포함수 $F_X(x)$를 구하시오.

풀이 I) $x < 0$ $F(x) = P(X \le x) = 0$

ii) $0 \le x < 1$ $F(x) = P(X \le x) = P(TT) = P(T)P(T) = \frac{1}{4}$

iii) $1 \le x < 2$ $F(x) = P(X \le x) = P(HT) + P(TH) + P(TT) = \frac{3}{4}$

iv) $2 \le x$ $F(x) = P(X \le x) = 1$

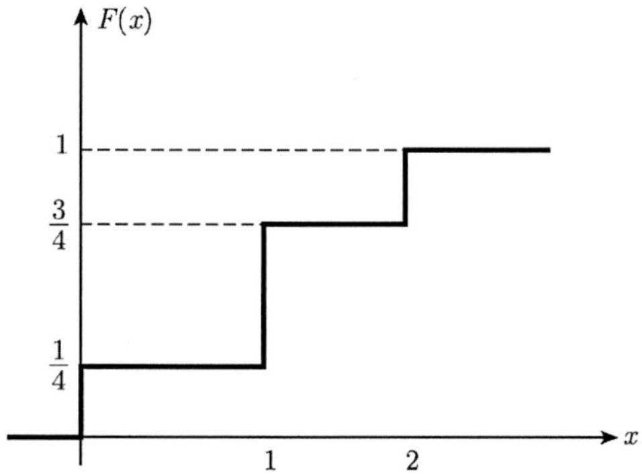

그림 7-6 두 번 동전던지기 확률분포함수 $F_X(x)$

7.2.2 확률밀도함수

확률분포함수의 미분을 다음과 같이 확률밀도함수(pdf, probability density function)로 정의한다.

$$f_X(x) \equiv \frac{dF_X(x)}{dx}$$

$$\int_{-\infty}^{\infty} f(x)dx = 1$$

$$F_X(x) = \int_{-\infty}^{x} f_X(x)dx$$

예제

동전던지기의 확률과 확률변수는 다음과 같다.

$$P(H) = p, \quad P(T) = q$$

$$X(H) = \pi, \; X(T) = 0$$

이 동전던지기 사건의 확률밀도함수를 구하시오.

풀이

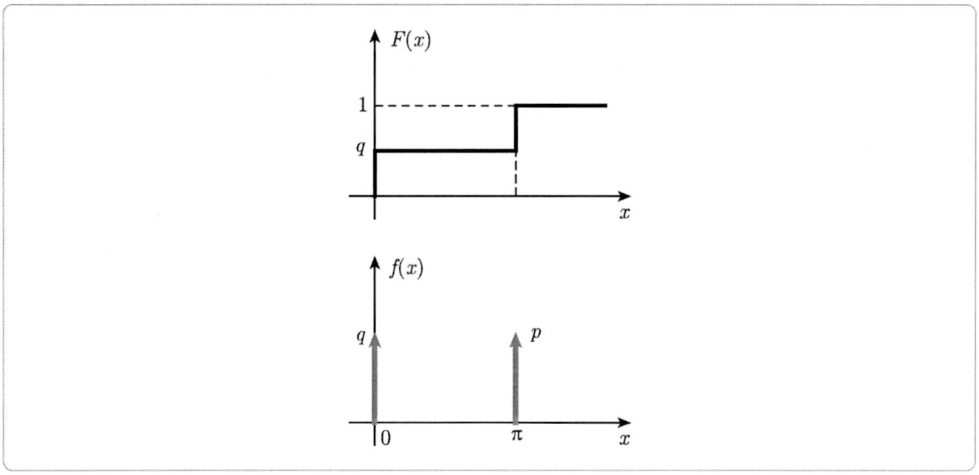

그림 7-7 동전던지기 사건의 확률밀도함수

예제

주사위던지기의 확률은 다음과 같다.

$$P(1)=\frac{1}{6},\ P(2)=\frac{1}{6},\ P(3)=\frac{1}{6},\ P(4)=\frac{1}{6},\ P(5)=\frac{1}{6},\ P(6)=\frac{1}{6}$$

이때 확률변수를 다음과 같이 만들었다.

$$X(1)=10,\ X(2)=20,\ X(3)=30,\ X(4)=40,\ X(5)=50,\ X(6)=60$$

이 확률변수의 확률밀도함수 $f_X(x)$를 구하시오.

풀이

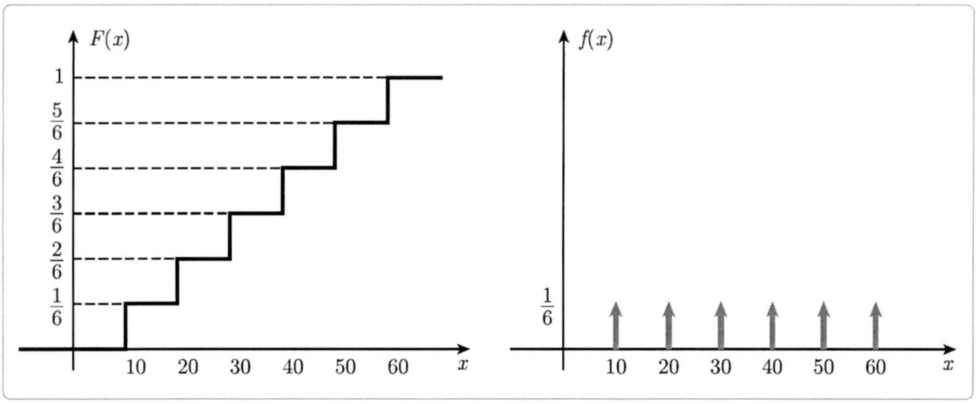

그림 7-8 주사위던지기 사건의 확률밀도함수

예제

전화기 콜링이 (0, 1분)의 사이에서 한번 발생한다. 확률변수를 다음과 같이 정의하였다.

$$X(t)=t, \quad 0 \le t \le 1$$

이 확률변수의 확률밀도함수 $f_X(x)$를 구하시오.

풀이

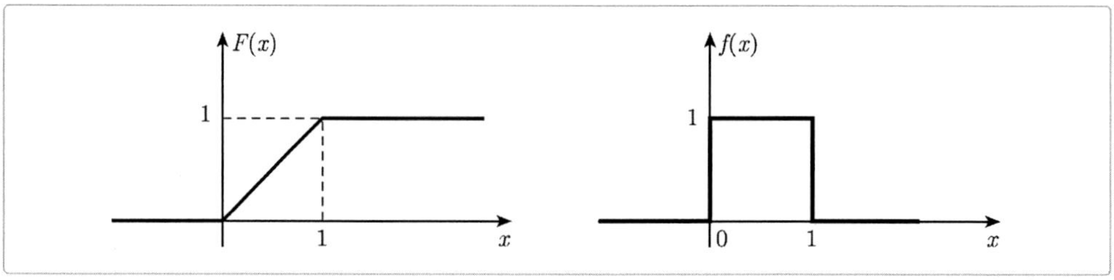

그림 7-9 전화기 콜링 사건의 확률밀도함수

예제

양자화 사건의 양자화잡음을 확률변수로 만들었다. 이 연속적 확률변수의 수치는 −0.125와 0.125 사이에 존재한다. 이 확률변수의 확률밀도함수 $f_X(x)$를 구하시오.

풀이

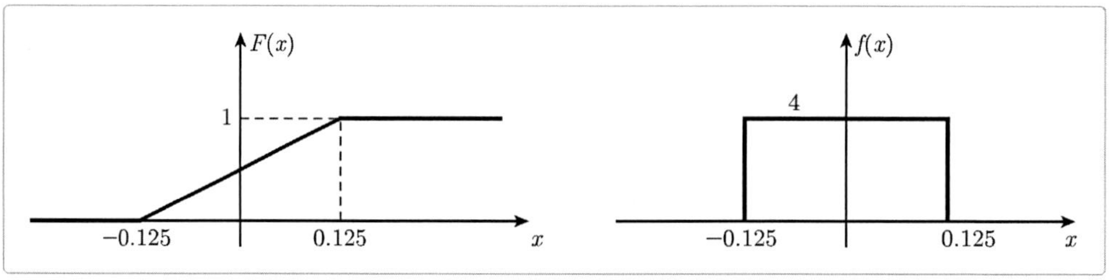

그림 7-10 반올림 양자화의 확률밀도함수

예제

두 번 동전던지기 사건에서 각각의 결과에 대한 확률은 다음과 같다.

$$P(HH)=\frac{1}{4},\ P(HT)=\frac{1}{4},\ P(TH)=\frac{1}{4},\ P(TT)=\frac{1}{4}$$

위의 확률에서 H는 앞면이고 T는 뒷면이다. 확률변수는 다음과 같이 만들었다.

$$X(HH)=2,\ X(HT)=1,\ X(TH)=1,\ X(TT)=0$$

이 확률변수의 확률밀도함수 $f_X(x)$를 구하시오.

풀이

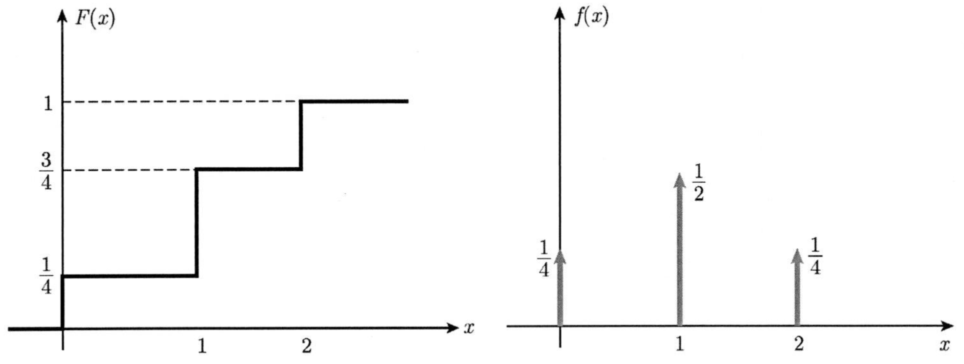

그림 7-11 두 번 동전던지기의 확률밀도함수

예제

다음 그림과 같은 과녁에 활쏘기는 확률론적인 사건이다.

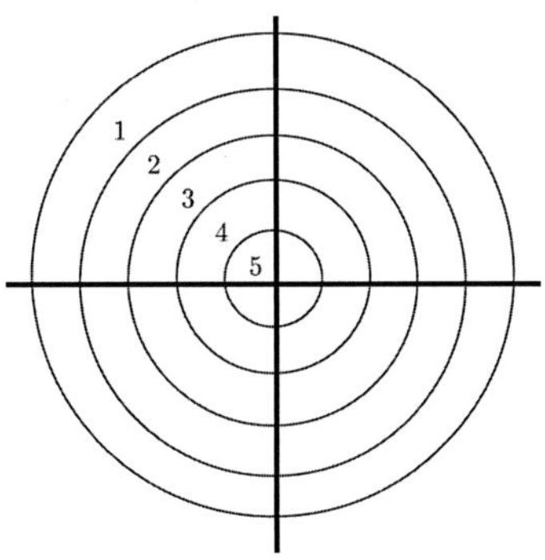

그림 7-12 활쏘기 확률변수

활쏘기 사건에서 확률변수를 다음과 같이 만들었다. 그리고 어떤 사람 A의 활쏘기 확률은 다음과 같다. $F(x)$와 $f(x)$를 구하시오.

$$P(1) = \frac{1}{12} \quad X(1) = 10$$
$$P(2) = \frac{1}{4} \quad X(2) = 20$$
$$P(3) = \frac{1}{3} \quad X(3) = 30$$
$$P(4) = \frac{1}{4} \quad X(4) = 40$$
$$P(5) = \frac{1}{12} \quad X(5) = 50$$

풀이

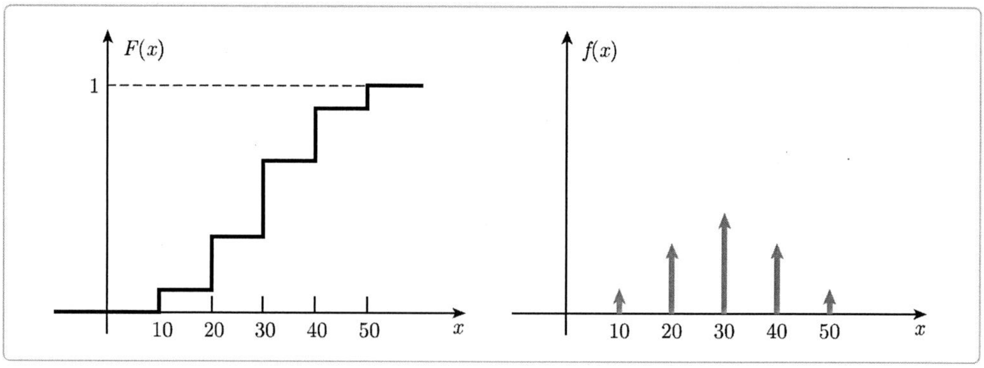

그림 7-13 A의 활쏘기의 확률밀도함수

예제

활쏘기 사건의 확률변수는 지난 예제와 같다. 어느 활쏘기 선수 B의 과녁에 대한 확률은 다음과 같다. $F(x)$와 $f(x)$를 구하시오.

$$P(1)=\frac{1}{24} \quad P(2)=\frac{1}{24} \quad P(3)=\frac{1}{12} \quad P(4)=\frac{1}{3} \quad P(5)=\frac{1}{2}$$

풀이

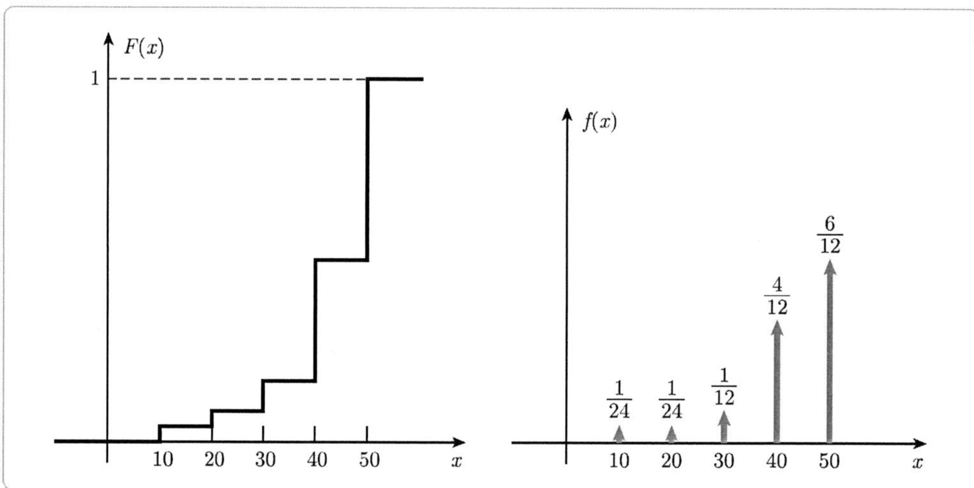

그림 7-14 선수 B의 활쏘기의 확률밀도함수

자연계에서 많은 확률변수들은 Gauss성 확률밀도함수(Gaussian pdf)를 갖는다. 이를 정규분포 확률밀도함수라고도 하며 다음과 같이 나타낸다.

$$f(x)=\frac{1}{\sqrt{2\pi\sigma^2}}\exp\left[-\frac{(x-m_x)^2}{2\sigma^2}\right]$$

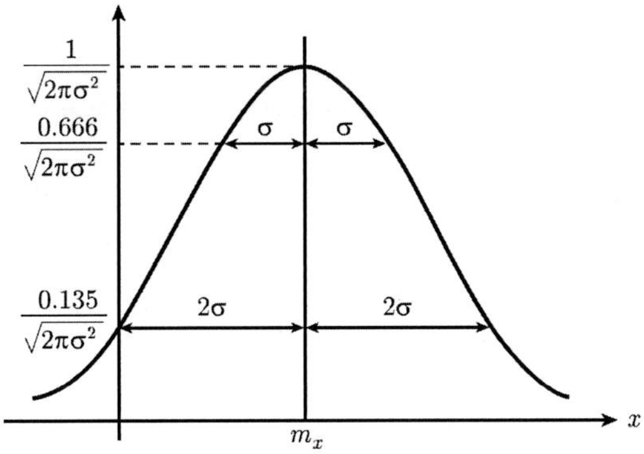

그림 7-15 Gaussian 확률밀도 함수

7.2.3 확률변수의 평균

이산적 확률변수의 평균(mean)에 대하여 알아본다. 어떤 이산적 확률변수의 값을 x_1, x_2, x_3, $\cdots$, x_N이라고 하자. 그리고 x_i가 될 확률을 $P(x_i)$라고 정의하면 평균은 다음과 같다.

$$\overline{X} = E(X) = \sum_{i=1}^{N} x_i P(x_i) = m_x$$

예제

주사위던지기의 확률은 다음과 같다.

$$P(1) = \frac{1}{6},\ P(2) = \frac{1}{6},\ P(3) = \frac{1}{6},\ P(4) = \frac{1}{6},\ P(5) = \frac{1}{6},\ P(6) = \frac{1}{6}$$

그리고 확률변수는 다음과 같다.

$$X(1) = 10,\ X(2) = 20,\ X(3) = 30,\ X(4) = 40,\ X(5) = 50,\ X(6) = 60$$

이 확률변수의 평균을 구하시오.

풀이

$$\begin{aligned} E(X) &= \sum_{i=0}^{6} x_i P(x_i) \\ &= (10)(\frac{1}{6}) + (20)(\frac{1}{6}) + (30)(\frac{1}{6}) + (40)(\frac{1}{6}) + (50)(\frac{1}{6}) + (60)(\frac{1}{6}) \\ &= \frac{10+20+30+40+50+60}{6} \\ &= \frac{210}{6} = 35 \end{aligned}$$

예제

이전 예제의 A의 활쏘기 확률변수의 평균을 구하시오.

풀이

$$E(X) = 10 \times \frac{1}{12} + 20 \times \frac{1}{4} + 30 \times \frac{1}{3} + 40 \times \frac{1}{4} + 50 \times \frac{1}{12}$$
$$= \frac{10 + 60 + 120 + 120 + 50}{12}$$
$$= \frac{360}{12} = 30$$

예제

이전 예제의 선수 B의 활쏘기 확률변수의 평균을 구하시오.

풀이

$$E(X) = (10)\left(\frac{1}{24}\right) + (20)\left(\frac{1}{24}\right) + (30)\left(\frac{2}{24}\right) + (40)\left(\frac{8}{24}\right) + (50)\left(\frac{12}{24}\right)$$
$$= \frac{10 + 20 + 60 + 320 + 600}{24} = \frac{1010}{24} = 42.08$$

연속적 확률변수의 평균은 다음과 같이 구한다.

$$m_x = \int_{-\infty}^{\infty} x f(x) dx$$

예제

버림 양자화는 확률론적인 사건이다. 이 사건의 양자화잡음은 0부터 0.25 사이에 존재한다. 이 확률변수의 $F(x)$와 $f(x)$는 다음 그림과 같다. 이 확률변수의 평균을 구하시오.

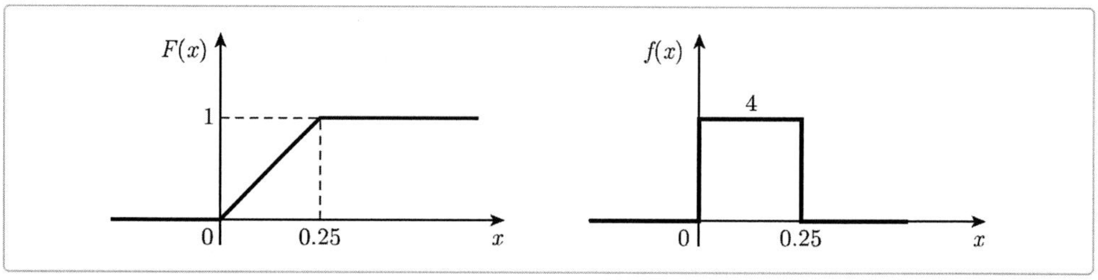

그림 7-16 버림양자화 사건의 $F(x)$와 $f(x)$

풀이

$$m_x = \int_{-\infty}^{\infty} x f(x) dx = \int_{0}^{0.25} 4x dx$$
$$= \left[2x^2\right]_0^{0.25}$$
$$= 2 \times 0.0625 = 0.125$$

7.2.4 확률변수의 분산

평균을 중심으로 확률변수가 변동하는 정도를 분산(variance)이라고 한다. 연속적 확률변수의 분산은 다음과 같이 정의한다.

$$\sigma_x^2 = E\{(X-m_x)^2\} = \int_{-\infty}^{\infty} (x-m_x)^2 f(x)dx$$

분산은 다음과 같이 나타낼 수 있다.

$$\begin{aligned}\sigma_x^2 &= E\{(X-m_x)^2\} = E\{X^2 - 2Xm_x + m_x^2\} \\ &= E(X^2) - 2m_x E(X) + m_x^2 \\ &= E(X^2) - m_x^2\end{aligned}$$

예제

반올림양자화 사건의 양자화잡음을 확률변수로 만들었다. 이 양자화잡음의 분산을 구하시오(양자화 계단 크기는 Δ).

풀이

$$\begin{aligned}\sigma_e^2 &= E\{(e(n)-m_e)^2\} \\ &= \int_{-\infty}^{\infty} (e(n)-m_e)^2 f(e)de \\ &= \int_{-\infty}^{\infty} e^2(n) f(e)de \\ &= \int_{-\frac{\Delta}{2}}^{\frac{\Delta}{2}} e^2(n)\frac{1}{\Delta}de = \frac{1}{\Delta}\left[\frac{1}{3}e^3(n)\right]_{-\frac{\Delta}{2}}^{\frac{\Delta}{2}} = \frac{\Delta^2}{12}\end{aligned}$$

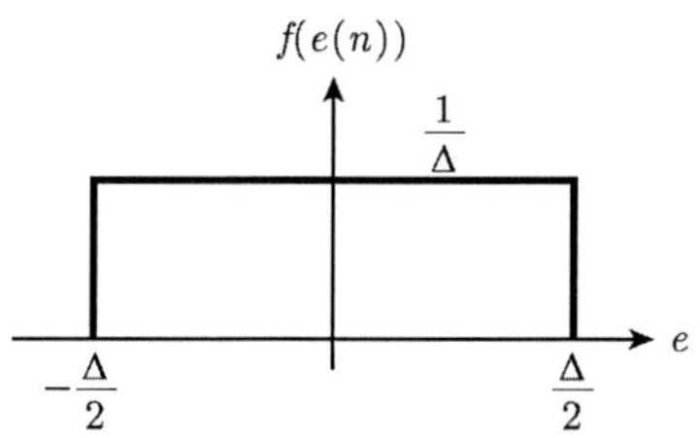

그림 7-17 반올림양자화의 $f(x)$

예제

이전 예제와 같은 반올림양자화 사건에서 신호의 최대크기는 X_m이고, $(B+1)$비트로 양자화하였다. 이 확률변수의 분산을 구하시오.

풀이 $$\Delta = \frac{2X_m}{2^{B+1}} = \frac{X_m}{2^B} = 2^{-B}X_m$$

$$\therefore \sigma_e^2 = \frac{\Delta^2}{12} = \frac{2^{-2B}X_m^2}{12}$$

예제

이전 예제에서 SNR(Signal-to-Noise Ratio)을 구하시오.

풀이 $$SNR = 10\log\frac{\sigma_x^2}{\sigma_e^2} = 10\log\frac{12\sigma_x^2 2^{2B}}{X_m^2}$$

$$= 6.02B + 10.8 + 20\log\sigma_x - 20\log X_m$$

신호의 표준 편차는 일반적으로 $\sigma_x = X_m/4$을 사용하므로 이를 대입하면 SNR은 다음과 같다.

$$\text{SNR} = (6B - 1.25)dB$$

예제

버림 양자화에러의 확률밀도함수는 다음과 같다. 분산을 구하시오(양자화 계단크기 : Δ).

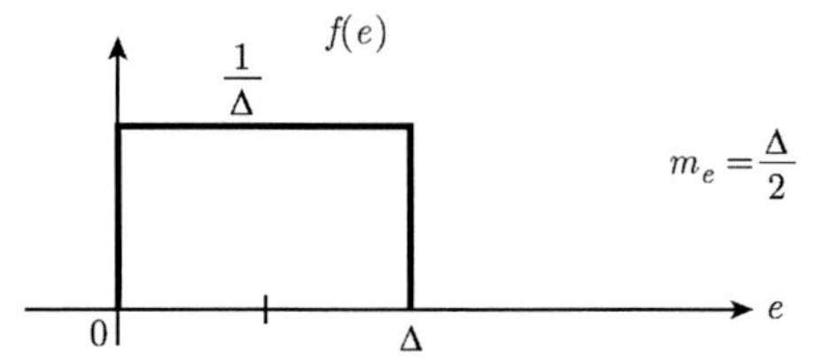

그림 7-18 버림 양자화의 $f(x)$

풀이 $$\sigma_e^2 = E\{e^2(n)\} - m_e^2 = E\{e^2(n)\} - \frac{\Delta^2}{4}$$

$$E\{e^2(n)\} = \int_{-\infty}^{\infty} e^2(n) f(e) de = \int_0^{\Delta} e^2(n)\frac{1}{\Delta}de = \frac{1}{\Delta}\left[\frac{1}{3}e^3(n)\right]_0^{\Delta} = \frac{\Delta^2}{3}$$

$$\sigma_e^2 = \frac{\Delta^2}{3} - \frac{\Delta^2}{4} = \frac{\Delta^2}{12}$$

이산적 확률변수의 분산은 다음과 같이 정의한다.

확률변수 X의 값은 x_1, x_2, $x_3, \ldots$ 이고 그 확률을 $P(x_i)$라고 하면 분산은 다음과 같다.

$$\sigma_x^2 = \sum_i (x_i - m_x)^2 P(x_i) = E\{X^2\} - m_x^2$$

7.3 랜덤 프로세스

확률론적인 사건의 사상(event)이 시간에 따라 이산적으로 또는 연속적으로 계속해서 발생할 경우 매 시행 결과에 따른 확률변수는 시간의 함수가 된다. 이 확률변수가 시간적으로 전개되는 과정을 랜덤 프로세스(Random Process, Stochastic Process, 확률 과정)라고 한다. 다음과 같은 NRZ 코드가 전송되어 수신된 그림을 보자.

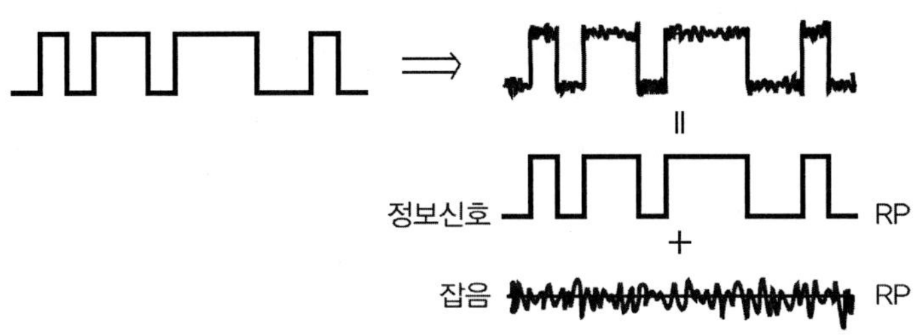

그림 7-19 NRZ 코드의 수신

수신된 신호는 정보신호와 잡음의 합인데 모두 랜덤 프로세스이다. 또 반올림양자화 사건을 수없이 많이 시행한 경우에 다음 그림과 같은 양자화잡음을 보자.

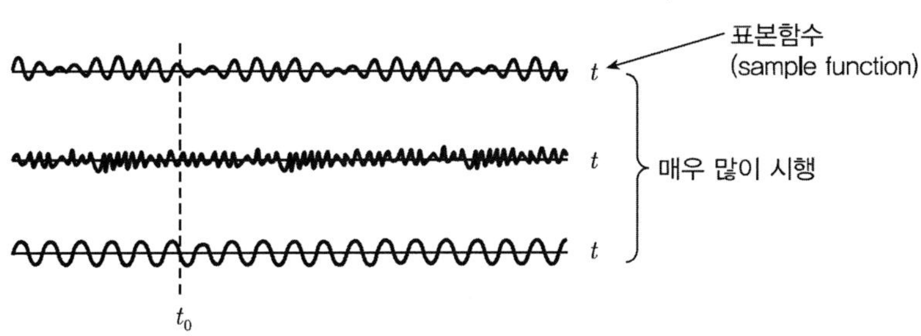

그림 7-20 반올림양자화 랜덤 프로세스

수없이 많이 시행한 경우에 각각의 양자화잡음을 표본함수(sample function)라고 한다. 그림과 같이 시간을 정지시켜서 t_0 시점에서 관찰한 것들은 확률변수가 된다. 이 양자화잡음 확률변수의 $F(x)$와 $f(x)$는 그림 7-21과 같다.

또한, 이 확률변수의 평균은 $m_x = 0$이고 분산은 $\sigma_x^2 = \Delta^2/12$가 되는 것은 이전 절에서 확인하였다. 이와 같은 확률변수 $X(t_0)$가 시간에 따라 전개되는 과정을 랜덤 프로세스 $X(t)$라고 한다.

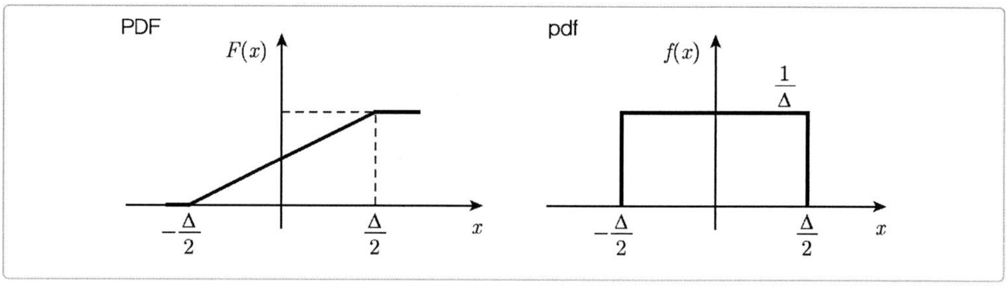

그림 7-21 양자화 확률변수의 확률밀도함수와 확률분포함수

7.3.1 랜덤 프로세스의 평균

랜덤 프로세스의 평균은 다음과 같이 임의의 시간에서 표본함수를 무한개로 시행하여 계산할 수 있다.

$$m(t) = E\{X(t)\} = \int_{-\infty}^{\infty} x(t) f(x) dx$$

이와 같이 시간을 고정시키고 표본함수를 무한개로 시행하여 계산한 평균을 앙상블 평균이라고 한다. 평균을 구하는 또 다른 방법으로 임의의 표본함수를 선택하여 그 표본함수에 대한 모든 시간의 평균을 계산할 수도 있다.

$$< X(t) > = \lim_{T \to \infty} \int_{-\frac{T}{2}}^{\frac{T}{2}} x(t) dt$$

이와 같은 평균을 시평균이라고 한다. 어떤 랜덤 프로세스에서 앙상블 평균과 시평균이 같은 랜덤 프로세스를 어고딕(ergodic) 랜덤 프로세스라고 부른다.

표본함수들의 모든 통계적 성질이 어느 시점에서 예측해도 모두 똑같은 랜덤 프로세스를 stationary 랜덤 프로세스라고 한다. 이와 같은 stationary 랜덤 프로세스의 조건을 조금 완화하여 다음의 조건을 만족하면 Wide Sense Stationary(WSS) 랜덤 프로세스라고 한다.

$$E\{X(t)\} = \text{constant}$$

$$E\{X(t)X(t+\tau)\} = R(\tau)$$

위의 식에서 보듯이 평균이 시간과 관계없고 자기상관함수도 시간에 영향을 받지 않고 있다.

7.3.2 출력 랜덤 프로세스의 자기상관함수

랜덤 프로세스 $X(t)$의 자기상관함수(autocorrelation function)를 다음과 같이 정의한다.

$$R_x(\tau) = E\{X(t)X(t+\tau)\} = \overline{X(t)X(t+\tau)}$$

즉, 자기상관함수는 $X(t)$와 τ만큼 떨어져 있는 $X(t+\tau)$와의 곱의 평균이다. 만일 랜덤 프로세스 $X(t)$가 어고딕 프로세스이면 다음과 같이 구할 수도 있다.

$$R_x(\tau) = \lim_{T\to\infty} \frac{1}{2T} \int_{-T}^{T} x(t)x(t+\tau)dt$$

랜덤 프로세스가 다음 그림과 같은 시스템으로 입력되면 출력에서는 어떻게 되는지 알아본다.

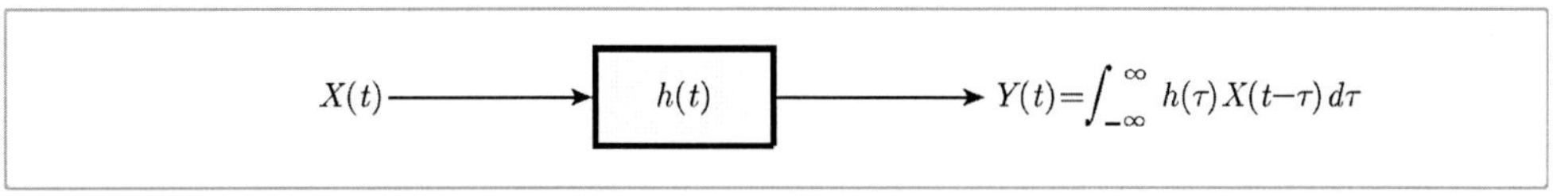

그림 7-22 랜덤 프로세스의 시스템 입력

시스템 출력 랜덤 프로세스 $Y(t)$의 자기상관함수는 다음과 같다.

$$\begin{aligned} R_y(\tau) &= \overline{Y(t)Y(t+\tau)} \\ &= E\left[\int_{-\infty}^{\infty} h(u)x(t-u)du \int_{-\infty}^{\infty} h(v)x(t+\tau-v)dv\right] \\ &= \int_{-\infty}^{\infty}\int_{-\infty}^{\infty} h(u)h(v)\overline{x(t-u)x(t+\tau-v)}dudv \\ &= \int_{-\infty}^{\infty}\int_{-\infty}^{\infty} h(u)h(v)R_x(\tau-v+u)dudv \end{aligned}$$

좀 더 간단히 하기 위하여 $v-u$를 m으로 치환하면 다음과 같이 나타낼 수 있다.

$$R_y(\tau) = \int_{-\infty}^{\infty}\left\{R_x(\tau-m)\left[\int_{-\infty}^{\infty} h(u)h(m+u)du\right]\right\}dm$$

이 식에서 다음과 같은 새로운 정의가 필요하다.

$$R_h(\tau) = \int_{-\infty}^{\infty} h(u)h(m+u)du = h(t) * h(-t)$$

따라서 출력 랜덤 프로세스의 자기상관함수는 다음과 같이 나타내진다.

$$R_y(\tau) = \int_{-\infty}^{\infty} R_x(\tau-m)R_h(m)dm = R_x(\tau) * R_h(\tau)$$

7.3.3 출력 랜덤 프로세스의 전력스펙트럼 밀도

이 절에서는 시스템의 전력스펙트럼 밀도에 대하여 알아본다. 먼저 입력 랜덤 프로세스 자기상관함수, 임펄스 응답의 자기상관함수, 출력 랜덤 프로세스의 자기상관함수 각각의 CTFT는 다음과 같다.

$$R_x(\tau) \leftrightarrow S_x(\omega)$$
$$R_h(\tau) \leftrightarrow S_h(\omega)$$
$$R_y(\tau) \leftrightarrow S_y(\omega)$$

위의 식에서 자기상관함수의 CTFT를 전력스펙트럼 밀도(power spectral density) 또는 간단히 전력스펙트럼이라고 정의한다. 이제 출력 랜덤 프로세스의 전력스펙트럼 밀도를 구해보기로 한다. 먼저 위의 관계식으로부터 출력 랜덤 프로세스의 전력스펙트럼 밀도는 다음과 같다.

$$S_y(\omega) = S_h(\omega) S_x(\omega)$$

이제 $S_h(\omega)$를 구해 보기로 한다. 먼저 $R_h(\tau) = h(t) * h(-t)$의 관계식에서 $h(t)$의 CTFT를 $H(\omega)$라고 하면 $h(-t)$의 CTFT는 다음과 같다.

$$\int_{-\infty}^{\infty} h(-t)e^{-j\omega t}dt = -\int_{\infty}^{-\infty} h(\tau)e^{j\omega\tau}d\tau$$
$$= \int_{-\infty}^{\infty} h(\tau)e^{j\omega\tau}d\tau = \left[\int_{-\infty}^{\infty} h(\tau)e^{-j\omega\tau}d\tau\right]^* = H^*(\omega)$$

따라서 $R_h(\tau) = h(t) * h(-t)$의 CTFT는 다음과 같다.

$$S_h(\omega) = H(\omega)H^*(\omega) = |H(\omega)|^2$$

이 결과를 대입하면 최종적으로 다음의 식을 얻는다.

$$S_y(\omega) = |H(\omega)|^2 S_x(\omega)$$

즉, 선형 시스템에서 출력 랜덤 프로세스의 전력스펙트럼은 입력 랜덤 프로세스와 전달함수 크기의 제곱과의 곱으로 나타낼 수 있다.

예제

다음 시스템에서 입력은 랜덤 프로세스 $X(t)$이다. 이 입력 랜덤 프로세스 $X(t)$는 WSS의 백색잡음이다.

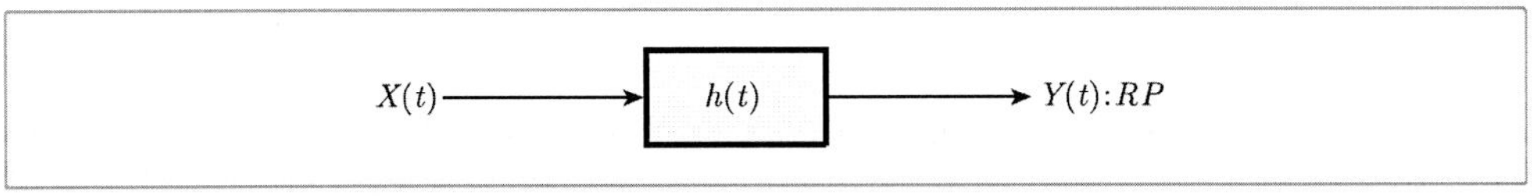

그림 7-23 시스템의 출력 랜덤프로세스

이 입력 랜덤 프로세스의 자기상관함수는 $R_x(\tau) = 4\delta(\tau)$이고 임펄스 응답은 $h(t) = e^{-3t}u(t)$이다. 출력 랜덤 프로세스의 자기상관함수 $R_y(\tau)$를 구하시오.

풀이 다음의 관계식을 이용해 보자.

$$S_y(\omega) = |H(\omega)|^2 S_x(\omega)$$

입력 랜덤 프로세스의 전력스펙트럼 밀도는 다음과 같다.

$$R_{xx}(\tau) \leftrightarrow S_{xx}(\omega) = \int_{-\infty}^{\infty} 4\delta(\tau) e^{-j\omega\tau} d\tau = 4$$

전달함수는 다음과 같다.

$$H(\omega) = \int_0^{\infty} e^{-3t} e^{-j\omega t} dt = \int_0^{\infty} e^{-(3+j\omega)t} dt = \left[\frac{e^{-(3+j\omega)t}}{-(3+j\omega)} \right]_0^{\infty} = \frac{1}{3+j\omega}$$

$$|H(w)|^2 = H(\omega)H^*(\omega) = \frac{1}{3+j\omega} \frac{1}{3-j\omega} = \frac{1}{9+\omega^2}$$

따라서 출력 랜덤 프로세스의 전력스펙트럼 밀도는 다음과 같다.

$$S_y(\omega) = |H(\omega)|^2 S_x(\omega) = \frac{4}{9+\omega^2}$$

이 식의 역 CTFT는 다음의 공식을 이용한다.

$$e^{-a|\tau|} \leftrightarrow \frac{2a}{a^2+\omega^2}$$

이 공식을 이용하면 출력 랜덤 프로세스의 자기상관함수를 다음과 같이 구할 수 있다.

$$R_y(\tau) = \frac{2}{3} e^{-3|\tau|}$$

참고로 $e^{-a|\tau|}$의 CTFT 공식은 다음과 같이 구할 수 있다.

$$\begin{aligned} \int_{-\infty}^{\infty} e^{-\alpha|\tau|} e^{-j\omega\tau} d\tau &= \int_{-\infty}^{0} e^{\alpha\tau} e^{-j\omega\tau} d\tau + \int_0^{\infty} e^{-\alpha\tau} e^{-j\omega\tau} d\tau \\ &= \int_{-\infty}^{0} e^{(\alpha-j\omega)\tau} d\tau + \int_0^{\infty} e^{-(\alpha+j\omega)\tau} d\tau \\ &= \left[\frac{e^{(\alpha-j\omega)\tau}}{\alpha-j\omega} \right]_{-\infty}^{0} + \left[\frac{e^{-(\alpha+j\omega)\tau}}{-(\alpha+j\omega)} \right]_0^{\infty} \\ &= \frac{1}{\alpha-j\omega} + \frac{1}{\alpha+j\omega} = \frac{2\alpha}{\alpha^2+\omega^2} \end{aligned}$$

7.3.4 잡음 랜덤 프로세스

통신시스템에서는 여러 장소에서 정보신호에 잡음이 더해진다. 잡음은 발생하는 위치에 따라서 내부 잡음과 외부 잡음으로 나눌 수 있다.

내부 잡음

- 열 잡음 : 통신시스템에 사용되는 소자들의 열에너지에서 발생하는 잡음
- 산탄 잡음 : 반도체 소자에서 발생하는 잡음
- 저주파 잡음 : 전기 접합점에서 발생하는 잡음
- 양자화 잡음 : 신호의 디지털화 과정에서 발생하는 양자화 잡음

외부 잡음

- 자연 잡음 : 우주에서 날아오는 전자기파나 낙뢰 같은 자연 현상에 의한 잡음, 대기 중의 수증기에 의한 잡음
- 인공 잡음 : 초고압 송전선의 방전 등과 같이 인공적으로 발생하는 잡음

통신시스템에서는 다양한 원인으로 여러 장소에서 잡음이 인가된다. 예를 들면 정보신호에 대하여 잡음이 인가된 수신 신호는 다음 그림과 같다.

통신시스템에서 발생하는 잡음은 결정론적인 신호가 아니라 확률론적인 신호이다. 따라서 잡음은 랜덤 프로세스로 해석하여야 한다. 잡음의 종류는 백색 잡음(White Noise), 가우스성 잡음(Gaussian Noise), 백색 가우스성 잡음(White Gaussian Noise) 등이 있다.

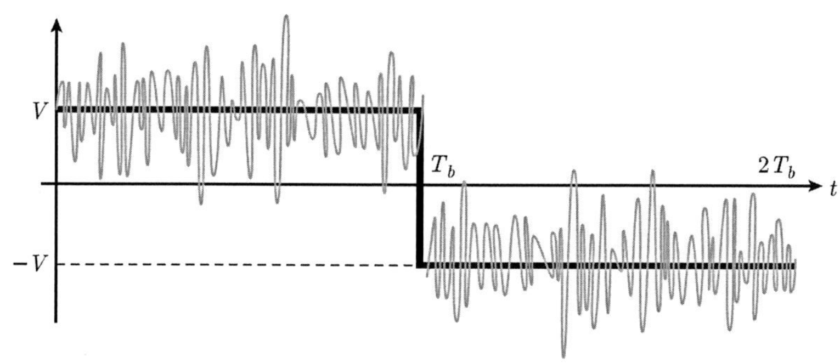

그림 7-24 **잡음이 인가된 수신 신호**

백색 잡음

백색 잡음(White Noise) 랜덤 프로세스 $N(t)$는 자기상관함수가 다음 그림과 같이 임펄스 함수인 랜덤 프로세스이다.

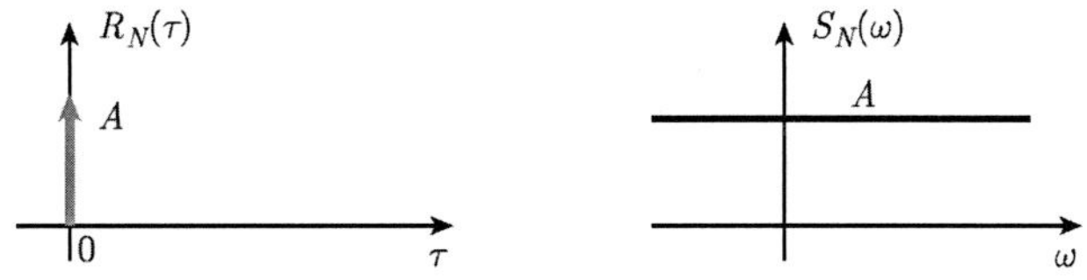

그림 7-25 백색 잡음 랜덤 프로세스의 자기상관함수와 전력스펙트럼 밀도

백색 잡음 랜덤 프로세스의 자기상관함수는 위의 그림에서 보듯이 임펄스 함수이므로 시간 차이에 따른 상관성이 없는 랜덤 프로세스이다. 따라서 전력스펙트럼 밀도는 위의 그림과 같이 모든 주파수에 대하여 균일한 모양이다(임펄스 함수의 CTFT는 상수이다). 모든 주파수 성분이 같은 크기로 분포하므로 백색 잡음이라고 부른다. 그러나 백색 잡음은 실제 통신시스템 환경에서는 존재하지 않는 가상의 잡음 모델이다. 자기상관함수의 정의를 다시보자.

$$R_N(\tau) = E\{N(t)N(t+\tau)\} = \overline{N(t)N(t+\tau)}$$

실제 통신시스템의 잡음의 경우에 이 식에서도 보듯이 짧은 시간 차이의 τ에 대한 상관성이 0일 수는 없다.

가우스성 잡음

잡음 랜덤 프로세스는 시간의 함수이지만 시간을 정지시키고 관찰하면 확률변수(random variable)이다. 이 확률변수의 확률밀도함수가 다음과 같을 때 이를 가우스성 잡음이라고 부른다.

$$f(x) = \frac{1}{\sqrt{2\pi\sigma^2}} \exp\left[-\frac{x^2}{2\sigma^2}\right]$$

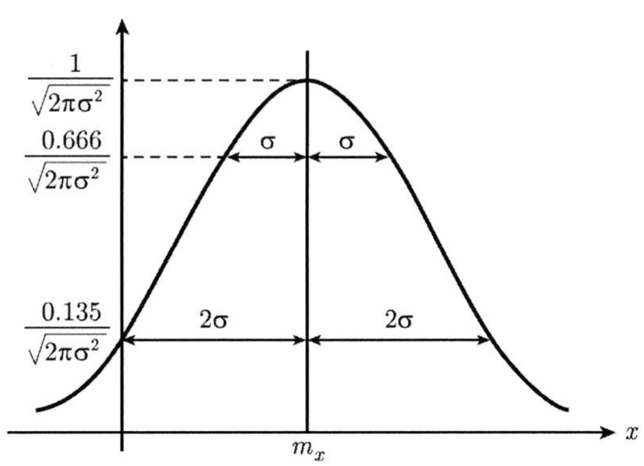

그림 7-26 가우스성 잡음의 확률밀도함수

가우스성 잡음은 잡음 신호의 진폭이 0볼트 근처에 가장 많이 분포하고 0 볼트에서 멀어질수록 적게 분포함을 나타낸다.

백색 가우스성 잡음

통신시스템에서는 백색 가우스성 잡음(White Gaussian Noise) 랜덤 프로세스가 가장 많이 사용되는 잡음 모델이다. 즉, 전력스펙트럼 밀도가 상수이며 확률밀도함수가 가우스성 밀도를 보이는 잡음 랜덤 프로세스이다. 이 백색 가우스성 잡음을 AWGN(Additive White Gaussian Noise)이라고 부르기도 한다. 여기에서 Additive는 여러 가지 잡음이 신호에 더해진다는 의미이다.

AWGN 랜덤 프로세스의 특징

- 자기상관함수가 임펄스 함수로서 시간상의 상관성이 없다.
- 전력스펙트럼 밀도가 모든 주파수에 대하여 균일하다.
- 이 확률변수의 확률밀도함수가 Gauss성 함수이다.
- 여러 가지 잡음은 원 신호에 더해지는 함수이다.

7.3.5 신호대잡음비

통신시스템에서 인가되는 잡음의 양을 나타내는 도구로서 신호대잡음비(SNR, Signal-to-Noise Ratio)를 많이 사용한다. SNR은 신호의 전력을 잡음의 전력으로 나눈 값으로서 신호에 대하여 상대적으로 잡음이 얼마나 작은지를 나타내는 양으로서 단위는 데시벨(dB)을 사용한다. 데시벨 단위의 특징은 다음과 같다.

데시벨 단위의 특징

- 아주 넓은 범위의 값을 하나의 그래프로 나타내기에 편리하다.
- 아주 좁은 법위의 값을 하나의 그래프로 나타내기에 편리하다.
- SNR과 같은 상대적인 비를 나타내기 편리하다.

전력 이득

신호 전력의 상대적인 크기를 비교할 때에 다음과 같은 전력이득의 정의를 사용한다.

$$\text{전력이득} = 10\log\frac{P_0}{P_1}$$

예를 들어 통신시스템에서 신호의 전력과 인가된 잡음의 전력의 비가 10,000배이면 SNR은 다음과 같다.

$$\text{SNR} = 10\log\frac{\text{신호의 전력}}{\text{잡음의 전력}} = 10\log 10^4 = 40\,\text{dB}$$

또 다른 예로서 내부 잡음에 속하는 A/D 변환기 양자화잡음의 SNR은 다음과 같이 구할 수 있다.

$$\mathrm{SNR} = 10\log\frac{\sigma_x^2}{\sigma_e^2} = 10\log\frac{12\sigma_x^2 2^{2B}}{X_m^2}$$
$$= 6.02B + 10.8 + 20\log\sigma_x - 20\log X_m$$

이 식에서 B는 A/D 변환기의 비트 수이고 X_m은 신호의 최댓값이다. 신호의 표준편차는 일반적으로 $\sigma_x = X_m/4$을 사용하므로 이를 대입하면 SNR은 다음과 같다.

$$\mathrm{SNR} \simeq 6B\,\mathrm{dB}$$

이 식에서 보듯이 A/D 변환기의 양자화 비트 수 B가 1비트 늘어날 때마다 약 6 dB씩 SNR이 좋아짐을 알 수 있다. $B = 15$ 비트인 오디오용 A/D 변환기의 SNR은 다음과 같다.

$$\mathrm{SNR} \simeq 90\ \mathrm{dB}$$

전압 이득

전압 이득은 전력 이득으로부터 다음과 같이 유도된다.

$$\text{전압 이득} = 10\log\frac{P_0}{P_1} = 10\log\frac{V_0^2/R}{V_1^2/R} = 20\log\frac{V_0}{V_1}$$

이와 같은 전압 이득은 주파수에 따른 입력과 출력의 전압을 비교하는 주파수 응답 그래프에 많이 사용된다. 먼저 첫 번째로 필터의 cut off 주파수에 사용되는 전압이득 데시벨을 알아본다. 저역통과 필터의 주파수 응답의 일반적인 모양은 다음 그림과 같다.

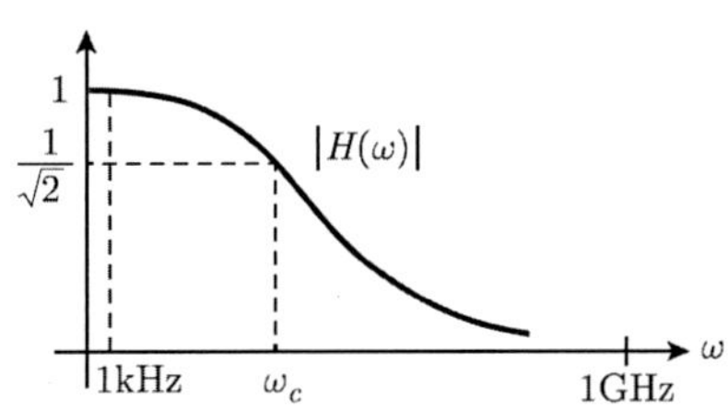

그림 7-27 저역통과 필터의 주파수 응답

위의 그림에서 보듯이 $\omega = 0$일 때 이득이 1이 되며 주파수가 증가할수록 주파수 응답의 이득은 감소하게 된다. 주파수 응답에서 이득이 $1/\sqrt{2}$로 감소하는 주파수를 필터의 통과대역 주파수로 정의하며 다음과 같이 -3 dB cut off 주파수라고 부른다.

$$\text{전압 이득} = 20\log\frac{V_0}{V_1} = 20\log\frac{1}{\sqrt{2}} = 20\log 2^{-0.5} = -10\log 2 = -3\ \mathrm{dB}$$

두 번째로 필터의 저지대역 감쇠에 사용되는 전압이득 데시벨을 알아본다. 저역통과 디지털 필터의 일반적인 주파수 응답은 다음 그림과 같다.

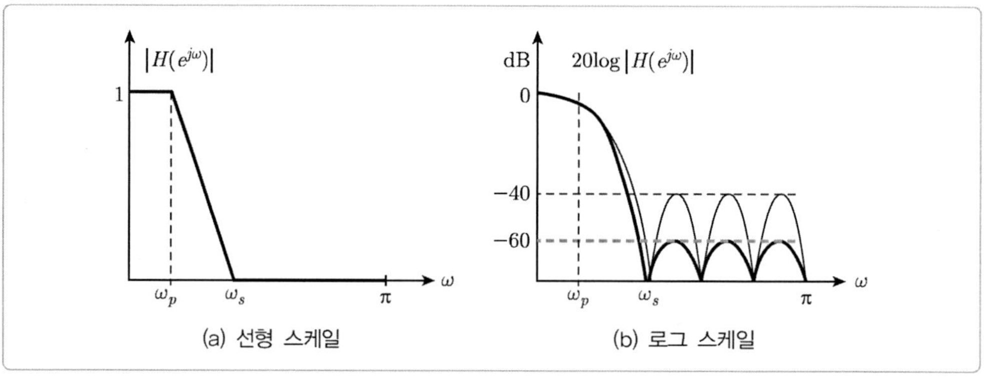

그림 7-28 저역통과 디지털 필터의 주파수 응답

저지대역의 리플 크기가 0.01인 저역통과 필터와 저지대역 리플 크기가 0.001인 저역통과 필터의 주파수 응답 $H(e^{j\omega})$는 그림 7-28(a)에서는 구별이 되지 않는다. 그러나 그림 7-28(b)와 같이 $20\log|H(e^{j\omega})|$로 주파수 응답을 플롯하면 −40 dB와 −60 dB로 확실하게 구별된다.

연습문제

7-1 다음 그림과 같은 양극형 NRZ(Non Return to Zero) 코드를 동전던지기 확률변수로 모델링하시오.

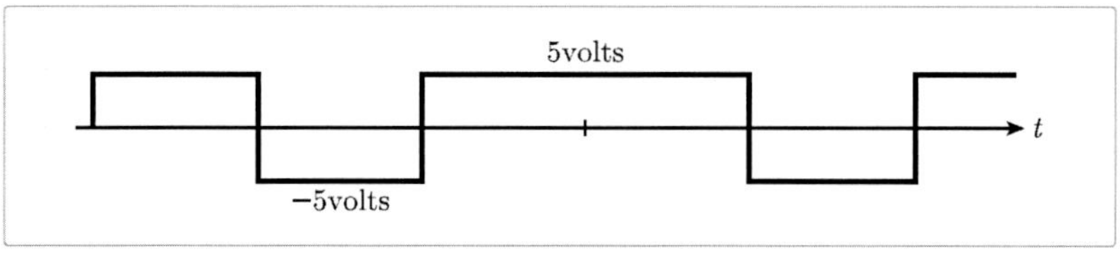

그림 VII-1 **예제의 양극형 NRZ 코드**

7-2 다음 그림과 같은 단극형 NRZ(Non Return to Zero) 코드를 동전던지기의 확률변수로 모델링하시오.

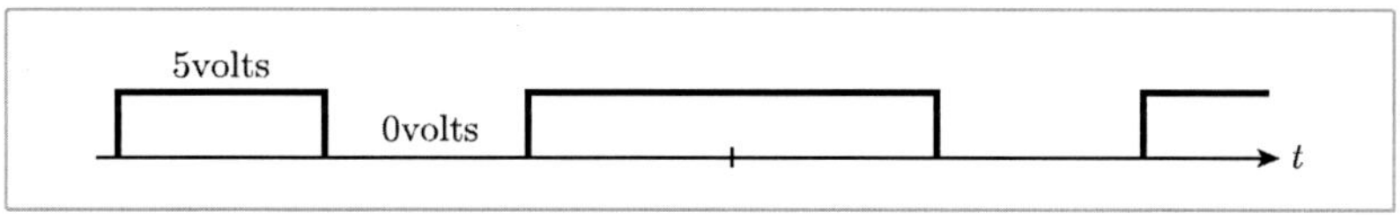

그림 VII-2 **예제의 단극형 NRZ 코드**

7-3 동전던지기의 앞면(H)이 나올 확률과 뒷면(T)이 나올 확률은 각각 $P(H)=0.5$, $P(T)=0.5$이다. 확률변수는 $X(H)=10$, $X(T)=5$로 정하였다. 이 확률변수의 평균 m_x와 분산 σ_x^2을 구하시오.

7-4 다음과 같은 활쏘기 과녁에 대하여 물음에 답하시오.

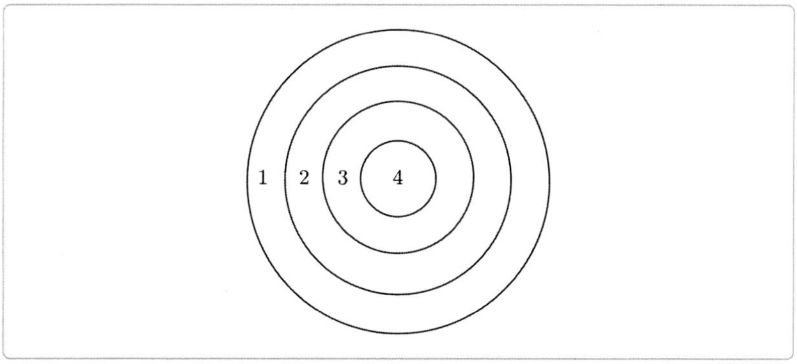

그림 VII-3 **예제의 활쏘기 과녁**

앞의 활쏘기에 대하여 다음과 같이 확률변수를 만들었다.

$$X(1)=10,\ X(2)=20,\ X(3)=30,\ X(4)=40$$

선수 A의 활쏘기 확률은 다음과 같다.

$$P(1)=\frac{1}{8},\ P(2)=\frac{1}{4},\ P(3)=\frac{1}{2},\ P(4)=\frac{1}{8}$$

확률분포함수 $F(x)$와 확률밀도함수 $f(x)$를 구하시오.

7-5 반올림 양자화기의 에러를 확률변수 X로 나타내었다. 이 확률변수 X의 범위는 다음과 같다.

$$-0.125 \le X < 0.125$$

a) 확률분포함수 $F_X(x)$를 그리시오.

b) 확률밀도함수 $f_X(x)$를 그리시오.

c) 평균 m_x를 구하시오.

d) 분산 σ_x^2를 구하시오.

7-6 버림 양자화기의 에러를 확률변수 X로 나타내었다. 이 확률변수 X의 범위는 다음과 같다.

$$0 \le X < 0.25$$

a) 확률분포함수 $F_X(x)$를 그리시오.

b) 확률밀도함수 $f_X(x)$를 그리시오.

c) 평균 m_x를 구하시오.

d) 분산 σ_x^2를 구하시오.

7-7 WSS 확률과정 $X(t)$가 시스템에 입력되어 WSS 확률과정 $Y(t)$가 출력되었다(임펄스 응답 : $h(t)=e^{-4t}u(t)$). 확률과정 $X(t)$의 자기상관함수는 다음과 같다.

$$R_x(\tau)=e^{-|\tau|}$$

출력 확률과정 $Y(t)$의 전력스펙트럼 밀도 $S_y(\omega)$를 구하시오.

(참고 : $S_y(\omega)=|H(\omega)|^2 S_x(\omega)$를 이용하시오)

7-8 WSS 확률과정 $X(t)$가 시스템에 입력되어 WSS 확률과정 $Y(t)$가 출력되었다. 이 시스템의 임펄스 응답은 다음과 같다.

$$h(t)=e^{-3t}u(t)$$

확률과정 $X(t)$의 자기상관함수는 다음과 같다.

$$R_x(t) = e^{-|t|}$$

출력 확률과정 $Y(t)$의 전력스펙트럼 밀도 $S_y(\omega)$를 구하시오.

7-9 다음 시스템에서 출력의 전력스펙트럼 밀도 $S_y(\omega)$를 구하시오. 시스템 입력 $X(t)$는 랜덤 프로세스이며 백색잡음(white noise)과 WSS 성질을 갖고 있다. $X(t)$의 자기상관함수와 시스템의 임펄스 응답 $h(t)$는 다음과 같다.

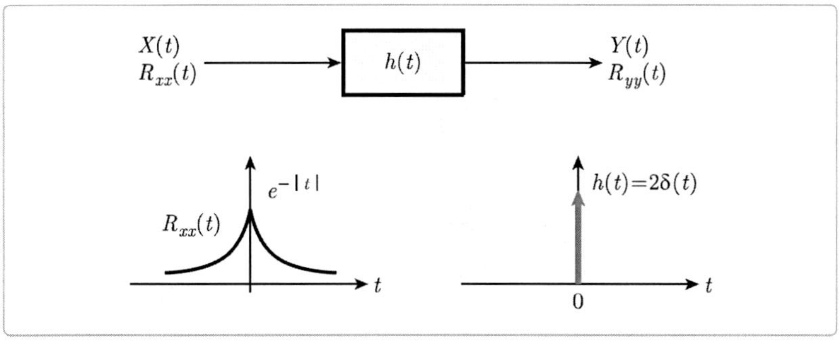

그림 VII-4 예제의 시스템

7-10 WSS 랜덤 프로세스 $X(t)$가 어떤 시스템에 입력되어 다음 그림과 같이 WSS 랜덤 프로세스 $Y(t)$가 출력되고 있다.

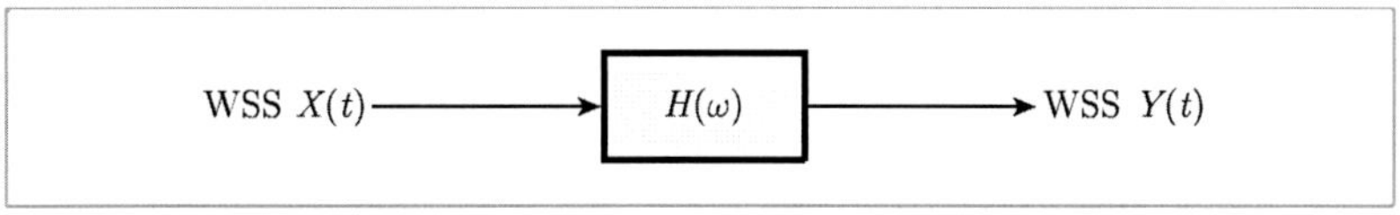

그림 VII-5 예제의 WSS 시스템

위의 시스템의 주파수 응답은 다음과 같다.

$$\frac{1}{3+j\omega}$$

입력 $X(t)$의 자기상관함수 $R_x(\tau)$는 다음과 같다.

$$R_x(\tau) = 10\,\delta(\tau)$$

출력 $Y(t)$의 전력스펙트럼 $S_y(\omega)$를 구하시오.

7-11 WSS 랜덤 프로세스 $X(t)$가 어떤 시스템에 입력되어 다음 그림과 같이 WSS 랜덤프로세스 $Y(t)$가 출력되고 있다.

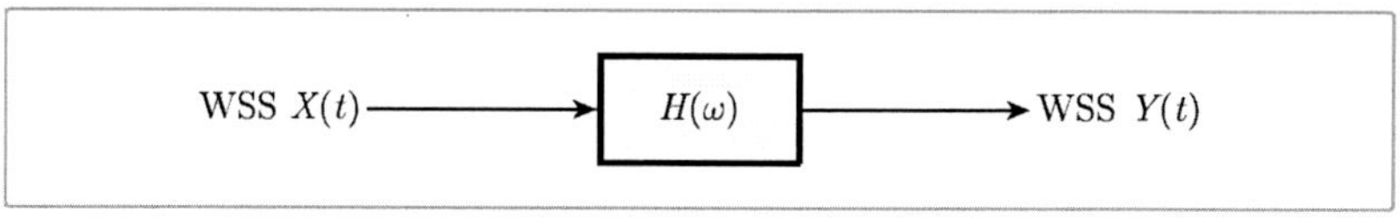

그림 VII-6 예제의 WSS 시스템

입력 $X(t)$와 출력 $Y(t)$의 자기상관함수는 각각 $R_x(\tau)$와 $R_y(\tau)$이다. 그리고 전력스펙트럼은 다음 식과 같이 각각 자기상관함수들의 푸리에 변환이다.

$$R_x(\tau) \leftrightarrow S_x(\omega), \quad R_y(\tau) \leftrightarrow S_y(\omega)$$

$H(\omega)$와 $S_x(\omega)$는 각각 다음 그림과 같다(단, $(\omega_0+\pi) < 2\omega$).

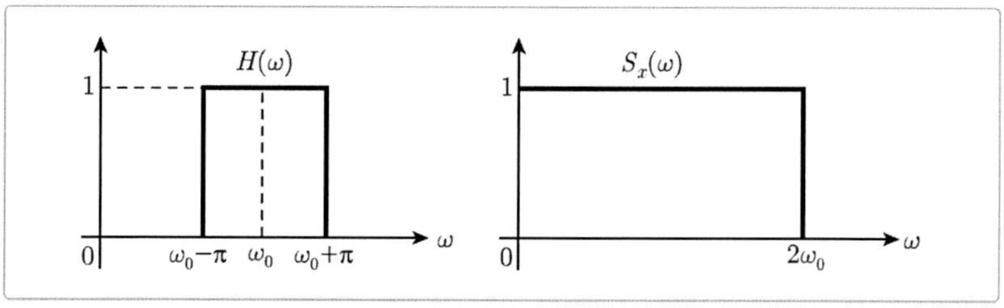

그림 VII-7 예제의 $H(\omega)$와 $S_x(\omega)$

$E\{|Y(t)|^2\}$를 구하시오.

7-12 WSS 랜덤 프로세스 $X(t)$가 다음 그림의 시스템에 입력되어 WSS 랜덤 프로세스 $Y(t)$가 출력되었다(임펄스 응답 : $h(t) = e^{-4t}u(t)$).

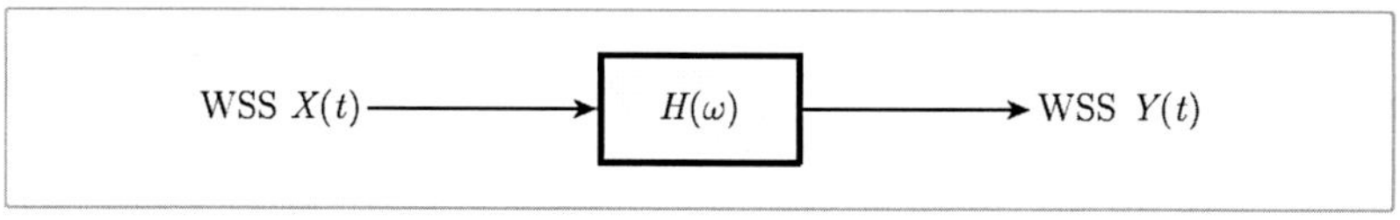

그림 VII-8 예제의 WSS 시스템

랜덤 프로세스 $X(t)$의 자기상관함수는 다음과 같다.

$$R_x(\tau) = u(\tau+1) - u(\tau-1)$$

출력 랜덤 프로세스 $Y(t)$의 전력스펙트럼 밀도 $S_y(\omega)$를 구하시오.
(참고 : $S_y(\omega) = |H(\omega)|^2 S_x(\omega)$를 이용하시오)

CHAPTER 08

T1 PCM 통신시스템

8.1 PCM 변조

미국에서 운용되고 있는 T1-디지털 통신시스템을 통해 PCM(Pulse Code Modulation) 통신을 알아보기로 한다. T1-디지털 통신시스템의 블록도는 다음 그림과 같다.

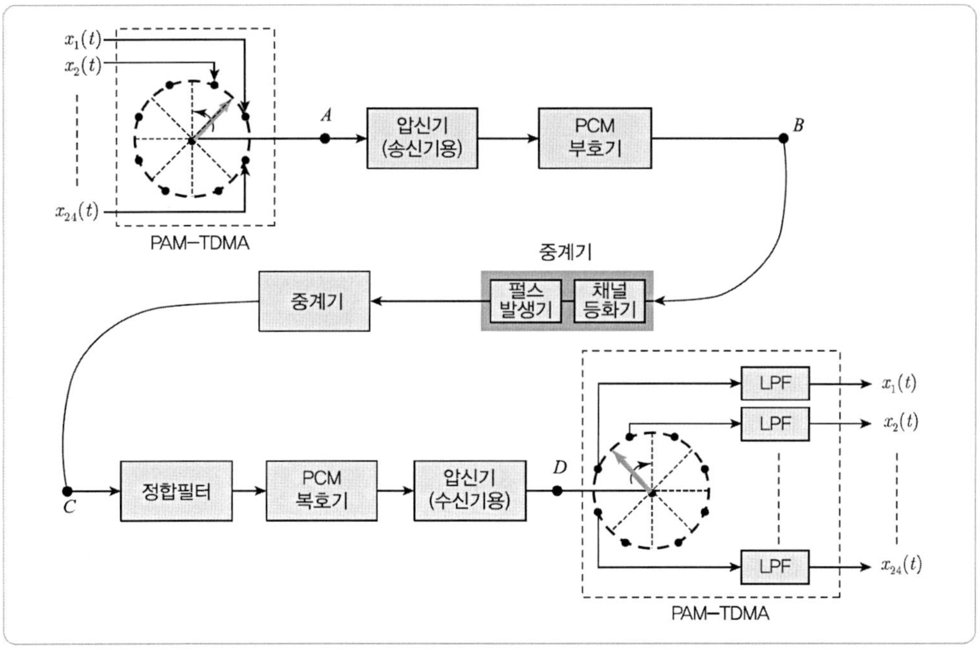

그림 8-1 기저대역 T1-디지털 통신시스템의 블록도

T1-디지털 통신시스템의 첫 번째 블록과 마지막 블록은 PAM-TDMA 블록이다. 이 T1 PCM 통신의 개요는 다음과 같다.

PAM-TDMA

A 노드와 D 노드 사이를 유선 채널로 직접 연결하면 제5장에서 알아본 PAM-TDMA 통신시스템과 같다. PAM-TDMA 블록에서는 24명의 가입자 음성 신호가 절환기를 통하여 TDMA 방식으로 다중화된다. 절환기는 1초에 8,000번 회전하며 24명의 가입자가 절환기에 연결되어 있으므로 A 노드에는 1초에 192,000 샘플이 만들어진다.

압신기(compander)

음성 신호와 같은 신호는 신호의 레벨이 0 볼트 근처에 주로 분포하고 최대전압과 최소전압 근처에는 분포될 확률이 매우 낮으므로 PCM 부호기에서 선형 양자화를 하면 비효율적이다. 따라서 압신기에서 0볼트 근처의 낮은 레벨 신호를 높은 레벨의 신호로 늘려준다.

PCM 부호기

이 PCM 부호기에서 아날로그 신호는 샘플링과 양자화를 통하여 1과 0의 디지털 신호로 변환된다. PCM 부호기는 A/D 변환기를 사용하여 구현된다.

유선 전송 채널

그림의 B 노드부터 C 노드까지는 유선 전송 채널이다. T1-디지털 통신시스템에서는 유선 전송선으로 동축케이블을 사용하며 약 50마일에서 100마일 정도의 거리 이내로 구성된다.

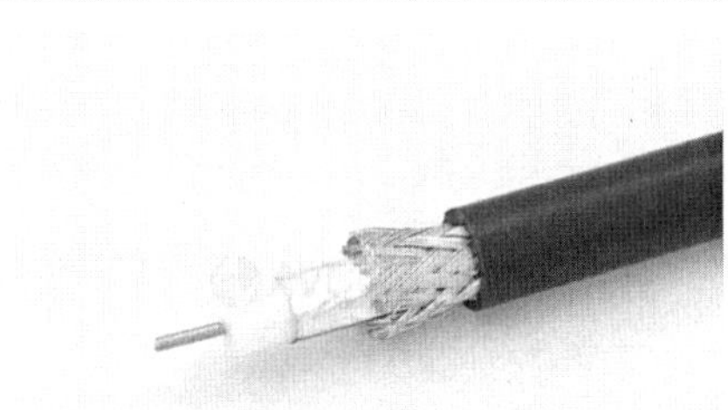

그림 8-2 동축 케이블의 내부 구조

50~100마일로 구성된 채널에서는 신호의 왜곡이 생긴다. 따라서 약 1마일마다 중계기를 설치하여 신호의 왜곡을 보상해준다. PCM 신호 1과 0을 전송하는 방식은 다음과 같다.

PCM 신호 전송 방식

- 단극성(Unipolar) 방식 : 비트 정보 1은 +V 볼트로 전송하고 비트 정보 0은 0볼트로 전

송하는 방식
- 양극성(Polar) 방식 : 비트 정보 1을 +V 볼트로 전송하고 비트 정보 0을 −V 볼트로 전송하는 방식

정합필터

수신기에 도착된 신호는 1과 0의 정확한 판정을 위하여 정합필터를 사용한다.

PCM 복조기

수신된 1과 0의 조합은 PCM 복조기를 통하여 다시 아날로그 신호로 변환된다.

압신기

다시 0볼트 근처의 신호로 복원된다.

PAM-TDMA

아날로그 신호는 PAM-TDMA 블록에서 24명의 신호로 분기된다.

이 장에서는 PCM 부호/복호 이론, 압신기의 동작원리, 정합필터 이론, 그리고 중계기에서 사용되는 채널등화기 동작원리를 차례로 알아보기로 한다.

8.1.1 PCM 부호기

먼저 PCM(Pulse Code Modulation) 변조에 대하여 알아본다. PCM 통신시스템의 블록도는 다음 그림과 같다.

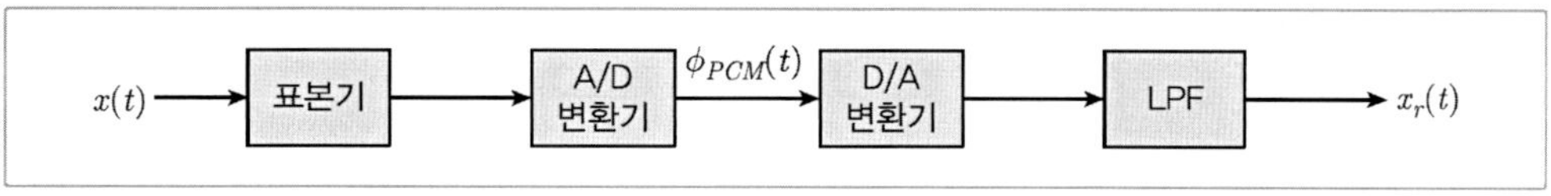

그림 8-3 PCM 통신시스템 블록도

그림에서 보듯이 PCM 변조부는 표본기와 A/D 변환기로 구현할 수 있고 PCM 복조부는 D/A 변환기와 저역통과 필터로 구현할 수 있다. 이 절에서는 PCM 변조부에 대하여 알아본다. PCM 변조는 다음 그림과 같이 전송하고자 하는 아날로그 신호를 1과 0의 조합으로 변환시키는 작업이다.

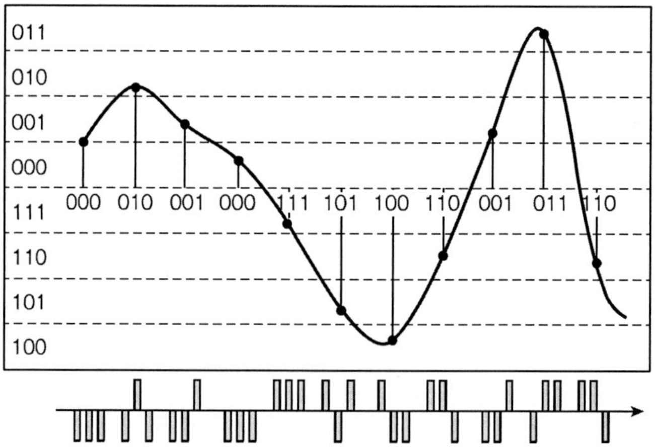

그림 8-4 PCM 변조의 개념

위의 그림에서 보듯이 아날로그 신호는 시간축 상에서의 샘플링을 통해 막대사탕과 같은 이산시간 신호가 되고 다시 양자화를 통해 각각의 샘플이 1과 0의 조합으로 변환된다. 실제 하드웨어 구현에서는 샘플링과 양자화가 하나의 하드웨어에서 동시에 구현된다. 이와 같은 PCM 통신은 다음과 같은 장점이 있다.

PCM 통신의 특징

- 시스템의 디지털화

  변조와 복조가 모두 디지털 시스템이므로 신뢰도와 안정성이 높다. 또한, 메모리 소자 등을 이용한 반도체 설계에 적합하다. 즉, 메모리 소자를 사용하여 긴 시간대에 걸쳐 수집하고 처리한 데이터를 저장하였다가 전송할 수 있다.

- 오류검출 및 정정

  전송 채널에서 잡음이 인가되면 전송된 1이 0으로 수신될 수도 있고 0이 1로 수신될 수도 있다. PCM으로 송신하면 이와 같은 채널에서의 오류를 가정한 채널 코딩이 가능하다. 즉, 오류를 염려한 1과 0을 추가함으로써 데이터의 양은 늘어나지만 오류를 검출 또는 정정까지 할 수 있는 코딩이 가능하다.

- 데이터 압축

  아날로그 신호를 1과 0의 디지털 신호로 변환하면 데이터의 종류에 따라 다양한 압축이 가능하다. 데이터가 갖고 있는 특성을 이용하여 몇 배에서 몇 십 배까지의 압축률을 달성할 수 있다.

  • 음성 신호를 PCM으로 디지털화한 경우에는 ADPCM(Adaptive Differential PCM), LPC(Linear Predictive Coding), CELP(Code Excited Linear Predictive coding) 등의 음성 압축 알고리즘을 사용하여 데이터압축이 가능하다.

• 고음질의 오디오 디지털 신호는 MP3(MPEG Audio Layer III), 돌비 AC-3 등의 오디오 압축 알고리즘을 사용하여 데이터를 압축한다.
• 영상 디지털 신호는 JPEG 등의 압축 알고리즘으로 데이터를 압축한다.
• 동영상 디지털 신호는 H.264, MPEG 등의 압축 알고리즘으로 데이터를 압축한다.

- 중계기

원거리 전송 시에 전송로 중간에 여러 개의 중계기를 설치하여 손상된 PCM 신호를 원래의 파형으로 재생할 수 있다.

이와 같은 PCM 부호기는 A/D 변환기를 사용하여 구현할 수 있다.

A/D 변환기

PCM 부호기는 A/D 변환기로 구현할 수 있다. A/D 변환기는 여러 가지 구현 방식이 있으나 이 절에서는 그림과 같은 기본적인 A/D 변환기를 통해 그 구조를 알아본다.

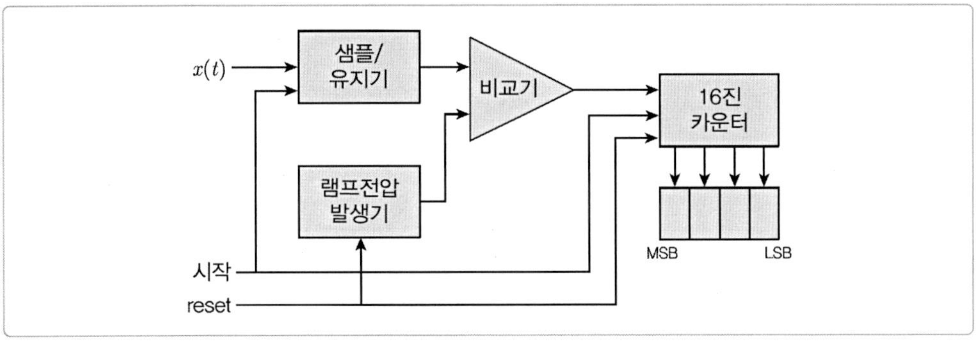

그림 8-5 PCM 통신시스템 송신부(변조부)

이 송신부에서 표본/유지기(sample and holder)의 출력 신호는 다음 그림과 같다.

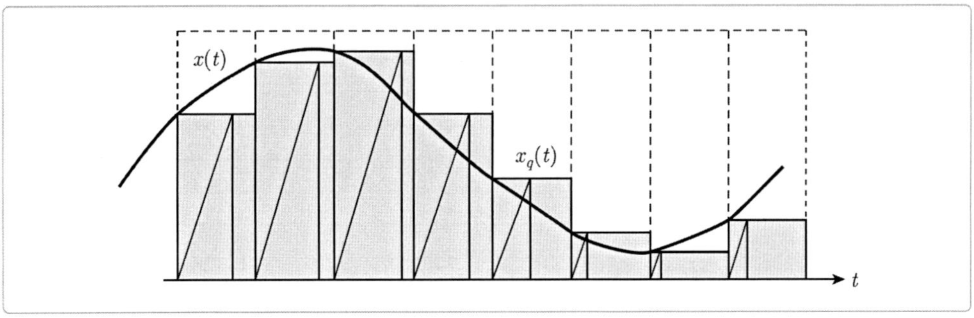

그림 8-6 표본/유지기의 출력 신호

비교기의 출력은 램프전압 발생기의 출력이 표본/유지기의 레벨과 같아지는 순간에 0에서 1로 전환되어 카운터를 정지시키는 역할을 수행한다. 램프전압 발생기의 세부구조는 다음 그림과 같다.

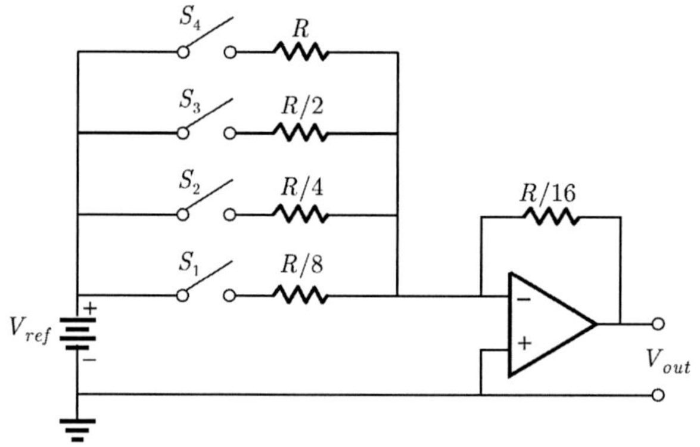

그림 8-7 **램프전압 발생기의 세부 구조**

램프전압 발생기의 증폭도는 다음과 같이 입력저항과 feed back 저항의 비로 결정된다.

$$\frac{V_{out}}{V_{ref}} = \frac{R_f}{R_{input}}$$

램프전압 발생기의 시간별 스위치 제어는 up counter를 사용하여 제어한다. 즉 4비트 업 카운터(up counter)를 사용하여 카운터의 MSB를 S_1에 연결하여 MSB 비트가 1이면 S1 스위치가 닫히고 0이면 열리도록 제어한다. 다른 스위치의 on off도 마찬가지로 같은 방법으로 제어한다. 시간에 따른 스위치 제어는 표 8-1과 같다.

표 8-1 램프전압 발생기의 출력 증가

time	S_1(MSB)	S_2	S_3	S_4	램프전압 발생기 출력
15	1	1	1	1	0.9375
14	1	1	1	0	0.875
13	1	1	0	1	0.8125
12	1	1	0	0	0.75
11	1	0	1	1	0.6875
10	1	0	1	0	0.625
9	1	0	0	1	0.5625
8	1	0	0	0	0.5
7	0	1	1	1	0.4375
6	0	1	1	0	0.375
5	0	1	0	1	0.3125
4	0	1	0	0	0.25
3	0	0	1	1	0.1875
2	0	0	1	0	0.125
1	0	0	0	1	0.0625
0	0	0	0	0	0.0

예를 들어 카운터가 1000일 때에는 S_1 스위치만 단락되어 출력전압은 다음과 같다(V_{ref}는 1V로 가정).

$$V_{out} = \frac{R_f}{R_{input}} V_{ref} = \frac{R/16}{R/8} = 8/16 = 0.5\,\text{V}$$

이번에는 스위치용 카운터가 1100인 경우에 램프전압 발생기의 출력을 구해 보자. S_1과 S_2만 단락되므로 다음과 같이 구할 수 있다(V_{ref}는 1V로 가정).

$$\frac{1}{R_{input}} = \frac{1}{R/8} + \frac{1}{R/4} = \frac{8}{R} + \frac{4}{R} = \frac{12}{R} \quad \therefore R_{input} = \frac{R}{12}$$

$$V_{out} = \frac{R_f}{R_{input}} V_{ref} = \frac{R/16}{R/12} = 12/16 = 0.75\,\text{V}$$

이와 같이 램프전압 발생기의 스위치를 카운터로 제어하면 연속적으로 증가하는 램프 전압을 얻을 수 있다. 램프전압이 증가하다가 비교기가 정지시킨 계수기의 현재상태가 PCM 신호가 된다. 즉, 0000부터 1111까지 up count하다가 0111에서 정지하면 이 0111이 바로 PCM 신호가 되어 전송된다.

8.1.2 PCM 부호기의 샘플링 주기

아날로그 신호의 최댓값과 최솟값이 각각 1볼트와 −1볼트인 다음 그림의 PCM 변조를 통해 샘플링을 알아본다.

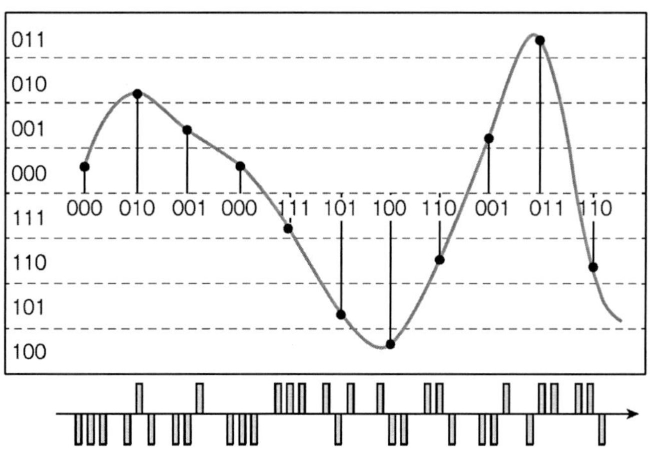

그림 8-8 버림 양자화(극형 RZ 코드, 3비트)

이와 같은 PCM 신호를 만들 때 고려해야 하는 두 가지 중요한 변수는 샘플링 주기의 시간 결정과 양자화 비트의 수 결정이다. 즉, 그림의 PCM 변조에서 고려해야 할 점은 "시간축 상에서의 표본화를 몇 분의 1초마다 할 것인가?"(샘플링 주기)와 "각각의 샘플은 몇 비트의 1과 0으로 나타낼까?"(양자화)하는 것이다.

먼저 샘플링을 알아보기로 하자. 임의의 신호 $x(t)$의 최대주파수가 $f_{\max}$인 신호라면 $x(t)$를 일정한 시간간격인 $T_s < 1/(2f_{\max})$의 주기로 샘플링하면 그 샘플값들로부터 원래 신호 $x(t)$를 왜곡 없이 재생시킬 수 있으며 이를 나이퀴스트 표본화율(Nyquist Sampling Rate)이라고 한다. 이 식에서 T_s를 샘플링 주기라고 하며 음성 신호의 경우에 8,000분의 1초를 많이 사용한다. 즉, 음성 신호의 경우에 8,000분의 1초마다 샘플링하면 충분히 정보를 송신할 수 있음을 의미한다. 그리고 이 샘플링 주기의 역수인 $f_s = 1/T_s$를 샘플링 주파수로 정의한다. 다음 그림과 같이 $f_{\max}$가 1 kHz인 아날로그 신호의 샘플링을 생각해 보자.

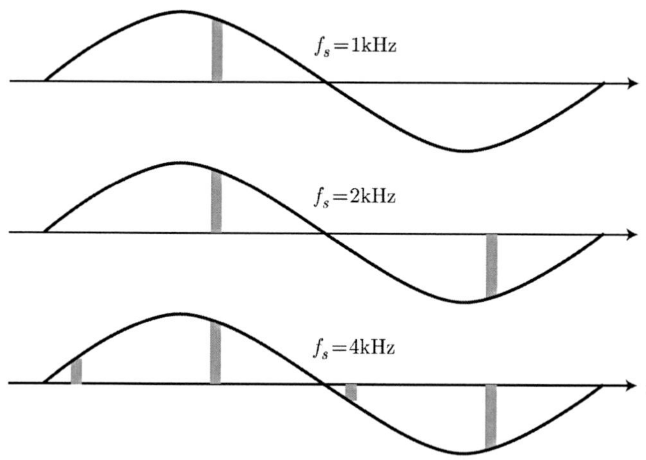

그림 8-9 1kHz, 2kHz, 4kHz의 샘플링

그림에서 보듯이 2 kHz의 샘플링 주파수를 사용하여 샘플링하면 수신기에서 원래의 신호를 복원시킬 수 있음을 알 수 있다. 이와 같은 샘플링 이론을 좀 더 정확하게 알아보기로 한다.

임펄스 주기신호의 CTFT

제일 먼저 다음과 같은 임펄스 주기신호의 CTFT를 구해 보기로 한다.

$$s(t) = \sum_{k=-\infty}^{\infty} \delta(t-kT)$$

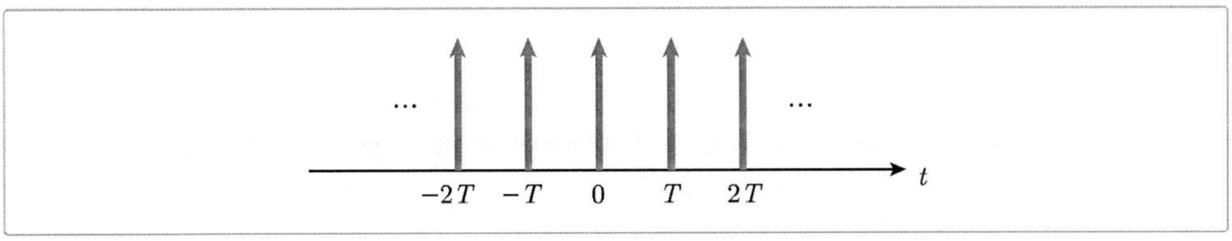

그림 8-10 임펄스 트레인

임펄스 주기함수는 주기함수이므로 다음과 같이 푸리에 급수로 나타낼 수 있다.

$$s(t) = \sum_{k=-\infty}^{\infty} X_k e^{jk\omega_0 t}$$

따라서 푸리에 급수 계수는 다음과 같이 구할 수 있다.

$$X_k = \frac{1}{T}\int_{-T/2}^{T/2} \delta(t) e^{-jk\omega_0 t} dt = \frac{1}{T}$$

이 계수를 대입하여 임펄스 주기함수를 푸리에 급수로 표현하면 다음과 같다.

$$x(t) = \frac{1}{T}\sum_{k=-\infty}^{\infty} e^{jk\omega_0 t}$$

이 식으로부터 다음과 같이 CTFT를 구할 수 있다.

$$1 \leftrightarrow 2\pi\delta(\omega)$$

$$e^{j\omega_0 t} \leftrightarrow 2\pi\delta(\omega - \omega_0)$$

$$s(t) = \frac{1}{T}\sum_{k=-\infty}^{\infty} e^{jk\omega_0 t} \leftrightarrow \omega_0 \sum_{k=-\infty}^{\infty} \delta(\omega - k\omega_0) = S(\omega)$$

이 결과로부터 임펄스 주기신호의 CTFT도 다음 그림과 같이 임펄스 주기신호가 됨을 알 수 있다.

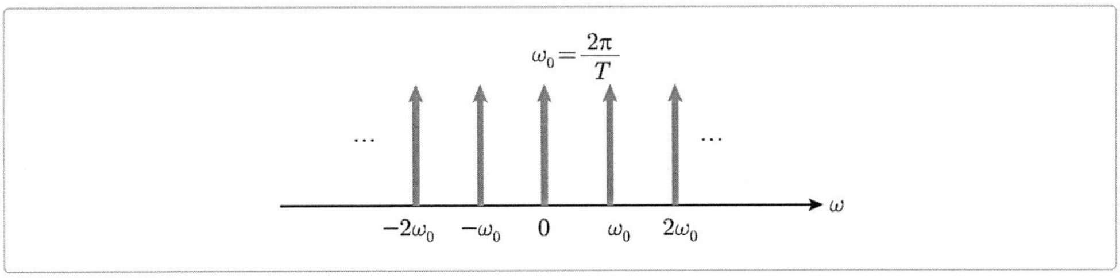

그림 8-11 임펄스 주기신호 $s(t)$의 CTFT $S(\omega)$

임펄스 트레인의 CTFT

임의의 신호 $x(t)$를 다음 그림과 같이 임펄스 주기신호 $s(t)$로 변조하였을 때 출력 $x_s(t)$를 임펄스 트레인이라고 부른다. 이 임펄스 트레인의 스펙트럼 $X_s(\omega)$를 $x(t)$의 CTFT인 $X(\omega)$를 사용하여 나타내보기로 한다.

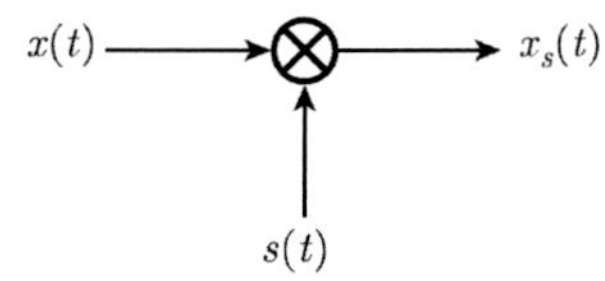

그림 8-12 예제의 Modulation

이때에 $s(t)$는 다음과 같은 임펄스 주기신호이며 CTFT는 다음과 같다.

$$s(t) = \sum_{-\infty}^{\infty} \delta(t - nT) \quad \leftrightarrow \quad S(\omega) = \omega_0 \sum_{n=-\infty}^{\infty} \delta(\omega - n\omega_0), \quad \omega_0 = \frac{2\pi}{T}$$

CTFT의 변조 성질을 적용하면 출력의 CTFT $X_s(\omega)$는 다음과 같다.

$$x_s(t) = x(t)s(t) \quad \leftrightarrow \quad X_s(\omega) = \frac{1}{2\pi} X(\omega) * S(\omega)$$

위의 식을 이용하여 전개하면 다음과 같다.

$$\begin{aligned} X_s(\omega) &= \frac{1}{2\pi} X(\omega) * S(\omega) = \frac{1}{2\pi} X(\omega) * \frac{2\pi}{T} \sum_{n=-\infty}^{\infty} \delta(\omega - n\omega_0) \\ &= \frac{1}{T} \left[\sum_{n=-\infty}^{\infty} X(\omega) * \delta(\omega - n\omega_0) \right] \\ &= \frac{1}{T} \sum_{n=-\infty}^{\infty} X(\omega - n\omega_0) \end{aligned}$$

이 관계를 그림으로 나타내면 그림 8-13과 같다.

그림 8-13에서 아날로그 신호 $x(t)$의 샘플링을 통해 임펄스 트레인 신호 $x_s(t)$가 만들어진다. 그림에서 우측 상단의 그림은 원 신호 $x(t)$의 스펙트럼이다. 우측 중간 그림의 샘플링 주파수 ω_0는 신호의 최대주파수 ω_m의 두 배임을 알 수 있다. 따라서 우측 하단의 그림에서 보듯이 원 스펙트럼의 모양 $X(\omega)$가 서로 붙어서 원래의 모양이 그대로 유지되고 있음을 볼 수 있다. 이와 같은 샘플링 주기가 가장 적당한 선택이다. 따라서 샘플링 주파수 ω_0는 다음과 같이 선택되어야 한다.

$$\omega_0 > 2\omega_m, \quad f_0 > 2f_m$$

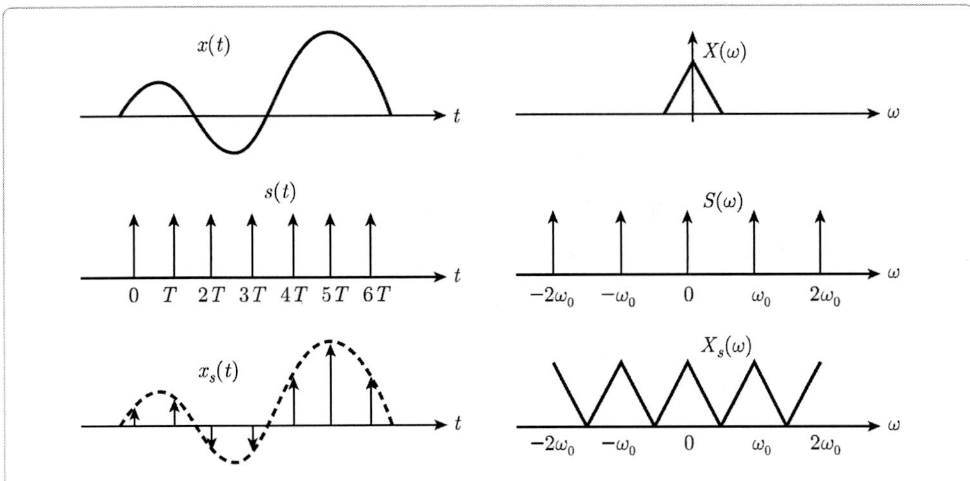

그림 8-13 **임펄스 트레인 신호의 CTFT**

앞의 식을 나이퀴스트(Nyquist) 샘플링 주파수라고 부른다. 즉, 샘플링 주파수는 신호 최대주파수의 2배보다 크게 선택하는 것이 경제적이다. 그러나 너무 크면 샘플의 수가 많아져 비경제적인 샘플링이 된다.

예를 들면 최대주파수가 4,000 Hz인 음성 신호를 $T=1/8{,}000$ sec의 샘플링 주기로 샘플링할 경우, 즉 샘플링 주파수가 f_0 =8,000 Hz 그 스펙트럼은 다음 그림과 같다.

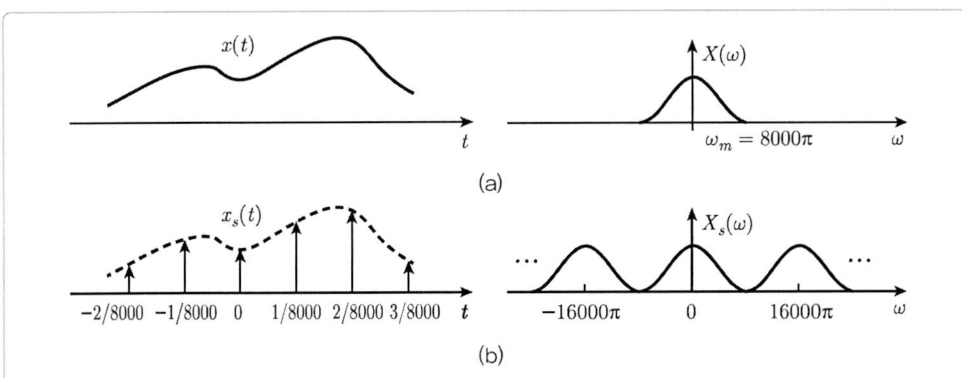

그림 8-14 **음성 신호의 스펙트럼**

그림 8-14(a)에서 음성 신호의 최대주파수는 f_m =4,000 Hz이므로 각 주파수로 표현하면 $\omega_m = 2\pi f_m = 8{,}000\pi$가 된다. 이 아날로그 신호를 임펄스 트레인 신호로 표현하기 위해서 샘플링 주파수를 최대주파수의 2배인 8,000 Hz로 한다. 따라서 샘플링 주기는 $T=1/8{,}000$ sec이다. 아날로그 신호를 임펄스 트레인 신호로 표현하면 그 스펙트럼은 그림과 같이 반복되며 주기는 $\omega_0 = 2\pi/T$이므로 $16{,}000\pi$가 된다.

아날로그 신호로부터 디지털 신호를 얻을 때, 주파수 영역에서는 원래의 스펙트럼의 반복이 나타난다. 따라서 샘플링 주파수를 6,000 Hz로 하면 위의 그림에서 $\omega_0 = 2\pi / T = 12,000\pi$가 되어 고주파수 부분이 서로 겹치게 되며 이러한 현상을 에일리어싱(aliasing)이라고 부른다. 따라서 에일리어싱이 발생하지 않는 나이퀴스트 샘플링 주파수로 샘플링하는 것이 가장 경제적이다. 나이퀴스트 샘플링 주파수보다 낮게 샘플링하면 에일리어싱의 발생으로 원래의 신호를 복원할 수 없게 되고, 나이퀴스트 샘플링 주파수보다 높게 샘플링하면 샘플링의 수가 많아져서 비경제적이 된다.

8.1.3 PCM 부호기의 양자화

양자화(quantization)를 알아보기 위하여 다음 그림을 다시 보자.

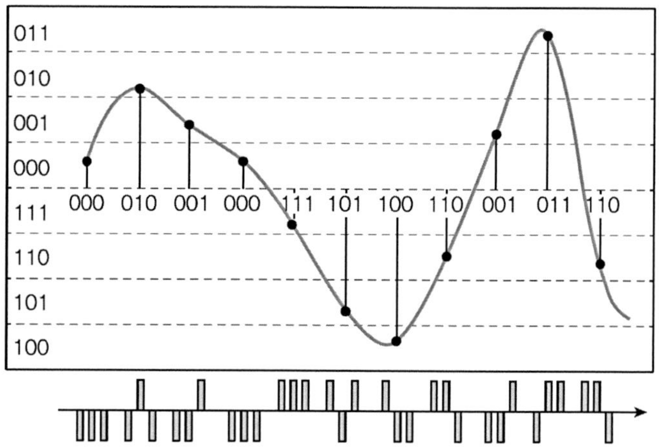

그림 8-15 버림 양자화(극형 RZ 코드, 3비트)

위의 그림은 버림 양자화를 사용한 2의 보수형 이진부호(binary code) 양자화를 보여주고 있다. 한 개의 샘플당 몇 비트를 사용할 것인가는 여러 가지 인자를 고려하여 결정되어야 한다. 더 많은 비트를 사용하여 양자화하면 구현 비용과 송수신 비용이 증가하게 되며 더 적은 비트를 사용하여 양자화하면 원 신호가 많이 훼손되어 송신 후 복원하기 어렵기 때문이다. 음성 신호의 경우에 8비트의 이진부호 양자화가 가장 많이 사용된다. 이제 위의 그림과 같은 3비트 양자화에서 발생하는 양자화잡음을 분석해 보기로 한다. 위의 그림에서 이산신호의 범위에 대한 2진 코드는 다음 표와 같다.

| 표 8-2 | **이산신호의 범위에 따른 2진 코드(3비트)**

이산신호값	2진 코드		
$0.75 \le x[n] < 1.0$	0	1	1
$0.5 \le x[n] < 0.75$	0	1	0
$0.25 \le x[n] < 0.5$	0	0	1
$0.0 \le x[n] < 0.25$	0	0	0
$-0.25 \le x[n] < 0.0$	1	1	1
$-0.5 \le x[n] < -0.25$	1	1	0
$-0.75 \le x[n] < -0.5$	1	0	1
$-1.0 \le x[n] < -0.75$	1	0	0

위의 표에서 보듯이 0.75부터 1.0의 값은 모두 011로 부호화된다. 이 2진 코드가 송신되어 수신기에서는 다음의 표와 같이 복호된다.

| 표 8-3 | **2진 코드의 복호(3비트)**

2진 코드			2진 코드의 값
0	1	1	0.75
0	1	0	0.5
0	0	1	0.25
0	0	0	0.0
1	1	1	−0.25
1	1	0	−0.5
1	0	1	−0.75
1	0	0	−1.0

위의 표에서 보듯이 011의 부호는 수신기에서 0.75로 복호된다. 즉, 송신기에서 0.75~1.0의 값은 수신기에서 0.75로 복호됨을 알 수 있다. 이를 양자화잡음이라고 하며 다음과 같이 정의한다.

$$e(n) = x(n) - x_q(n)$$

양자화의 경우에 각각의 샘플에서 발생되는 양자화 에러의 범위는 양자화 계단크기(step size) Δ를 사용하여 다음과 같이 나타낼 수 있다.

$$0 \le e(n) < \Delta$$

이와 같이 각각의 샘플에서 발생되는 양자화잡음은 랜덤 프로세스(random process, stochastic process)로 간주할 수 있으며 다음 그림과 같은 잡음 모델로 나타낼 수 있다.

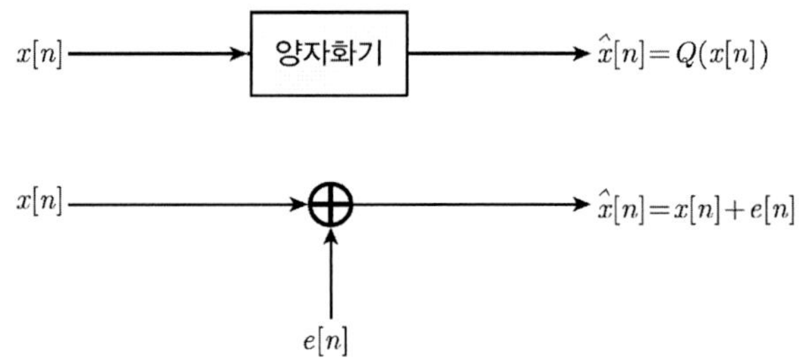

그림 8-16 양자화기의 잡음 모델

이와 같은 잡음으로 표현되는 양자화 에러는 랜덤 프로세스이므로 그 파형을 직접 분석하지 않고 확률밀도함수(probability density function, pdf), 평균값(mean), 분산(variance) 등을 분석한다. 먼저 양자화 에러의 확률밀도함수(pdf)를 알아보자. 이 양자화 에러는 0에서부터 Δ 사이에 분포할 확률이 일정하므로 확률밀도함수는 다음 그림과 같이 표현된다.

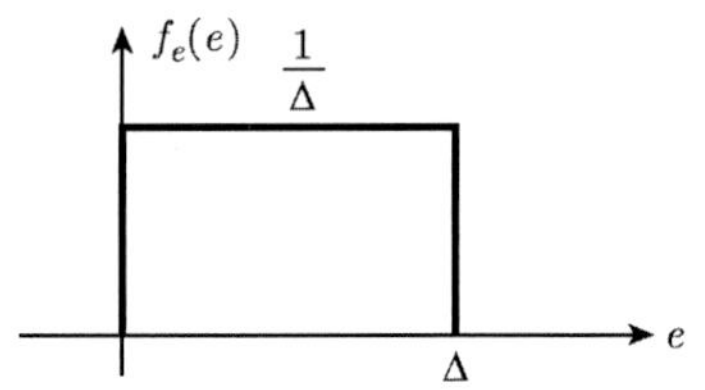

그림 8-17 양자화기의 확률밀도 함수

확률의 총합은 1이 되어야 하므로 확률밀도함수의 적분은 1이 되어야 한다. 따라서 그림에서 보듯이 확률밀도함수의 크기는 항상 $1/\Delta$이 됨을 알 수 있다. 이 랜덤 프로세스의 평균값은 확률분포함수에서 보듯이 양자화 계단크기의 반과 같다.

$$m_e = E\{e(n)\} = \frac{\Delta}{2}$$

이제 이 양자화잡음의 분산을 구해 보자. 확률변수의 분산 σ_e^2은 평균값을 중심으로 확률변수가 변동하는 정도를 나타내며 다음과 같이 정의에 의해 구할 수 있다.

$$\sigma_e^2 = E\{e^2(n)\} - m_e^2 = E\{e^2(n)\} - \frac{\Delta^2}{4}$$

따라서 다음과 같이 분산을 구할 수 있다.

$$E\{e^2(n)\} = \int_{-\infty}^{\infty} e^2(n) f(e) de = \int_0^{\Delta} e^2(n) \frac{1}{\Delta} de = \frac{1}{\Delta}\left[\frac{1}{3}e^3(n)\right]_0^{\Delta} = \frac{\Delta^2}{3}$$

$$\therefore \sigma_e^2 = \frac{\Delta^2}{3} - \frac{\Delta^2}{4} = \frac{\Delta^2}{12}$$

실제 통신시스템에서 $B+1$비트로 양자화하는 경우에, B를 사용하여 분산과 SNR (Signal-to-Noise Ratio)을 나타내보기로 하자. 먼저 분산은 다음과 같이 나타낼 수 있다.

$$\Delta = \frac{2X_m}{2^{B+1}} = \frac{X_m}{2^B} = 2^{-B}X_m$$

$$\therefore \sigma_e^2 = \frac{\Delta^2}{12} = \frac{2^{-2B}X_m^2}{12}$$

이를 사용하여 SNR은 다음과 같이 나타낼 수 있다.

$$\begin{aligned} \text{SNR} &= 10\log\frac{\sigma_x^2}{\sigma_e^2} = 10\log\frac{12\sigma_x^2 2^{2B}}{X_m^2} \\ &= 6.02B + 10.8 + 20\log\sigma_x - 20\log X_m \end{aligned}$$

신호의 표준편차는 일반적으로 $\sigma_x = X_m/4$을 사용하므로 이를 대입하면 SNR은 다음과 같다.

$$\text{SNR} = (6B - 1.25)\text{dB}$$

만일 $B+1=16$비트를 사용하는 PCM 통신시스템의 SNR은 다음과 같다.

$$\text{SNR} = (6B - 1.25)\text{dB} \cong 90\,\text{dB}$$

8.1.4 PCM 복호기

PCM 데이터 파형이 수신기에 입력되면 수신기는 정합필터에서 수신된 데이터가 1인지 0인지를 판정한다. 이렇게 판정된 1과 0의 조합은 PCM 복조기에서 다시 아날로그 신호로 변환된다. PCM 복조기는 D/A 변환기와 저역통과 필터를 사용하여 구현할 수 있다.

D/A 변환기

그림 8-18은 램프전압 발생기 하드웨어로 구현된 D/A 변환기이다.

그림 8-18의 하드웨어에서는 입력된 PCM 신호 4비트가 스위치를 제어하도록 구성하였다. 즉 1000의 PCM 신호가 입력되면 S_1 스위치만 닫히고 나머지 S_2, S_3, S_4 스위치가 모두 열리므로 0.5 V의 아날로그 신호로 변환된다. 이와 같이 4비트의 디지털 신호가 연속적으로 D/A 변환기에 입력되면 다음 그림과 같은 신호의 레벨이 일정 시간 유지되는 아날로그 신호를 얻는다.

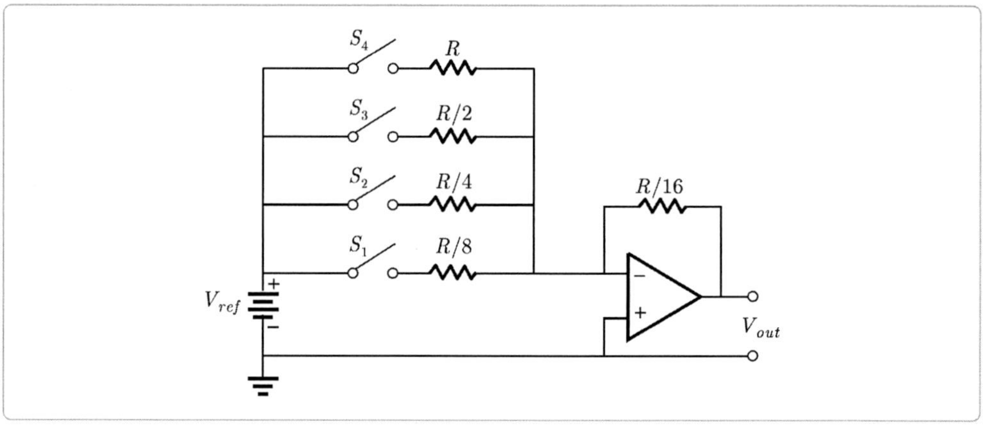

그림 8-18 D/A 변환기(4비트 PCM)

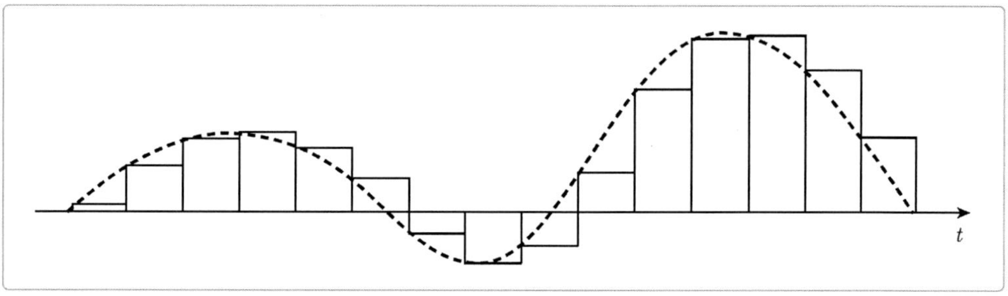

그림 8-19 D/A 변환기 출력(실선)과 저역통과 필터 출력(점선)

이 하드웨어의 출력단에 예를 들어 다음 그림과 같은 저역통과 필터를 거치면 불연속점이 제거된 연속적인 아날로그 신호를 얻을 수 있다.

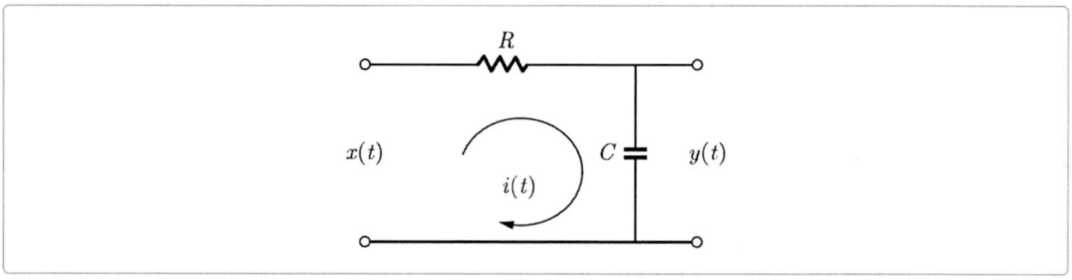

그림 8-20 RC 저역통과 필터

저역통과 필터는 다양한 구현 방식이 있는데, 위의 그림은 저항소자 R과 커패시터 C를 사용한 저역통과 필터이다. 이 필터의 주파수 응답은 다음과 같다.

$$H(\omega) = \frac{1/RC}{1/RC + j\omega}, \quad |H(\omega)| = \frac{1/RC}{\sqrt{(1/RC)^2 + \omega^2}}$$

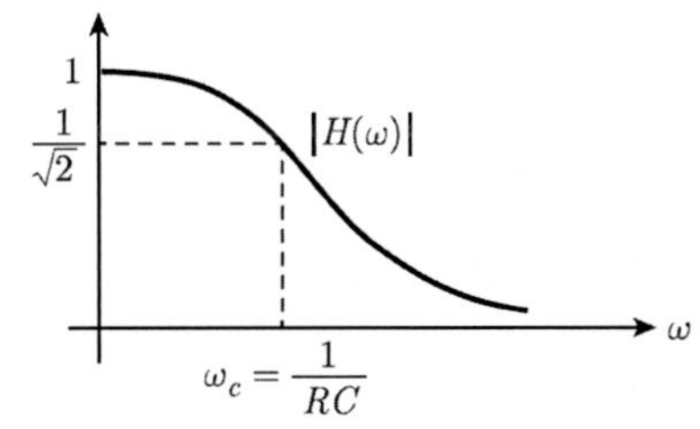

그림 8-21 RC 저역통과 필터의 주파수 응답

이 필터를 통과시키면 그림 8-19의 점선 파형과 같은 출력을 얻을 수 있다.

8.2 압신기

다음 그림과 같이 신호가 최댓값과 최솟값 사이에서 균일하게 분포하는 신호에 대한 양자화를 고려해 보자.

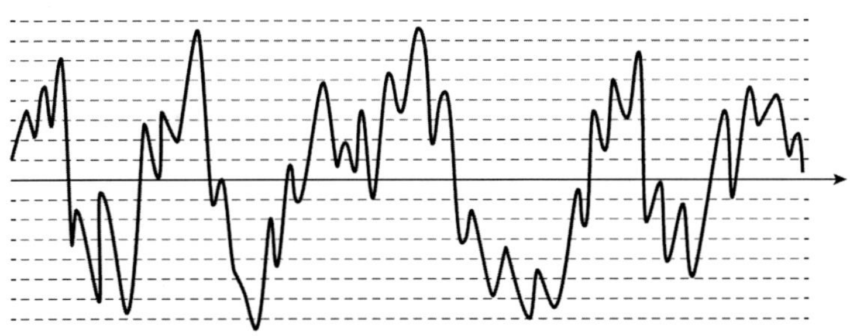

그림 8-22 신호 레벨이 고르게 분포한 신호의 선형 양자화

위의 그림과 같이 신호가 최댓값과 최솟값 사이에서 균일하게 분포하는 경우에는 선형 양자화가 좋은 방법이다. 즉 4비트 양자화의 경우 그림과 같이 최댓값과 최솟값 사이를 16개의 간격으로 나누어 양자화 준위간격이 균일하게 설정된다. 그러나 음성 신호의 경우 다음 그림과 같이 신호의 값이 확률적으로 0볼트 준위 근처에 분포할 확률이 더 높다.

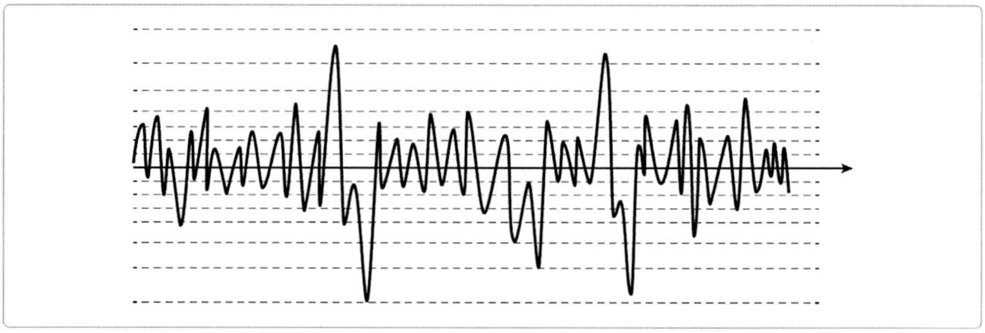

그림 8-23 신호 레벨이 0V 근처에 많이 분포한 신호의 비선형 양자화

양자화 비트 수를 늘릴 수 없다면 그림 8-23의 점선과 같이 비선형 양자화가 효과적이다. 즉, 신호가 주로 분포된 0볼트 근처의 신호에 대하여 양자화 계단크기(step size)를 촘촘히 하고 신호가 덜 분포한 1볼트나 −1볼트 근처에서는 계단크기를 넓게 하는 것이 효과적이다. 이와 같은 비선형 양자화를 통하여 비트 수를 증가시킨 효과를 얻을 수 있다. 예를 들어 8비트 비선형 양자화의 경우 10비트 정도의 선형 양자화 효과를 얻을 수 있다.

그러나 비선형 양자화를 구현하는 비용보다 0볼트 근처의 신호를 늘인 후에 선형 양자화를 구현하는 것이 비용이 절감된다. 아날로그 신호에 대하여 미리 정해진 비선형 함수를 사용하여 다음 그림과 같이 낮은 준위의 신호들을 높은 준위의 신호로 만들어 모든 준위에 고르게 분포하는 신호로 변형시키는 것을 압신기(compander)라고 한다. 압신기는 압축기(compressor)와 신장기(expander)의 합성어이다.

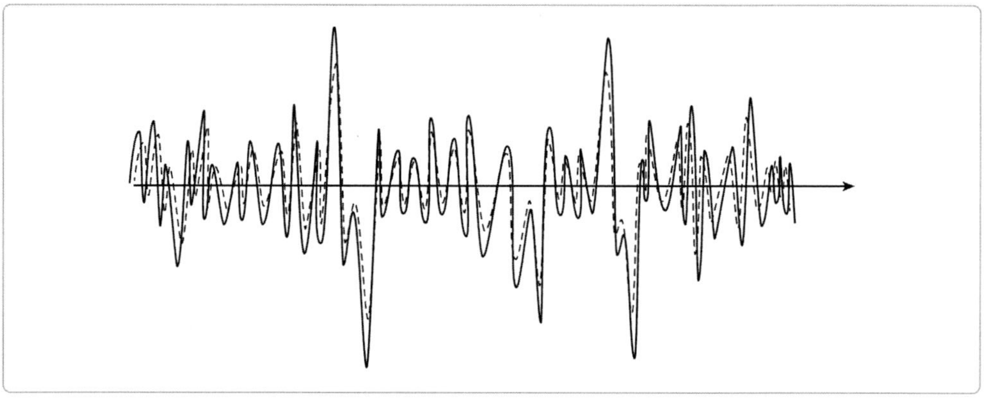

그림 8-24 (a) 원 신호(점선) (b) 압신기에 의해 변형된 신호(실선)

송신기에서는 위의 그림과 같이 신호 준위를 고르게 분포하도록 변환시킨 뒤에 양자화하여 전송하고, 수신기에서는 반대로 D/A 변환 후에 아날로그 신호를 다시 0볼트 준위에 많이 분포한 원래의 신호로 변환하게 된다. 압신기의 종류로는 μ-law 압신기와 a-law 압신기의 두 종류가 있다. 이 절에서는 μ-law 압신기에 대하여 알아본다.

송신부 압신기

μ-law 압신기의 송신부에서 사용하는 비선형 함수는 다음과 같다.

$$v_0 = V_0 \mathrm{sgn}(v_i) \frac{\ln(1+\mu|v_i/V_i|)}{\ln(1+\mu)}$$

이 식에서 v_i와 v_o는 각각 압신기의 입력전압과 변형 후의 출력전압이다. 또한, V_i와 V_o는 각각 압신기의 입력전압 최댓값과 출력전압의 최댓값이다. 마지막으로 μ는 압축의 정도를 결정하는 변수이며 보통 2^N-1의 값으로 결정한다. 즉, $N=8$이면 μ는 255로 결정된다.

예제

어느 μ–law 압신기에서 입력의 최댓값 V_i는 1볼트이고 출력의 최댓값 V_o도 1볼트이다. v_i가 양수인 경우에 대하여 μ–law 압신기의 비선형 함수를 구하시오.

풀이 $$v_0 = \frac{\ln(1+\mu v_i)}{\ln(1+\mu)}$$

예제

어느 μ–law 압신기에서 입력의 최댓값 V_i는 1볼트이고 출력의 최댓값 V_o도 1볼트이다. 그리고 μ는 255이다. 이 μ–law 압신기 비선형 함수를 사용하여 0.1볼트 간격의 v_i에 대한 출력전압 v_o를 구하시오.

풀이 **| 표 8-4 | 송신부의 압신기 출력($\mu=255$)**

v_i (볼트)	v_o(볼트)
0	0
0.1	0.591
0.2	0.713
0.3	0.785
0.4	0.834
0.5	0.876
0.6	0.908
0.7	0.936
0.8	0.960
0.9	0.981
1.0	1.0

−1볼트에서 1볼트까지의 입력 전압에 대한 압축기 출력 전압을 플롯하면 다음 그림과 같다.

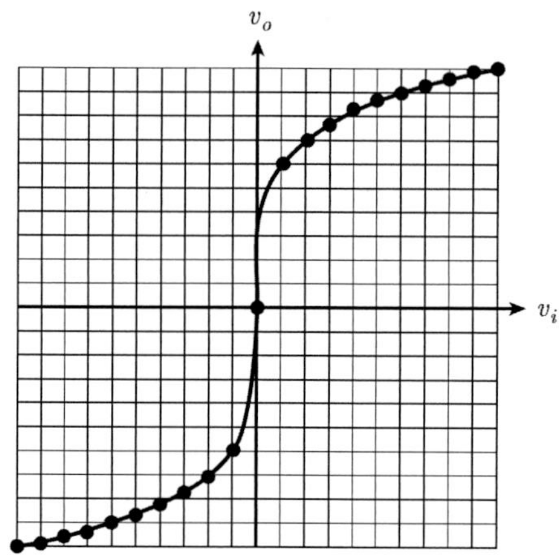

그림 8-25 예제의 μ-law 압신기의 출력 전압($\mu = 255$)

위의 그림과 같은 비선형 함수를 사용하여 신호를 먼저 변형시킨 후에 선형 양자화를 수행하면 비선형 양자화의 효과를 얻을 수 있다.

수신부 압신기

PCM 수신부에서는 1과 0의 디지털 신호를 아날로그 신호로 변환한 후에 다시 다음 그림과 같은 비선형 함수의 압신기를 사용하여 원래의 신호로 복원시켜야 한다.

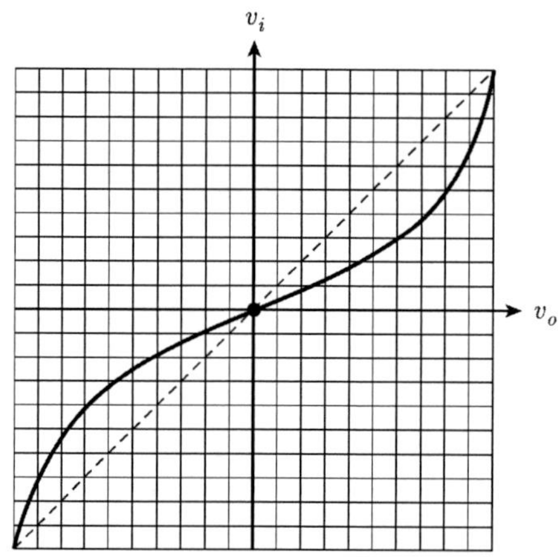

그림 8-26 수신부 μ-law 압신기의 출력 전압

앞의 그림과 같은 수신부 압신기의 비선형 함수는 다음과 같이 지수함수가 된다.

$$v_i = V_i \operatorname{sgn}(v_o) \frac{(1+\mu)^{|v_o/V_o|} - 1}{\mu}$$

이 수신부 압신기 함수를 사용하면 다시 0볼트 근처에 주로 분포된 원래의 신호로 돌아갈 수 있다. v_o가 0볼트부터 1볼트까지 0.1볼트씩 증가할 때의 수신부 압신기 출력 v_i는 다음과 같다($\mu = 255$).

| 표 8-5 | 수신부의 압신기 출력($\mu = 255$)

v_o(볼트)	v_i(볼트)
0	0
0.1	2.906×10^{-3}
0.2	7.966×10^{-3}
0.3	0.01678
0.4	0.03212
0.5	0.05882
0.6	0.1053
0.7	0.1863
0.8	0.3272
0.9	0.5727
1.0	1.0

8.3 정합필터

디지털 통신과 아날로그 통신의 근본적인 차이는 아날로그 수신기는 송신기에서 전송된 정보신호를 가능한 한 원형 그대로 파형을 복원하는 것이 목적인 반면에, 디지털 수신기는 신호 파형의 복구에 목적이 있는 것이 아니고 이진 부호의 1과 0 중에서 어떤 부호가 수신되었는지를 판단하는 것이 목적이다. 다음의 잡음이 많이 섞인 수신신호를 보면 잡음의 세기가 신호와 비교하여 너무 크면 1을 0으로 0을 1로 잘못 판정할 가능성이 높아진다.

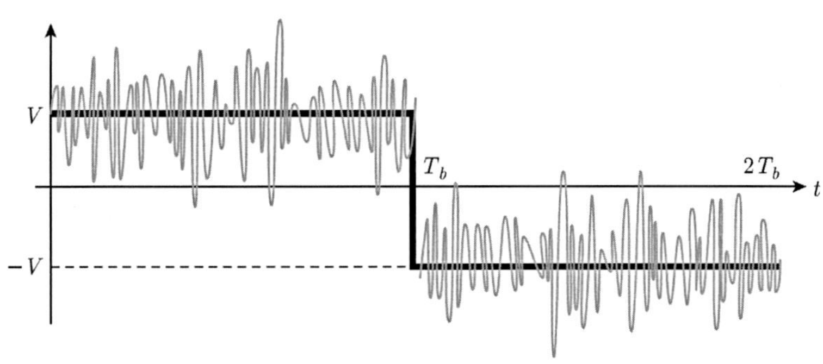

그림 8-27 수신된 잡음이 섞인 NRZ 신호

그림과 같은 송신 신호의 경우에 1은 V볼트로 0은 $-V$볼트로 송신되고 있다. 따라서 수신기에서는 순시값으로 1과 0을 판단할 때 0볼트를 문턱값으로 사용하게 된다. 즉, 0볼트보다 크면 1로 판정하고 작으면 0으로 판정하게 된다. 그러나 잡음의 크기가 큰 순간에 판정하면 판정 에러가 발생하게 된다. 그림에서 0에서 T_b 내의 한 시점에서 샘플링하여 그 샘플링 값으로 해당 펄스가 1인지 0인지 판단하기 위한 샘플링 시점의 결정이 어려운 문제이다.

이론적으로는 0에서 T_b 사이에서 가장 잡음이 적은 부분을 택하면 좋지만 매 펄스마다 이를 판단하는 것은 현실적으로 불가능하다. 따라서 샘플링 시점을 정해놓고 그 순간에 신호대잡음비(SNR)가 최대가 되도록 신호를 조작한 후에 샘플링하는 것이 효과적이다. SNR만 최대로 할 수 있다면 신호의 변형도 허용되는 것이 디지털 수신기의 특징이다. SNR을 최대로 하기 위하여 파형의 변형에 사용되는 필터를 정합필터(matched filter)라고 한다. 정합필터를 알아보기 위한 블록도는 다음 그림과 같다.

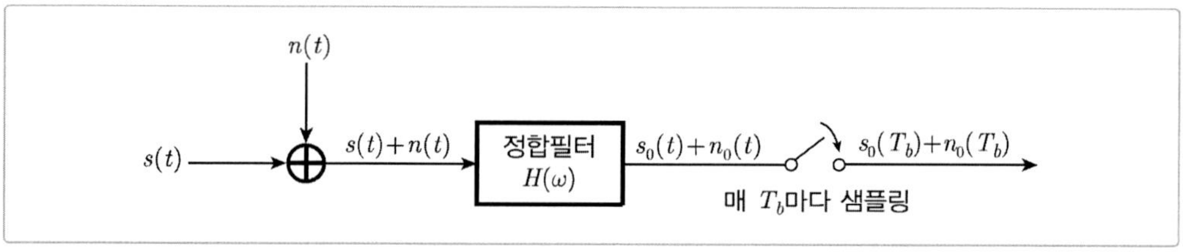

그림 8-28 정합필터 블록도

그림에서 $s(t)+n(t)$는 PCM 수신기의 수신신호이다. $s(t)$는 송신기의 NRZ 등의 정보 신호이고, $n(t)$는 가우시안 잡음(Gaussian noise)으로 모델링된다. 정합필터의 역할은 다음의 SNR을 최대로 만드는 것이다.

$$\rho = \frac{s_0^2(T_b)}{\overline{n_0^2(t)}}$$

위의 식에서 T_b는 샘플링 시점이다. SNR이란 신호의 파워를 잡음 파워의 평균값(average noise power)로 나눈 값이며 실제로 사용되는 SNR의 식에서는 로그를 붙여 사용한다. 이 SNR을 최대로 만드는 조건을 찾아보기로 한다. 이 조건을 찾기 위하여 먼저 분자 분모를 주파수 영역의 식으로 나타내어야 한다. 먼저 분자를 주파수 영역의 식으로 변환하면 다음과 같다.

$$s_0(t) \leftrightarrow S_0(\omega)$$

$$s_0(t) = \frac{1}{2\pi}\int S_0(\omega)e^{j\omega t}d\omega$$

$$= \frac{1}{2\pi}\int H(\omega)S(\omega)e^{j\omega t}d\omega$$

위의 식에서 $H(\omega)$는 정합필터의 주파수 응답이다. 따라서 샘플링 시점 T_b에서는 다음과 같이 나타낼 수 있다.

$$s_0(T_b) = \frac{1}{2\pi}\int H(\omega)S(\omega)e^{j\omega T_b}d\omega$$

$$s_0^2(T_b) = \frac{1}{4\pi^2}\left|\int H(\omega)S(\omega)e^{j\omega T_b}d\omega\right|^2$$

이제 분모를 주파수 영역에서 나타내 보자. 잡음 파워의 평균값 $\overline{n_0^2(t)}$을 구하기 위해 다음 그림을 보자.

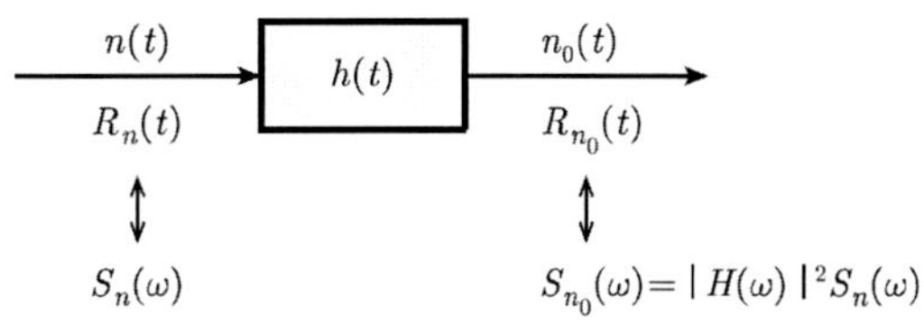

그림 8-29 **수신된 잡음과 정합필터 출력 잡음**

$n(t)$와 $n_0(t)$는 각각 수신 잡음과 정합필터 출력 잡음이며 랜덤 프로세서이며 각각의 자기상관함수(autocorrelation function)를 $R_n(t)$와 $R_{n_0}(t)$로 정의한다. 랜덤 프로세스의 자기상관함수 정의는 다음과 같다.

$$R_{n_0}(\tau) = \overline{n_0(t)n_0(t+\tau)}$$

따라서 τ가 0일 때에는 다음과 같이 출력 잡음의 에너지가 된다.

$$R_{n_0}(0) = \overline{n_0^2(t)}$$

잡음 파워의 평균값 $\overline{n_0^2(t)}$을 구하는 문제는 $R_{n_0}(0)$을 구하는 문제로 볼 수 있다. $R_{n_0}(\tau)$의 CTFT $S_{n_0}(\omega)$을 전력스펙트럼이라 부르며 CTFT의 정의에 의해 다음 식으로 표현된다.

$$R_{n_0}(t) = \frac{1}{2\pi}\int S_{n_0}(\omega)e^{j\omega t}d\omega$$

따라서 잡음의 평균값 $\overline{n_0^2(t)}$는 다음과 같이 나타낼 수 있다.

$$\overline{n_0^2(t)} = R_{n_0}(0) = \frac{1}{2\pi}\int S_{n_0}(\omega)d\omega = \frac{1}{2\pi}\int |H(\omega)|^2 S(\omega)d\omega$$

이 식에서 $S_{n_0}(\omega) = |H(\omega)|^2 S_n(\omega)$의 관계식은 7.3.3절에서 설명하였다. 지금까지 주파수 영역에서 표현한 분자 분모를 SNR 식에 대입하면 다음과 같다.

$$\therefore \ \rho = \frac{\overline{s_0^2(T_b)}}{\overline{n_0^2(t)}} = \frac{\left| \int_{-\infty}^{\infty} H(\omega) S(\omega) e^{j\omega T_b} d\omega \right|^2}{2\pi \int_{-\infty}^{\infty} |H(\omega)|^2 S_n(\omega) d\omega}$$

위의 식에서 SNR을 최대화하는 $H(\omega)$를 얻기 위해서 다음과 같은 슈바르츠(Schwarz) 부등식을 이용한다.

$$\left| \int X(\omega) Y(\omega) d\omega \right|^2 \leq \left| \int |X(\omega)|^2 d\omega \right| \left| \int |Y(\omega)|^2 d\omega \right|$$

위의 식에서 등호는 다음 경우에 성립한다.

$$X(\omega) = k Y^*(\omega)$$

이 식에서 k는 상수이다.

예제

다음의 두 함수는 슈바르츠 부등식을 만족하는가?

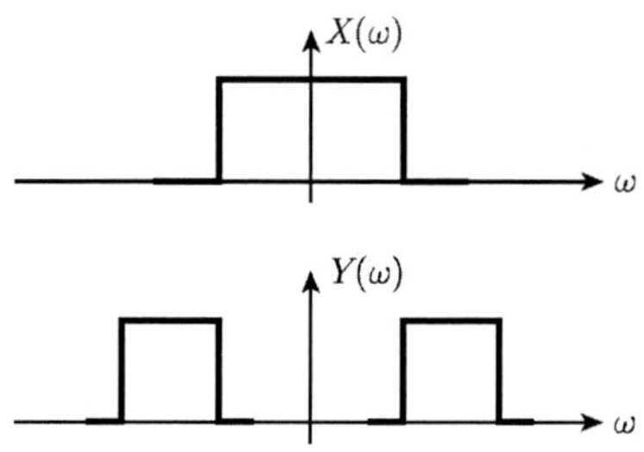

그림 8-30 예제의 두 함수

$H(\omega)$를 얻기 위해서 슈바르츠 부등식을 다음과 같이 변형한다.

$$\frac{\left| \int X(\omega) Y(\omega) d\omega \right|^2}{\int |X(\omega)|^2 d\omega} \leq \int |Y(\omega)|^2 d\omega$$

위의 슈바르츠 부등식을 적용하기 위해서 앞에서 구한 분모 분자를 다음과 같이 변형한다.

$$2\pi \int |H(\omega)|^2 S_n(\omega) d\omega = 2\pi \int \left| \sqrt{S_n(\omega)}\, H(\omega) \right|^2 d\omega$$

$$\left| \int H(\omega) S(\omega) e^{j\omega T_b} d\omega \right|^2 = \left| \int \frac{S(\omega)}{\sqrt{S_n(\omega)}} H(\omega) \sqrt{S_n(\omega)}\, e^{j\omega T_b} d\omega \right|$$

이를 SNR에 대입하면 다음과 같다.

$$\rho = \frac{\left| \int H(\omega) S(\omega) e^{j\omega T_b} d\omega \right|^2}{2\pi \int |H(\omega)|^2 S_n(\omega) d\omega} = \frac{\left| \int \frac{S(\omega)}{\sqrt{S_n(\omega)}} H(\omega) \sqrt{S_n(\omega)}\, e^{j\omega T_b} d\omega \right|^2}{2\pi \int \left| \sqrt{S_n(\omega)}\, H(\omega) \right|^2 d\omega}$$

이를 슈바르츠 부등식에 적용하면 다음과 같은 부등식을 얻는다.

$$\rho = \frac{\left| \int \frac{S(\omega)}{\sqrt{S_n(\omega)}} H(\omega) \sqrt{S_n(\omega)}\, e^{j\omega T_b} d\omega \right|^2}{2\pi \int \left| \sqrt{S_n(\omega)}\, H(\omega) \right|^2 d\omega} \le \int \left| \frac{S(\omega)}{\sqrt{S_n(\omega)}} e^{j\omega T_b} \right|^2 d\omega$$

위의 부등호에서 등호가 성립하는 경우 즉 좌변이 최대가 되는 조건은 다음과 같다.

$$\sqrt{S_n(\omega)}\, H(\omega) = k \frac{S^*(\omega)}{\sqrt{S_n(\omega)}} e^{-j\omega T_b}$$

$$H(\omega) = k \frac{S^*(\omega)}{S_n(\omega)} e^{-j\omega T_b}$$

랜덤 프로세스 $n(t)$는 백색잡음(white noise)이므로 전력스펙트럼을 $S_n(\omega) = \eta/2$의 상수값으로 대입할 수 있다.

$$H(\omega) = \frac{2k}{\eta} S^*(\omega) e^{-j\omega T_b}$$

$$h(t) = \frac{2k}{\eta} s(T_b - t)$$

위의 식과 같이 SNR을 최대로 하기 위한 정합필터의 임펄스 응답은 신호 $s(t)$를 반사시킨 후에 T_b만큼 지연시킨 것이다.

참고

$$s(t) \leftrightarrow S(\omega) \Rightarrow s(-t) \leftrightarrow S^*(\omega)$$

$$\Rightarrow s(-(t - T_b)) = s(T_b - t) \leftrightarrow S^*(\omega) e^{-j\omega T_b}$$

$$\mathscr{F}\{s(-t)\} = \int_{-\infty}^{\infty} s(-t) e^{-j\omega t} dt = -\int_{\infty}^{-\infty} s(\tau) e^{j\omega\tau} d\tau$$

$$= \int_{-\infty}^{\infty} s(\tau) e^{j\omega\tau} d\tau = \left\{ \int_{-\infty}^{\infty} s(\tau) e^{-j\omega\tau} d\tau \right\}^* = S^*(\omega)$$

정합필터의 입력 신호가 다음 그림과 같이 구형파인 경우에 정합필터의 임펄스 응답은 그림과 같이 역시 구형파가 된다.

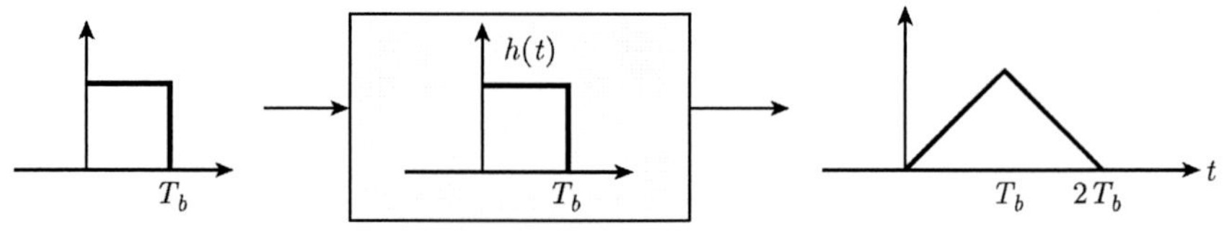

그림 8-31 정보신호가 구형파인 경우의 정합필터

위의 정합필터 출력에서 보듯이 잡음이 인가되어도 임펄스 응답과 컨볼루션되면서 T_b에서 판정하면 보다 오류가 적은 판정 결과를 기대할 수 있다.

상관기를 이용한 정합필터 구현

이와 같은 정합필터를 상관기를 사용하여 효과적으로 구현하는 방법을 알아보기로 한다. PCM 통신시스템의 수신기에 수신된 $s(t)$는 전송로를 통과한 비트 펄스, 즉 임의의 파형이다. 따라서 임의의 파형 $s(T_b - t)$를 임펄스 응답 $h(t)$로 하는 필터의 구현은 쉽지 않다. 효과적인 정합필터 구현을 위하여 정합필터 출력을 다음과 같이 변형시켜 보자.

$$
\begin{aligned}
s_0(t) + n_0(t) &= [s(t) + n(t)] * h(t) \\
&= \int [s(\tau) + n(\tau)] h(t - \tau)\, d\tau \\
&= \int [s(\tau) + n(\tau)] s(T_b - t + \tau)\, d\tau
\end{aligned}
$$

따라서 샘플링 순간 T_b에서의 출력은 다음과 같다.

$$
s_0(T_b) + n_0(T_b) = \int_0^{T_b} [s(\tau) + n(\tau)] s(\tau)\, d\tau
$$

위의 식의 상관기를 사용하여 $s_1(t) = V$, $s_0(t) = -V$의 송신 신호에 대한 정합필터를 구현해 보기로 한다. 수신된 신호는 다음 그림과 같이 잡음이 인가되었다.

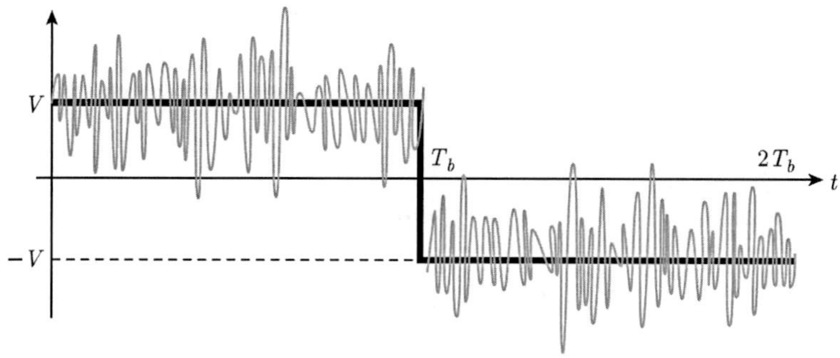

그림 8-32 잡음이 섞인 수신 신호

이를 상관기를 사용하여 정합필터를 구현하면 다음과 같다.

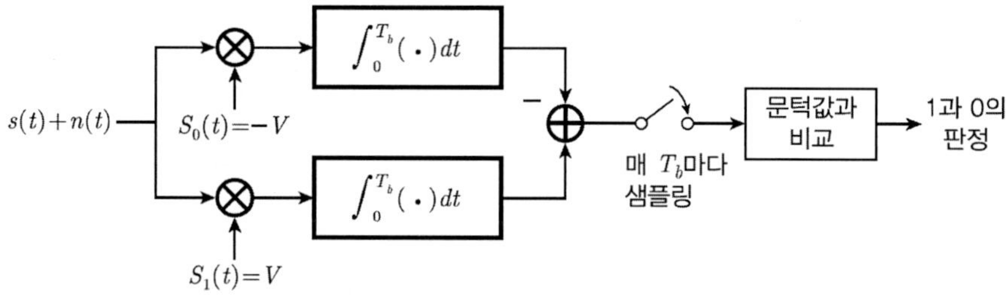

그림 8-33 NRZ PCM 신호에 대한 상관기 정합필터

(i) $s(t) = s_1(t) = V$일 때

샘플링 시점에서의 위의 상관기 출력과 아래 상관기 출력은 각각 $-V^2T_b$와 V^2T_b가 된다. 따라서 표본기의 출력은 $2V^2T_b$가 되며 이 값을 문턱값 0과 비교하여 V로 판정하게 된다(1로 판정).

(ii) $s(t) = s_0(t) = -V$일 때

샘플링 시점에서의 위의 상관기 출력과 아래 상관기 출력은 각각 V^2T_b와 $-V^2T_b$가 된다. 따라서 표본기의 출력은 $-2V^2T_b$가 되며 이 값을 문턱값 0과 비교하여 $-V$로 판정하게 된다(0으로 판정).

8.4 채널 등화기

PCM 신호가 전송되는 채널의 특성은 대역이 제한되므로 펄스 파형이 크게 왜곡되는 현상이 생긴다. 이를 보상하기 위하여 중계기가 설치되며 이 중계기의 역할은 채널에서 생긴 왜곡을 등화기(equalizer)를 통해 보상해주는 것이다. 등화기를 통해 전송선의 분포 용량과 분포 인덕턴스에 의한 영향을 줄여줌으로써 채널의 대역폭을 확장하는 효과를 얻는다. 전송채널의 주파수 응답과 등화기의 주파수 응답을 각각 $H(\omega)$와 $H_{eq}(\omega)$라고 하면 $H_{eq}(\omega)$는 다음의 특성을 만족하도록 설계한다.

$$H(\omega)H_{eq}(\omega) = 1$$

즉, 등화기의 전달함수 $H_{eq}(\omega)$는 채널의 전달함수 $H(\omega)$의 역함수가 되어야 한다.

예제

전송채널의 주파수 응답 $H(\omega)$가 다음과 같다. 등화기의 주파수 응답을 그리시오.

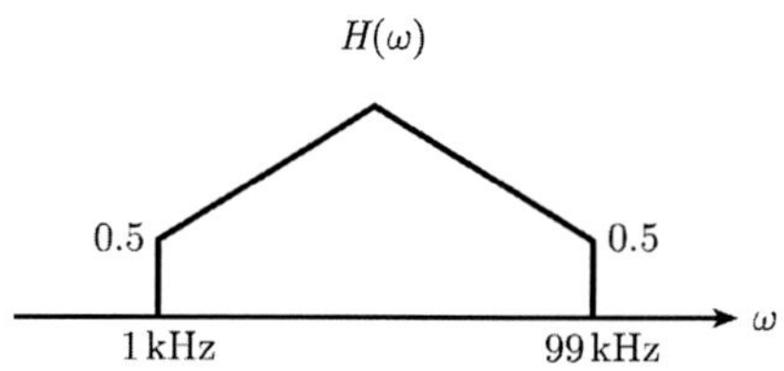

그림 8-34 어느 채널의 전달함수

풀이 등화기의 주파수 응답 $H_{eq}(\omega)$는 다음과 같다.

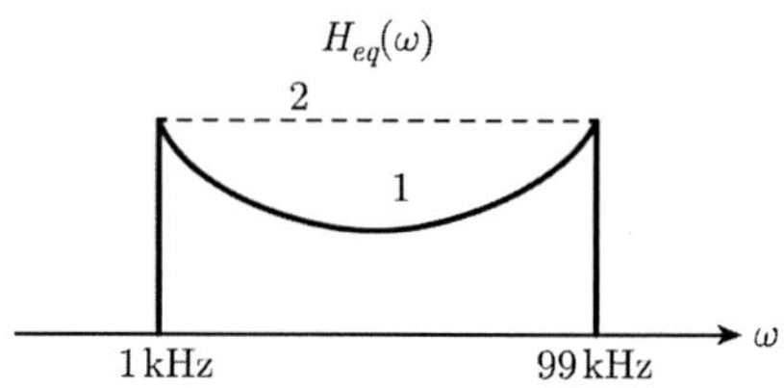

그림 8-35 채널 등화기의 전달함수

채널은 위의 그림과 같이 전달함수가 일정한 경우도 있지만 대부분 시시각각으로 전달함수가 변하고 있다. 따라서 등화기의 임펄스 응답도 시시각각으로 적응하여야 한다. 이 절에서는 등화기의 임펄스 응답을 적응적으로 구하는 방법인 LMS(Least Mean Square) 알고리즘에 대하여 알아보기로 한다. 먼저 등화기 임펄스 응답은 다음 그림과 같은 횡단 필터(transversal filter)를 사용한다.

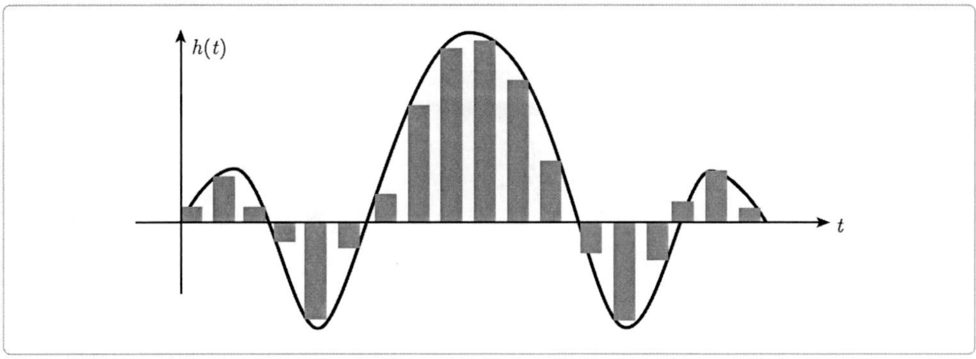

그림 8-36 횡단 필터의 임펄스 응답의 예

등화기의 임펄스 응답을 다음과 같이 횡단 필터로 가정하고 필터 계수 a_n을 적응적으로 구해야 한다.

$$h(t) = \sum_{n=0}^{N} a_n \delta(t - nT)$$

이 횡단 필터로 구성된 등화기의 구조는 다음 그림과 같다.

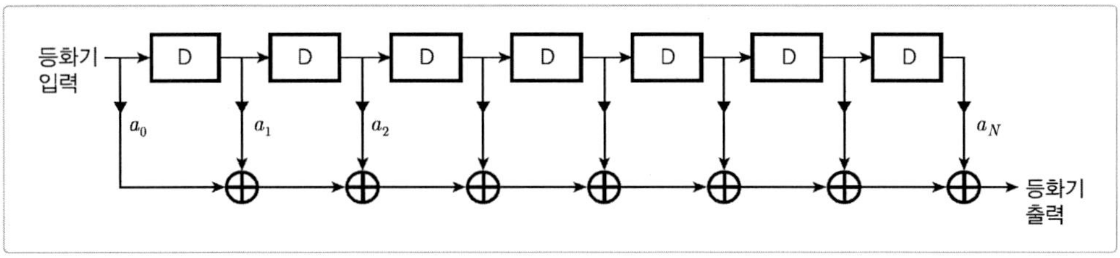

그림 8-37 횡단 필터의 구조

따라서 등화기 출력은 다음과 같이 나타낼 수 있다.

$$\begin{aligned} y(t) &= h(t) * x(t) = \int_{-\infty}^{\infty} h(\tau) x(t-\tau) d\tau \\ &= \int_{-\infty}^{\infty} \sum_{n=0}^{N} a_n \delta(\tau - nT) x(t-\tau) d\tau = \sum_{n=0}^{N} a_n \int_{-\infty}^{\infty} \delta(\tau - nT) x(t-\tau) \delta\tau \\ &= \sum_{n=0}^{N} a_n x(t - nT) \end{aligned}$$

채널의 상황이 연속적으로 변화하는 경우에 적응적으로 필터계수를 찾아서 등화기 주파수 특성을 얻을 수 있는 여러 가지 방식의 적응 등화기(adaptive equalizer)가 있다. 그 중에서 가장 널리 사용되는 LMS 알고리즘을 알아본다. 먼저 횡단 필터의 계수를 구하기 위한 모델은 다음 그림과 같다.

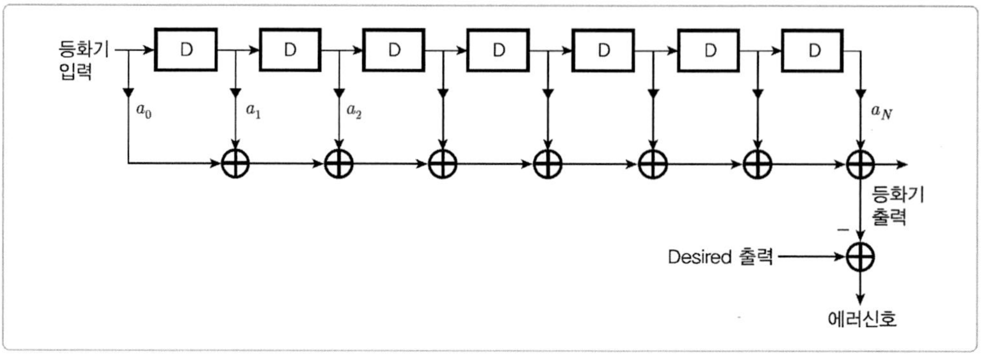

그림 8-38 LMS 알고리즘 모델

이 그림에서 등화기의 임펄스 응답은 다음과 같다.

$$a_n = \sum_{k=0}^{N} a_k \delta(n-k)$$

이 적응 등화기의 출력 신호는 다음과 같다.

$$y[n] = \sum_{k=0}^{N} a_k x[n-k]$$

Desired 출력 신호를 $p[n]$이라 정의하면 에러 신호는 다음과 같다.

$$e[n] = p[n] - y[n]$$

이 에러 신호를 최소화하는 등화기의 필터계수를 구하는 LMS 알고리즘은 다음과 같다. 먼저 횡단 필터의 필터계수를 다음과 같이 갱신하면 최소의 에러신호를 얻을 수 있다.

$$a_k[n+1] = a_k[n] - \beta \frac{dE\{e^2[n]\}}{da_k[n]}$$

이 에러신호 $e[n]$의 MSE는 다음과 같다.

$$\begin{aligned} E\{e^2[n]\} &= E\{[p[n] - y[n]]^2\} \\ &= E\{p^2[n] - 2p[n]y[n] + y^2[n]\} \\ &= E\{p^2[n]\} - 2E\{p[n]y[n]\} + E\{y^2[n]\} \end{aligned}$$

이 MSE를 $a_k[n]$으로 미분하면 다음과 같다.

$$\frac{dE\{e^2[n]\}}{da_k[n]} = \frac{dE\{p^2[n]\}}{da_k[n]} - 2\frac{dE\{p[n]y[n]\}}{da_k[n]} + \frac{dE\{y^2[n]\}}{da_k[n]}$$

이 식 우변의 각 항은 다음과 같이 구할 수 있다.

$$\frac{dE\{p^2[n]\}}{da_k[n]} = 0$$

$$\frac{dE\{p[n]y[n]\}}{da_k[n]} = \frac{dE\left\{p[n]\sum_{k=0}^{N} a_k x[n-k]\right\}}{da_k[n]} = E\{p[n]x[n-k]\}$$

$$\frac{dE\{y^2[n]\}}{da_k[n]} = \frac{dE\left\{(\sum_{k=0}^{N} a_k x[n-k])^2\right\}}{da_k[n]} = 2E\left\{(\sum_{k=0}^{N} a_k x[n-k])x[n-k]\right\}$$

$$= 2E\{y[n]x[n-k]\}$$

따라서 MSE는 다음과 같이 정리된다.

$$\begin{aligned}\frac{dE\{e^2[n]\}}{da_k[n]} &= -2E\{p[n]x[n-k]\} + 2E\{y[n]x[n-k]\} \\ &= -2E\{(p[n]-y[n])x[n-k]\} \\ &= -2E\{e[n]x[n-k]\}\end{aligned}$$

이 결과를 대입하면 다음의 식을 얻을 수 있다.

$$a_k[n+1] = a_k[n] + 2\beta E\{e[n]x[n-k]\}$$

따라서 채널 등화기 횡단 필터의 필터계수 $a_k (k=0,1,\cdots,N)$는 위의 식으로 갱신된다.

T1-디지털 통신시스템의 요약을 위해 다음 그림의 T1-디지털 통신시스템의 블록도를 다시 보자.

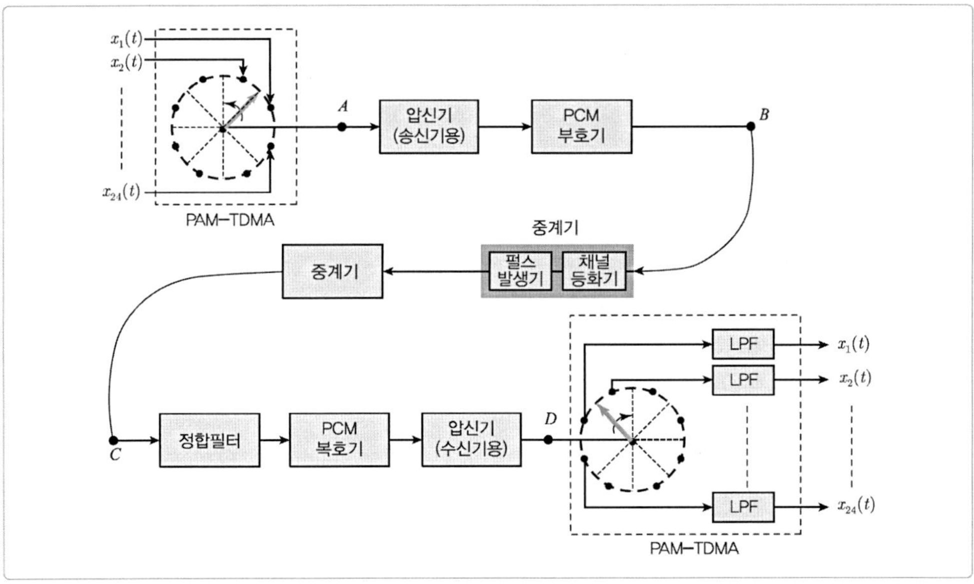

그림 8-39 기저대역 T1-디지털 통신시스템의 블록도

T1-디지털 통신시스템의 비트율

- 음성 신호는 최대주파수가 3.5 kHz이므로 여유를 두어 4 kHz로 정의하고 샘플링 이론에 따라 1초에 8,000번 샘플링한다. 따라서 그림의 PAM-TDMA 블록의 절환기는 1초에 8,000번 회전하게 구성한다.
- 절환기에는 24명의 가입자가 연결되어 있으므로 한 바퀴 회전에 24개의 샘플이 발생한다.
- 이 각각의 샘플은 PCM 변조기에서 8비트로 변환되므로 한 바퀴 회전당 192비트가 생성된다. 한 바퀴 회전에서 생성되는 비트를 1프레임(frame)으로 정의한다.
- 절환기가 한 바퀴 회전할 때마다 동기화 비트 1개를 전송하게 된다. 따라서 한 프레임은 193비트가 된다.
- 한 프레임의 시간은 $T_s = 1/8,000\,\mathrm{sec} = 125\,\mu\mathrm{sec}$이므로 T1 시스템 전송호의 비트율은 $193\,\mathrm{bit} \times 8,000/\mathrm{sec} = 1,544,000\,\mathrm{bps} = 1.544\,\mathrm{Mbps}$ 이다.

8.5 기타 기저대역 변조

이 절에서는 PCM 변조 방식 외의 기타 기저대역 변조방식을 알아본다. PCM 변조 방식과 더불어 사용되는 기저대역 변조 방식에는 DM(Delta Modulation) 변조와 DPCM(Differential Pulse Code Modulation) 변조가 있다.

8.5.1 DM 변조

PCM 변조 방식은 원신호의 해상도를 높이기 위해서 샘플 펄스당 할당되는 비트의 수를 늘려야 하므로 데이터의 양이 상대적으로 크다. 예를 들면 음성 신호의 경우에 한 개의 샘플당 8비트가 할당되고 오디오 신호의 경우에는 한 개의 샘플당 16비트가 할당된다. 이와 비교하여 1개의 샘플당 1비트를 할당하는 DM 변조에 대하여 알아보기로 한다. DM 변조의 기본 원리는 다음 그림과 같다.

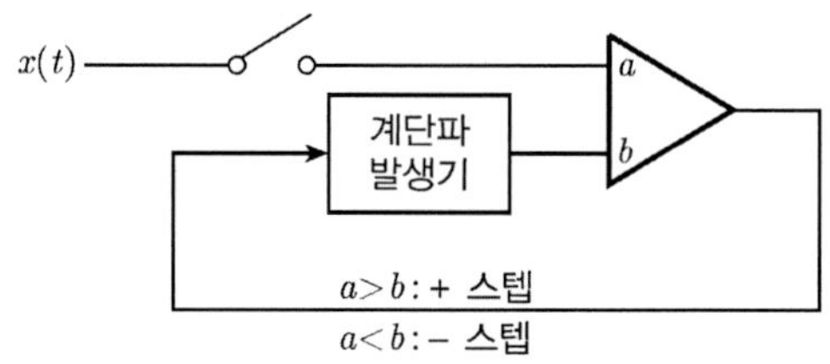

그림 8-40 DM 변조의 원리

이 그림에서 아날로그 신호는 샘플링된 후 비교기에서 계단파 발생기의 출력과 비교된다. 계단파 발생기의 출력은 한 단계 증가하거나 한 단계 감소하도록 되어 있으며 비교기의 출력 상태에 의해 증가와 감소가 결정된다. 즉, 샘플값 a가 계단파 발생기 출력 b보다 크면 계단파 발생기 출력은 한 단계 증가하고(+스텝) 반대로 계단파 발생기 출력 b가 샘플값 a보다 크면 계단파 발생기 출력은 한 단계 감소하도록(−스텝) 설계한다. 따라서 계단파 발생기 출력은 아날로그 신호 $x(t)$를 추적하게 되며 송신신호는 +스텝인 경우에는 1을 전송하고 −스텝인 경우에는 0을 전송하게 된다. 수신기는 수신된 1과 0을 사용하여 송신기 계단파 발생기 출력과 같은 신호를 복조해낼 수 있게 된다. 이 DM 변조는 샘플당 1비트의 2진부호화가 가능하다. 이 DM 변조는 1 샘플당 1비트가 할당되는 효과적인 방법이지만 신호 $x(t)$에 대한 근사적인 양자화가 실제 양자화와 얼마나 작은 오차로 접근하느냐 하는 것이 문제점으로 떠오른다. 즉, 이 그림에서 계단파 발생기 출력이 얼마나 $x(t)$의 샘플값을 근사적으로 쫓아갈 수 있는가가 중요한 문제이다.

DM 변조 통신시스템의 블록도는 다음 그림과 같다.

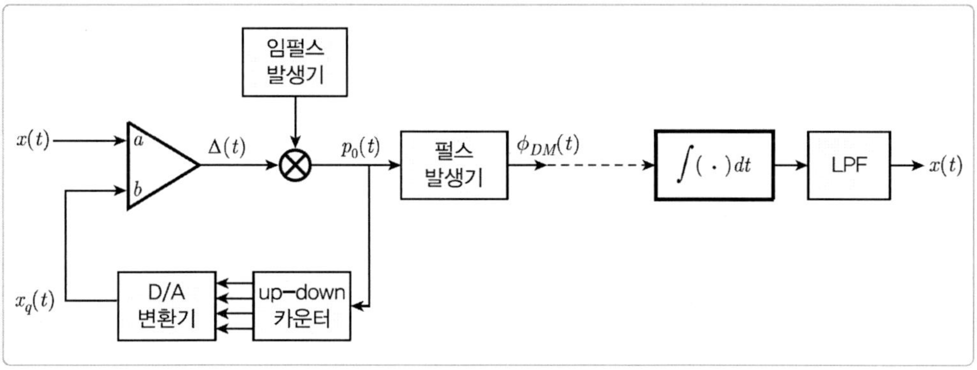

그림 8-41 **DM 변조 통신시스템 블록도**

위의 DM 변조 통신시스템에서 비교기 출력 $\Delta(t)$는 다음과 같이 정의된다.

$$\Delta(t) = \begin{cases} +V, & x(t) \ge x_q(t) \\ -V, & x(t) < x_q(t) \end{cases}$$

비교기의 출력은 임펄스 주기신호와 곱해져서 $p_0(t)$가 출력되며 그 모양은 다음 그림과 같다.

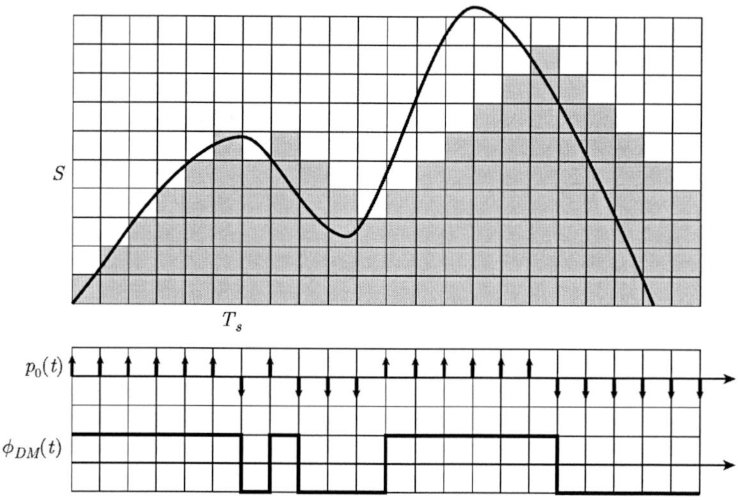

그림 8-42 DM 변조의 파형

$p_0(t)$는 업-다운(up-down) 카운터의 2진 숫자가 현재보다 상승하게 할 것인지 하강하게 할 것인지 제어한다. 이 업-다운 카운터의 출력을 D/A 변환시키면 계단파 $x_q(t)$가 발생하여 비교기로 입력된다.

이때에 근사적인 $x_q(t)$가 실제의 신호 $x(t)$와 얼마의 오차가 생기는지는 두 가지 변수, 즉 샘플링 주기 T_s와 계단파 스텝의 크기 S에 달려 있다. 신호 $x(t)$의 최대주파수가 알려져 있으면 이에 적합하도록 T_s와 S를 조정하여야 한다. 위의 그림에서 보듯이 후반부의 계단파 $x_q(t)$가 신호 $x(t)$의 변화율을 따라가지 못하고 있다. 이는 샘플링 주파수를 증가시켜서 해결할 수 있으나 데이터량이 증가하게 된다. 다른 방법으로는 계단파의 스텝 S를 증가하여 해결할 수 있으나 다음 그림과 같이 신호 $x(t)$의 변화가 완만한 곳에서는 오히려 양자화 오차가 증가하는 단점이 생긴다.

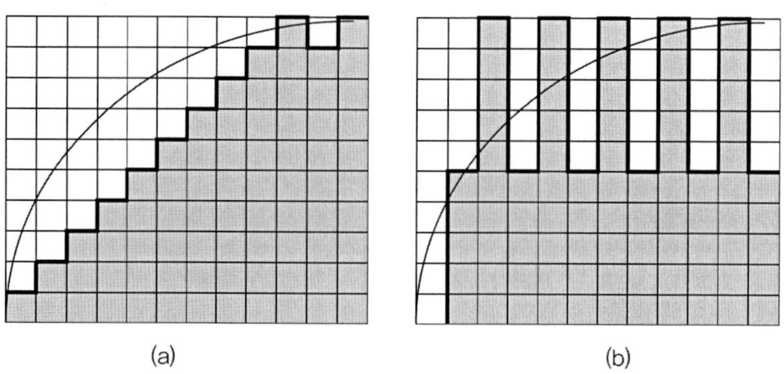

그림 8-43 스텝 폭이 양자화 오차에 미치는 영향

이 그림에서 보듯이 (a)에서는 스텝폭이 작아 급한 경사의 신호를 신속하게 따라가지 못하고 있으며, (b)에서는 스텝폭이 너무 커서 급경사에는 잘 따라가지만 완만한 경사에서는 오차가 너무 커짐을 볼 수 있다.

경사과부하가 일어나지 않을 조건

이 그림 (a)와 같이 신호 $x(t)$의 경사가 급해서 상당 기간 동안 $x_q(t)$가 이를 따라가지 못하는 현상을 경사과부하(slope overload)라고 부른다. 경사과부하가 일어나지 않을 조건은 계단파의 상승률이 신호의 최대변화율보다 크면 된다. 다음 그림과 같은 정현파 $x(t) = A\cos 2\pi f_m t$를 송신하는 경우를 가정하여 경사과부하 조건을 알아보도록 한다.

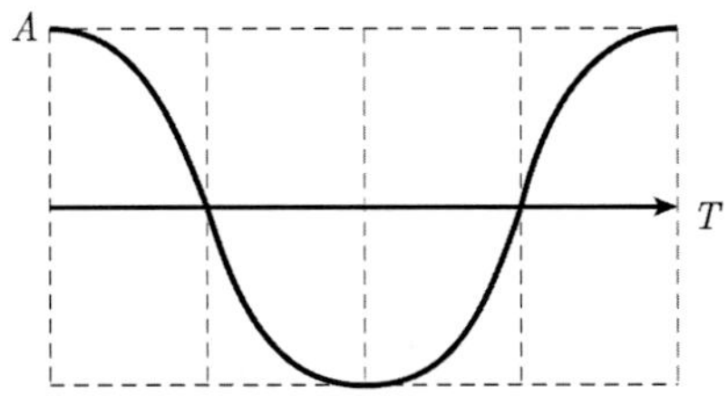

그림 8-44 송신하려는 정현파 신호

위의 정현파 신호의 최대 변화율을 구해 보기로 한다. 주기는 $T = 1/f_m$이므로 신호는 $t_1 = 3/(4f_m)$에서 변화율이 최대가 된다. 따라서 최대변화율은 다음과 같이 나타낼 수 있다.

$$x'(t) = -2\pi A f_m \sin 2\pi f_m t$$

$$\therefore x'(t_1) = -2\pi A f_m \sin 2\pi f_m \frac{3}{4f_m} = -2\pi A f_m \sin\frac{3\pi}{2} = 2\pi A f_m$$

계단파의 상승률은 다음과 같다.

$$\frac{S}{T_s} = Sf_s$$

이 식에서 S는 스텝폭이고 T_s는 샘플링 주기이다. 따라서 경사과부하가 일어나지 않을 조건은 다음과 같다.

$$f_s \geq \pi f_m \left(\frac{2A}{S}\right)$$

예제

음성 신호를 PCM과 DM으로 각각 송신하려고 한다. PCM과 DM의 비트율을 비교하시오.

PCM은 8 kHz의 샘플링률과 샘플당 8비트를 사용하고 DM의 스텝크기 $S = 2A/128$을 사용하고 음성 신호의 최대주파수는 f_m =800 Hz를 사용하시오.

풀이 먼저 PCM 변조의 비트율을 구해 보자. 신호는 초당 8,000개를 샘플링하고 한 샘플은 8비트로 코딩되므로 초당 64,000 bps=64 kbps의 비트율이다.

이제 DM 변조의 비트율을 구해 보자. 경사과부하가 일어나지 않을 조건은 다음과 같다.

$$f_s \geq \pi f_m \left(\frac{2A}{S} \right) = \pi \times 800 \times 128 \cong 322 \text{ kHz}$$

따라서 DM 변조의 비트율은 322 kbps이다. 이 예제에서는 PCM 변조의 비트율이 더 우수함을 알 수 있다.

8.5.2 DPCM 변조

PCM 변조는 현재 샘플을 부호화한다. 이와 비교하여 과거 샘플들로부터 예측한 현재 샘플과 실제 현재 샘플과의 차이를 부호화는 방법이 개발되었는데, 이를 DPCM(Differential PCM) 변조라고 한다. 이와 같은 차이 신호는 신호의 변화 폭이 크지 않아서 비트율을 증가시킬 수 있는 장점이 있다. DPCM 변조 시스템은 다음 그림과 같다.

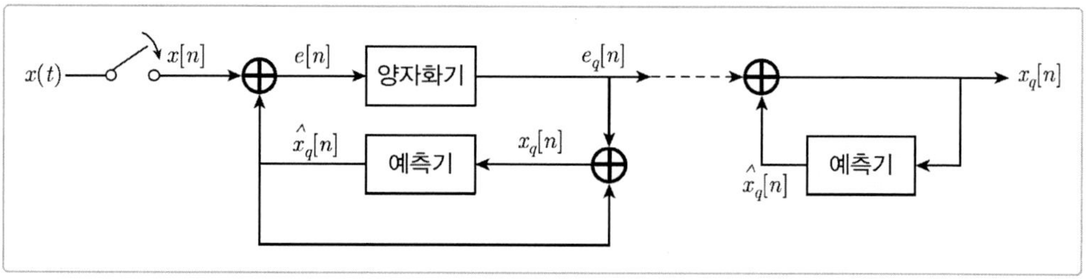

그림 8-45 DPCM 변조/복조 통신시스템 블록도

과거의 샘플값들을 선형합하여 현재 샘플값에 대한 예측값으로 삼는 방법을 선형예측(linear prediction)이라고 한다.

$$\hat{x}[n] = a_1 x[n-1] + a_2 x[n-2] + \cdots + a_N x[n-N]$$

이때 실제의 샘플값과 예측된 샘플값과의 차이를 다음과 같이 예측오차(prediction error)로 정의한다.

$$e[n] = x[n] - \hat{x}[n]$$

송신기에서는 이 예측 오차의 양자화 값 $e_q[n]$이 송신된다.

수신기에서는 다음과 같이 복원된다.

$$x_q[n] = \hat{x}_q[n] + e_q[n]$$

따라서 수신기에도 선형 예측기가 필요하다. 이제 선형 예측기의 상수 계수를 어떻게 정하는지를 선형 예측기의 차수에 따른 방식들을 살펴보기로 한다.

$N=1$인 경우

차수가 1인 선형 예측기의 계수는 예측오차의 MSE가 최소가 되도록 정한다. 선형 예측기는 $\hat{x}[n] = a_1 x[n-1]$이므로 MSE는 다음과 같이 구해진다.

$$\begin{aligned} \text{MSE} &= E\{e^2[n]\} = E\{(x[n] - a_1 x[n-1])^2\} \\ &= E\{x^2[n]\} + a_1^2 E\{x^2[n-1]\} - 2a_1 E\{x[n]x[n-1]\} \\ &= R_x(0) + a_1^2 R_x(0) - 2a_1 R_x(1) \end{aligned}$$

MSE를 a_1으로 미분한 값이 0이면 MSE가 최소가 되므로 다음과 같이 a_1을 찾을 수 있다.

$$\frac{\text{MSE}}{da_1} = 2a_1 R_x(0) - 2R_x(1) = 0 \qquad \therefore a_1 = \frac{R_x(1)}{R_x(0)}$$

이와 같이 신호의 자기상관함수가 알려진 경우에 예측이 가능하다.

예제

$N=1$의 선형 예측을 사용하여 DPCM으로 전송하려고 한다. $x[n]$이 다음과 같을 때, 선형 예측기의 계수 a_1을 구하시오.

$$x[n] = \{0.1,\ 0.7,\ 0.9,\ 0.5,\ -0.2,\ -0.7,\ -0.4,\ 0.2,\ 0.6,\ 0.3\}$$

풀이 자기상관함수를 구하면 각각 다음과 같다.

$$R_x(0) = E\{x^2[n]\} = \frac{2.74}{10} = 0.274$$
$$R_x(1) = E\{x[n]x[n-1]\} = \frac{1.69}{9} = 0.188$$

따라서 선형 예측기의 계수는 다음과 같다.

$$a_1 = \frac{R_x(1)}{R_x(0)} = 0.611$$

이와 같은 예측은 입력 신호 $x(t)$를 충분히 관측하여 $x(t)$의 자기상관함수가 알려져 있는 경우에 가능하다.

$N=2$인 경우

차수가 $N=2$인 선형 예측과 예측 오차는 다음과 같다.

$$\hat{x}[n] = a_1 x[n-1] + a_2 x[n-2]$$

$$e[n] = x[n] - \hat{x}[n] = x[n] - a_1 x[n-1] - a_2 x[n-2]$$

예측 오차와 샘플값들은 서로 직교(orthogonal)이어야 하는 다음 조건을 만족할 때에 최적 예측이 이루어진다.

$$E\{x[n-1]e[n]\} = 0$$

$$E\{x[n-2]e[n]\} = 0$$

이를 다시 쓰면 다음과 같다.

$$E\{(x[n] - a_1 x[n-1] - a_2 x[n-2])x[n-1]\} = 0$$

$$E\{(x[n] - a_1 x[n-1] - a_2 x[n-2])x[n-2]\} = 0$$

자기상관함수를 사용하여 나타내면 다음과 같다.

$$a_1 R_x(0) + a_2 R_x(1) = R_x(1)$$

$$a_1 R_x(1) + a_2 R_x(0) = R_x(2)$$

이를 행렬로 표시하면 다음과 같다.

$$\begin{bmatrix} R_x(0) & R_x(1) \\ R_x(1) & R_x(0) \end{bmatrix} \begin{bmatrix} a_1 \\ a_2 \end{bmatrix} = \begin{bmatrix} R_x(1) \\ R_x(2) \end{bmatrix}$$

예제

$N=2$의 선형 예측을 사용하여 DPCM으로 전송하려고 한다. $x(n)$이 다음과 같을 때, a_1과 a_2를 구하시오.

$$x[n] = \{0.1,\ 0.7,\ 0.9,\ 0.5,\ -0.2,\ -0.7,\ -0.4,\ 0.2,\ 0.6,\ 0.3\}$$

풀이 자기상관함수는 다음과 같이 구해진다.

$$R_x(0) = E\{x^2(n)\} = 2.74/10 = 0.274$$
$$R_x(1) = E\{x(n)x(n-1)\} = 1.69/9 = 0.188$$
$$R_x(2) = E\{x(n)x(n-2)\} = -0.33/8 = -0.041$$

이를 사용한 행렬은 다음과 같다.

$$\begin{bmatrix}0.274 & 0.188\\0.188 & 0.274\end{bmatrix}\begin{bmatrix}a_1\\a_2\end{bmatrix}=\begin{bmatrix}0.188\\-0.041\end{bmatrix}$$

이 2원1차 연립방정식을 풀면 $a_1 = 0.536$, $a_2 = -0.568$이다.

$N = p$인 경우

차수가 $N = p$인 선형 예측은 다음과 같다.

$$\hat{x}[n] = \sum_{k=1}^{p} a_k x[n-k]$$

예측 오차는 다음과 같다.

$$\begin{aligned}\text{Error} &= \sum_n e^2[n] = \sum_n (x[n] - \hat{x}[n])^2 \\ &= \sum_n \left(x[n] - \sum_{k=1}^{p} a_k x[n-k] \right)^2 \\ &= \sum_n \left(x^2[n] - 2x[n] \sum_{k=1}^{p} a_k x[n-k] + (\sum_{k=1}^{p} a_k x[n-k])^2 \right)\end{aligned}$$

에러를 a_i로 미분한 값이 0이면 에러가 최소가 되므로 미분한 값이 0이 되는 a_i를 찾아보자.

$$\frac{\text{MSE}}{da_i} = -2\sum_n x[n]x[n-i] + 2\sum_n \sum_{k=1}^{p} a_k x[n-k]x[n-i] = 0, \quad i = 1, 2, \cdots, p$$

이를 다시 정리하면 다음과 같다.

$$\sum_{k=1}^{p} a_k \sum_n x[n-i]x[n-k] = \sum_n x[n-i]x[n], \quad i = 1, 2, \cdots, p$$

위의 식을 좀 더 간략하게 표기하기 위하여 다음의 covariance 함수를 정의한다.

$$\Phi(i, k) = \sum_n x[n-i]x[n-k]$$

에러 최소 조건의 식을 covariance 함수를 사용하여 나타내면 다음과 같다.

$$\sum_{k=1}^{p} a_k \Phi(i, k) = \Phi(i, 0), \qquad i = 1, 2, \cdots, p$$

이 식을 자기상관함수를 사용하여 나타내 보자. 먼저 covariance 함수와 자기상관함수의 관계는 다음과 같다.

$$\Phi(i, k) = R(i-k)$$

따라서 자기상관함수를 사용하여 에러 최소 조건의 식을 나타내면 다음과 같다.

$$\sum_{k=1}^{p} a_k R(|i-k|) = R(i), \qquad i = 1, 2, \cdots, p$$

이 조건을 행렬을 사용하여 다음과 같이 나타낼 수도 있다.

$$\begin{bmatrix} R(0) & R(1) & \cdots & R(p-1) \\ R(1) & R(0) & \cdots & R(p-2) \\ \vdots & \vdots & \ddots & \vdots \\ R(p-1) & R(p-2) & \cdots & R(0) \end{bmatrix} \begin{bmatrix} a_1 \\ a_2 \\ \vdots \\ a_p \end{bmatrix} = \begin{bmatrix} R(1) \\ R(2) \\ \vdots \\ R(p) \end{bmatrix}$$

위의 p개의 연립방정식을 풀면 N차 선형 예측기의 계수를 구할 수 있다.

연습문제

8-1 다음의 아날로그 신호를 PCM 신호로 변환하시오(샘플링의 샘플당 비트 수는 4 비트, 2의 보수형 binary code, truncation).

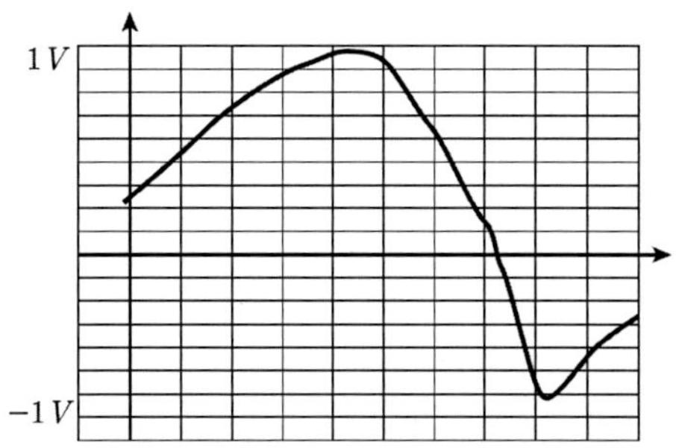

그림 VIII-1 예제의 PCM

(a) 왼쪽 열의 빈 칸에 2의 보수형 binary code를 적으시오.
(b) 맨 아래 행의 빈칸에 PCM code를 적으시오.

8-2 어떤 D/A 변환기가 다음과 같다. 이 D/A 변환기에서 $R=16\ \mathrm{k\Omega}$이고 $V_{ref}=2\mathrm{V}$이다.

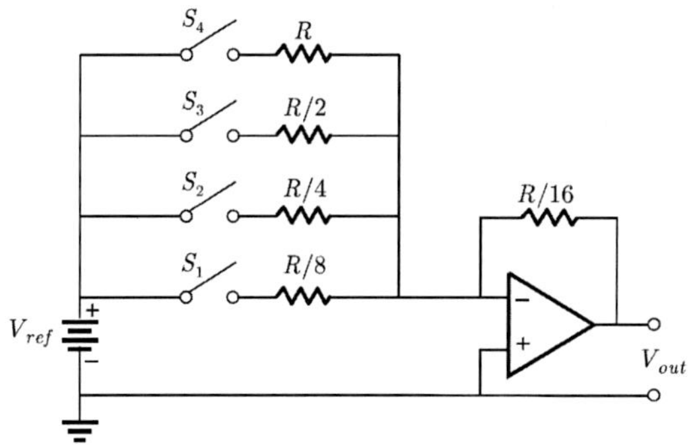

그림 VIII-2 예제의 D/A 변환기

a) 디지털 신호가 $S_1S_2S_3S_4$ =1111이다. 입력 저항을 구하시오. 그리고 이때의 출력 전압을 구하시오.

b) 디지털 신호가 $S_1S_2S_3S_4$ =1110이다. 입력 저항을 구하시오. 그리고 이때의 출력 전압을 구하시오.

8-3 어떤 μ-law 압신기의 입력 전압 v_i로부터 출력 전압 v_o는 다음 식으로 구해진다.

$$v_0 = V_0 \mathrm{sgn}(v_i / V_i) \frac{\ln(1+\mu|v_i / V_i|)}{\ln(1+\mu)}$$

v_i: 압신기 입력 전압

v_o: 압신기 출력 전압

V_i: 압신기 입력 전압 최댓값(1볼트)

V_o: 압신기 출력 전압 최댓값(1볼트)

μ: 15

압신기 입력 전압 v_i가 0.15볼트일 때 출력 전압 v_o를 구하시오.

8-4 어떤 μ-law 압신기의 입력 전압 v_i로부터 출력 전압 v_o는 다음 식으로 구해진다.

$$v_0 = V_0 \mathrm{sgn}(v_i / V_i) \frac{\ln(1+\mu|v_i / V_i|)}{\ln(1+\mu)}$$

v_i :압신기 입력 전압

v_o :압신기 출력 전압

V_i :압신기 입력 전압 최댓값(1볼트)

V_o :압신기 출력 전압 최댓값(1볼트)

μ :255

(a) 다음의 입력 신호에 대하여 비선형 함수로 변형된 후의 값 v_o를 구하시오.

v_i(볼트)	v_o(볼트)	v_i(볼트)	v_o(볼트)	v_i(볼트)	v_o(볼트)	v_i(볼트)	v_o(볼트)
0.0							
0.1		0.6		−0.1		−0.6	
0.2		0.7		−0.2		−0.7	
0.3		0.8		−0.3		−0.8	
0.4		0.9		−0.4		−0.9	
0.5		1.0		−0.5		−1.0	

(b) 다음 그림에서 가로축이 입력 전압 v_i이다. 출력 전압 v_o를 플롯하시오. (한 칸이 0.1V이며, 굵은 선이 0V선이다.)

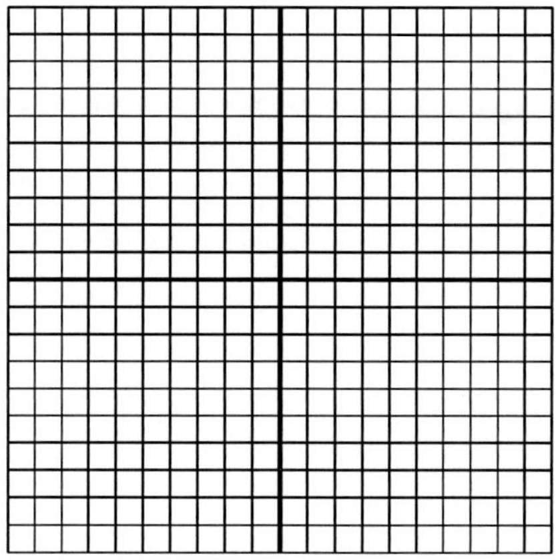

그림 VIII-3 **예제의 압신기 변환**

8-5 어떤 수신기에 수신된 신호 $s(t)$는 다음과 같다.

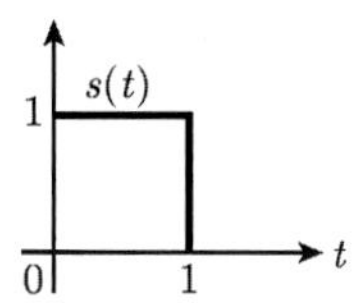

그림 VIII-4 **예제의 수신기 입력 신호**

수신신호의 SNR을 높이기 위해서 다음과 같은 정합필터를 설계하였다.

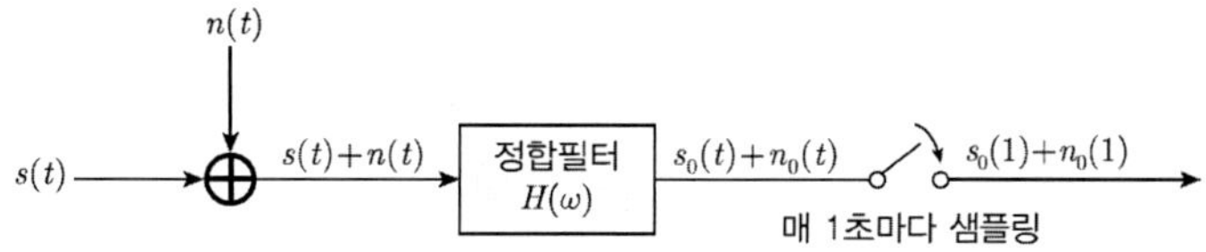

그림 VIII-5 **예제의 정합필터**

설계된 정합필터의 임펄스 응답은 $h(t)=s(1-t)$이다. 물음에 답하시오.

(a) $h(t)$를 그리시오.

(b) $s(t)$에 대한 정합필터의 출력 $s_0(t)$를 그리시오(그림의 최댓값을 명시하시오).

(c) 위의 정합필터를 상관기를 사용하여 구현하려고 한다. 상관기로 구현하기 위한 식을 유도하고, 유도한 식을 상관기로 그리시오.

8-6 어떤 수신기에 수신된 신호 $s(t)$는 다음과 같다.

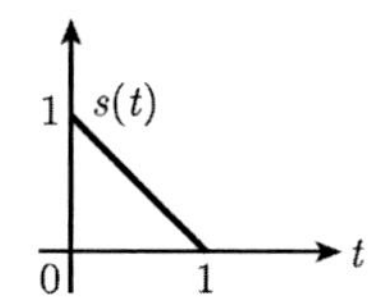

그림 VIII-6 예제의 수신기 입력 신호

수신신호의 SNR을 높이기 위해서 다음과 같은 정합필터를 설계하였다.

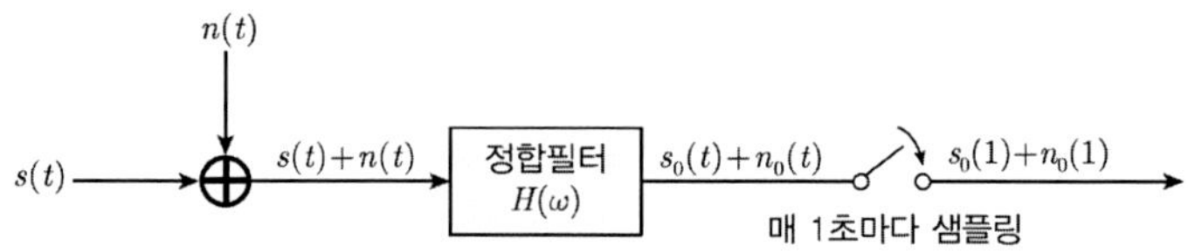

그림 VIII-7 예제의 정합필터

설계된 정합필터의 임펄스 응답은 다음과 같다. 물음에 답하시오.

$$h(t)=s(1-t)$$

(a) $h(t)$를 그리시오.

(b) $s(t)$에 대한 정합필터의 출력 $s_0(t)$를 그리시오(그림의 최댓값을 명시하시오).

(c) 위의 정합필터를 상관기를 사용하여 구현하려고 한다. 상관기로 구현하기 위한 식을 유도하고, 유도한 식을 상관기로 그리시오.

8-7 어느 통신시스템에서 잡음이 섞인 NRZ 신호는 다음과 같다. 1을 전송할 때는 $s_1(t)=10$볼트를 사용하고 0을 전송할 때에는 $s_0(t)=-10$볼트를 사용하였다.

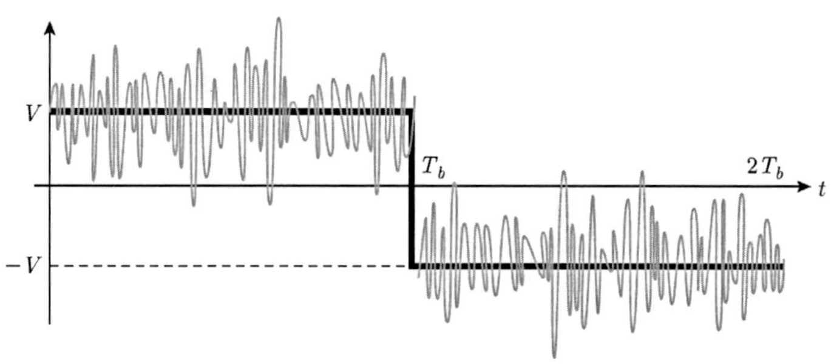

그림 VIII-8 예제의 입력 신호

위의 신호를 수신하기 위하여 다음과 같은 정합필터 수신기를 사용하였다. ($T_b = 1/64,000$ sec)

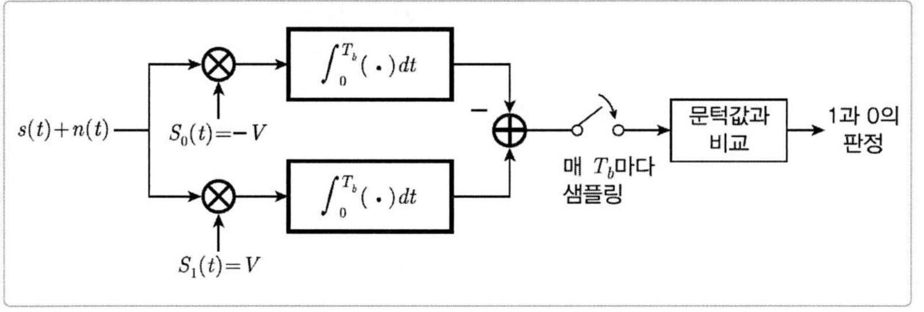

그림 VIII-9 **예제의 정합필터**

(a) $s(t) = s_1(t) = 10$볼트일 때 다음 빈칸을 채우시오.

위의 상관기 출력 : (   )

아래 상관기 출력 : (   )

표본기의   출력 : (   )

문턱값과 비교한 판단 : (   )

(b) $s(t) = s_0(t) = -10$볼트일 때 다음 빈칸을 채우시오.

위의 상관기 출력 : (   )

아래 상관기 출력 : (   )

표본기의   출력 : (   )

문턱값과 비교한 판단 : (   )

8-8 대역폭이 10 kHz의 신호를 전송하는 전송채널의 전달함수 $H(\omega)$가 다음과 같다.

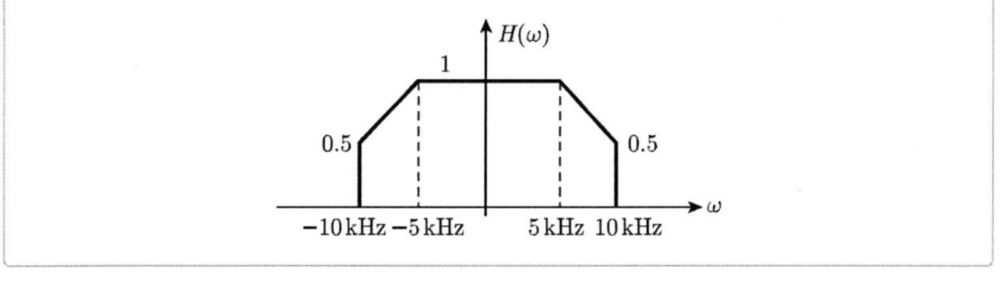

그림 VIII-10 **예제의 전송채널 특성**

등화기의 전달함수 $H_{eq}(\omega)$를 그리시오.

8-9 DM(Delta Modulation) 변조 시스템에서 경사과부하가 일어나지 않을 조건은 "계단파의 상승률〉신호의 최대변화율"이다. 즉,

$$sf_s \geq 2\pi A f_m$$

f_s : 샘플링 주파수

f_m : 신호의 최대주파수(500 Hz)

A : 신호의 최댓값

s : 스텝 사이즈(2A/128)

f_s를 구하시오.

8-10 다음의 f_m =1 kHz cos 신호를 DM(Delta Modulation) 방식으로 송신하려고 한다.

$$x(t) = \cos 2\pi f_m t$$

a) cos 신호의 최대변화율을 구하시오.

b) 스텝크기 s는 1/32을 사용하였다. 계단파의 상승률을 샘플링주파수 f_s를 사용하여 표현하시오.

c) 경사과부하가 일어나지 않을 조건은 "계단파의 상승률〉신호의 최대변화율"이다. 경사과부하가 일어나지 않을 샘플링주파수 f_s를 구하시오.

d) 이와 같은 DM 방식은 1초당 몇 비트를 송신하여야 하는지를 구하시오.

8-11 다음의 Differential PCM 송신기를 보고 물음에 답하시오.

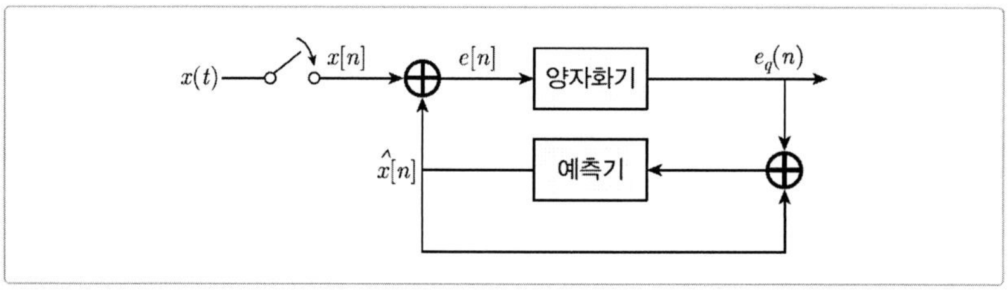

그림 VIII-11 **예제의 DPCM 송신기**

예측기는 다음과 같이 과거의 두 샘플을 사용한다.

$$\hat{x}[n] = a_1 x[n-1] + a_2 x[n-2]$$

최적의 예측은 자기상관함수를 사용하여 다음과 같이 표현된다.

$$a_1 R_x(0) + a_2 R_x(1) = R_x(1)$$

$$a_1 R_x(1) + a_2 R_x(0) = R_x(2)$$

$x[n]$이 다음과 같을 때, a_1과 a_2를 구하시오.

$$x[n] = \{0.4,\ -0.3,\ 0.7,\ 0.2,\ -0.8,\ 0.1,\ -0.9,\ 0.5,\ 0.6\}$$

CHAPTER 9

디지털 변조

1과 0으로 구성된 디지털 정보를 방송이나 이동통신과 같은 무선 채널을 통해 전송하기 위해서는 채널 환경에 맞게 변조가 필요하다. 즉, 공중 채널로 전자기파를 송출하려면 고주파 대역으로 변조해야만 적당한 크기의 안테나로 시설이 가능하다. 또한, 다양한 주파수 대역으로 변조시킴으로써 여러 정보를 섞이지 않게 다중화할 수 있다. 이 장에서는 AM, FM, PM에 대응하는 ASK(Amplitude Shift Keying, 진폭 천이변조), FSK(Frequency Shift Keying, 주파수 천이변조), PSK(Phase Shift Keying, 위상 천이변조) 등에 대하여 알아보기로 한다.

9.1 ASK 변조

9.1.1 ASK 변조기

ASK(Amplitude Shift Keying) 변조는 디지털 데이터 1과 0에 따라 반송파의 진폭을 결정하는 변조 방식이다. 즉, 디지털 정보 1은 다음과 같은 진폭의 정현파로 송신한다.

$$\phi_1(t) = A\cos\omega_c t \quad (0 \le t \le T_b)$$

그리고 디지털 정보 0은 진폭을 0으로 만들어 전송한다.

$$\phi_{ASK}(t) = \begin{cases} \phi_1(t), & \mathrm{PCM} = 1 \\ 0, & \mathrm{PCM} = 0 \end{cases}$$

이와 같은 ASK 변조의 블록도는 다음 그림과 같다.

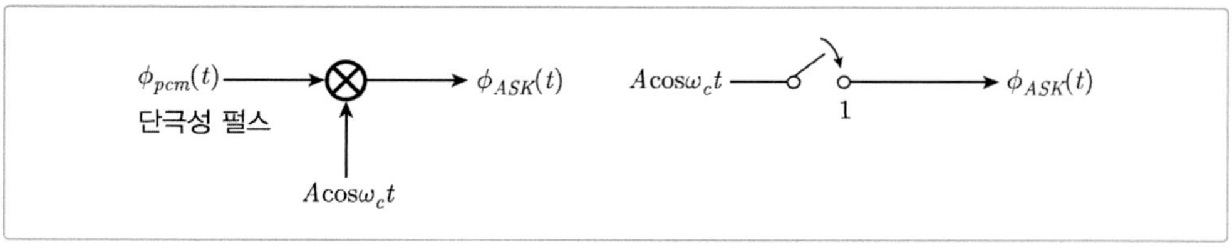

그림 9-1 ASK 변조 블록도

왼쪽 그림에서 보듯이 단극성의 PCM 신호를 $A\cos\omega_c t$의 반송파로 변조시키면 ASK로 변조된 신호를 얻을 수 있다. 위의 그림의 오른쪽 그림도 ASK 변조를 나타낸다. 즉 $A\cos\omega_c t$의 반송파가 1일 때는 아래로 keying(on)시키고 0일 때는 위로 keying(off)시켜서 변조된 신호를 얻을 수 있다. 이 모델을 보면 Amplitude Shift Keying의 명명을 알 수 있다. 이와 같은 단극성 2진 신호의 ASK를 OOK(On Off Keying) 변조라고도 부른다. ASK로 변조된 신호는 다음 그림과 같다.

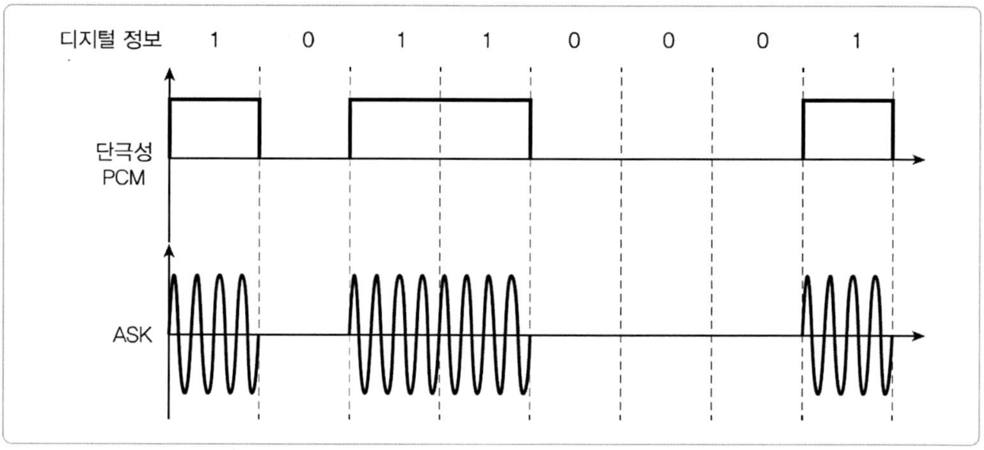

그림 9-2 ASK로 변조된 신호

위의 그림에서 보듯이 디지털 정보 1은 진폭이 A인 $A\cos\omega_c t$의 신호로 변조되었고, 디지털 정보 0은 진폭이 0인 신호로 변조되었다.

9.1.2 ASK 복조기

정합필터 검파기

ASK 변조된 신호를 다음 그림과 같은 정합필터를 사용하여 복조하는 방법을 알아보기로 한다. 디지털 통신의 수신기는 파형을 그대로 복원하는 것이 목적이 아니라 1과 0을 정확히 판정하는 것이 목적이다. 따라서 1과 0을 정확히 판정하기 위하여 파형의 변환도 가능하다. 다음 그림의 정합필터는 SNR을 최대로 만들기 위하여 파형의 변형에 사용되는 필터이다.

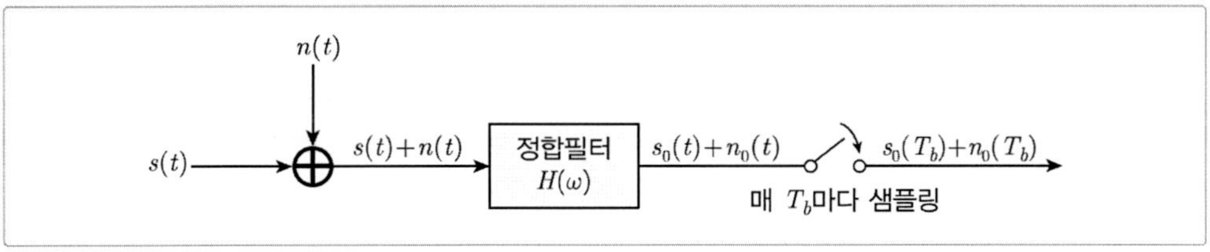

그림 9-3 정합필터

수신기의 입력은 $s(t)+n(t)$이고 $n(t)$는 무선 채널에서 인가된 가우시안 잡음이다. 정합필터의 역할은 SNR을 최대로 만드는 것으로서 다음의 임펄스 응답을 갖는다.

$$h(t)=\frac{2k}{\eta}s(T_b-t)$$

이 식에서 $2k/\eta$는 상수이다. 이 정합 필터는 다음 식과 같은 상관기를 사용하여 효과적으로 구현된다.

$$s_0(T_b)+n_0(T_b)=\int_0^{T_b}[s(\tau)+n(\tau)]\,s(\tau)\,d\tau$$

따라서 위의 식의 상관기를 이용하여 다음 그림과 같이 구현할 수 있다.

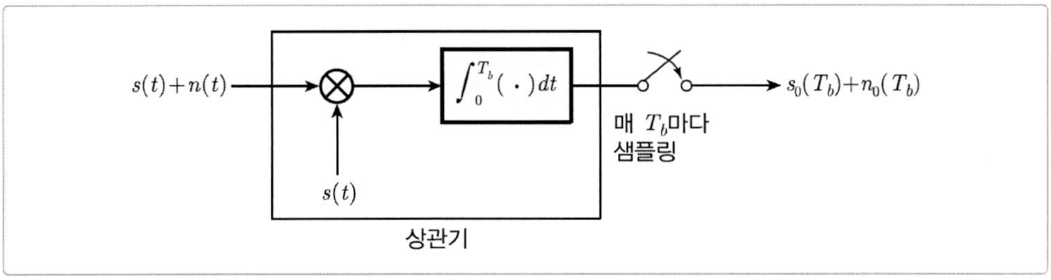

그림 9-4 상관기를 이용한 정합필터

위의 그림의 상관기를 이용한 ASK 복조기는 다음 그림과 같다.

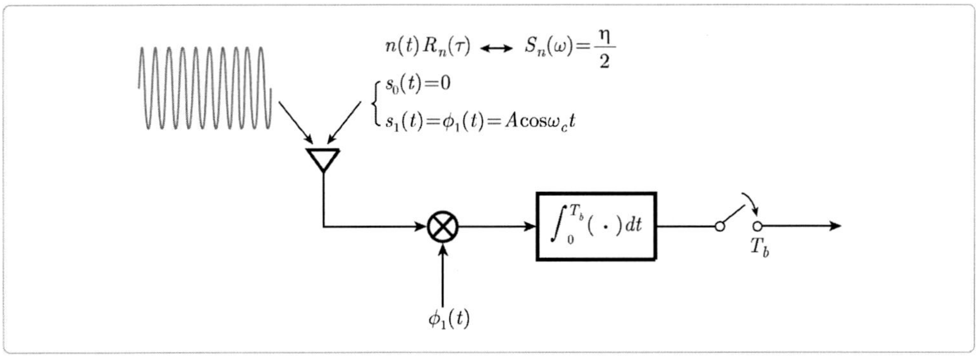

그림 9-5 정합필터를 사용한 ASK 복조

이 ASK 복조기의 출력에서 1과 0을 판정하는 문턱값을 결정해 보기로 한다. $s_1(t) = A\cos\omega_c t$의 수신에너지 E_1과 $s_0(t)$의 수신에너지 E_0는 각각 다음과 같다.

$$E_0 = \int_0^{T_b} 0 dt = 0$$

$$E_1 = \int_0^{T_b} A^2 \cos^2 \omega_c t dt = \frac{A^2 T_b}{2}$$

따라서 잡음이 인가된 채널을 통과한 수신 신호에 대한 정합필터 검파기 출력의 확률밀도함수는 다음 그림과 같다.

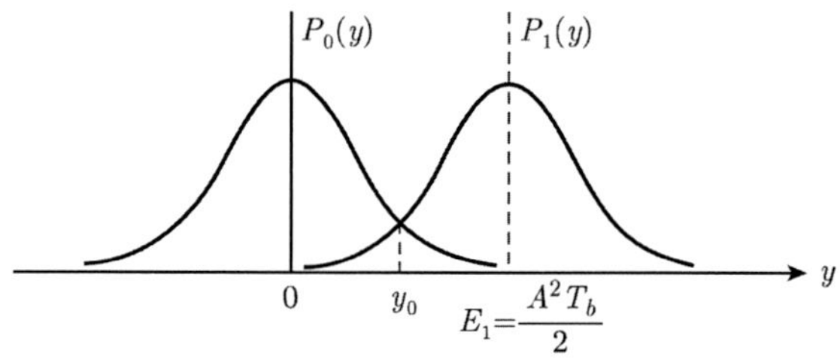

그림 9-6 정합필터 ASK 복조기의 확률밀도함수

위의 확률밀도함수로부터 판정을 위한 문턱값은 다음과 같이 결정된다.

$$y_0 = \frac{E_1 - E_0}{2} = \frac{A^2 T_b}{4}$$

수신된 신호 $s(t)+n(t)$와 곱하는 신호 $s(t)$는 동기되어야 하므로 상관기를 이용한 ASK 복조기를 동기 수신기라고 부른다.

제곱법 검파기

이 절에서는 수신기에서 동기가 필요 없는 비동기식 검파기에 대하여 알아본다. 비동기식 수신기는 반송파 주파수 및 위상에 동기된 국부 발진기를 필요로 하지 않는다. 다음 그림은 국부 발진기가 필요 없는 제곱법 검파기이다.

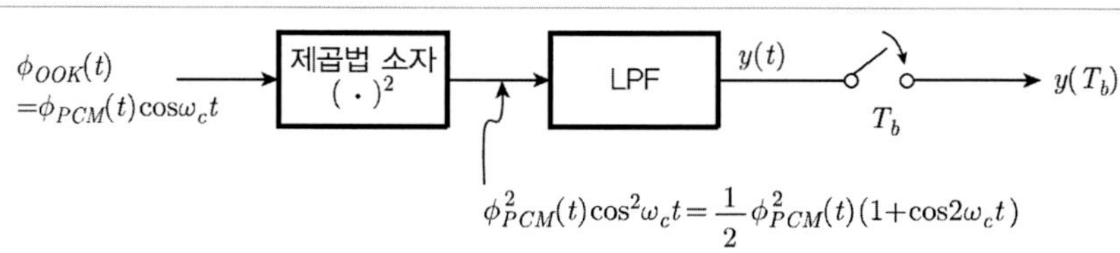

그림 9-7 제곱법 검파기

그림과 같은 제곱법 소자를 통하여 $+V$ 볼트와 $-V$ 볼트 사이의 정현파 신호는 주파수는 빨라지지만 양수(positive) 신호로 변환된다. 그 다음에 저역통과 필터를 사용하면 다음과 같은 직류 신호가 만들어지므로 판정이 간단해진다.

$$y(t) = \frac{1}{2}\phi^2_{PCM}(t)$$

정보신호 0이 전송될 때는 $y(t) = 0$이므로 문턱값은 $(1/4)\phi^2_{PCM}(t)$이 된다.

직교 검파기

이 절에서는 위상 동기는 필요하지 않으나 국부 발진기는 필요한, 다음 그림과 같은 직교 검파기(Quadrature detector)에 대하여 알아본다.

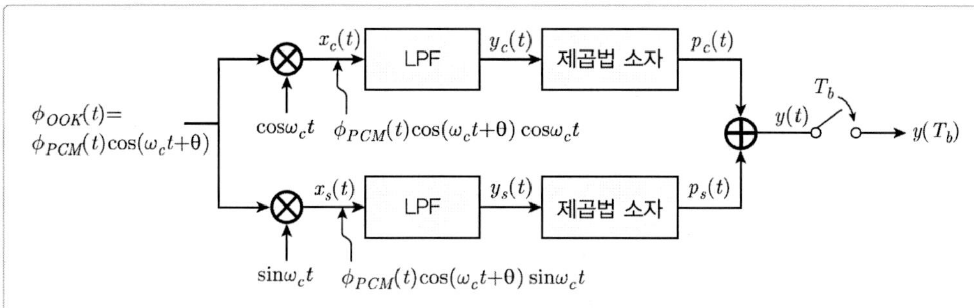

그림 9-8 직교 검파기

정보신호 1이 전송될 때의 경우를 고려해 보자. 위의 그림에서 $x_c(t)$와 $x_s(t)$는 다음의 삼각함수 식을 이용하여 나타내보자.

$$\cos A \cos B = 0.5\{\cos(A-B) + \cos(A+B)\}$$

$$\cos A \sin B = 0.5\{\sin(A+B) - \sin(A-B)\}$$

위의 삼각함수 식을 이용하여 각각 다음과 같이 나타낼 수 있다.

$$\begin{aligned} x_c(t) &= \phi_{PCM}(t)\cos(\omega_c t + \theta)\cos\omega_c t \\ &= \frac{1}{2}\phi_{PCM}(t)\{\cos\theta + \cos(2\omega_c t + \theta)\} \end{aligned}$$

$$\begin{aligned} x_s(t) &= \phi_{PCM}(t)\cos(\omega_c t + \theta)\sin\omega_c t \\ &= \frac{1}{2}\phi_{PCM}(t)\{\sin(2\omega_c t + \theta) - \sin\theta\} \end{aligned}$$

이 신호에 저역통과 필터를 통과시키면 정현파가 제거되어 다음의 결과를 얻는다.

$$y_c(t) = \frac{1}{2}\phi_{PCM}(t)\cos\theta$$

$$y_s(t) = -\frac{1}{2}\phi_{PCM}(t)\sin\theta$$

이 필터 출력들을 제곱법 소자를 통과시키면 다음의 결과를 얻는다.

$$p_c(t) = \frac{1}{4}\phi^2_{PCM}(t)\cos^2\theta$$

$$p_s(t) = \frac{1}{4}\phi^2_{PCM}(t)\sin^2\theta$$

이 결과의 신호를 더하면 다음의 신호를 얻는다.

$$y(t) = \frac{1}{4}\phi^2_{PCM}(t)(\cos^2\theta + \sin^2\theta) = \frac{1}{4}\phi^2_{PCM}(t)$$

정보신호 0이 전송될 때는 $y(t) = 0$이므로 판정을 위한 문턱값은 $(1/8)\phi^2_{PCM}(t)$이 된다. 지금까지 정합필터를 사용한 동기식과 제곱법 검파기나 직교 검파기와 같은 비동기식을 알아보았다. 동기식의 구현 비용이 상대적으로 높으며 다음 그림과 같이 오판 확률 P_e는 동기식이 더 낮음을 볼 수 있다.

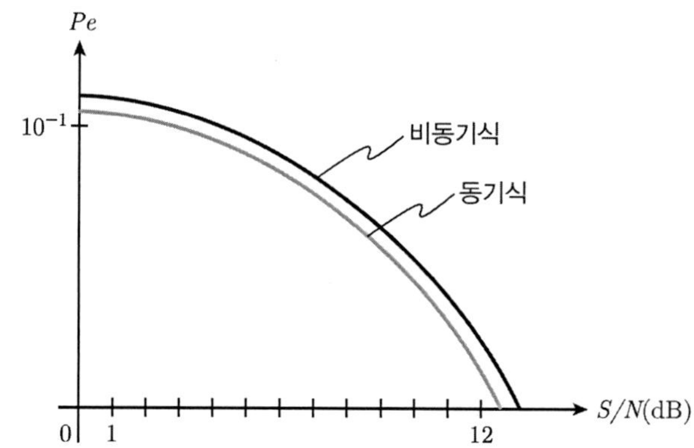

그림 9-9 동기식과 비동기식의 P_e

9.2 FSK 변조

9.2.1 FSK 변조기

FSK(Frequency Shift Keying) 변조는 디지털 데이터 1과 0에 따라 반송파의 주파수를 결정하는 변조 방식이다. 예를 들면 다음 그림과 같이 디지털 정보 1은 빠른 주파수의 정현파로 변조하고 디지털 정보 0은 상대적으로 느린 주파수로 변조한다.

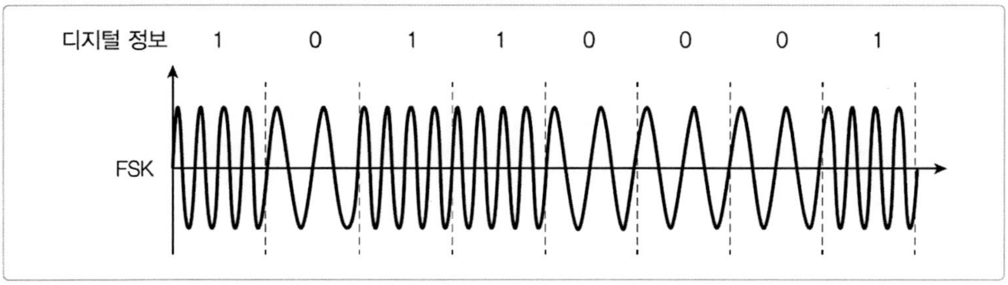

그림 9-10 FSK로 변조된 신호

따라서 FSK 변조된 신호는 다음과 같이 나타낼 수 있다.

$$\phi_{FSK}(t) = \begin{cases} \phi_0(t) = A\cos\omega_0 t : 0 \\ \phi_1(t) = A\cos\omega_1 t : 1 \end{cases}$$

이와 같은 FSK 변조의 블록도는 다음 그림과 같다.

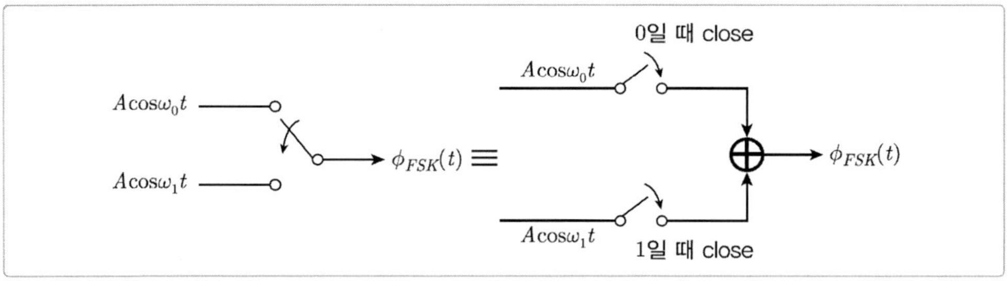

그림 9-11 FSK 변조 회로

FSK 변조 방식은 두 개의 주파수를 사용하므로 한 개의 송신기에 대하여 넓은 주파수 대역폭을 할당하여야 한다. 어느 한 송신기에 대한 주파수 대역폭은 다음 그림과 같이 결정된다.

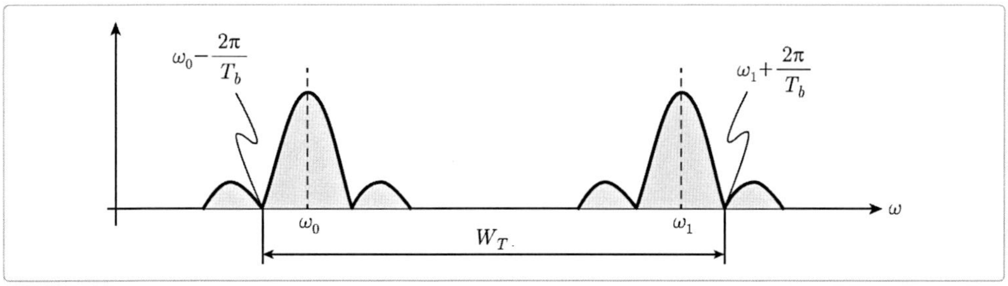

그림 9-12 FSK 변조의 대역폭

앞의 그림에서 보듯이 어느 한 송신기의 주파수 대역폭은 다음과 같다.

$$W_T = \left(\omega_1 + \frac{2\pi}{T_b}\right) - \left(\omega_0 - \frac{2\pi}{T_b}\right) = \omega_1 - \omega_0 + \frac{4\pi}{T_b}$$
$$= 2\pi f_1 - 2\pi f_0 + 2\pi \frac{2}{T_b}$$

9.2.2 FSK 복조기

정합필터 검파기

FSK 변조된 신호를 다음 그림과 같은 정합필터를 사용하여 복조하는 방법을 알아보기로 한다.

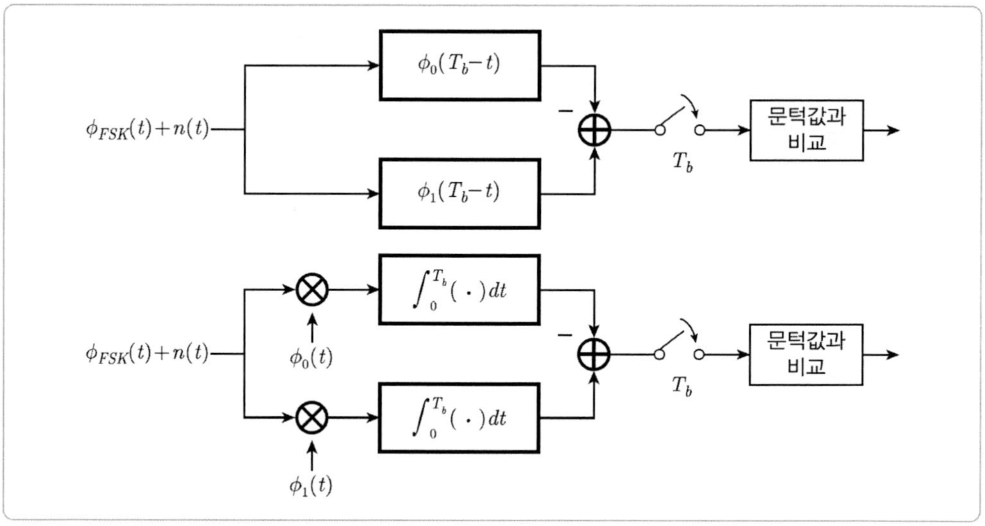

그림 9-13 정합필터를 사용한 FSK 복조

정보신호 0이 송신될 때는 위의 적분기 출력이 상수 A볼트가 되고 아래 적분기의 출력이 0이 되어 덧셈기 출력이 −A볼트가 된다. 정보신호 1이 송신될 때는 아래 적분기 출력이 상수 A볼트가 되고 위 적분기의 출력이 0볼트가 되어 덧셈기 출력이 A볼트가 된다. 따라서 판정을 위한 문턱값은 0볼트가 된다.

미분기를 사용한 비동기식 검파기

FSK 변조의 수신기에서 동기가 필요 없는 비동기식 검파기 방식도 있다. 이 절에서는 다음 그림과 같은 미분기를 사용한 FSK 비동기식 검파기에 대하여 알아본다.

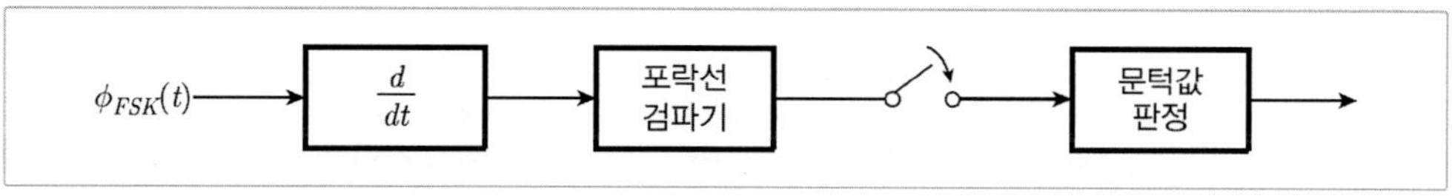

그림 9-14 미분기를 사용한 FSK 복조

위의 그림에서 미분기를 통과한 신호는 다음 그림과 같다.

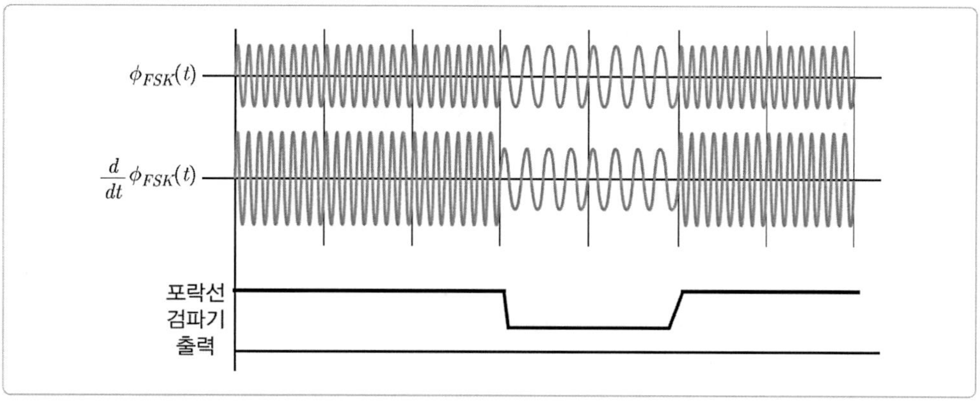

그림 9-15 미분기와 포락선 검파기 출력

그림에서 보듯이 빠른 주파수 신호가 미분기를 통과하면 기울기가 상대적으로 크므로 진폭이 커진다. 상대적으로 느린 주파수 신호가 미분기를 통과하면 기울기가 작으므로 통과 후 진폭도 작아진다. 따라서 포락선 검파기를 통과시키면 그림과 같은 직류성분의 신호를 얻을 수 있다.

대역통과 필터를 사용한 비동기식 검파기

이 절에서는 다음 그림과 같은 대역통과 필터를 사용한 FSK 복조에 대하여 알아본다. 이 방식도 동기가 필요 없는 비동기 방식이다.

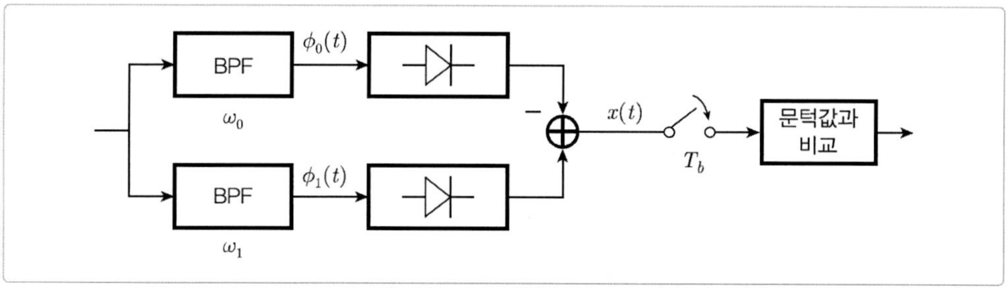

그림 9-16 대역통과 필터를 사용한 비동기식 검파기

이 그림에서 각 노드들의 파형은 다음 그림과 같다.

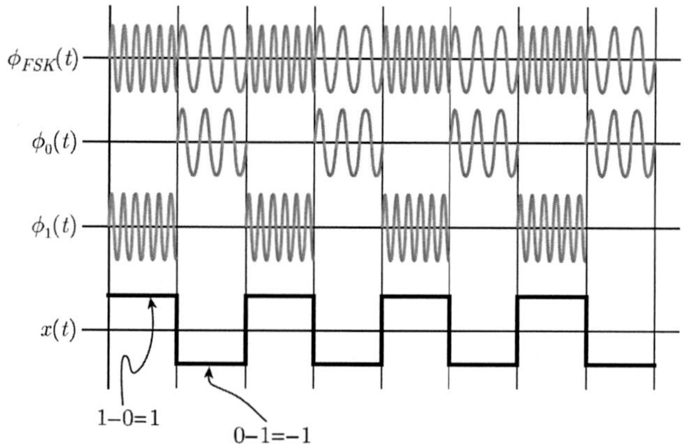

그림 9-17 **대역통과 필터 FSK 복조기의 파형**

포락선 검파기와 덧셈기를 통과한 신호는 $\phi_1(t)$가 전송되었을 때 1볼트가 되고 $\phi_0(t)$가 전송되었을 때 −1볼트가 되므로 판정을 위한 문턱값은 0볼트가 된다.

9.3 PSK 변조

PSK(Phase Shift Keying) 변조는 디지털 데이터 1과 0에 따라 반송파의 위상(phase)을 결정하는 변조 방식이다. 즉, 디지털 정보 0과 1은 다음과 같은 위상의 정현파로 송신한다.

$$\phi_{PSK}(t) = \begin{cases} \phi_0(t) = A\cos(\omega_c t + \theta_0) : 0 \\ \phi_1(t) = A\cos(\omega_c t + \theta_1) : 1 \end{cases}$$

이와 같은 PSK 변조의 블록도는 다음 그림과 같다.

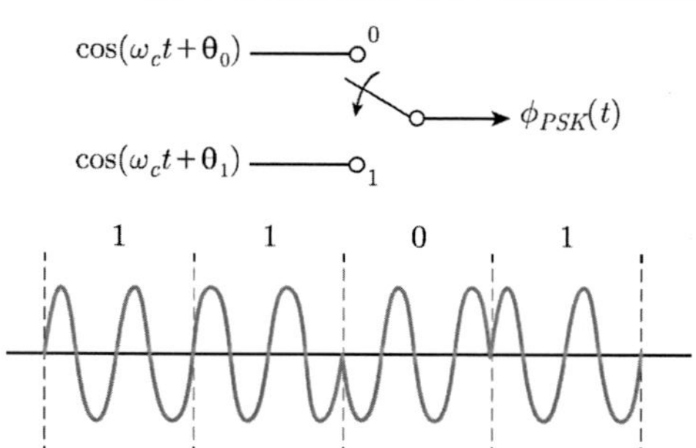

그림 9-18 **PSK 변조 블록도와 변조된 신호**

9.3.1 BPSK 변조

BPSK 변조

이 절에서는 가장 기본적인 PSK 변조 방식인 BPSK(Binary Phase Shift Keying) 변조 방식에 대하여 알아본다. BPSK 변조의 위상은 각각 다음 식과 같다.

$$1:\ \cos\omega_c t,\ (\theta_1 = 0)$$
$$0:\ \cos(\omega_c t + \pi) = -\cos\omega_c t,\ (\theta_0 = \pi)$$

즉, 1을 전송할 때는 위상을 0으로 하고 0을 전송할 때는 위상을 π로 한다. 따라서 다음 식과 같이 표기할 수도 있다.

$$\phi_{BPSK}(t) = \begin{cases} A\cos\omega_c t & : 1 \\ -A\cos\omega_c t & : 0 \end{cases}, \quad 0 \le t \le T_b$$

이 식을 살펴보면 BPSK 변조는 다음 그림과 같이 양극성 PCM 신호에 정현파를 곱한 것으로 해석할 수 있다.

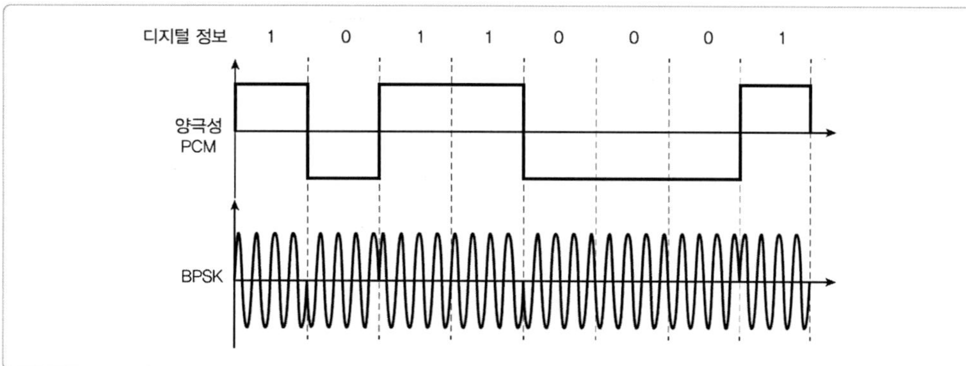

그림 9-19 BPSK 변조된 신호

이전 절에서 알아본 OOK 변조 방식과 BPSK 변조 방식을 비교하면 다음과 같다.

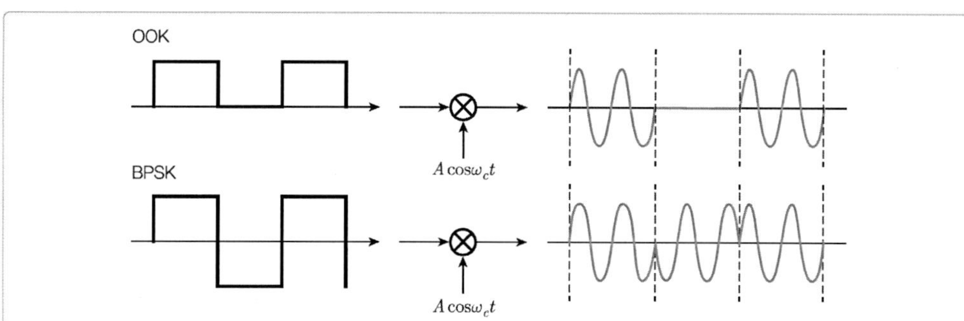

그림 9-20 OOK 변조와 BPSK 변조의 비교

앞 그림으로부터 양극성 부호의 ASK 변조가 BPSK 변조이므로 OOK와 BPSK의 관계는 아날로그 변조에서의 AM과 DSB(Double Side Band)의 관계와 비슷함을 알 수 있다.

동기 검파기 BPSK 복조

다음 그림과 같은 동기검파기를 사용한 BPSK 복조를 알아보기로 한다.

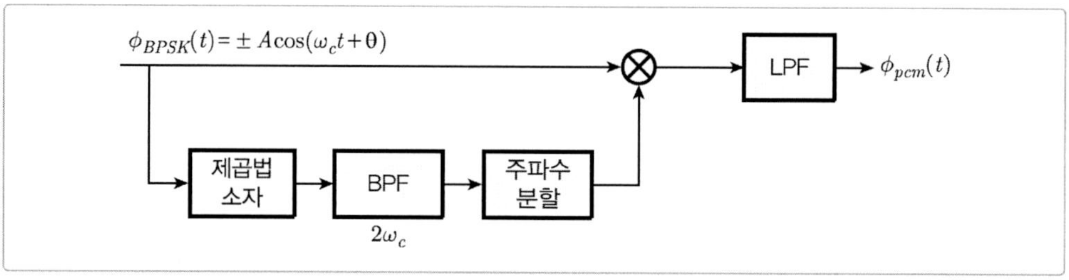

그림 9-21 동기 검파기를 사용한 BPSK 복조

제곱법소자의 출력은 다음과 같다.

$$A^2\cos^2(\omega_c t + \theta) = \frac{A^2}{2} + \frac{A^2}{2}\cos(2\omega_c t + 2\theta)$$

$2\omega_c$ 대역의 주파수를 통과시키는 BPF(Band Pass Filter, 대역통과필터)는 직류 성분을 제거하므로 BPF의 출력은 다음과 같다.

$$\frac{A^2}{2}\cos(2\omega_c t + 2\theta) = \frac{A^2}{2}\cos[2(\omega_c t + \theta)]$$

주파수 분할기에서는 주파수를 2분의 1로 감소시키므로 출력은 다음과 같다.

$$\frac{A^2}{2}\cos(\omega_c t + \theta)$$

이 신호는 수신된 반송파 신호와 위상이 같음을 알 수 있다. 이 동기된 반송파를 곱하면 1과 0일 때의 신호는 다음과 같다.

$$1: \quad \frac{A^3}{2}\cos^2(\omega_c t + \theta)$$

$$0: \ -\frac{A^3}{2}\cos^2(\omega_c t + \theta)$$

정보신호 1의 경우에는 0~$0.5A^3$볼트의 정현파가 되고 정보신호 0의 경우에는 $-0.5A^3$~0볼트의 정현파가 된다. 따라서 LPF를 통과시키면 정보신호 1의 경우에는 $0.25A^3$볼트의 직류가 되고 정보신호 0의 경우에는 $-0.25A^3$볼트의 직류가 되므로 판정은 0볼트의 문턱값을 사용한다.

정합필터 검파기 BPSK 복조

다음과 같은 정합필터 검파기를 사용하여 BPSK 신호를 복조시킬 수 있다.

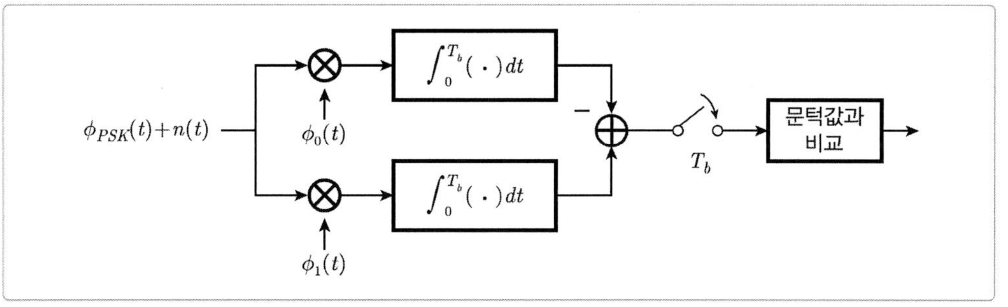

그림 9-22 정합필터 검파기를 사용한 BPSK 복조

9.3.2 QPSK 변조

두 개의 BPSK 신호를 전송하는 QPSK

이 절에서는 4개의 위상을 사용하여 전송 비트율을 높이는 QPSK(Quadrature Phase Shift Keying) 변조 방식에 대하여 알아본다. 두 개의 BPSK 신호를 동시에 전송하는 QPSK 변조의 블록도는 다음 그림과 같다.

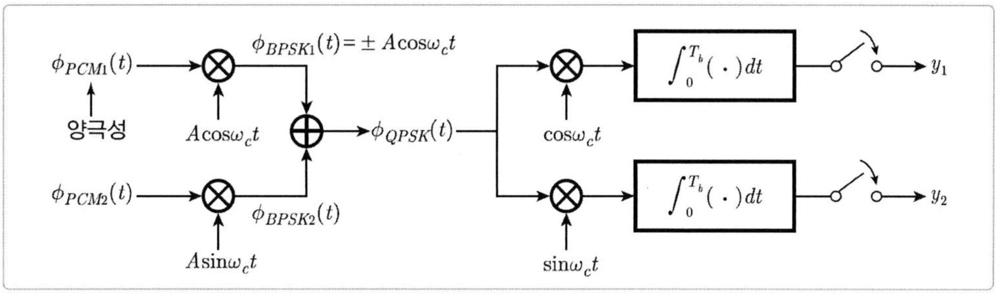

그림 9-23 두 개의 BPSK 신호를 전송하는 QPSK 변/복조기

변조부의 상/하단 신호는 각각 다음과 같다.

$$\phi_{BPSK1}(t) = \pm A\cos\omega_c t$$

$$\phi_{BPSK2}(t) = \pm A\sin\omega_c t$$

따라서 덧셈기를 통과한 $\phi_{QPSK}(t)$ 신호는 다음과 같다.

$$\phi_{QPSK}(t) = \begin{cases} +A\cos\omega_c t + A\sin\omega_c t & : \ 1\ 1 \\ +A\cos\omega_c t - A\sin\omega_c t & : \ 1\ 0 \\ -A\cos\omega_c t + A\sin\omega_c t & : \ 0\ 1 \\ -A\cos\omega_c t - A\sin\omega_c t & : \ 0\ 0 \end{cases}$$

이 식에 다음의 삼각함수 공식을 적용해 보자.

$$\sin A + \sin B = 2\sin\left(\frac{A+B}{2}\right)\cos\left(\frac{A-B}{2}\right)$$

$$\sin A - \sin B = 2\cos\left(\frac{A+B}{2}\right)\sin\left(\frac{A-B}{2}\right)$$

$$\cos A + \cos B = 2\cos\left(\frac{A+B}{2}\right)\cos\left(\frac{A-B}{2}\right)$$

$$\cos A - \cos B = -2\sin\left(\frac{A+B}{2}\right)\sin\left(\frac{A-B}{2}\right)$$

이 삼각함수 식을 적용하여 4가지 정보신호에 대하여 정리하면 다음 식과 같다.

i) 11

$$\begin{aligned} A\cos\omega_c t + A\sin\omega_c t &= A\cos\omega_c t + A\cos(\omega_c t - \pi/2) \\ &= 2\cos\frac{2\omega_c t - \pi/2}{2}\cos\frac{\pi/2}{2} \\ &= \sqrt{2}\cos\left(\omega_c t - \frac{\pi}{4}\right) \end{aligned}$$

ii) 10

$$\begin{aligned} A\cos\omega_c t - A\sin\omega_c t &= A\cos\omega_c t - A\cos(\omega_c t - \pi/2) \\ &= -2\sin\frac{2\omega_c t - \pi/2}{2}\sin\frac{\pi/2}{2} \\ &= -\sqrt{2}\sin(\omega_c t - \frac{\pi}{4}) \\ &= -\sqrt{2}\cos(\omega_c t - \frac{3\pi}{4}) = \sqrt{2}\cos(\omega_c t - \frac{7\pi}{4}) \end{aligned}$$

iii) 01

$$\begin{aligned} -A\cos\omega_c t + A\sin\omega_c t &= -[A\cos\omega_c t - A\sin\omega_c t] \\ &= \sqrt{2}\cos\left(\omega_c t - \frac{3\pi}{4}\right) \end{aligned}$$

iv) 00

$$-A\cos\omega_c t - A\sin\omega_c t = -[A\cos\omega_c t + A\sin\omega_c t]$$

$$= -\sqrt{2}\cos\left(\omega_c t - \frac{\pi}{4}\right)$$
$$= \sqrt{2}\cos\left(\omega_c t - \frac{5\pi}{4}\right)$$

이 결과를 복소 평면 위에 성상도로 표현하면 다음 그림과 같다.

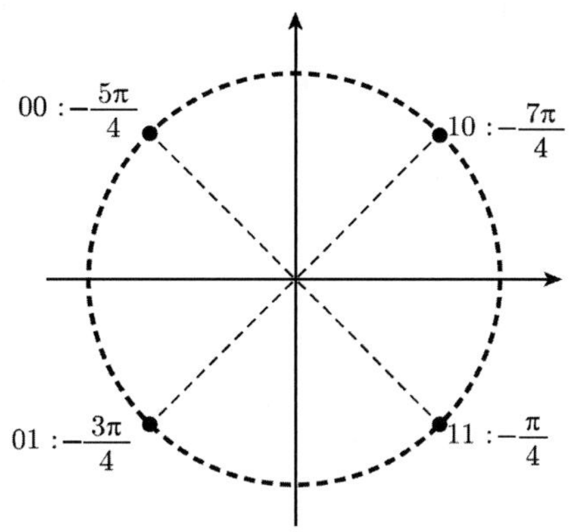

그림 9-24 **QPSK 변조의 성상도**

단일 신호를 전송하는 QPSK

이 절에서는 단일 PCM 신호를 다음 그림과 같이 한 번에 2비트씩 전송하는 QPSK 변조에 대하여 알아본다.

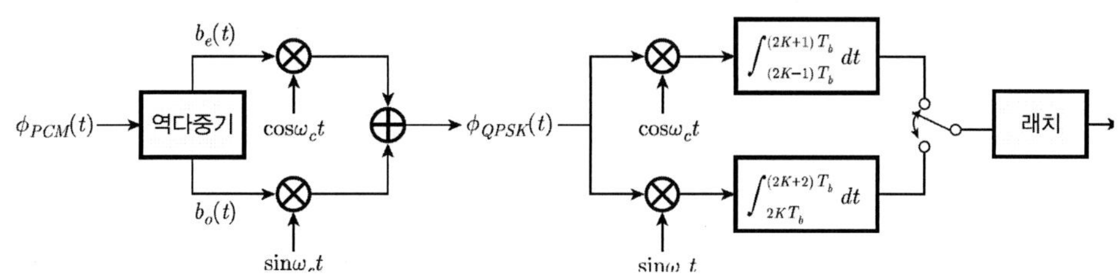

그림 9-25 **두 비트를 전송하는 QPSK 변/복조기**

다음 그림은 00101110010100011의 PCM 신호를 전송하는 경우의 $b_e(t)$ 신호와 $b_o(t)$ 신호를 보이고 있다.

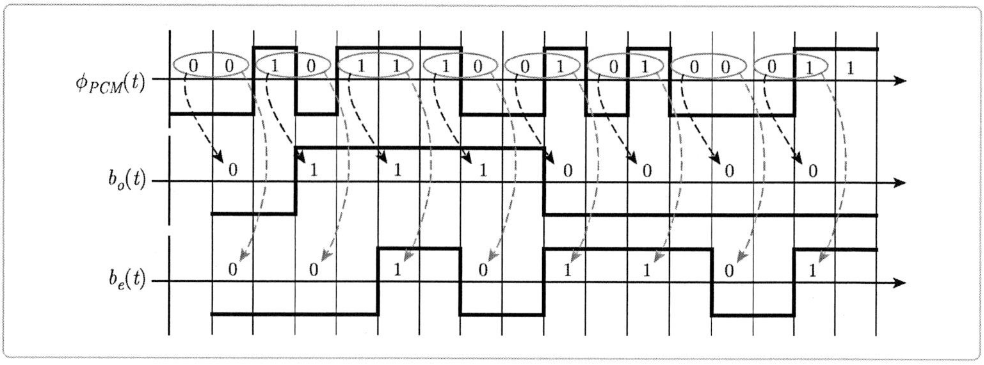

그림 9-26 두 비트를 전송하는 QPSK 변조기 파형

그림에서 보듯이 역다중기를 통하여 2비트씩 동시에 전송됨을 알 수 있다. 따라서 전송률이 두 배로 높아진다.

9.4 M진 FSK 변조

두 개의 반송 주파수만을 사용하는 이진(binary) FSK에서 여러 개의 반송 주파수를 사용하는 FSK 변조 기술로 확장될 수 있다. 다음 그림과 같은 M개의 반송주파수를 사용하는 FSK 변조 방식을 M진(M-ary) FSK 변조라고 부른다.

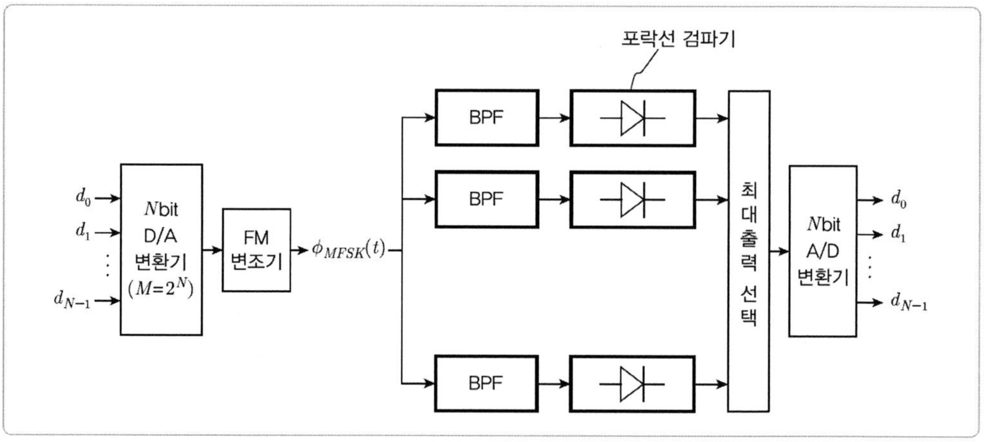

그림 9-27 M진 FSK 변/복조기

2진 부호의 비트주기(bit period)를 T_b라고 가정하면 M진 부호의 부호주기(symbol period)는 $T_s = NT_b$가 되고 $M = 2^N$이 된다.

9.4.1 M진 FSK 변조기

M진 정보 신호의 준위는 M개이고 각 준위에는 서로 다른 반송주파수 ω_0, ω_1, $\cdots$, ω_{M-1}이 할당된다. 예를 들면 정보신호가 $N=3$이면 $M=8$이 되어 반송 주파수가 다음과 같이 8개 필요하다.

| 표 9-1 | M진 FSK의 D/A 및 변조기 출력(M=8)

d_2	d_1	d_0	D/A 출력	FM 변조기 출력
0	0	0	0	$\cos\omega_0 t$
0	0	1	1	$\cos\omega_1 t$
0	1	0	2	$\cos\omega_2 t$
0	1	1	3	$\cos\omega_3 t$
1	0	0	4	$\cos\omega_4 t$
1	0	1	5	$\cos\omega_5 t$
1	1	0	6	$\cos\omega_6 t$
1	1	1	7	$\cos\omega_7 t$

위의 표는 한번에 3비트씩 변조하는 $N=3$의 경우의 표이다. 따라서 $M=2^3=8$이 된다. D/A 변환기의 출력 준위에 따라 반송 주파수가 다음과 같이 출력되도록 변조기를 설계한다.

$$\phi_{MFSK}(t)=\phi_i(t)=A\cos\omega_i t,\quad i=0\ 1,\ \cdots,\ M-1$$

변조부 회로에서 D/A 변환기를 사용하지 않고 디코더 회로를 사용하여 각각의 경우에 cos 주파수를 출력하도록 구현하는 것도 가능하다.

9.4.2 M진 FSK 복조기

복조기에서는 M개의 서로 다른 반송파를 걸러내기 위해서 M개의 BPF를 사용한다. 이 M개의 BPF의 중심주파수는 각각 ω_0, ω_1, $\cdots$, ω_{M-1}이다. 따라서 M개의 BPF 중에서 1개만이 특정 주파수를 출력하고 나머지 필터들의 출력은 0이 된다. 이 필터 출력은 M개의 포락선 검파기로 입력되므로 선택된 필터의 주파수가 입력된 포락선 검파기 출력만이 직류값을 나타내게 된다. 포락선 검파기의 출력들은 그 중 최대를 검출하는 장치에 인가된다. 선택된 출력이 A/D 변환기에 입력되어 비트 정보로 변환된다.

예제

$N=3$일 때 8진 FSK 변조와 복조시스템을 구성하시오.

풀이

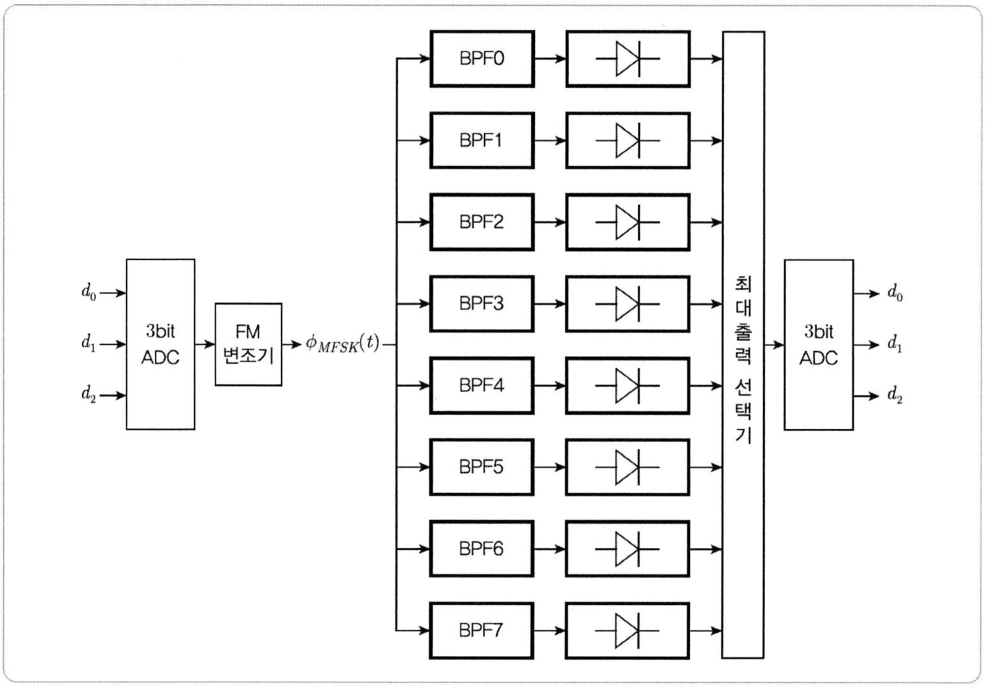

그림 9-28 8진 FSK 변/복조기

예제

위의 8진 FSK 변복조 시스템에서 정보 비트가 $d_2d_1d_0 = 110$일 때의 신호의 흐름을 설명하시오.

풀이
- D/A 변환기의 출력은 6볼트가 된다.
- 따라서 FM 변조기의 출력은 $\cos \omega_6 t$가 선택되어 전송된다.
- 수신기로 입력된 신호가 8개의 BPF로 들어가며 BPF 6의 출력만 정현파가 출력되고 나머지 7개의 BPF 출력은 모두 0볼트가 된다.
- 포락선 검파기의 출력은 7번째 포락선 검파기의 출력만 다음 그림과 같이 직류성분이 되고 나머지 포락선 검파기 출력은 모두 0볼트이다.

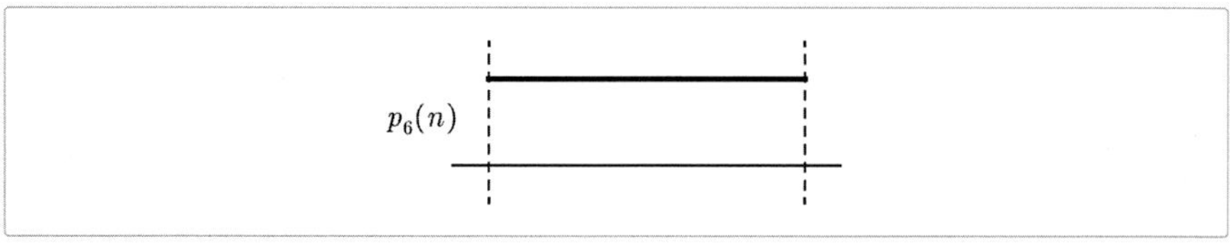

그림 9-29 7번째 포락선 검파기 출력

- 최대 출력 선택기에서는 7번째 입력이 최대이므로 6볼트를 출력시키도록 제어한다.
- ADC는 6볼트가 입력되었으므로 110을 출력시킨다. 입력 준위별 출력 비트는 다음 표와 같다.

| 표 9-2 | 8진 FSK 복조기의 A/D 변환기 출력

입력	d_2	d_1	d_0
0	0	0	0
1	0	0	1
2	0	1	0
3	0	1	1
4	1	0	0
5	1	0	1
6	1	1	0
7	1	1	1

복조기 구현에서도 A/D 변환기를 사용하지 않을 수 있다. 즉, 최대출력 선택기에서 7번째가 최대가 되면 바로 "110"을 출력하도록 구성할 수 있다.

연습문제

9-1 ASK 복조기의 입력 신호 $p(t)$와 정합필터 검파기는 다음 그림과 같다.

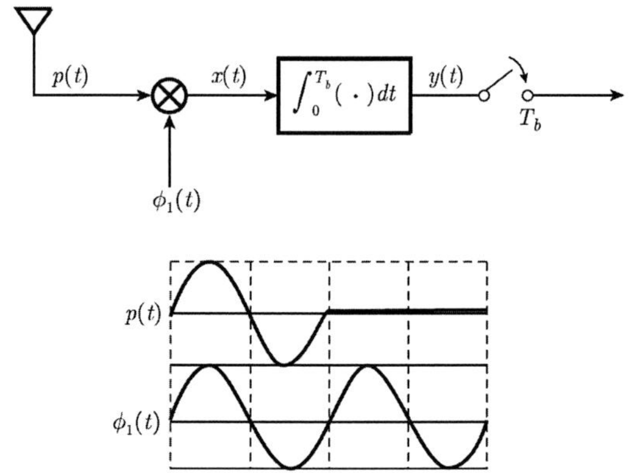

그림 IX-1 예제의 ASK 복조 정합필터

$x(t)$와 $y(t)$를 정확하게 그리시오.

9-2 ASK와 PSK 송신방식을 결합하여 000부터 111까지의 8가지 신호를 다음 성상도와 같이 송신하였다. 즉 000의 송신신호는 $2\cos\omega_c t$를 사용한다. 나머지 001부터 111까지의 7개 신호에 대한 송신신호를 구하시오.

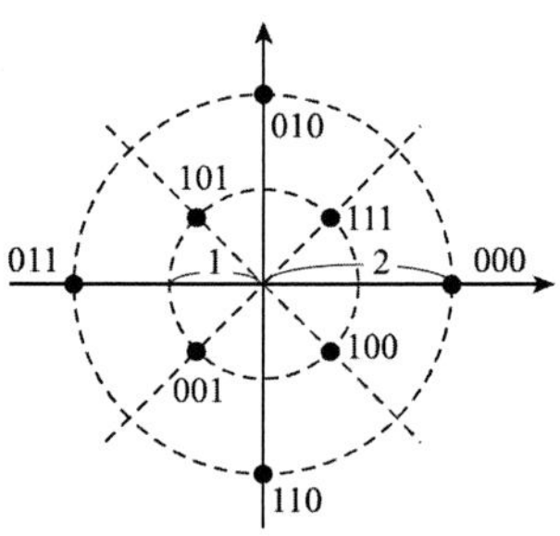

그림 IX-2 예제의 성상도

9-3 M진 FSK 송신방식을 사용하여 000부터 111까지의 8가지 신호를 송신하려고 한다. 사용하는 주파수는 100 MHz부터 170 MHz까지의 10 MHz 간격의 8개 주파수이다. 송신신호를 cos 의 수학식으로 할당하시오(진폭은 1볼트).

CHAPTER

10 LTE OFDM 통신시스템

10.1 OFDM 통신 개요

OFDM(Orthogonal Frequency Division Multiplexing, 직교주파수분할 다중화) 통신 방식은 다음과 같은 통신시스템의 표준에 사용되고 있는 중요한 통신 방식이다.

- LTE(Long Term Evolution) 스마트폰

- WiFi
- DMB(Digital Multimedia Broadcasting)

- WiBro

이 OFDM 방식은 FDM(Frequency Division Multiplexing, 주파수분할 다중화) 방식과 비교하여 다음과 같은 특징이 있다.

OFDM과 FDM의 비교

- 두 방식은 모두 주파수 대역에 정보를 실어 보낸다는 공통점이 있다.
- FDM 방식은 보통 수 개의 부반송파를 사용하며 각각의 부반송파도 비교적 넓은 대역폭을 사용한다. 예를 들면 20 MHz의 WCDMA FDM 방식에서는 4개의 부반송파를 사용하며 각 부반송파의 대역폭은 5 MHz의 대역을 갖고 있다. 이와 비교하여 OFDM 방식은 보통 수백 개의 부반송파를 사용하며 각각의 부반송파의 대역폭이 좁다.
- FDM 방식에서는 신호를 다중화하는 반면에 OFDM 방식에서는 샘플(변조 심볼)을 다중화하는 점도 다르다.

OFDM 통신의 일반적인 블록도는 다음 그림과 같다.

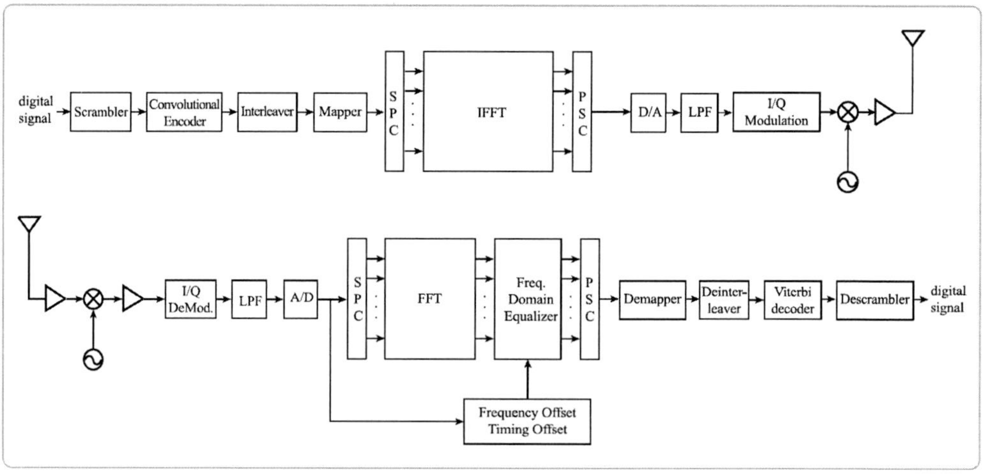

그림 10-1 OFDM 통신시스템의 블록도

OFDM 방식을 사용하는 LTE, WiFi, DMB 등 각각의 표준마다 사양이 다르지만 위의 그림은 일반적인 OFDM 통신시스템의 블록도이다. 이 절에서는 각 블록에 대하여 간단히 알아보기로 한다. 송신부로 입력되는 신호는 음성, 오디오, 사진, 동영상 등의 멀티미디어 데이터이다.

10.1.1 송신부 개요

Source 코딩

LTE OFDM 통신시스템에서 전송되는 데이터는 대부분 음성, 오디오, 사진, 동영상 등의 멀티미디어 데이터이다. 이와 같은 멀티미디어 데이터를 디지털 신호처리 압축 알고리즘을 사용하여 압축하는 과정을 source 코딩이라고 부른다.

컨볼루션 인코더

디지털 정보가 전송되는 과정에서 여러 가지 요인에 의하여 오류가 발생한다. 수신기에서 오류를 검출하였을 때 처리하는 방식은 두 가지가 있다. 첫 번째 방식은 수신기에서 오류를 검출하고 송신측에 재전송을 요청하는 방식으로 오류검출-재전송 방식이라고 한다. 두 번째 방식은 수신기에서 오류를 검출하고 정정하는 방식으로 FEC(Forward Error Correction) 방식이라고 한다. 이 두 가지 방식 모두 송신기에서 데이터를 가공하는 부호화 과정이 필요한데, 이를 채널 코딩(channel coding)이라고 한다. 채널 코딩의 송신기에서는 정보비트의 가공이 발생한다. 즉, 송신기에서 정보 데이터를 가공하여 새로운 데이터를 만들어 내는 과정에서 원래의 정보 비트보다 많은 양의 데이터가 만들어지는데, 이 추가되는 비트를 잉여 비트(redundant bit)라고 한다. 각각의 방식에 대한 특징은 다음과 같다.

오류검출-재전송 방식과 FEC 방식의 특징

- 오류검출-재전송 방식
  상대적으로 잉여 비트가 적고 복호 과정이 간단한 장점이 있지만 송수신기 간에 양방향 링크가 있어야만 하고 재전송이 일어나는 경우에 지연이 길어지는 단점이 있다. 이 방식은 신뢰성이 중요한 통신시스템에서 많이 사용한다.
- FEC 방식
  역방향 링크가 없는 통신시스템에서 사용되며 잉여 비트가 상대적으로 많아 복호과정이 복잡해진다. 이 방식은 실시간 통신시스템에서 주로 사용한다. FEC 방식에는 컨볼루션 코딩(convolution coding) 방식과 선형 블록 코딩(Linear Block Coding) 방식이 있는데 LTE, WiFi, DMB 등의 OFDM 통신시스템에서는 컨볼루션 코딩 방식을 사용한다.

인터리버(Interleaver)

OFDM 전체 블록도에서 보듯이 인터리버는 컨볼루션 인코더와 매퍼 사이에 위치한다. 무선전송 시스템에서는 번개 등과 같은 이유로 연속된 잡음이 발생하는 경우가 있다. 이런 잡음을 연집 오류(burst error)라고 한다. 이와 같은 연집 오류가 생기면 FEC와 같은 오류 정정 코딩을 사용하여 오류를 정정할 수 있는 한계를 벗어나게 된다. 따라서 연집 오류를 다른 곳으로 넓게 분산시키는 블록이 필요하다. 이런 연집 오류가 생길 것을 고려하여 1과 0의 연집 오류를 분산시키는 역할을 인터리버 블록에서 수행한다. 인터리버는 한 블록의 데이터를 행렬에 채워 넣었다가 다시 읽는 방법으로 구현할 수 있다. 즉, 열 단위로 넣어서 채운 후 다 채워지면 행 단위로 읽어 나가는 방식으로 구현할 수 있다. 이렇게 바꾼 데이터를 전송하면 전송 중에 연집 오류가 발생하더라도 디인터리버(deinterleaver)를 통해 원래의 배열로 돌아올 때 오류가 분산된다.

매퍼(Mapper)

연속적인 1과 0의 데이터가 매퍼로 입력된다. 이 매퍼에서 연속적인 1과 0들은 복소수 샘플(변조 심볼)로 변환된다. 예를 들면 16QAM 매퍼의 경우에는 4비트의 데이터가 한 개의 복소수 샘플로 매핑된다. 즉, 1010과 같은 4비트의 정보가 예를 들면 0.5+j0.5와 같은 복소 샘플 $X(k) = a_k + jb_k$로 변환된다.

SP 변환기

복소 샘플들은 IFFT를 수행하기 위해서 SP(Serial to Parallel) 변환기를 통해 병렬화된다.

IFFT

그림 10-1의 OFDM 통신시스템에서 가장 핵심 블록은 변조부의 IFFT 블록과 복조부의 FFT 블록이다. OFDM 변조부에서는 변조 심볼을 직교함수로 변조시키고, OFDM 복조부에서는 직교성을 이용하여 변조 심볼을 복원한다. 이와 같은 OFDM 변복조는 IFFT/FFT를 사용하여 효과적으로 구현될 수 있다. 예를 들면 LTE 하향링크에서는 1024-point IFFT 프로세서를 사용한다. 이 IFFT 블록을 통해 주파수 영역 복소 샘플 $X(k) = a_k + jb_k$은 시간영역의 복소 샘플 $x[n] = a[n] + jb[n]$으로 변환된다.

PS 변환기

IFFT가 끝난 복소 샘플(시간영역 복소 샘플)들은 PS(Parallel to Serial) 변환기를 통해 연속적인 복소 샘플 $x[n] = a[n] + jb[n]$으로 변환된다.

D/A 변환기

복소 샘플 $x[n] = a[n] + jb[n]$들은 D/A 변환기를 통하여 $x(t) = a(t) + jb(t)$의 아날로그 복소 신호로 변환된다.

LPF, I/Q 변조

두 개의 신호 $a(t)$와 $b(t)$를 한 개의 채널로 송신하기 위하여 LPF와 I/Q 변조를 수행한다.

10.1.2 수신부 개요

I/Q 복조 및 LPF

수신 신호에서 다시 두 개의 신호 $a(t)$와 $b(t)$를 뽑아내기 위해서 I/Q demodulation과 LPF를 수행한다. 이 블록의 출력은 $x(t) = a(t) + jb(t)$이다(실제 출력은 각각의 $a(t)$와 $b(t)$이다).

A/D 변환기

복소 샘플 $x(t) = a(t) + jb(t)$들은 A/D 변환기를 통하여 $x[n] = a[n] + jb[n]$의 복소 샘플로 변환된다.

FFT

FFT 블록에서 시간영역의 복소 샘플 $x[n]=a[n]+jb[n]$들은 주파수 영역의 복소 샘플 $X(k)=a_k+jb_k$로 변환된다.

PS 변환기

FFT가 끝난 복소 샘플(주파수영역 복소 샘플)들은 PS(Parallel to Serial) 변환기를 통해 연속적인 복소 샘플로 변환된다.

디매퍼(Demapper)

복소 샘플들이 디매퍼로 입력된다. 이 디매퍼에서 복소 샘플 $X(k)=a_k+jb_k$들은 연속적인 1과 0들로 변환된다. 예를 들면 0.5+j0.5와 같은 복소 샘플이 1010과 같은 1과 0의 정보신호로 변환된다.

디인터리버(Deinterleaver)

전송 중에 연집 오류가 발생하더라도 디인터리버를 통해 데이터의 행과 열이 다시 원래로 돌아가면서 오류의 위치도 분산된다. 이와 같이 오류가 분산되어야 오류정정 코딩을 통해 오류를 정정할 수 있다.

Viterbi 디코더

이 블록에서 오류 비트가 검출되고 정정된다. 송신기에서 추가된 잉여 비트도 제거된다.

Source 디코딩

송신부의 source 코딩 블록에서 압축되었던 디지털 신호들이 다시 복원 알고리즘에 의하여 원래의 데이터로 변환된다.

10.2 IFFT/FFT 블록

10.2.1 OFDM 송수신 모델

OFDM 통신시스템의 변복조 모델은 그림 10-2와 같다.

이 그림의 OFDM 변복조 모델에서 어떻게 데이터가 전송되는지 알아보기로 한다. 주파수 영역 복소 샘플 $X(k)$는 SP 변환기를 통해 병렬화된다. 실제 OFDM에서는 64에서 8192까지 넓게 병렬화되지만 그림에서는 8개로 병렬화하였다. 따라서 k번째 채널의 출력은 다음과 같이 나타내어진다.

$$x_k(t)=X(k)e^{j\omega_k t}$$

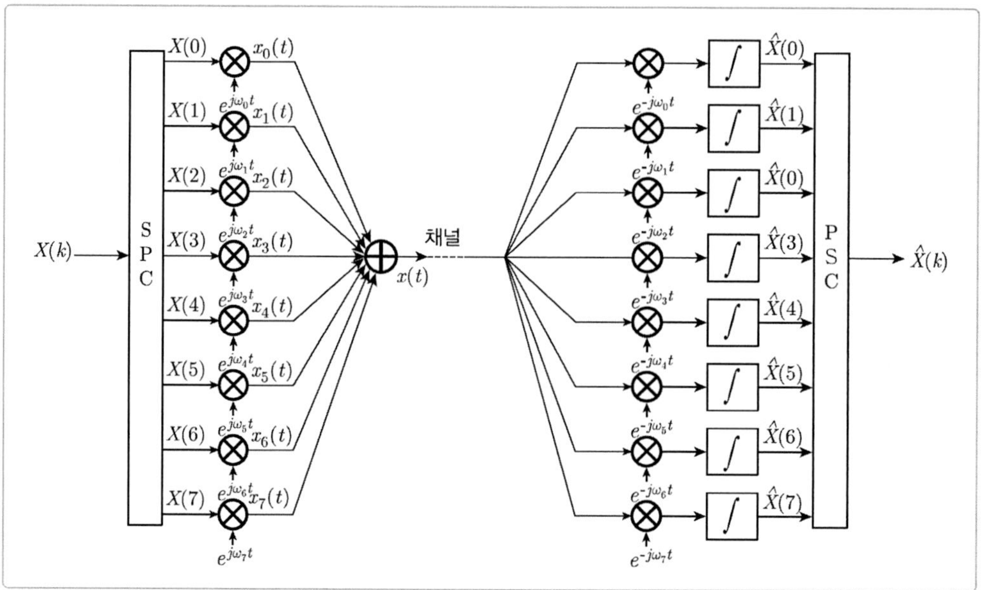

그림 10-2 OFDM 변복조 모델

변조기의 최종 출력 신호 $x(t)$는 다음과 같이 나타낼 수 있다.

$$x(t) = \sum_{k=0}^{N-1} x_k(t) = \sum_{k=0}^{N-1} X(k) e^{j\omega_k t}$$

이제 이 신호가 복조기에서 어떻게 복조되는지 알아보기로 한다. 복조기의 첫 번째 적분기 출력은 다음과 같이 나타낼 수 있다.

$$\widehat{X}(0) = \int_0^{T_u} \sum_{k=0}^{N-1} X(k) e^{j\omega_k t} e^{-j\omega_0 t} dt = \sum_{k=0}^{N-1} X(k) \int_0^{T_u} e^{j\omega_k t} e^{-j\omega_0 t} dt = X(0)$$

위의 식에서 ω_k는 ω_0의 체배 주파수이다. 따라서 $e^{j\omega_k t}$는 직교함수이므로 적분값은 k와 0일 때만 값을 갖는다. 따라서 l번째 적분기 출력은 다음과 같다.

$$\widehat{X}(l) = \int_0^{T_u} \sum_{k=0}^{N-1} X(k) e^{j\omega_k t} e^{-j\omega_l t} dt = \sum_{k=0}^{N-1} X(k) \int_0^{T_u} e^{j\omega_k t} e^{-j\omega_l t} dt = X(l)$$

그림 10-2의 송수신 블록도에서 보듯이 샘플들이 직교성을 이용하여 송수신됨을 알 수 있다.

10.2.2 FFT를 사용한 OFDM 시스템 구현

그림 10-2의 OFDM 변복조 모델을 통하여 정보신호의 샘플들이 수신부에서 완벽하게 복원되는 것은 보았지만 의문이 남는다. 즉, "왜 송신부에서 정보신호(1 또는 0으로 생각해

도 된다.)들을 병렬화하여 각각을 변조한 후에 다시 합쳐서 송신하는가?"하는 의문이다. 이와 같이 변환시킨 신호는 각 정보신호 간에 간섭이 없는 신호로 바뀌기 때문이다. 즉, 그림 10-2의 시스템은 IFFT라고 불리는 변환을 통하여 정보신호 간에 간섭이 없는 매우 효율적인 신호로 변환된다. 이를 요약하면 다음과 같다.

- 그림 10-2의 OFDM 통신시스템은 정보 샘플의 완전 복원 시스템이다.
- 디지털 샘플들이 송신이 용이한 아날로그 신호로 변환된다.
- IFFT와 D/A 변환기를 사용하여 쉽게 구현된다.
- 송신부의 변환을 통하여 샘플 간 간섭이 없는 강인한 신호로 변환된다.

그림 10-2의 OFDM 블록도가 어떻게 IFFT를 사용하여 구현되는지 알아본다. 먼저 변조기 출력 $x(t)$의 샘플링 버전을 살펴보자. 즉, $x(t)$의 원 식에 $t = nT_s$, $\omega_k = 2\pi k\Delta f$를 대입하면 다음의 샘플링 버전 출력을 얻는다.

$$x(nT_s) = \sum_{k=0}^{N-1} X(k) e^{j2\pi k \Delta f n T_s}$$

이 식에서 다음의 관계식을 얻는다.

$$\Delta f T_s = \frac{\Delta f}{f_s} = \frac{1}{N}$$

예를 들어 f_s가 10.24 MHz이고 Δf가 10 kHz이면 N은 1024가 된다. 이 관계식을 대입하면 다음과 같다.

$$x(nT_s) = \sum_{k=0}^{N-1} X(k) e^{j2\pi k \Delta f n T_s} = \sum_{k=0}^{N-1} X(k) e^{j\frac{2\pi}{N}kn}$$

이 식은 IDFT의 정의와 같다. 즉, $X(k)$를 IFFT를 사용하여 $x(nT_s)$를 얻고 D/A 변환기를 사용하여 최종 출력 $x(t)$를 얻을 수 있다. 따라서 변조기 OFDM 블록의 출력 신호는 IFFT와 D/A 변환기로 효과적으로 구현됨을 알 수 있다.

이 개념을 그림을 통해서 알아보기로 한다. SP 변환기를 통해 병렬화된 복소 샘플 $X(k)$는 매퍼 블록의 출력이다. 따라서 매퍼가 16QAM을 사용하였다면 16개의 복소 상수 중의 하나이다. 예를 들어 정보신호 0000이 3+j3으로 매핑되었다고 가정해 보자. 즉, $X(k) = 3 + j3 = 4.243e^{j\pi/4}$이다. 그러면 이제 이 상수의 스펙트럼을 구해보자.

$$\frac{4.243}{2\pi}\int_{-\infty}^{\infty} e^{j\pi/4} e^{j\omega t} d\omega = \frac{4.243e^{j\pi/4}}{2\pi}\int_{-\omega_s}^{\omega_s} e^{j\omega t} d\omega = 4.243\frac{\sin\omega_s t}{2\pi^2 t} e^{j\pi/4}$$

즉, $X(0)$부터 $X(15)$까지의 모든 복소 샘플들의 시간영역 신호가 모두 이와 같은 sinc 신호임을 알 수 있다. 따라서 N개의 채널에서 $e^{j\omega_0 t}$부터 $e^{j\omega_{N-1} t}$로 변조시키면 시간영역에서의 최종 신호의 모양은 다음과 같다.

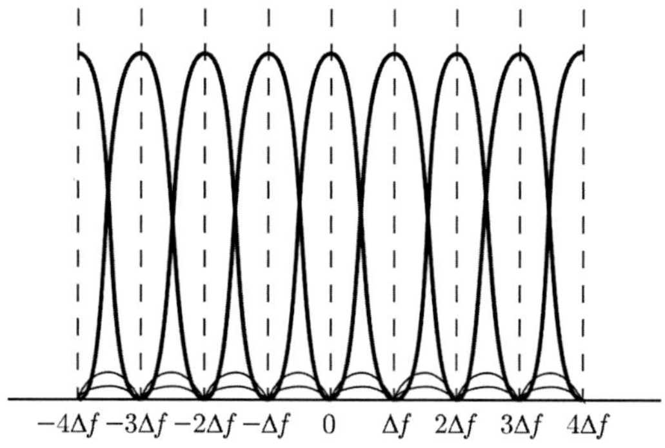

그림 10-3 OFDM 변조기 출력 신호

이 신호를 살펴보면 sinc 신호의 zero crossing 지점에서는 서로 간섭이 없음을 볼 수 있다. 즉, IFFT를 사용하여 $2\pi/N$ 지점에서만 샘플하면 간섭을 일으키는 부분을 완전히 제거할 수 있다.

복조기에서는 수신된 $x(t)$를 A/D 변환기를 사용하여 $x(nT_s)$를 얻고 DFT를 통해 다음과 같이 $X(k)$를 얻는다.

$$X(k) = \sum_{k=0}^{N-1} x(nT_s) e^{-j\frac{2\pi}{N}kn}$$

이 식에서도 알 수 있듯이 복조기의 OFDM 블록은 A/D 변환기와 FFT 블록을 사용하여 효과적으로 구현된다. 그림 10-2의 OFDM 변복조 모델은 다음 그림과 같이 IFFT와 FFT 그리고 A/D 변환기와 D/A 변환기 등을 사용하여 구현되어진다.

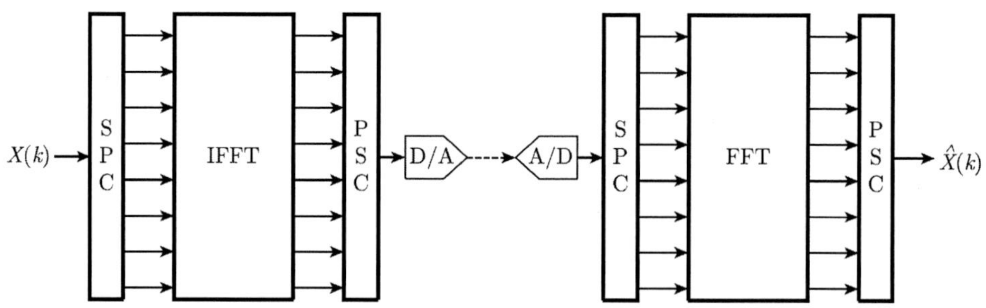

그림 10-4 OFDM 변복조기의 IFFT/FFT 구현

이와 같은 IFFT와 FFT의 다양한 구조를 다음 절에서 알아보기로 한다.

10.2.3 FFT 알고리즘

OFDM 방식은 다음 식과 같은 DFT 및 IDFT 변환을 사용하여 효과적으로 구현된다.

$$\text{DFT}:\ X(k)=\sum_{n=0}^{N-1}x[n]e^{-j\frac{2\pi}{N}kn}$$

$$\text{IDFT}:\ x[n]=\frac{1}{N}\sum_{k=0}^{N-1}X(k)e^{j\frac{2\pi}{N}kn}$$

이 변환은 곱셈 연산이 많이 필요하다. 따라서 곱셈 연산의 수를 감소시키는 알고리즘이 많이 개발되었는데 이를 FFT(Fast Fourier Transform)라고 한다. 곱셈의 수를 알아보기 위하여 $W_N=e^{-j2\pi/N}$으로 정의하면 다음과 같이 나타낼 수 있다.

$$X(k)\ =\sum_{n=0}^{N-1}x[n]\,W_N^{kn},\qquad k=0,1,\cdots,N-1$$

$$x[n]\ =\frac{1}{N}\sum_{n=0}^{N-1}X(k)\,W_N^{-kn},\quad n=0,1,\cdots,N-1$$

이 식의 N-point DFT 계산에는 N^2의 곱셈이 필요함을 알 수 있다. 예를 들어 1024-point DFT의 연산에는 1,048,576개의 곱셈연산이 필요하다. 이와 같은 DFT의 계산에서 곱셈 연산의 수를 감소시키는 알고리즘을 고속푸리에변환(Fast Fourier Transform, FFT)이라고 한다. 고속푸리에변환의 대표적인 방법인 DIT(Decimation-In-Time) 방식과 DIF(Decimation-In Frequency) 방식을 알아보기로 한다.

DIT 방식

DFT의 정의에서 $N=2N_1$으로 놓으면 $X(k)$는 다음과 같이 이산신호를 짝수항과 홀수항으로 분해할 수 있다.

$$X(k)=\sum_{n=0}^{N-1}x[n]\,W_N^{kn}=\sum_{n:even}x[n]\,W_N^{kn}+\sum_{n:odd}x[n]\,W_N^{kn}$$

$$=\sum_{r=0}^{N_1-1}x[2r]\,W_N^{2rk}+\sum_{r=0}^{N_1-1}x[2r+1]\,W_N^{(2r+1)k}$$

위의 식에서 $x[2r]$과 $x[2r+1]$은 이산신호 $x[n]$의 짝수신호와 홀수신호이다. 이 짝수신호와 홀수신호를 각각 다음과 같이 정의하자.

$$y[r]=x[2r],\quad z[r]=x[2r+1]$$

W_N^2는 다음과 같이 나타낼 수 있다.

$$W_N^2 = e^{-j\frac{2\pi}{N}2} = e^{-j\frac{2\pi}{N_1}} = W_{N_1}$$

따라서 $X(k)$는 다음과 같이 2개의 N_1-point DFT 식으로 나타낼 수 있다.

$$\begin{aligned} X(k) &= \sum_{r=0}^{N_1-1} y[r]\, W_{N_1}^{rk} + W_N^k \sum_{r=0}^{N_1-1} z[r]\, W_{N_1}^{rk} \\ &= Y(k) + W_N^k\, Z(k), \qquad k = 0, 1, \cdots N_1 - 1 \end{aligned}$$

위의 식에서 보듯이 N-point DFT $X(k)$는 N_1-point DFT인 $Y(k)$와 $Z(k)$로 나타낼 수 있음을 알 수 있다. 그러나 위의 식에서 $Y(k)$와 $Z(k)$는 길이가 N_1이므로 N의 길이를 갖는 $X(k)$를 모두 구할 수 없다. 즉, 위의 식으로는 $X(k)$의 0에서 $N_1 - 1$까지의 값을 구할 수 있다. N_1부터 $N-1$까지의 $X(k+N_1)$은 다음과 같이 구한다.

$$\begin{aligned} X(k+N_1) &= Y(k+N_1) + W_N^{(k+N_1)}\, Z(k+N_1) \\ &= Y(k+N_1) - W_N^k\, Z(k+N_1) \end{aligned}$$

위의 식에서 $Y(k+N_1)$은 다음과 같이 나타낼 수 있다.

$$Y(k+N_1) = \sum_{r=0}^{N_1-1} y[r]\, W_{N_1}^{r(k+N_1)} = \sum_{r=0}^{N_1-1} y[r]\, W_{N_1}^{rk} = Y(k)$$

따라서 $Z(k+N_1)$도 다음과 같이 나타낼 수 있다.

$$Z(k+N_1) = Z(k)$$

이 두 결과 식을 앞의 $X(k+N_1)$의 식에 대입하면 다음의 결과를 얻는다.

$$X(k+N_1) = Y(k) - W_N^k\, Z(k)$$

지금까지 얻은 DIT의 결과를 다시 나타내면 다음과 같다.

$$\begin{aligned} X(k) &= Y(k) + W_N^k\, Z(k), \qquad k = 0, 1, \cdots N_1 - 1 \\ X(k+N_1) &= Y(k) - W_N^k\, Z(k), \qquad k = 0, 1, \cdots N_1 - 1 \end{aligned}$$

따라서 DIT의 원리를 정리하면 N-point DFT는 2개의 N_1-point DFT로 구현할 수 있다는 것이다. 여기에서 $X(k)$의 앞의 N_1개와 뒤의 N_1를 구하는 식이 조금 다르다는 것을 주의할 필요가 있다.

8-point DFT를 2개의 4-pont DFT로 구현하는 구조는 다음 그림과 같다.

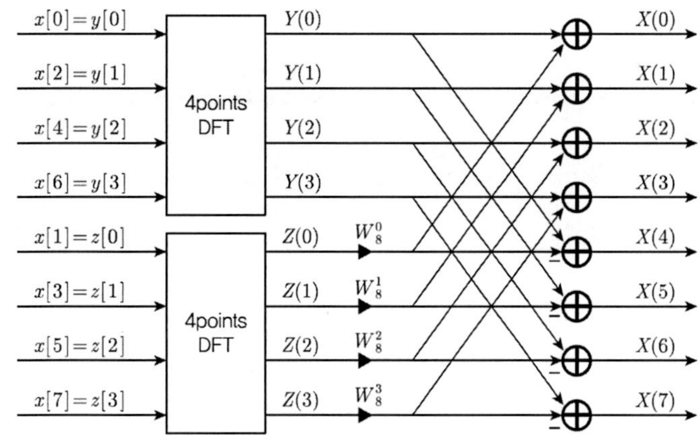

그림 10-5 DIT 구조(4-point DFT를 사용한 8-point DFT)

위의 구조에서 위쪽의 4-point DFT는 다시 다음 그림과 같은 2개의 2-point DFT로 분해될 수 있다.

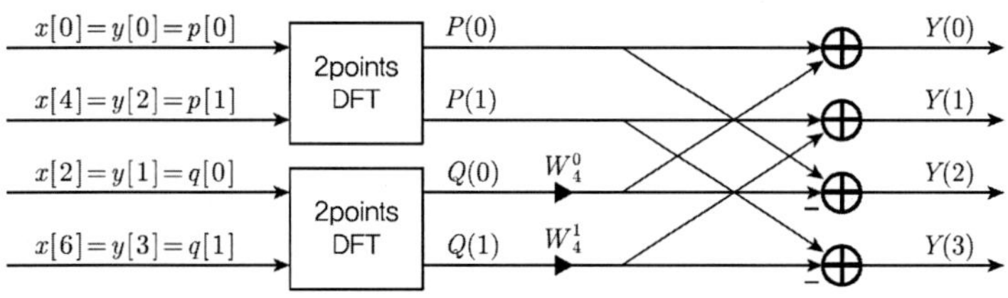

그림 10-6 DIT 구조(2-point DFT를 사용한 4-point DFT)

위의 구조에서 위쪽의 2-point DFT는 다음 그림과 같다.

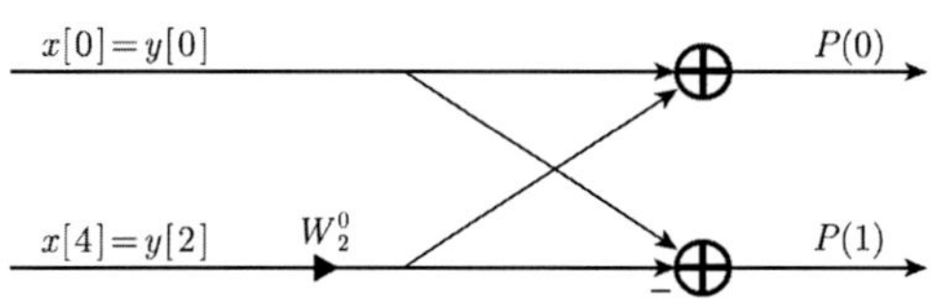

그림 10-7 2-point DFT 구조

지금까지의 분해과정을 종합하여 8-point DFT를 DIT 방식으로 나타낸 최종의 구조는 다음 그림과 같다.

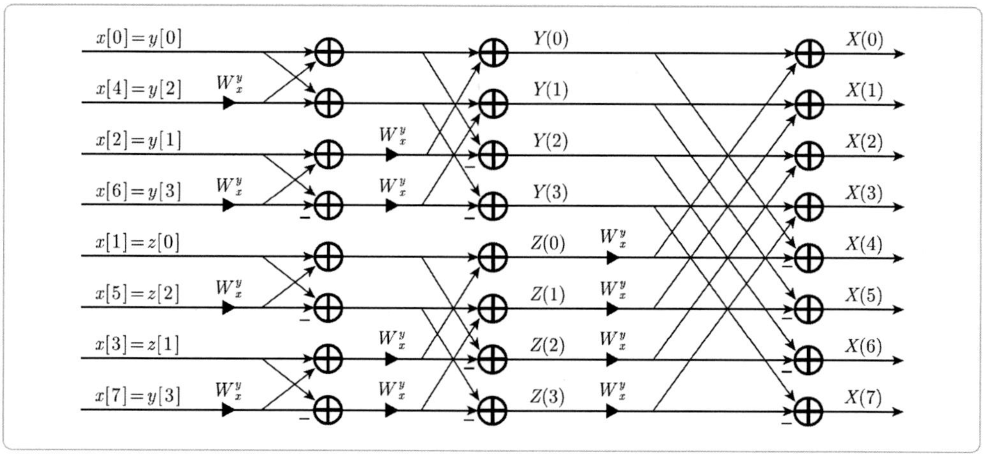

그림 10-8 8-point DFT의 DIT 구조

먼저 DIT 구조의 총 곱셈의 수를 살펴보기로 한다. 곱셈 연산의 수를 위의 8-point DIT 구조에서 살펴보자. 8-point DIT 구조에는 3개의 스테이지가 있고, 각 스테이지에는 W_N^n이 4개씩 있으므로 곱셈은 3×4=12개가 필요하다. 따라서 N-point DFT의 경우에는 스테이지의 수가 $\log_2 N$이고 각 스테이지의 곱셈의 수는 $N/2$이므로 총 곱셈 연산의 수는 다음과 같다.

$$\text{총 곱셈의 수} = \text{각 스테이지의 곱셈의 수} \times \text{스테이지의 수} = \frac{N}{2}\log_2 N$$

DIT 알고리즘의 시간영역의 신호가 일반적인 내림차순이 아닌 점을 살펴보기로 한다. 위의 8-point DIT 구조에서 보듯이 주파수영역 신호인 $X(k)$는 순서가 오름차순으로 정렬되어 있는 데 반하여, 시간영역의 신호인 $x[n]$은 데시메이션(decimation)되어 있으므로 이 구조를 Decimation-In-Time이라고 부른다. DIT 구조에서 데시메이션되어 있는 순서를 역비트순(bit-reversed order)이라고 하며 역비트순의 과정은 다음과 같다.

[1단계] $x[n]$의 n을 2진수로 나타낸다. 이때 총 비트의 수는 N에 의해 결정한다. 예를 들면 $N=8$인 경우에는 총 비트수가 3이 된다.
[2단계] 비트의 순서를 역으로 한다.
[3단계] 비트를 다시 $x[n]$으로 나타낸다.

8-point DIT 경우를 역비트순으로 나타내면 표 10-1과 같다.

| 표 10-1 | 역비트순의 과정

	1단계	2단계	3단계
$x[0]$	000	000	$x[0]$
$x[1]$	001	100	$x[4]$
$x[2]$	010	010	$x[2]$
$x[3]$	011	110	$x[6]$
$x[4]$	100	001	$x[1]$
$x[5]$	101	101	$x[5]$
$x[6]$	110	011	$x[3]$
$x[7]$	111	111	$x[7]$

이 DIT 구조는 이산신호의 길이가 2의 승수로 표현되는 경우에만 구조가 가능하다.

DIF 방식

DFT의 정의에서 $N=2N_1$인 경우에 이산신호를 앞의 N_1개와 뒤의 N_1개로 나누어 표현할 수 있다.

$$X(k)=\sum_{n=0}^{N-1}x[n]\,W_N^{kn}=\sum_{n=0}^{N_1-1}x[n]\,W_N^{kn}+\sum_{n=N_1}^{N-1}x[n]\,W_N^{kn}$$

$$=\sum_{n=0}^{N_1-1}x[n]\,W_N^{nk}+\sum_{m=0}^{N_1-1}x[m+N_1]\,W_N^{(m+N_1)k}$$

$$=\sum_{n=0}^{N_1-1}x[n]\,W_N^{nk}+W_N^{N_1k}\sum_{n=0}^{N_1-1}x[n+N_1]\,W_N^{nk}$$

$$=\sum_{n=0}^{N_1-1}(x[n]+(-1)^k x[n+N_1])\,W_N^{nk}$$

위의 식에서 보듯이 k가 짝수일 때와 홀수일 때에 결과 값이 달라지는 것을 알 수 있다. 따라서 $X(k)$를 $X(2r)$의 짝수 DFT와 홀수 DFT로 나누어 값을 구해 보도록 하자. 먼저 짝수 DFT는 다음과 같이 구할 수 있다.

$$X(2r)=\sum_{n=0}^{N_1-1}(x[n]+x[n+N_1])\,W_N^{2rn}$$

$$=\sum_{n=0}^{N_1-1}(x[n]+x[n+N_1])\,W_{N_1}^{rn}$$

$$=\sum_{n=0}^{N_1-1}y[n]\,W_{N_1}^{rn}=Y(r) \qquad \text{여기에서 } y[n]=x[n]+x[n+N_1]$$

홀수 DFT는 다음과 같이 구할 수 있다.

$$X(2r+1) = \sum_{n=0}^{N_1-1} (x[n] - x[n+N_1])\, W_N^{(2r+1)n}$$

$$= \sum_{n=0}^{N_1-1} W_N^n (x[n] - x[n+N_1])\, W_{N_1}^{rn}$$

$$= \sum_{n=0}^{N_1-1} z[n]\, W_{N_1}^{rn} = Z(r) \quad \text{여기에서 } z[n] = W_N^n (x[n] - x[n+N_1])$$

이 식에서 보듯이 N-point DFT는 2개의 N_1-point DFT 식으로 구현할 수 있으며 8-point DFT의 경우에 적용하면 다음 그림과 같다.

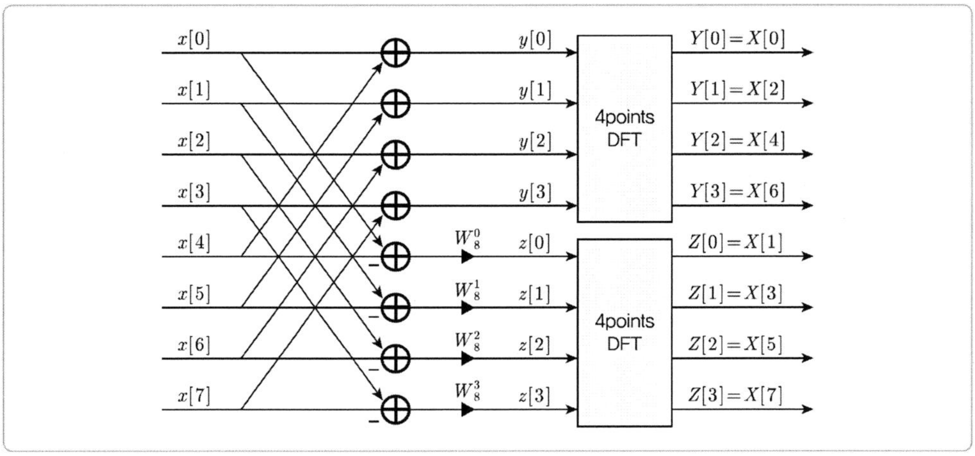

그림 10-9 DIF 구조(4-point DFT를 사용한 8-point DFT)

위의 구조에는 오른쪽에 2개의 4-point DFT가 있으며, 이 2개의 4-point DFT는 다시 2-point DFT로 같은 방식으로 분해할 수 있다.

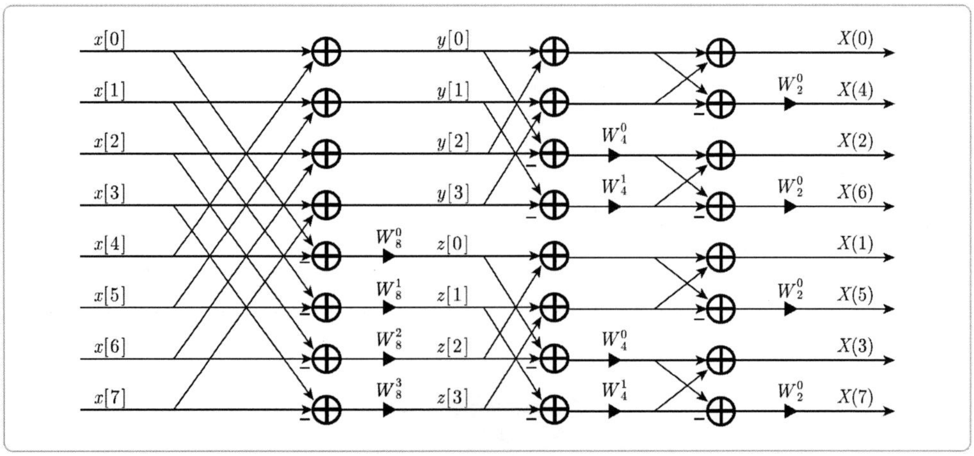

그림 10-10 8-point DFT의 DIF 구조

이와 같은 분해과정을 종합하여 8-point DFT를 DIF 방식으로 나타낸 최종의 구조는 그림 10-10과 같다.

위의 8-point DIF 구조에서 보듯이 8-point DIT 구조와 곱셈의 수가 같음을 알 수 있다. 따라서 N-point DFT의 경우에 총 곱셈의 수는 $\frac{N}{2}\log_2 N$이다. 또한 8-point DIF 구조에서 보듯이 시간영역 신호인 $x[n]$은 순서가 오름차순으로 정렬되어 있는데 반하여, 주파수영역의 신호인 $X(k)$가 데시메이션되어 있으므로 이 구조를 DIF(Decimation In Frequency)라고 부른다. DIF 구조에서의 주파수영역 신호 $X(k)$의 데시메이션되어 있는 순서도 DIT 구조와 마찬가지로 역비트순이다.

다음 그림은 32-point Radix-2 DIF 알고리즘을 보여준다.

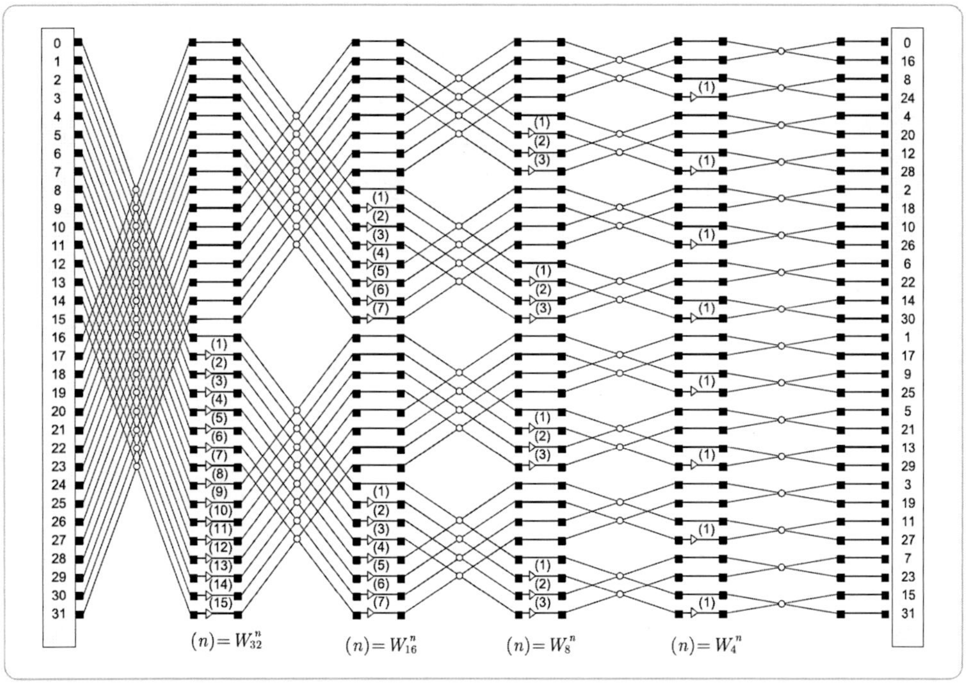

그림 10-11 32-point DFT의 DIF 구조

다음 그림은 64-point Radix-2 DIF 알고리즘을 보여준다.

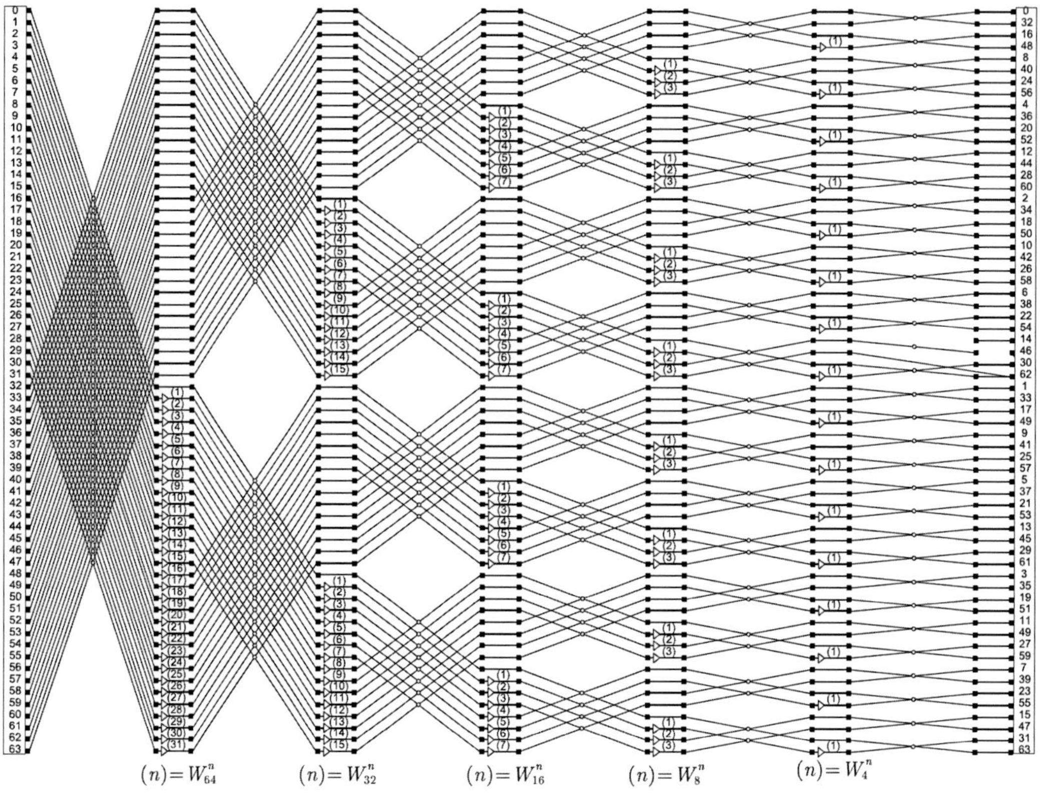

그림 10-12 64-point DFT의 DIF 구조

IFFT

IFFT도 FFT와 마찬가지로 DIT와 DIF 등의 고속 변환 구조를 갖는다. 이를 알아보기 위하여 DFT와 IDFT의 식을 다시 보기로 한다.

$$\text{DFT}:\ X(k) = \sum_{n=0}^{N-1} x[n]\, W^{kn}$$

$$\text{IDFT}:\ x[n] = \frac{1}{N}\sum_{k=0}^{N-1} X(k)\, W^{-kn}$$

위의 식을 살펴보면 $X(k)$를 구하는 FFT 방식인 DIT나 DIF 구조가 IDFT의 경우에도 그대로 적용될 수 있음을 알 수 있다. 즉, $x[n]$과 $X(k)$의 자리만 바꾸고 곱셈계수 W^{kn}을 W^{-kn}으로 바꾸면 되므로 DIT나 DIF의 구조를 그대로 사용하면 된다. 스케일 인수 $1/N$은 각 스테이지에서 1/2의 곱을 수행하는 것이 일반적인 방법이다. 이것은 곱셈의 하드웨어를 필요로 하지 않으며, 비트로 구성된 수를 한 비트만큼 우측으로 쉬프트시켜서 값을 반으로 줄이는 방법을 사용하면 된다.

10.3 I/Q 변조 및 I/Q 복조

송신부의 D/A 변환기를 통과한 출력 신호는 $x(t)=a(t)+jb(t)$의 복소 신호이다. 이 신호를 하나의 전송로로 보내기 위하여 다음 그림과 같은 I/Q 변조(In-phase/Quadrature modulation)를 사용한다.

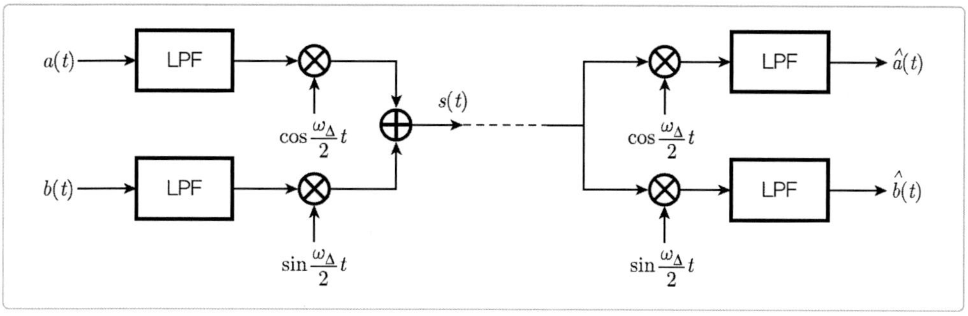

그림 10-13 I/Q 변복조기의 블록도

이 I/Q 변조기의 $a(t)+jb(t)$의 스펙트럼을 다음 그림의 (a)라 가정하면 $a(t)-jb(t)$의 스펙트럼은 그림의 (b)와 같은 반사 신호가 된다. 이때 $a(t)+jb(t)$ 신호를 $e^{-j\omega_\Delta t/2}$로 변조시키고 $a(t)-jb(t)$는 $e^{j\omega_\Delta t/2}$로 변조시키면 각각의 스펙트럼은 그림의 (c)와 (d)와 같다.

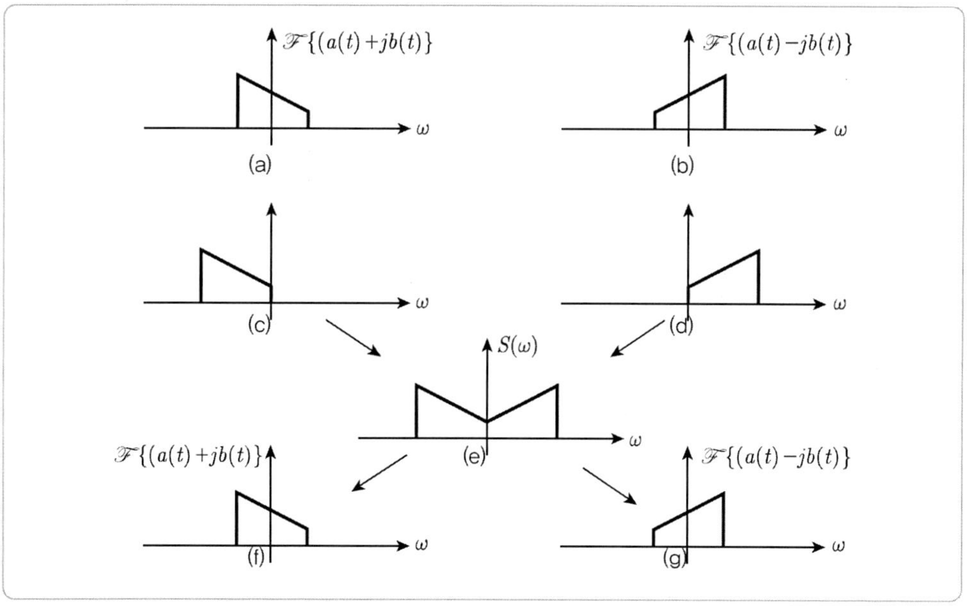

그림 10-14 I/Q 변복조기의 스펙트럼

이 두 신호를 더하면 한 개의 실수(real) 신호 $s(t)$가 만들어지며 그 스펙트럼은 그림의 (e)와 같다. 이 신호가 I/Q 변조의 최종 송신신호이다. 이 송신신호 $s(t)$는 다음과 같이 나타낼 수 있다.

$$
\begin{aligned}
s(t) &= [a(t)+jb(t)]e^{-j\frac{\omega_\Delta}{2}t} + [a(t)-jb(t)]e^{j\frac{\omega_\Delta}{2}t} \\
&= a(t)\cos\frac{\omega_\Delta}{2}t + b(t)\sin\frac{\omega_\Delta}{2}t
\end{aligned}
$$

이 식의 변조과정이 그림 10-13의 송신부에서 구현되고 있음을 볼 수 있다.

수신기에서는 이 $s(t)$를 각각 $e^{j\omega_\Delta t/2}$와 $e^{-j\omega_\Delta t/2}$로 변조시켜서 저역통과 필터를 거치면 $a(t)+jb(t)$와 $a(t)-jb(t)$를 다시 찾을 수 있다. 각각의 스펙트럼은 그림 10-14의 (f)와 (g)와 같다. 이 과정을 식으로 나타내면 다음과 같다.

$$
\begin{aligned}
a(t)+jb(t) &= s(t)e^{j\frac{\omega_\Delta}{2}t} * h(t) \\
&= [s(t)\cos\frac{\omega_\Delta}{2}t] * h(t) + j[s(t)\sin\frac{\omega_\Delta}{2}t] * h(t)
\end{aligned}
$$

$$
\begin{aligned}
a(t)-jb(t) &= s(t)e^{-j\frac{\omega_\Delta}{2}t} * h(t) \\
&= [s(t)\cos\frac{\omega_\Delta}{2}t] * h(t) - j[s(t)\sin\frac{\omega_\Delta}{2}t] * h(t)
\end{aligned}
$$

그러나 수신기에서는 $a(t)$와 $b(t)$를 각각 찾는 것이 목적이므로 위의 식으로부터 다음의 식을 유도할 수 있다.

$$
\begin{aligned}
a(t) &= [s(t)\cos\frac{\omega_\Delta}{2}t] * h(t) \\
b(t) &= [s(t)\sin\frac{\omega_\Delta}{2}t] * h(t)
\end{aligned}
$$

이 식의 복조 과정이 그림 10-13의 수신부에서 구현되고 있음을 볼 수 있다.

10.4 Source 코딩 / Source 디코딩

LTE OFDM 통신시스템에서 전송되는 데이터는 대부분 음성, 오디오, 사진, 동영상 등의 멀티미디어 데이터이다. 이 절에서는 이와 같은 멀티미디어 데이터가 어떻게 처리되는지 알아본다. 이와 같은 멀티미디어 데이터를 디지털 신호처리 압축 알고리즘을 사용하여 압축하는 과정을 source 코딩이라고 부른다. 여러 가지 멀티미디어 source 코딩 블록도는 다음 그림과 같다.

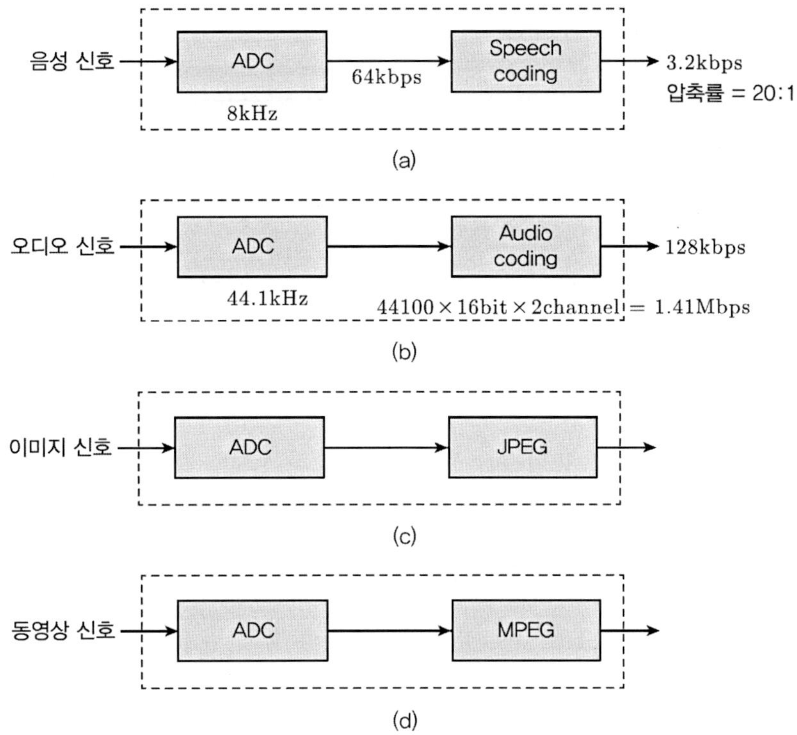

그림 10-15 멀티미디어 데이터의 source 코딩 (a) 음성 코딩, (b) 오디오 코딩, (c) 영상 코딩, (d) 동영상 코딩

음성 코딩

음성 신호의 압축을 음성 코딩이라고 한다. 음성의 최대주파수는 4 kHz 미만이므로 8,000분의 1초마다 샘플링(Nyquist)하며 샘플링된 디지털 샘플은 8비트로 표현된다. 따라서 음성 디지털 신호의 음성 비트율(bit/second, bps)은 8,000×8=64,000 bps=64 kbps이다. 이 데이터량은 음성 압축 알고리즘을 사용하여 20분의 1 정도, 즉 3.2 kbps 정도의 정보량으로 압축된다. 음성 신호의 압축원리를 다음 그림의 CELP(Code Excited Linear Prediction coding) 압축 알고리즘을 통하여 알아본다.

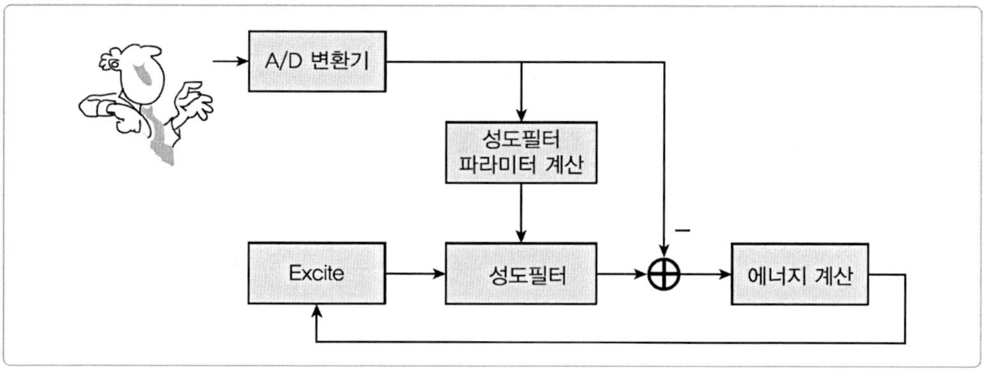

그림 10-16 **CELP 음성 코딩 블록도**

- 음성 신호는 A/D 변환기를 통해 8,000 Hz의 샘플링 주파수로 디지털 신호로 변환된다. 이렇게 변환된 디지털 신호는 20 ms, 즉 50분의 1초의 160개 샘플을 한 프레임이라고 하며 한 프레임마다 위의 알고리즘을 통해 파라미터가 추출되어 그 파라미터가 전송된다.
- 성도 필터와 성도 파라미터는 사람의 성도(vocal track)를 모델링한 것으로 다음 식과 같은 필터로 모델링된다.

$$H(z) = \frac{1}{1 + a_1 z^{-1} + a_2 z^{-2} + \cdots + a_p z^{-p}}$$

- 이 성도필터의 필터계수는 자기상관함수로 만들어진 다음의 연립방정식을 풀어서 파라미터가 계산된다.

$$\begin{bmatrix} R(0) & R(1) & \cdots & R(p-1) \\ R(1) & R(0) & \cdots & R(p-2) \\ \vdots & \vdots & \ddots & \vdots \\ R(p-1) & R(p-2) & \cdots & R(0) \end{bmatrix} \begin{bmatrix} a_1 \\ a_2 \\ \vdots \\ a_p \end{bmatrix} = \begin{bmatrix} R(1) \\ R(2) \\ \vdots \\ R(p) \end{bmatrix}$$

위의 p개의 연립방정식을 풀면 p개의 성도필터 계수를 구할 수 있다.

- 여기(Excite) 블록에서 여러 가지 여기 코드를 발사하여 다시 성도 필터를 통과시켜서 만든 음성 신호와 실제 음성 신호의 차이에 대한 에너지를 계산한다. 그 중에서 가장 작은 에너지를 보인 여기 코드가 선택된다. 다음 그림 10-17을 보자.
- 그림 10-17에서 보면 7번의 여기 코드가 발사되었을 때 가장 에너지가 작음을 볼 수 있다. 따라서 7번 코드가 선택되어 전송된다. 그림에서는 8개의 코드가 차례로 테스트되어 1개가 선택되었지만 실제 알고리즘에서는 128개 정도의 코드가 테스트된다.

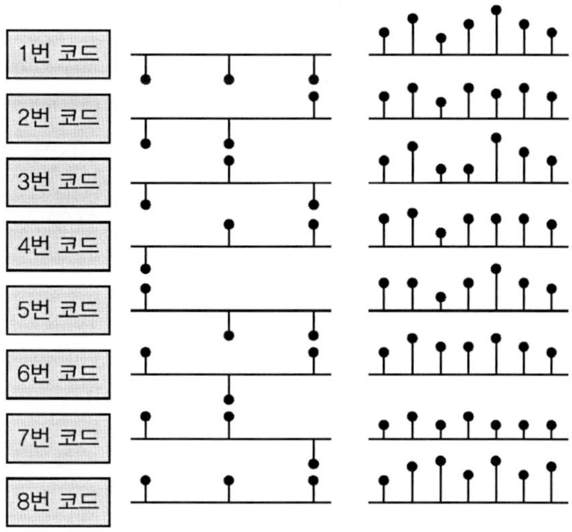

그림 10-17 여기 코드 (8가지)

오디오 코딩

오디오 신호의 압축을 오디오 코딩이라고 한다. MP3 오디오 코딩을 예로 들어보자. MP3는 MDCT(Modified DCT)라는 알고리즘을 사용하여 데이터가 압축된다.

- 오디오 신호의 최대주파수는 22 kHz 정도로 가정하고 A/D 변환기에서 44,100 Hz의 주파수로 샘플링된다. 샘플링된 디지털 값은 16비트로 나타내진다. 따라서 오디오 신호의 비트율(bit/second, bps)은 44,100×16×2=1,411,200 bps=1.41 Mbps가 된다.
- 이 오디오 신호는 약 12분의 1로 압축하여 128 kbps의 비트율로 전송된다.
- 이 오디오 샘플은 1152 샘플을 한 프레임이라고 하며 이 한 프레임의 신호는 다음 그림과 같은 32개의 주파수 대역으로 변환된다.

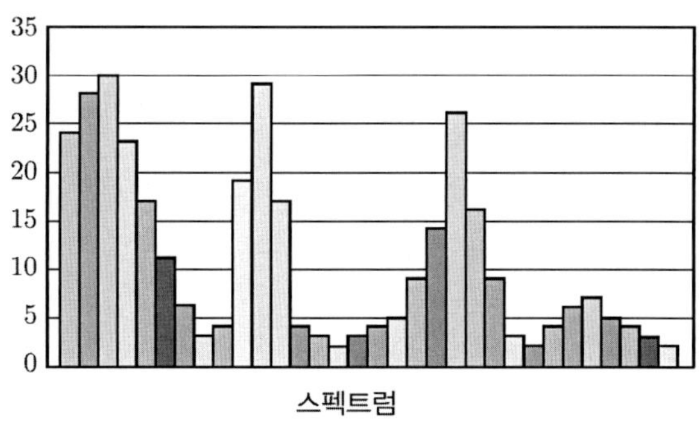

그림 10-18 오디오 코딩의 마스킹

- 이 그림과 같은 주파수 대역으로 변환된 신호에서 사람의 청각은 마스킹이라는 특성이 있다. 즉 어느 대역의 스펙트럼이 매우 크면 그 바로 옆의 스펙트럼은 어느 정도 이상 크지 않으면 들리지 않는 특성이 있다. 그림에서 11번째 스펙트럼이 매우 크므로 좌우의 스펙트럼은 전송할 필요가 없다. 이와 같이 사람의 청각 특성을 이용하여 데이터량이 압축된다.

영상 코딩

- 정지영상신호의 압축을 영상 코딩이라고 한다. JPEG 영상 코딩을 예로 들어본다. 예를 들어 한 장의 사진을 900x600 pixel로 가정한다. 따라서 총 pixel의 수는 900×600=540,000이 된다. 샘플링 된 한 개의 pixel 값은 8비트로 표현하고 RGB의 3색의 혼합이므로 1장 사진의 신호량은 540,000×8×3=12,960,000비트=12.96 Mega bits가 된다.
- JPEG에서는 약 4분의 1로 압축하여 데이터를 전송하게 된다. 정지영상은 DCT(Discrete Cosine Transform) 알고리즘을 사용하여 데이터를 압축한다. 다음 그림과 같은 8x8의 64 pixel 데이터를 보자.

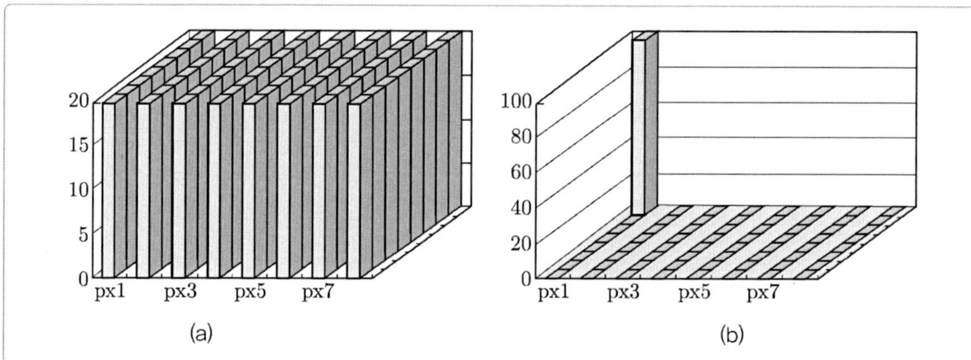

그림 10-19 (a) DCT 전의 데이터, (b) DCT 후의 데이터

- 그림 10-19(a)는 위에서 찍은 8x8 블록 크기의 사진 영상이다. 여기에서 보듯이 사진과 같은 영상에서 같은 색의 벽과 같은 곳을 사진 찍으면 8x8 블록의 데이터는 모두 같은 색인 경우가 많다(신호의 높이가 모두 같다). 이런 8x8 블록의 데이터는 DCT 변환 후에 그림 10-19(b)와 같이 한 pixel로 에너지가 모두 모인다. 따라서 나머지 63개의 pixel은 전송을 위해 비트를 할당할 필요가 없어진다.

동영상 코딩

- 동영상 신호의 source 코딩을 동영상 코딩 또는 비디오 코딩이라고 한다. MPEG이나 H.264 코딩을 통해 압축을 알아보기로 한다. 동영상 화면의 크기는 900×600=540,000 pixel이라고 가정한다. 따라서 한 장의 프레임의 데이터량은 12.96 Mega bits가 된다. 1초에 30장의 프레임으로 구성되므로 1초의 데이터량은 12.96 Mbits×30 frame=388.8

Mbps가 된다.

- 이 데이터량은 2 Mbps로 압축되어 전송된다. 1초의 30장 중에서 다음 그림과 같은 세 장의 프레임을 보자.

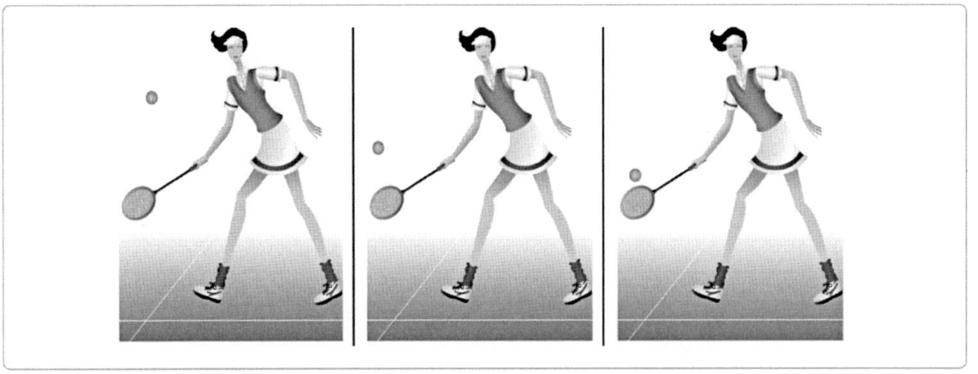

그림 10-20 빠른 동작의 한 프레임

- 위의 그림에서 한 프레임의 사진과 다음 프레임의 사진을 비교해 보면 빠르게 움직이는 공만 움직이고 있고 나머지 부분은 두 사진이 같다. 이런 경우에 한 장의 영상을 전체 전송할 필요 없이 움직이는 부분만 전송하면 된다. 이와 같은 원리로 비디오 데이터가 압축된다.

10.5 컨볼루션 인코더 / Viterbi 디코더

컨볼루션 인코더와 Viterbi 디코더는 채널 상에서 비트 오류가 발생할 것을 대비하여 오류 검출 및 정정 알고리즘을 수행하는 FEC(Forward Error Correction) 방식의 채널 코딩 블록이다. FEC 채널 코딩 알고리즘으로는 컨볼루션 코딩과 선형 블록 코딩(Linear Block coding) 방식 등이 있으며 LTE OFDM 통신에서는 컨볼루션 코딩 방식을 사용한다. 전반적인 채널 코딩 방식은 다음 장에서 자세히 알아본다.

10.6 인터리버 / 디인터리버

컨볼루션 인코더에서 오류 발생을 대비한 비트를 추가하였으므로 혹시 채널에서 오류가 발생하더라도 수신기에서 이를 발견하여 정정할 수 있다. 그러나 채널에서 잡음이 집중적으로 발생하여 비트 오류가 연속적으로 발생하는 경우를 예상할 수 있다. 컨볼루션 코딩이 오류를 정정하기 위해서는 하나의 부호어(code word) 내에 비트 오류가 오류정정 능력 이내로 발생하여야 정정이 가능하다. 그러나 이와 같은 연속적인 비트 오류는 컨볼루션 코딩의 오류 정정 한계를 벗어날 수 있다. 이와 같은 연속적인 비트 오류의 경우를 해결하는 방법으로 연속적인 비트 오류를 분산시키는 인터리빙 방식에 대하여 알아본다.

인터리빙은 한 블록의 메모리에 비트 데이터를 열 단위로 써서 채우고 다 채워지면 다시 행 단위로 읽어나가는 방식이다. 보내고자 하는 비트 데이터가 다음과 같은 경우에 어떻게 인터리빙하는지 알아본다.

비트 데이터 : 1011 0110 1010 0111

이와 같은 비트 데이터는 다음 그림과 같은 블록을 사용하여 비트 데이터를 재배열한다.

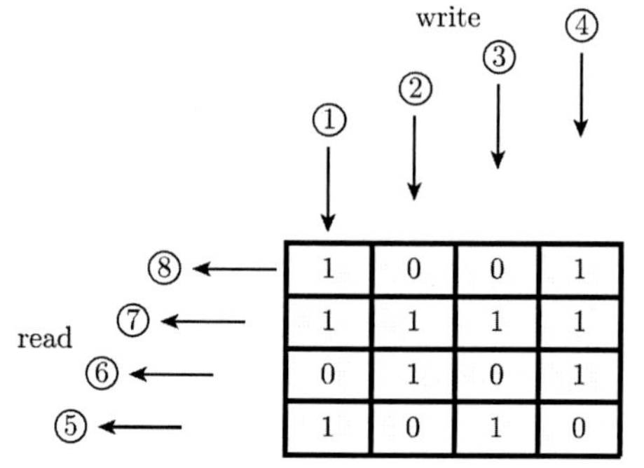

그림 10-21 송신기의 인터리빙(4x4 블록)

위의 그림과 같이 4x4 블록의 메모리에 비트 데이터를 ①②③④의 순서로 열을 채우고(write) 메모리가 다 채워지면 이번에는 ⑤⑥⑦⑧의 순서로 행을 읽으면(read) 비트 데이터가 다음과 같이 재배열된다. 이 비트 데이터가 채널을 통해 전송된다.

인터리빙된 비트 데이터 : 1010 0101 1111 1001

이 비트 데이터가 전송되는 과정에서 다음과 같이 채널에서 연속적인 오류가 발생했다고 가정해 보자.

연속적인 오류가 있는 수신된 비트 데이터 : 1010 *1010* 1111 1001

오류 비트는 이탤릭체로 표기하였으며 채널에서 위와 같이 5번째 비트부터 8번째 비트까지 연속 오류가 발생하였음을 알 수 있다. 이 비트 데이터가 수신기의 디인터리버(Deinterleaver)에서는 다음과 같이 쓰고 읽는다.

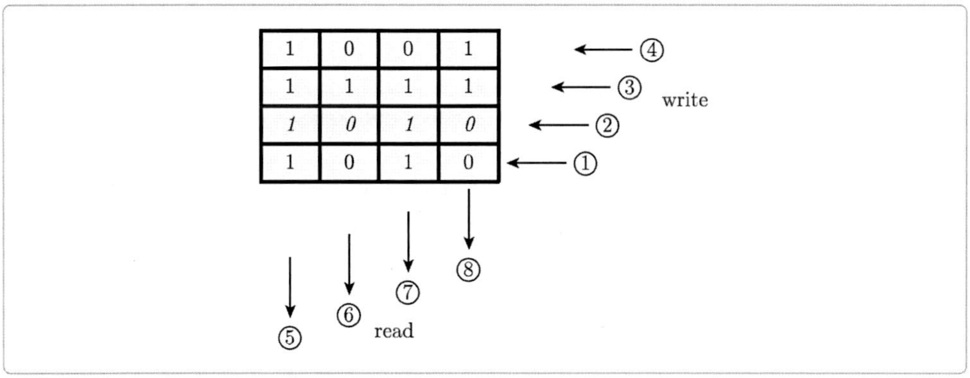

그림 10-22 수신기의 디인터리빙(4x4 블록)

수신기의 그림과 같은 4x4 블록의 메모리에 비트 데이터를 ①②③④의 순서로 행 단위로 쓰고 메모리에 다 채워지면 이번에는 ⑤⑥⑦⑧의 순서로 열 단위로 읽으면 데이터는 다음과 같다.

디인터리빙된 비트 데이터 : 1*1*11 0*0*10 1*1*10 0*0*11

이 비트 데이터에서 보듯이 채널에서 발생한 연속적인 오류가 분산되었음을 알 수 있다. 이와 같이 인터리빙을 통하여 오류 비트를 분산시켜서 수신기의 오류 정정 능력 이내로 들어오게 한다.

10.7 매퍼 / 디매퍼

OFDM 전체 블록도에서 보듯이 매퍼는 인터리버와 IFFT 사이에 위치한다. 매퍼는 인터리버에서 1과 0으로 구성되어 있는 신호를 받아 주파수영역 복소 샘플을 만드는 블록이다. 4개의 1과 0의 조합을 하나의 복소 샘플로 매핑하는 16QAM이나 6개의 조합을 하나의 복소 샘플로 매핑하는 64QAM 등이 주로 사용되는 매퍼 방식이다. 예를 들면 16QAM 매퍼는 다음 그림과 같이 복소 샘플을 생성할 수 있다.

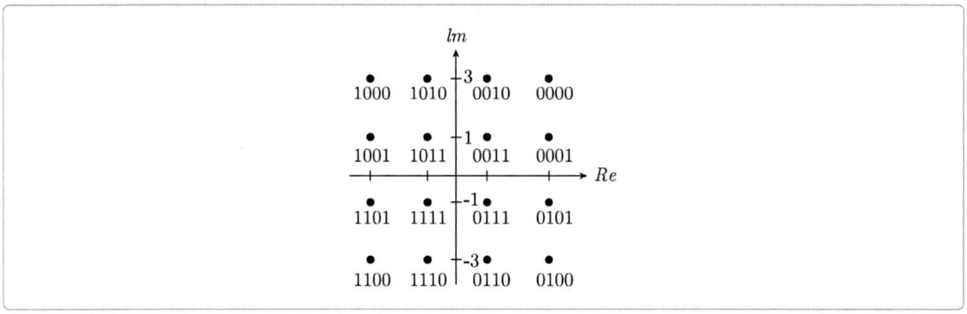

그림 10-23 16QAM 매퍼의 예

그림에서 보듯이 0000부터 1111까지의 16가지 종류가 서로 다른 복소 샘플로 매핑되고 있음을 볼 수 있다. 이를 복소 샘플로 나타내면 다음과 같다.

▌표 10-2▐ 16QAM 매퍼에서의 복소 샘플의 예

비트조합	생성된 복소 샘플		복소평면
	실수부	허수부	
0000	3	3	1사분면
0001	3	1	
0010	1	3	
0011	1	1	
0100	3	-3	4사분면
0101	3	-1	
0110	1	-3	
0111	1	-1	
1000	-3	3	2사분면
1001	-3	1	
1010	-1	3	
1011	-1	1	
1100	-3	-3	3사분면
1101	-3	-1	
1110	-1	-3	
1111	-1	-1	

디매퍼에서는 반대로 복소 샘플을 받아서 비트 조합을 생성해 낸다.

연습문제

10-1 OFDM 통신시스템의 송수신 모델은 다음 그림과 같다.

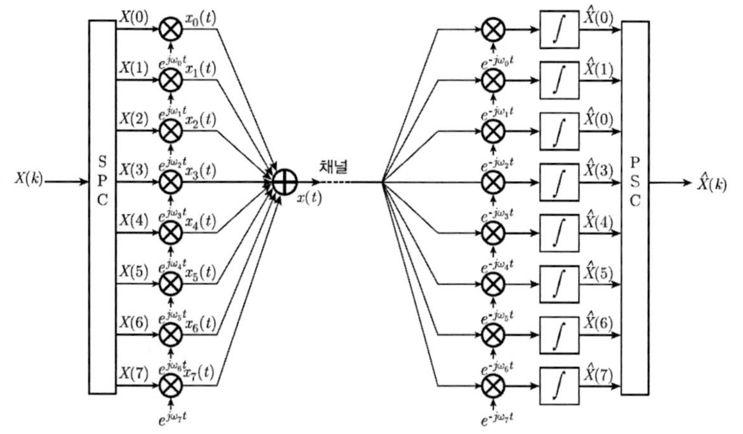

그림 X-1 **OFDM 송수신 모델**

송신단 $X(k)$의 모양과 그 스펙트럼의 모양은 다음 그림과 같다.

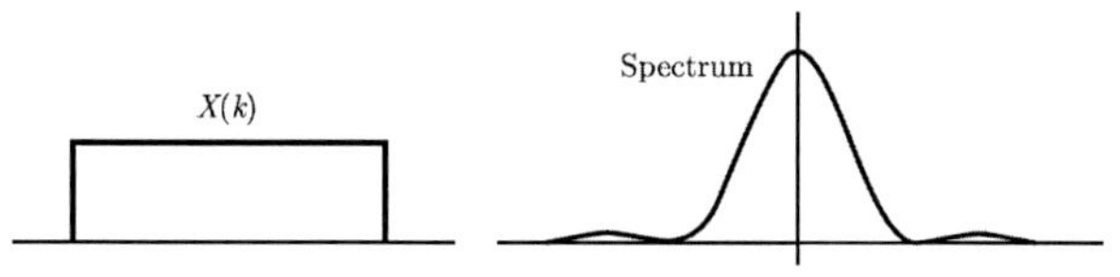

그림 X-2 **예제의 송신신호와 그 스펙트럼**

변조된 송신신호 $x(t)$는 다음과 같이 나타낼 수 있다.

$$x(t) = \sum_{k=0}^{7} x_k(t) = \sum_{k=0}^{7} X(k) e^{j\omega_k t}$$

수신신호 $\hat{X}(k)$를 구하시오($k=0,\ 1,\ \cdots,\ 7$).

10-2 다음과 같은 길이가 4인 디지털 신호 $x[n]$이 있다. 물음에 답하시오.

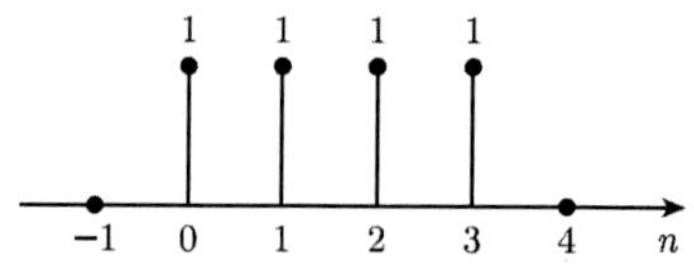

그림 X-3 예제의 신호

(a) 진폭 스펙트럼 $|X(e^{j\omega})|$를 구하고 그리시오(0에서 2π까지 그리시오).
(b) $x[n]$에 대한 4 point DFT의 스펙트럼 $|X(k)|$를 구하고 그리시오($k=0, 1, 2, 3$).
(c) 위의 경우를 보고 DTFT와 DFT의 관계를 기술하시오.

10-3 FFT 블록은 OFDM 통신시스템의 한 블록이다. 다음과 그림과 같은 DIF 방식의 8-point FFT 블록을 보고 물음에 답하시오($W_N = e^{-j\frac{2\pi}{N}}$).

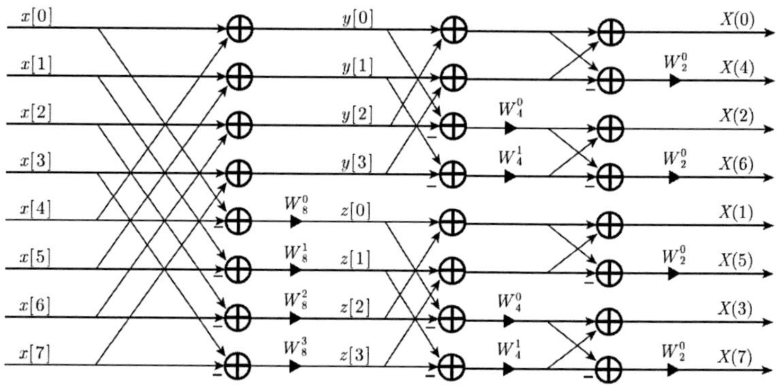

그림 X-4 예제의 8-point FFT 블록

입력 신호는 다음과 같다.

$$x[0]=5,\ x[1]=4,\ x[2]=3,\ x[3]=2,$$
$$x[4]=4,\ x[5]=3,\ x[6]=2,\ x[7]=1$$

$X(0)$부터 $X(7)$까지의 출력을 구하시오.

10-4 $x[0]$부터 $x[15]$의 신호를 16point DFT를 하기 위해서 DIF의 FFT를 사용하였다. 변환된 DFT 계수 $X(0)$부터 $X(15)$의 순서를 기술하시오.

10-5 512개의 디지털 신호 샘플이 있다. 물음에 답하시오.
(a) DFT를 수행하는 데 몇 개의 곱셈이 필요한가?
(b) DIT의 FFT를 수행하는 데 몇 개의 곱셈이 필요한가?

(c) DIT를 사용하면 곱셈을 몇 % 감소시킬 수 있는가?
(단, 1도 한 개의 곱셈으로 간주하시오. 또한, 복소수 곱셈을 한 개의 곱셈으로 간주하시오.)

10-6 가수 조용필이 부른 "바운스"라는 노래의 MP3 압축파일을 다운 받았다. 압축되기 전의 원 곡은 48 kHz와 16 bit로 샘플링된 곡이며, 다운 받은 MP3 압축파일의 1초당 데이터량(bitrate)은 160 Kbps이다.

(a) 원 곡의 1초당 데이터량(bitrate)을 구하시오.
(b) MP3 압축파일의 압축률을 구하시오.

10-7 영화 "명량"의 DVD는 5 Gbyte이다.

- DVD 화면의 픽셀 사이즈 : 720x480
- 픽셀당 비트수 : 16 bit/pixel
- 초당 frame : 30 frame/sec
- 영화길이 : 2시간

(a) 압축되기 전의 파일 사이즈를 구하시오.
(b) 압축률을 구하시오.

10-8 전송하려는 다음의 비트 데이터를 인터리빙하려고 한다. 물음에 답하시오.

비트 데이터 : 1010 0011 0110 1101

위의 비트 데이터는 다음 그림과 같은 4x4 인터리빙 블록을 사용하여 비트 데이터를 write(①②③④의 순서)하고 read(⑤⑥⑦⑧의 순서)하여 재배열하였다.

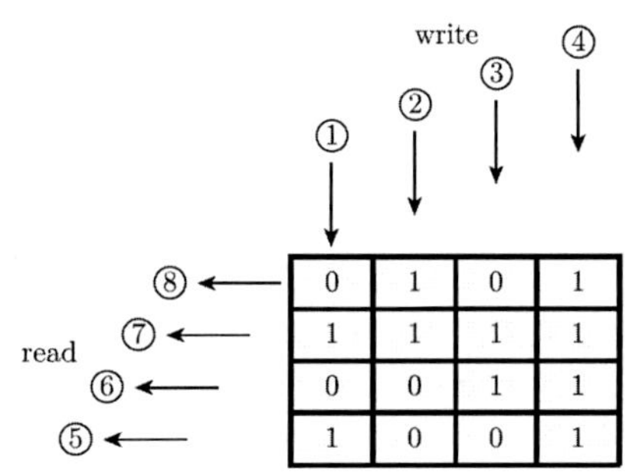

그림 X-5 예제의 인터리빙(4x4 블록)

(a) 인터리빙을 통해 재배열된 비트 데이터를 구하시오.
(b) 이 비트 데이터가 전송되는 과정에서 9번째 비트부터 12번째 비트까지 연속적인 오류가 발생하였다. 수신된 비트 데이터를 구하시오.

10-9 앞의 문제에서 수신된 비트 데이터가 다음의 디인터리버(Deinterleaver)에서 write(①②③④의 순서)되고 read(⑤⑥⑦⑧의 순서)되었다. 물음에 답하시오.

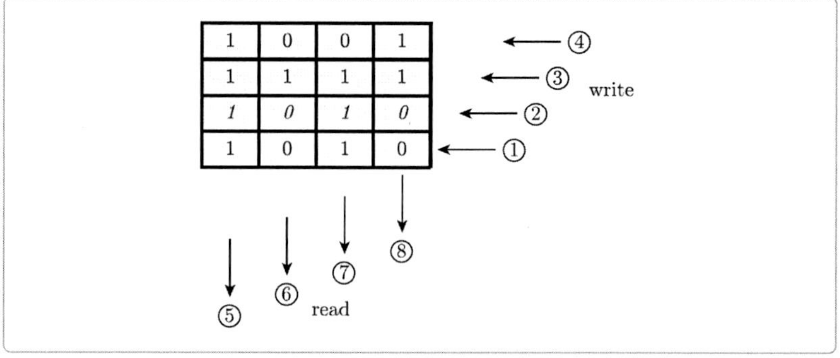

그림 X-6 예제의 디인터리빙(4x4 블록)

(a) 디인터리버를 통하여 읽은 데이터를 구하시오.

(b) 채널에서 발생한 연속적인 오류가 분산되었는지 판정하시오.

10-10 어느 OFDM 통신시스템에서 매퍼가 다음과 같다. 즉, 4비트의 정보신호를 다음 표와 같이 매핑하였다.

비트조합	생성된 복소 샘플	
	실수부	허수부
1111	3	3
1110	3	1
1101	1	3
1100	1	1
1011	3	−3
1010	3	−1
1001	1	−3
1000	1	−1
0111	−3	3
0110	−3	1
0101	−1	3
0100	−1	1
0011	−3	−3
0010	−3	−1
0001	−1	−3
0000	−1	−1

위의 매핑 표에 해당하는 성상도를 그리시오.

CHAPTER

11 채널 코딩

디지털 정보가 전송되는 과정에서 여러 가지 요인에 의하여 오류가 발생한다. 수신기에서 오류를 검출하였을 때 처리하는 방식은 두 가지가 있다. 첫 번째 방식은 수신기에서 오류를 검출하고 송신측에 재전송을 요청하는 방식으로 오류검출-재전송 방식이라고 한다. 두 번째 방식은 수신기에서 오류를 검출하고 정정하는 방식으로 FEC(Forward Error Correction) 방식이라고 한다. 이 두 가지 방식 모두 송신기에서 데이터를 가공하는 부호화 과정이 필요한데, 이를 채널 코딩(channel coding)이라고 한다. 채널 코딩의 송신기에서는 정보비트의 가공 및 추가되는 비트가 발생한다. 즉, 송신기에서 정보 데이터를 가공하여 새로운 데이터를 만들어 내는 과정에서 원래의 정보 비트보다 많은 양의 데이터가 만들어지는데, 이 추가되는 비트를 잉여 비트(redundant bit)라고 한다. 채널 코딩의 방식별 특징은 다음과 같다.

채널 코딩의 방식 및 특징

- 오류검출-재전송 방식 : 상대적으로 잉여 비트가 적고 복호 과정이 간단한 장점이 있지만 송수신기 간에 양방향 링크가 있어야만 하고 재전송이 일어나는 경우에 지연이 길어지는 단점이 있다. 이 방식은 신뢰성이 중요한 통신시스템에서 많이 사용한다.
- FEC 방식 : 역방향 링크가 없는 통신시스템에서 사용되며 잉여 비트가 상대적으로 많아 복호과정이 복잡해진다. 이 방식은 실시간 통신시스템에서 주로 사용되며 다음과 같은 방식이 있다.
  - 컨볼루션 코딩(convolution coding) 방식
  - 선형 블록 코딩(linear block coding) 방식

이 장에서는 FEC 채널 코딩 방식인 컨볼루션 코딩 방식과 선형 블록 코딩 방식에 대하여 알아보기로 한다.

11.1 컨볼루션 코딩

11.1.1 컨볼루션 인코딩

컨볼루션 코딩의 부호화를 다음 그림을 통해 알아보자.

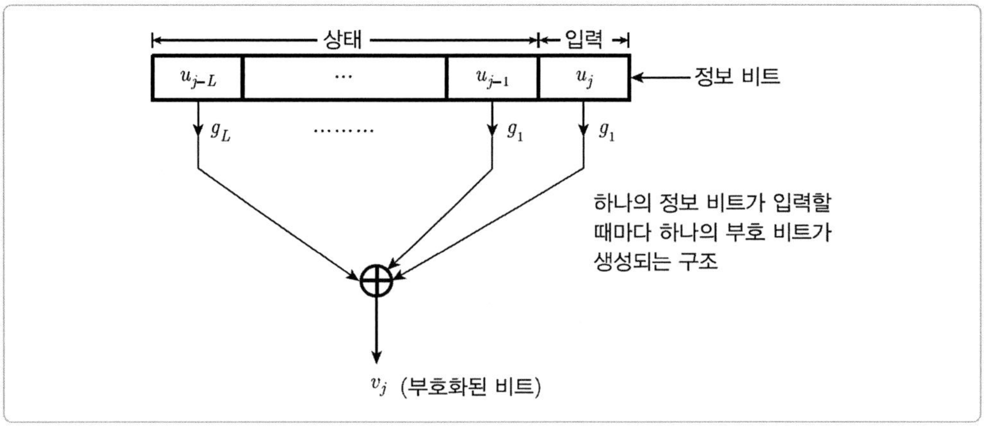

그림 11-1 컨볼루션 코딩의 부호화

그림에서 보듯이 1 또는 0의 정보 비트가 오른쪽에서 입력되면 1 또는 0의 계수 g_i들과 다음과 같이 컨볼루션되어 부호 비트가 출력된다.

$$v_j = \sum_{i=0}^{L} g_i u_{j-i} = g_0 u_j \oplus g_1 u_{j-1} \oplus \cdots \oplus g_L u_{j-L}$$

이 식에서 $\oplus$는 exclusive-OR의 논리연산이다. 이 식은 디지털 신호처리 시스템의 출력을 구하는 컨볼루션 $y[j] = \sum_{i=0}^{L} h[i]x[j-i]$과 같은 식이다. 이 부호화 과정을 보면 하나

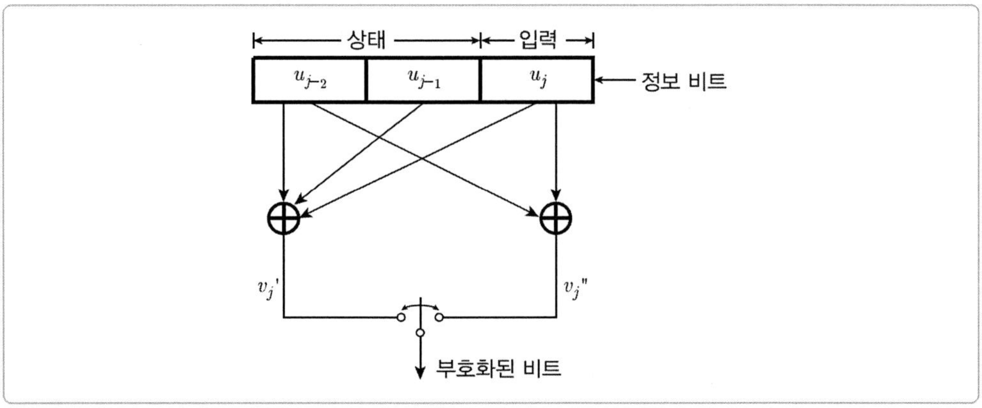

그림 11-2 컨볼루션 코딩의 부호화

의 특정 정보비트가 쉬프트 레지스터를 통해 이동하는 과정에서 연속해서 $L+1$개의 부호에 영향을 미치게 된다. 이제 1개의 정보 비트가 입력되면 두 개의 부호 비트가 만들어지는 그림 11-2와 같은 부호기를 살펴보자.

이 부호기의 출력은 다음과 같다.

$$v_j' = u_j \oplus u_{j-1} \oplus u_{j-2}$$
$$v_j'' = u_j \oplus u_{j-2}$$

부호 비트를 생성하기 위하여 절환 스위치를 사용하여 부호 비트를 교삽시킨다.

$$\overline{V} = v_1' v_1'' v_2' v_2'' v_3' v_3'' \cdots v_j' v_j'' \cdots$$

그림 11-2와 같은 부호기를 컨볼루션 부호기라고 부른다. 컨볼루션 부호기는 하나의 정보비트가 연속적으로 $n(L+1)$개의 부호 비트에 영향을 미친다. 그림의 부호기에서는 $n(L+1) = 2(2+1) = 6$의 부호 비트에 영향을 미친다. 일반적인 컨볼루션 코딩에서는 (n, k, L)로 코딩의 비트 수를 나타낸다. n은 부호 비트의 수, k는 입력되는 정보 비트의 수 그리고 L은 상태 비트의 수를 나타낸다. 그림 11-2의 부호기는 (2, 1, 2) 컨볼루션 부호기이다. 컨볼루션 코딩을 해석하는 효과적인 방법으로 코드 계보(code tree), 코드 격자(code trellis), 상태 천이도(state transition diagram) 등이 있다.

코드 계보

그림 11-2의 부호기의 초기상태는 $u_{-1}u_0 = 00(s_0)$으로 가정하고 0 또는 1의 u_1이 입력될 수 있다. $u_1 = 0$이 입력되는 경우에 출력되는 부호와 다음 상태는 다음과 같다.

$$v_1' = u_{-1} \oplus u_0 \oplus u_1 = 0 \oplus 0 \oplus 0 = 0$$
$$v_1'' = u_{-1} \oplus u_1 = 0 \oplus 0 = 0$$
$$\therefore v_1' v_1'' = 00, \text{ 다음상태} = 00(s_0)$$

$u_1 = 1$이 입력되는 경우에 출력되는 부호와 다음 상태는 다음과 같다.

$$v_1' = u_{-1} \oplus u_0 \oplus u_1 = 0 \oplus 0 \oplus 1 = 1$$
$$v_1'' = u_{-1} \oplus u_1 = 0 \oplus 1 = 1$$
$$\therefore v_1' v_1'' = 11, \text{ 다음상태} = 01(s_1)$$

이와 같이 0이 입력되면 위 방향으로 가게 하여 출력과 상태를 표시하고 1이 입력되면 아래로 가게 하여 출력과 상태를 표시하면 다음 그림과 같은 코드 계보(code tree)를 얻을 수 있다.

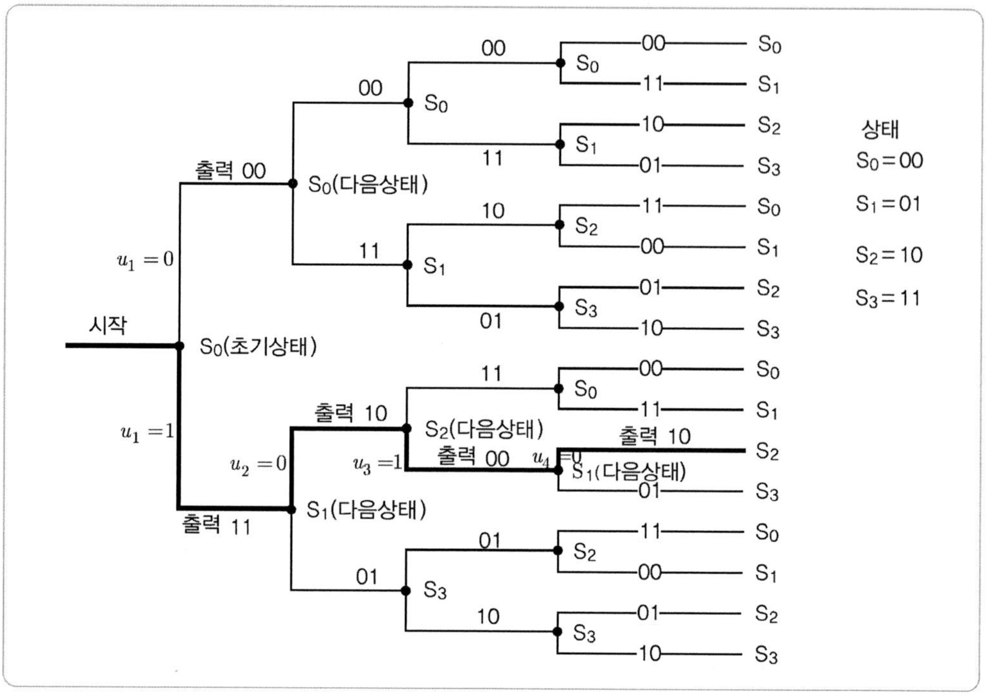

그림 11-3 **코드 계보**

s_1 상태에서 0 또는 1의 u_2가 입력될 수 있다. $u_2 = 0$이 입력되는 경우에 출력되는 부호와 다음 상태는 다음과 같다.

$$
\begin{aligned}
v_2' &= u_0 \oplus u_1 \oplus u_2 = 0 \oplus 1 \oplus 0 = 1 \\
v_2'' &= u_0 \oplus u_2 \qquad = 0 \oplus 0 \qquad = 0 \\
&\therefore v_2' v_2'' = 10,\ \text{다음상태} = 10(s_2)
\end{aligned}
$$

$u_2 = 1$이 입력되는 경우에 출력되는 부호와 다음 상태는 다음과 같다.

$$
\begin{aligned}
v_2' &= u_0 \oplus u_1 \oplus u_2 = 0 \oplus 1 \oplus 1 = 0 \\
v_2'' &= u_0 \oplus u_2 \qquad = 0 \oplus 1 \qquad = 1 \\
&\therefore v_2' v_2'' = 01,\ \text{다음상태} = 11(s_3)
\end{aligned}
$$

이와 같은 방법으로 s_2와 s_3 상태에서의 분기되는 과정을 완성하면 그림 11-3의 코드 계보를 얻을 수 있다. 그림 11-3의 코드 계보는 4개의 정보 비트가 연속적으로 입력되는 경우의 8개의 출력되는 부호 비트를 모니터링할 수 있다.

상태 천이도

채널 코딩을 해석하는 방법으로 다음 그림과 같은 상태 천이도(State Transition Diagram)가 있다.

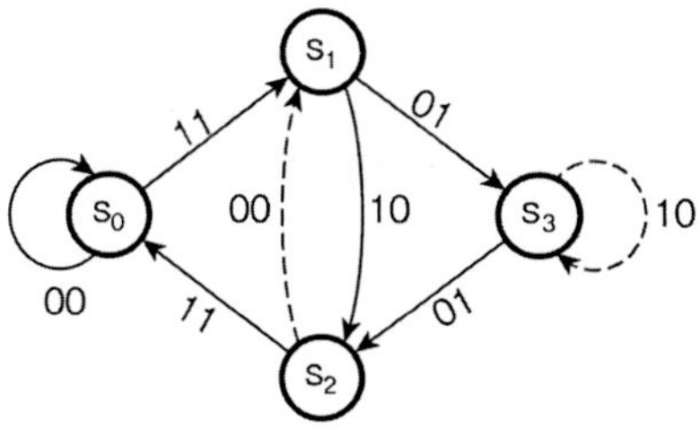

그림 11-4 상태 천이도

상태 천이도는 그림에서 보듯이 현재 상태만을 표기한다. 이 방식도 $u_j = 0$의 입력이 들어왔을 때의 다음 상태 연결은 실선으로 표기하고 $u_j = 1$의 입력이 들어왔을 때의 다음 상태 연결은 점선으로 표기한다.

위의 그림의 상태 천이도를 사용하여 부호 비트를 구해 보기로 한다. 입력된 정보 비트는 1001 1010 1001이고 초기 상태는 $s_0(00)$으로 가정한다. 이 상태 천이도를 사용하여 부호 비트를 구하면 다음과 같다.

정보 비트	1	0	0	1	1	0	1	0	1	0	0	1	
상태	s_0	s_1	s_2	s_0	s_1	s_3	s_2	s_1	s_2	s_1	s_2	s_0	s_1
부호 비트	11	10	11	11	01	01	00	10	00	10	11	11	

예제

다음의 (2, 1, 3) 컨볼루션 코딩 회로를 보고 물음에 답하시오.

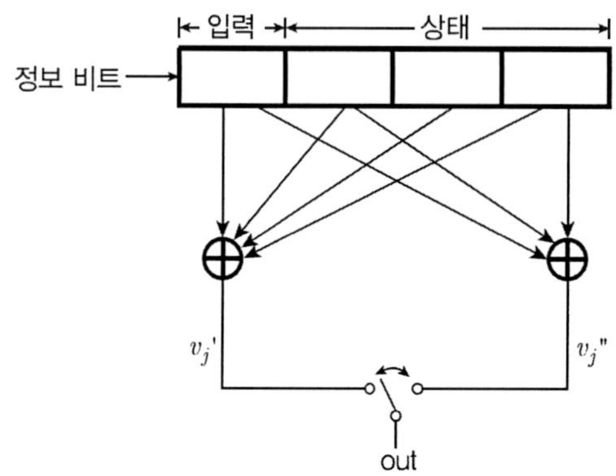

그림 11-5 컨볼루션 인코더

a) 상태천이도를 그리시오.

b) 입력된 정보 비트열은 $u = [101010110]$이다. 출력(부호 비트열)과 상태를 구하시오.

풀이 (a)

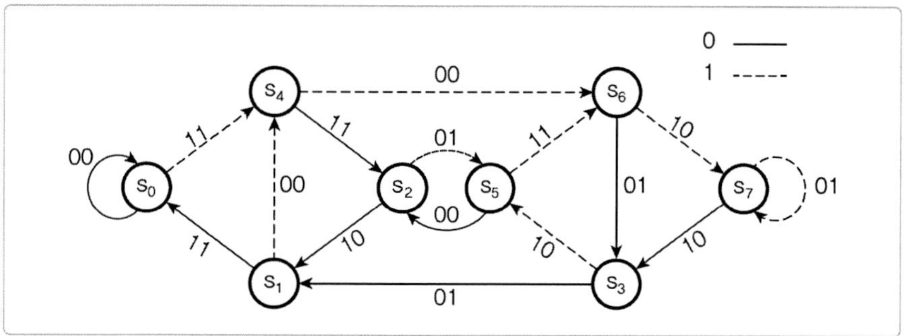

그림 11-6 상태천이도

(b)

정보 비트	1	0	1	0	1	0	1	1	0				
상태	s_0	s_4	s_2	s_5	s_2	s_5	s_2	s_5	s_6	s_3			
부호 비트	11	11	01	00	01	00	01	11	01				

코드 격자

채널 코딩을 해석하는 도구로서 다음 그림과 같은 코드 격자(code trellis)가 있다.

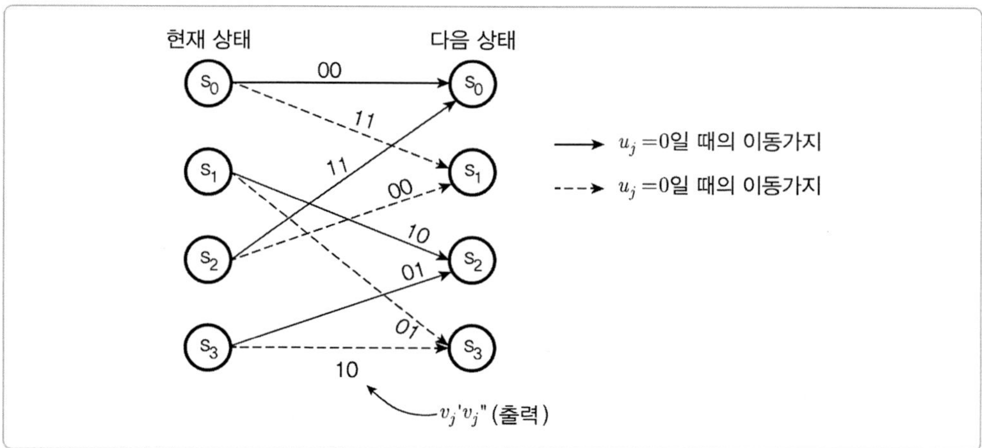

그림 11-7 코드 격자

그림에서 보듯이 코드 격자는 왼쪽에 현재 상태를 표시하고 오른쪽에 다음 상태를 표시한다. 그리고 $u_j = 0$의 입력이 들어왔을 때의 다음 상태 연결은 실선으로 표기하고 $u_j = 1$의 입력이 들어왔을 때의 다음 상태 연결은 점선으로 표기한다. 이 코드 격자가 채널 코딩을 분석하고 오류를 찾는 데에 가장 많이 사용된다. 이 코드 격자를 사용한 분석은 여러 개의 정보 비트가 연속적으로 입력된 경우에 매우 효과적인 분석 방식이다. 다음 그림과 같은 컨볼루션 인코더를 보자.

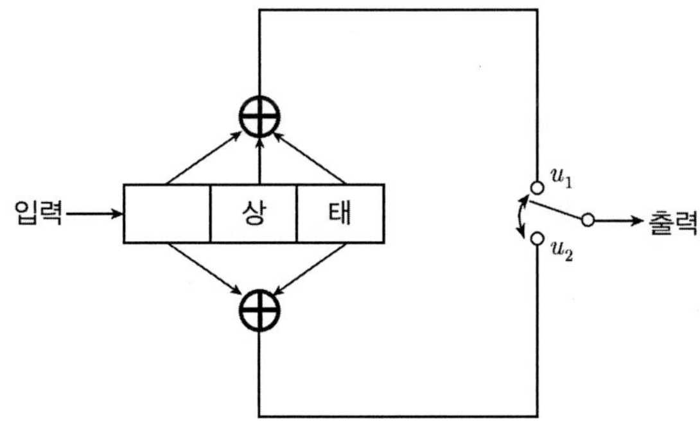

그림 11-8 **컨볼루션 인코더**

위의 그림과 같은 컨볼루션 인코더에 정보 비트가 5비트 입력되었을 경우에 다음 그림의 코드 격자를 사용하여 부호 비트를 구할 수 있다.

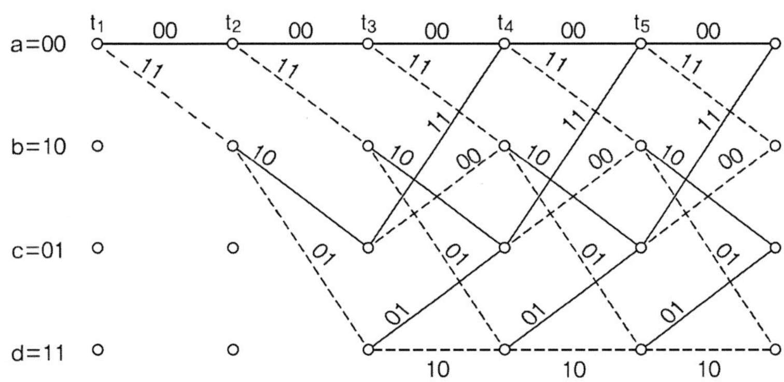

그림 11-9 **코드 격자(5개 정보 비트)**

11.1.2 Viterbi 디코딩

컨볼루션 코딩으로 부호화된 부호 비트를 디코딩하여 다시 정보 비트를 찾는 작업을 컨볼루션 디코딩 또는 Viterbi 디코딩이라고 한다. 수신된 부호 비트에 오류가 있는 경우에 코드 격자를 사용하여 오류를 찾아 정정하는 방법을 알아보기로 한다. 다음 그림과 같은 컨볼루션 인코더를 보자.

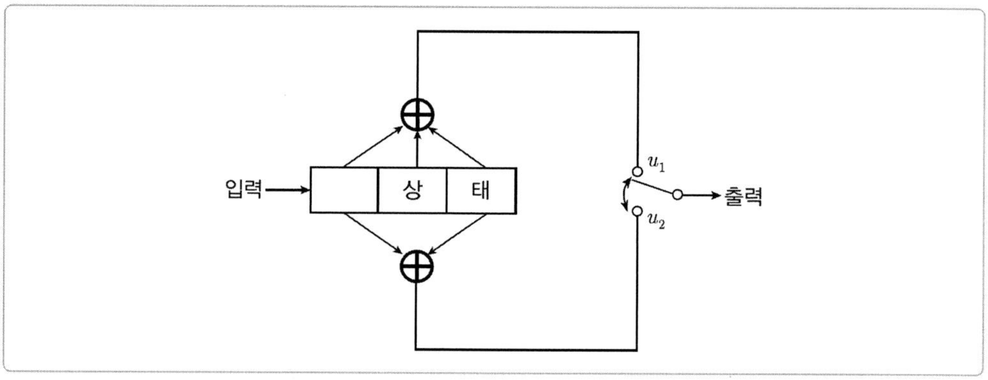

그림 11-10 컨볼루션 인코더

위의 그림의 컨볼루션 인코더의 코드 격자는 다음 그림과 같다.

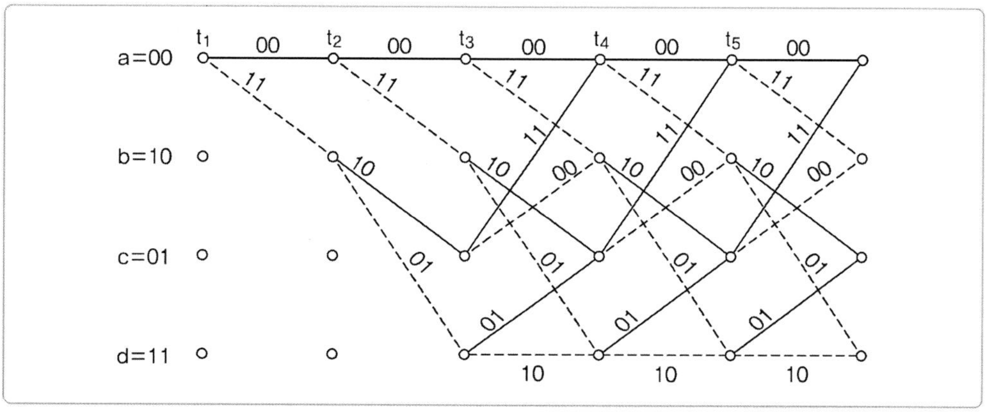

그림 11-11 코드 격자(5개 정보 비트)

송신부에서 정보 비트 11011을 전송한다고 가정하면 컨볼루션 인코더에서 생성된 부호 비트는 11 01 01 00 01이 된다.

그런데 수신기서 수신된 비트는 11 01 01 *10* 01이다. 수신 비트에서 이탤릭으로 표기한 1이 오류가 발생한 비트이다. 이 경우에 어떻게 오류가 정정되는지 다음의 그림을 통해 알아본다.

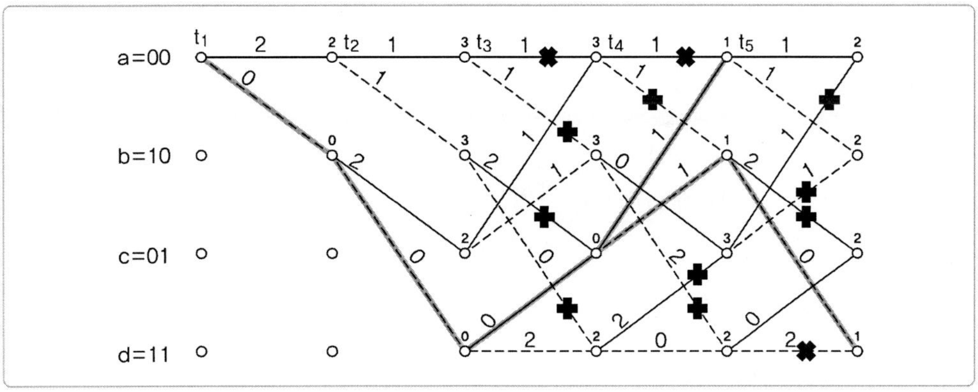

그림 11-12 **코드 격자를 사용한 오류 추적**

수신기가 갖고 있는 코드 격자를 사용하여 다음과 같이 오류를 정정한다.

- t_1 시점에서 부호비트 11이 수신 : 송신기의 코드 격자와 비교한 해밍거리를 적는다. a 스테이트에서 a 스테이트로 가는 해밍거리는 2이고, b 스테이트로 가는 해밍거리는 0이다.
- t_2 시점에서 부호비트 01이 수신 : 송신기의 코드 격자와 비교한 해밍거리를 적는다. a 스테이트에서 a 스테이트로 가는 해밍거리는 1이므로 합은 3이고, b 스테이트로 가는 해밍거리도 1이므로 합은 3이다. b 스테이트에서 c 스테이트로 가는 해밍거리는 2이므로 합은 2이고 d 스테이트로 가는 해밍거리도 0이므로 합도 0이다.
- t_3 시점과 t_4 시점 사이에 부호비트 01이 수신 : 송신기의 코드 격자와 비교한 해밍거리를 적는다. t_4 시점에서 관찰한다.

  a 스테이트에 도착하는 해밍거리는 a 스테이트에서 오는 해밍거리 합이 4이고 c 스테이트에서 오는 해밍거리의 합이 3이므로 a 스테이트에서 오는 선을 x로 제거하고 살아남은 3을 적는다.

  b 스테이트에 도착하는 해밍거리는 a 스테이트에서 오는 해밍거리 합이 4이고 c 스테이트에서 오는 해밍거리의 합이 3이므로 a 스테이트에서 오는 선을 x로 제거하고 살아남은 3을 적는다.

  c 스테이트에 도착하는 해밍거리는 b 스테이트에서 오는 해밍거리 합이 5이고 d 스테이트에서 오는 해밍거리의 합이 0이므로 b 스테이트에서 오는 선을 x로 제거하고 살아남은 0을 적는다.

  d 스테이트에 도착하는 해밍거리는 b 스테이트에서 오는 해밍거리 합이 3이고 d 스테이트에서 오는 해밍거리의 합이 2이므로 b 스테이트에서 오는 선을 x로 제거하고 살아남은 2를 적는다.
- t_4 시점과 t_5 시점 사이에 부호비트 10이 수신 : 송신기의 코드 격자와 비교한 해밍거

리를 적는다. t_5 시점에서 관찰한다.

a 스테이트에 도착하는 해밍거리는 a 스테이트에서 오는 해밍거리 합이 4이고 c 스테이트에서 오는 해밍거리의 합이 1이므로 a 스테이트에서 오는 선을 x로 제거하고 살아남은 1을 적는다.

b 스테이트에 도착하는 해밍거리는 a 스테이트에서 오는 해밍거리 합이 4이고 c 스테이트에서 오는 해밍거리의 합이 1이므로 a 스테이트에서 오는 선을 x로 제거하고 살아남은 1을 적는다.

c 스테이트에 도착하는 해밍거리는 b 스테이트에서 오는 해밍거리 합이 3이고 d 스테이트에서 오는 해밍거리의 합이 4이므로 d 스테이트에서 오는 선을 x로 제거하고 살아남은 3을 적는다.

d 스테이트에 도착하는 해밍거리는 b 스테이트에서 오는 해밍거리 합이 5이고 d 스테이트에서 오는 해밍거리의 합이 2이므로 b 스테이트에서 오는 선을 x로 제거하고 살아남은 2를 적는다.

- t_5 시점과 t_6 시점 사이에 부호비트 01이 수신 : 송신기의 코드 격자와 비교한 해밍거리를 적는다. t_6 시점에서 관찰한다.

a 스테이트에 도착하는 해밍거리는 a 스테이트에서 오는 해밍거리 합이 2이고 c 스테이트에서 오는 해밍거리의 합이 4이므로 c 스테이트에서 오는 선을 x로 제거하고 살아남은 2를 적는다.

b 스테이트에 도착하는 해밍거리는 a 스테이트에서 오는 해밍거리 합이 2이고 c 스테이트에서 오는 해밍거리의 합이 4이므로 c 스테이트에서 오는 선을 x로 제거하고 살아남은 2를 적는다.

c 스테이트에 도착하는 해밍거리는 b 스테이트에서 오는 해밍거리 합이 3이고 d 스테이트에서 오는 해밍거리의 합이 2이므로 b 스테이트에서 오는 선을 x로 제거하고 살아남은 2를 적는다.

d 스테이트에 도착하는 해밍거리는 b 스테이트에서 오는 해밍거리 합이 1이고 d 스테이트에서 오는 해밍거리의 합이 4이므로 d 스테이트에서 오는 선을 x로 제거하고 살아남은 1을 적는다.

- 지금까지 x로 표시된 경로를 완전히 제거하고 살아남은 경로만 다시 그리면 다음 그림과 같다.

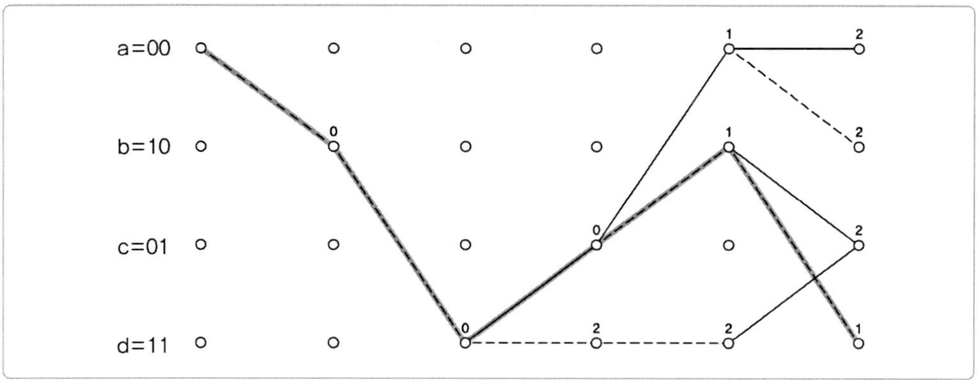

그림 11-13 **최종으로 살아남은 경로**

복호는 코드 격자를 통과한 경로 중에서 최소의 해밍거리 메트릭을 가진 경로를 찾아내는 작업이다. 위의 그림과 같이 살아남은 5개의 경로 중에서 최소 해밍거리의 경로로 결정하여 복호하면 11011의 정보 비트가 얻어지므로 오류가 수정된다.

예제

송신부에서 정보 비트 11011을 전송하였으며 송신측 코드 격자는 다음과 같다. 컨볼루션 인코더에서 생성된 부호 비트는 11 01 01 00 01이다.

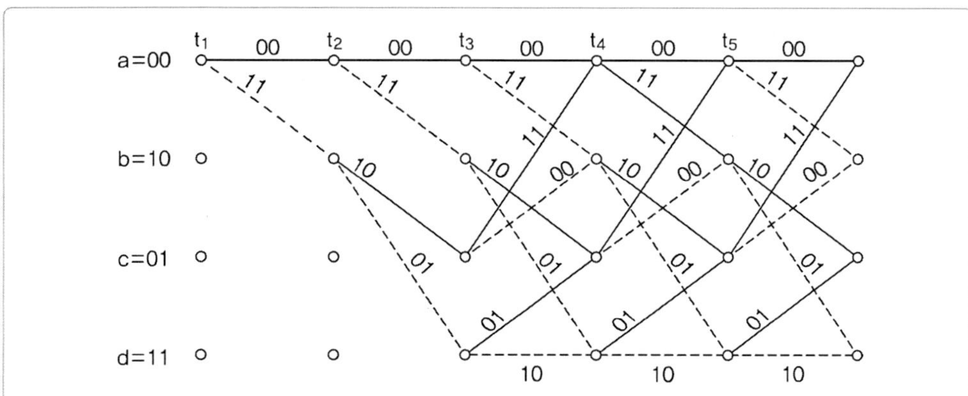

그림 11-14 **코드 격자(5개 정보 비트)**

그런데 수신기서 수신된 비트는 11 01 *1*1 00 01이다. 수신 비트에서 이탤릭으로 표기한 1이 오류가 발생한 비트이다. 이 경우에 어떻게 오류가 정정되는지 보이시오.

풀이 각 시점에서 해밍거리가 긴 경로를 x로 표기한 최종 시점의 해밍거리는 다음 그림과 같다.

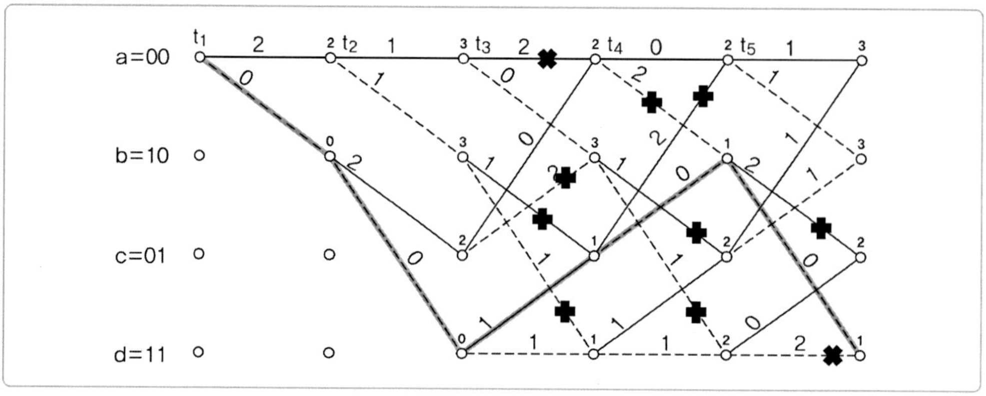

그림 11-15 코드 격자를 사용한 오류 추적

- x로 표시된 경로를 완전히 제거하고 살아남은 경로만 다시 그리면 다음 그림과 같다.

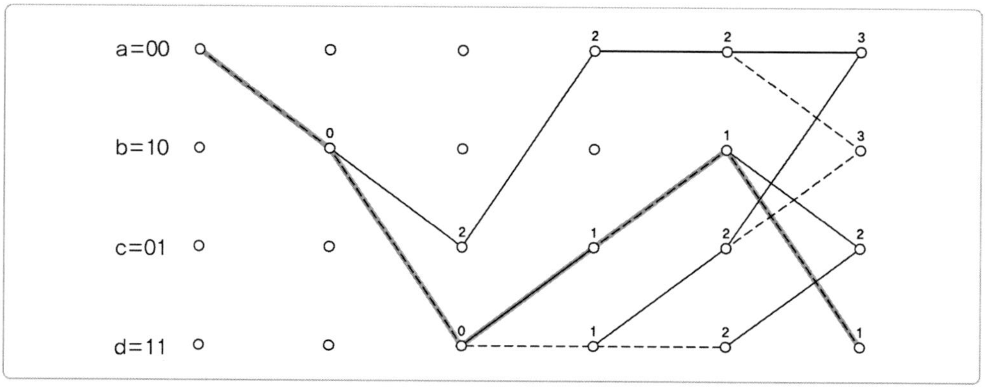

그림 11-16 최종으로 살아남은 경로

위의 그림과 같이 살아남은 7개의 경로 중에서 최소 해밍거리 1의 경로로 결정하여 복호하면 11011의 정보 비트가 얻어지게 되므로 오류가 수정된다.

11.2 선형 블록 코드

이 절에서는 채널 코딩의 중요 방식 중 하나인 선형 블록 코드(Linear Block Code)에 대하여 알아보기로 한다. $(n,\ k)$ 선형 블록 코드에서 메시지 비트는 k-비트로서 2^k개의 메시지를 만들어낸다. 여기에 잉여 비트를 추가하여 n-비트의 부호어(code word)를 만들면 2^n개의 부호어가 가능하다. k-비트로 구성된 2^k개의 메시지를 n-비트로 된 2^n 개 중의 하나로 지정하는 절차를 선형 블록 인코딩이라고 한다.

11.2.1 벡터 공간과 선형 블록 코드의 정의

이 절에서는 먼저 벡터 공간(vector spaces)과 벡터 부분공간(vector subspaces), 그리고 선형 블록 코드의 정의를 알아보기로 한다.

벡터 공간

n 디지트의 모든 집합 V_n을 벡터 공간으로 정의한다. 이 벡터 공간에서의 덧셈연산과 곱셈연산은 다음과 같다.

표 11-1 벡터 공간에서의 덧셈연산과 곱셈연산

덧셈연산	곱셈연산
$0 \oplus 0 = 0$	$0 \cdot 0 = 0$
$0 \oplus 1 = 1$	$0 \cdot 1 = 0$
$1 \oplus 0 = 1$	$1 \cdot 0 = 0$
$1 \oplus 1 = 0$	$1 \cdot 1 = 1$

위의 표에서 보듯이 벡터 공간에서의 덧셈연산은 exclusive-OR의 논리 연산과 같고 곱셈연산은 AND의 논리 연산과 같다.

선형 블록 코드의 정의

벡터 공간 V_n의 부분집합 S가 다음을 만족하면 벡터 부분공간(vector subspaces)이라고 한다.

① 집합 S에는 all-zero 벡터가 있다.

② 집합 S안에 있는 어느 두개의 벡터의 합도 역시 S안에 있다.

$(n,\ k)$ 블록 코드에서 n-디지트의 2^k개의 집합이 벡터 공간 V_n의 부분공간이면 이 블록 코드를 선형 블록 코드라고 한다. 메시지는 이 부분공간의 2^k개 중의 하나의 코드 벡터로 인코딩되어 전송된다.

예를 들면 (6, 3) 블록 코드를 보자. n이 6이므로 $2^n = 2^6 = 64$이다. 따라서 64개의 구성된 6-디지트의 벡터 공간이 만들어진다. k는 3이므로 $2^k = 2^3 = 8$개의 메시지 벡터를 사용하여 다음 표와 같이 8개의 코드 벡터를 만들 수 있다.

❙ 표 11-2 ❙ (6, 3) 블록 코드의 코드 벡터

메시지 벡터	코드 벡터
0 0 0	0 0 0 0 0 0
1 0 0	1 1 0 1 0 0
0 1 0	0 1 1 0 1 0
1 1 0	1 0 1 1 1 0
0 0 1	1 0 1 0 0 1
1 0 1	0 1 1 1 0 1
0 1 1	1 1 0 0 1 1
1 1 1	0 0 0 1 1 1

여기에서 8개의 코드 벡터는 벡터 공간 V_6의 부분공간이다. 따라서 이 코드 벡터는 선형 블록 코드이다. 이 코드 벡터의 오른쪽 3디지트를 보면 메시지 벡터와 같음을 알 수 있다.

11.2.2 선형 블록 코드의 인코딩

발생기 행렬

메시지 벡터를 사용하여 코드 벡터로 변환하는 과정을 인코딩이라고 한다. 많은 개수의 코드 벡터를 따로 저장하는 것보다 메시지 벡터가 들어올 때마다 발생기 행렬(generator matrix)을 사용하여 코드 벡터를 만든다. 발생기 행렬은 다음과 같이 정의한다.

$$\boldsymbol{G} = \begin{bmatrix} \boldsymbol{V}_1 \\ \boldsymbol{V}_2 \\ \vdots \\ \boldsymbol{V}_k \end{bmatrix} = \begin{bmatrix} v_{11}, v_{12}, & \cdots, v_{1n} \\ v_{21}, v_{22}, & \cdots, v_{2n} \\ \vdots \quad \vdots & \ddots \quad \vdots \\ v_{k1}, v_{k2}, & \cdots, v_{kn} \end{bmatrix}$$

코드 벡터는 다음과 같이 $\boldsymbol{V}_1$, $\boldsymbol{V}_2$, • • •, $\boldsymbol{V}_k$ 의 선형 조합(linear combination)으로 나타내어진다.

$$\boldsymbol{U} = \boldsymbol{mG} = m_1 \boldsymbol{V}_1 + m_2 \boldsymbol{V}_2 + \cdots + m_k \boldsymbol{V}_k$$

여기에서 m_1, $m_2 \cdots$ m_k는 다음과 같은 메시지 벡터이다.

$$\boldsymbol{m} = [m_1, m_2, \cdots, m_k]$$

예제

(6, 3) 선형 블록 코드의 발생기 행렬은 다음과 같다. 모든 메시지 벡터에 대한 코드 벡터를 구하시오.

$$\boldsymbol{G} = \begin{bmatrix} \boldsymbol{V}_1 \\ \boldsymbol{V}_2 \\ \boldsymbol{V}_3 \end{bmatrix} = \begin{bmatrix} 1 & 1 & 0 & 1 & 0 & 0 \\ 0 & 1 & 1 & 0 & 1 & 0 \\ 1 & 0 & 1 & 0 & 0 & 1 \end{bmatrix}$$

풀이

$$U=\begin{bmatrix}000\\100\\010\\110\\001\\101\\011\\111\end{bmatrix}\begin{bmatrix}1&1&0&1&0&0\\0&1&1&0&1&0\\1&0&1&0&0&1\end{bmatrix}=\begin{bmatrix}000000\\110100\\011010\\101110\\101001\\011101\\110011\\000111\end{bmatrix}$$

이 예제를 통하여 알 수 있듯이 선형 블록 코드의 인코딩 과정에서 모든 코드 벡터를 보관하지 않고 발생기 행렬을 사용하여 코드 벡터를 생성하는 것이 일반적이다.

Systematic 선형 블록 코드

선형 블록 코드의 코드 벡터에서 코드 벡터의 일부분이 k 메시지 디지트와 일치하는 선형 블록 코드를 systematic 선형 블록 코드라고 한다. 다음의 코드 벡터를 보자.

$$\underline{u}=[\ \underbrace{u_1\ u_2\ u_3}_{\text{parity}\,(n-k)\,\text{digits}}\ \ \underbrace{\cdots\cdots\cdots\cdots\ u_n}_{k\,\text{message digits}}]$$

위의 코드 벡터를 보면 뒤쪽의 k 디지트는 메시지 디지트와 같고, 앞쪽의 디지트는 패리티 디지트이다. 이와 같이 코드 벡터의 일부분이 메시지 디지트와 같으므로 systematic 선형 블록 코드이다. Systematic 선형 블록 코드는 다음과 같은 형태의 발생기 행렬을 갖는다.

$$G=[P\ I_k]=\begin{bmatrix}p_{11}\,p_{12}\cdots p_{1,n-k}&1&0&\cdots&0\\p_{21}\,p_{22}\cdots p_{2,n-k}&0&1&\cdots&0\\\vdots\quad\vdots\quad\ddots\quad\vdots&\vdots&\vdots&\ddots&\vdots\\p_{k1}\,p_{k2}\cdots p_{k,n-k}&0&0&\cdots&1\end{bmatrix}$$

이 식에서 행렬 $\boldsymbol{P}$는 패리티 부분이고 행렬 $\boldsymbol{I_k}$는 $k\times k$의 단위 행렬(identity matrix)이다. 이와 같은 systematic 선형 블록 코드를 사용하면 발생기 행렬의 단위 행렬 부분을 저장할 필요가 없으므로 더욱 간략화가 가능하다.

Systematic 선형 블록 코드의 코드 벡터는 다음과 같이 나타낼 수 있다.

$$[u_1\,u_2\cdots\ u_{n-k}u_{n-k+1}\cdots u_n]=[m_1\,m_2\cdots m_k]\begin{bmatrix}p_{11}\,p_{12}\cdots p_{1,n-k}&1&0&\cdots&0\\p_{21}\,p_{22}\cdots p_{2,n-k}&0&1&\cdots&0\\\vdots\quad\vdots\quad\ddots\quad\vdots&\vdots&\vdots&\ddots&\vdots\\p_{k1}\,p_{k2}\cdots p_{k,n-k}&0&0&\cdots&1\end{bmatrix}$$

따라서 코드 벡터의 각각의 엘리먼트는 다음과 같이 나타낼 수 있다.

$$\begin{aligned}u_1&=m_1p_{11}+m_2p_{21}+\cdots+m_kp_{k1}\\u_2&=m_1p_{12}+m_2p_{22}+\cdots+m_kp_{k2}\\&\vdots\\u_{n-k}&=m_1p_{1,n-k}+m_2p_{2,n-k}+\cdots+m_kp_{k,n-k}\end{aligned}$$

$$u_{n-k+1} = m_1$$
$$\vdots$$
$$u_n = m_k$$

예제

(6, 3) systematic 선형 블록 코드의 발생기 행렬은 다음과 같다. 코드 벡터를 메시지 디지트를 사용하여 나타내시오.

$$G = \begin{bmatrix} V_1 \\ V_2 \\ V_3 \end{bmatrix} = \begin{bmatrix} 1 & 1 & 0 & 1 & 0 & 0 \\ 0 & 1 & 1 & 0 & 1 & 0 \\ 1 & 0 & 1 & 0 & 0 & 1 \end{bmatrix}$$

풀이

$$\underline{u} = [m_1\, m_2\, m_3] \underbrace{\begin{bmatrix} 110 & \vdots & 100 \\ 011 & \vdots & 010 \\ 101 & \vdots & 001 \end{bmatrix}}_{P \qquad I_3}$$
$$= [\underbrace{m_1 + m_3}_{u_1} \ \underbrace{m_1 + m_2}_{u_2} \ \underbrace{m_2 + m_3}_{u_3} \ \underbrace{m_1}_{u_4} \ \underbrace{m_2}_{u_5} \ \underbrace{m_3}_{u_6}]$$

11.2.3 선형 블록 코드의 디코딩

패리티 검사 행렬

선형 블록 코드로 인코딩된 코드 벡터가 수신되었을 때 Parity 검사 행렬 H는 수신된 코드 벡터를 디코딩하게 해주는 행렬이다. 이 패리티 검사 행렬 H와 발생기 행렬 G와는 다음 관계가 있다.

$$GH^T = 0$$

여기에서 H^T는 H의 전치 행렬(transpose matrix)이다. 따라서 패리티 검사 행렬 H는 다음과 같이 나타낼 수 있다.

$$H = [I_{n-k} \quad P^T]$$

따라서 행렬 H^T는 다음과 같이 나타낼 수 있다.

$$H^T = \begin{bmatrix} I_{n-k} \\ P \end{bmatrix} = \begin{bmatrix} 1 & 0 & \cdots & 0 \\ 0 & 1 & \cdots & 0 \\ \vdots & \vdots & \ddots & \vdots \\ 0 & 0 & \cdots & 1 \\ p_{11} & p_{12} & \cdots & p_{1,n-k} \\ p_{21} & p_{22} & \cdots & p_{2,n-k} \\ \vdots & \vdots & \ddots & \vdots \\ p_{k1} & p_{k2} & \cdots & p_{k,n-k} \end{bmatrix}$$

이제 다음과 같이 수신된 벡터에 $\boldsymbol{H}^T$를 곱하여 보자.

$$\boldsymbol{UH}^T = [u_1 u_2 \cdots u_{n-k} \cdots u_n]\begin{bmatrix} 1 & 0 & \cdots & 0 \\ 0 & 1 & \cdots & 0 \\ \vdots & \vdots & \ddots & \vdots \\ 0 & 0 & \cdots & 1 \\ p_{11} & p_{12} & \cdots & p_{1,n-k} \\ p_{21} & p_{22} & \cdots & p_{2,n-k} \\ \vdots & \vdots & \ddots & \vdots \\ p_{k1} & p_{k2} & \cdots & p_{k,n-k} \end{bmatrix} = [q_1 q_2 \cdots q_{n-k}]$$

수신 벡터가 오류가 없는 코드 벡터라면 이 식의 결과는 다음과 같이 모든 엘리먼트가 0이 된다.

$$\begin{aligned} q_1 &= u_1 + m_1 p_{11} + m_2 p_{21} + \cdots + m_k p_{k1} = u_1 + u_1 = 0 \\ q_2 &= u_2 + m_1 p_{12} + m_2 p_{22} + \cdots + m_k p_{k2} = u_2 + u_2 = 0 \\ &\vdots \\ q_{n-k} &= u_{n-k} + m_1 p_{1,n-k} + m_2 p_{2,n-k} + \cdots + m_k p_{k,n-k} = u_{n-k} + u_{n-k} = 0 \end{aligned}$$

즉 $\boldsymbol{UH}^T = 0$이면 $\boldsymbol{U}$는 코드 벡터이다.

신드롬 검사(Syndrome testing)

n 디지트로 나타내지는 수신 벡터를 $\boldsymbol{r} = [r_1\, r_2 \cdots r_n]$이라고 하자. 그리고 채널에서 발생한 에러 벡터를 $\boldsymbol{e} = [e_1\, e_2 \cdots e_n]$라고 하자. 그러면 수신 벡터는 다음과 같이 코드 벡터 $\boldsymbol{U}$와 에러 벡터 $\boldsymbol{e}$의 합으로 나타낼 수 있다.

$$\boldsymbol{r} = \boldsymbol{U} + \boldsymbol{e}$$

이때 수신 벡터 $\boldsymbol{r}$의 신드롬은 다음과 같이 정의된다.

$$\boldsymbol{S} = \boldsymbol{rH}^T$$

여기에서 수신 벡터 $\boldsymbol{r}$이 코드 벡터인 경우에는 신드롬이 $\boldsymbol{S} = 0$이 된다. 수신 벡터 $\boldsymbol{r}$의 신드롬은 다음과 같이 에러 벡터의 신드롬으로 나타낼 수 있다.

$$\boldsymbol{S} = \boldsymbol{rH}^T = (\boldsymbol{U} + \boldsymbol{e})\boldsymbol{H}^T = \boldsymbol{UH}^T + \boldsymbol{eH}^T = \boldsymbol{eH}^T$$

즉, 수신 벡터 $\boldsymbol{r}$의 신드롬과 에러 벡터 $\boldsymbol{e}$의 신드롬은 같다. 따라서 6가지 경우의 에러 벡터에 대한 신드롬을 모두 구해보면 다음과 같다.

$$\begin{bmatrix} 000001 \\ 000010 \\ 000100 \\ 001000 \\ 010000 \\ 100000 \end{bmatrix}\begin{bmatrix} 100 \\ 010 \\ 001 \\ 110 \\ 011 \\ 101 \end{bmatrix} = \begin{bmatrix} 101 \\ 011 \\ 110 \\ 001 \\ 010 \\ 100 \end{bmatrix}$$

예제

송신된 코드 벡터는 101110인데 수신 벡터 r은 001110 이다. 에러 벡터 e를 구하시오. 그리고 수신 벡터 r의 신드롬과 에러벡터 e의 신드롬이 같은지를 보이시오.

풀이 에러 벡터 e는 100000이다. 따라서 에러 벡터 e의 신드롬은 다음과 같다.

$$[1\,0\,0\,0\,0\,0]\begin{bmatrix}1\,0\,0\\0\,1\,0\\0\,0\,1\\1\,1\,0\\0\,1\,1\\1\,0\,1\end{bmatrix}=[1\,0\,0]$$

또한 수신 벡터 r의 신드롬은 다음과 같다.

$$[0\,0\,1\,1\,1\,0]\begin{bmatrix}1\,0\,0\\0\,1\,0\\0\,0\,1\\1\,1\,0\\0\,1\,1\\1\,0\,1\end{bmatrix}=[1\,0\,0]$$

이 결과에서 보듯이 수신 벡터 r의 신드롬과 에러 벡터 e의 신드롬은 같다.

오류 정정

이 절에서는 수신 벡터로부터 오류를 정정하는 방법에 대하여 알아보기로 한다.

먼저 Standard array라고 하는 2^n개의 가능한 수신 벡터들을 다음 그림과 같이 나열한다. 그림 11-17은 6디지트의 2^6 standard array이다.

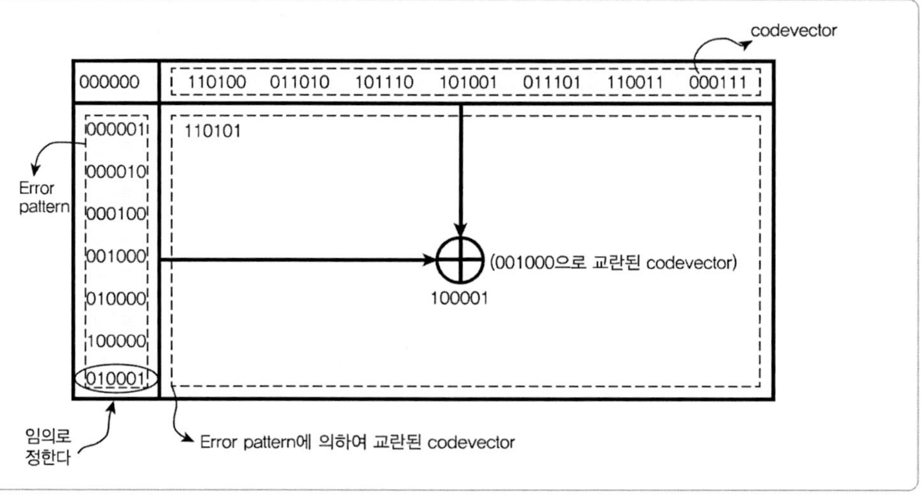

그림 11-17 standard array(2^n)

그림 11-17에서 보듯이 첫째 행은 모든 코드 벡터들로 하며, 그 중에서도 첫 번째는 zero 벡터로 한다. 또한, 첫째 열은 에러 패턴을 위치시킨다. 이때에 각 행은 coset이라고 하며, 각 행의 첫 번째 열에 있는 에러 패턴을 coset leader라고 부른다. Standard array의 나머지 빈칸은 상단의 코드 벡터와 좌측의 에러 패턴으로 교란된 벡터를 적는다. 예를 들면 그림에서 101001의 코드 벡터와 001000의 에러 패턴이 만나는 칸은 100001을 기록한다. 101001의 코드 벡터가 001000의 에러 패턴으로 교란되면 100001이기 때문이다.

예제

다음의 Standard array를 완성하시오.

syndrome	코셋리더							
000	000000	110100	011010	101110	101001	011101	110011	000111
101	000001							
011	000010							
110	000100							
001	001000							
010	010000							
100	100000							
111	010001							

풀이

syndrome	코셋리더							
000	000000	110100	011010	101110	101001	011101	110011	000111
101	000001	110101	011011	101111	101000	011100	110010	000110
011	000010	110110	011000	101100	101011	011111	110001	000101
110	000100	110000	011110	101010	101101	011001	110111	000011
001	001000	111100	010010	100110	100001	010101	111011	001111
010	010000	100100	001010	111110	111001	001101	100011	010111
100	100000	010100	111010	001110	001001	111101	010011	100111
111	010001	100101	001011	111111	111000	001100	100010	010110

이제 어느 한 행의 신드롬을 조사해 보기로 한다. 어느 행의 임의의 수신벡터에 대하여 신드롬은 다음과 같다.

$$S = (U_i + e_j)H^T = U_iH^T + e_jH^T = e_jH^T$$

위의 식으로부터 어느 한 coset의 모든 멤버들이 같은 신드롬을 갖고 있음을 알 수 있다. 따라서 어느 임의의 수신 벡터의 신드롬을 찾으면 그 에러 패턴의 신드롬은 이미 알고 있으므로 에러 패턴을 찾을 수 있다. 신드롬에 따른 에러 패턴은 다음 표와 같다.

| 표 11-3 | 신드롬 look-up table

에러 패턴	신드롬
000000	000
000001	101
000010	011
000100	110
001000	001
010000	010
100000	100
010001	111

만일 수신 벡터의 에러 패턴이 coset leader가 아니면 디코딩할 때에 에러가 발생하게 된다. 즉, coset leader의 에러 패턴만을 검출할 수 있다. 에러를 정정하는 단계를 요약하면 다음과 같다.

1. r의 신드롬 $S = rH^T$를 계산한다.
2. 신드롬 look-up table을 사용하여 신드롬에 따른 에러 패턴 e_j를 찾는다.
3. $U = r + e_j$를 계산해서 코드 벡터를 찾는다(오류 정정).

채널에서 발생한 에러 패턴이 coset leader 중의 하나이면 수신기에서 정정되어질 수 있다.

예제

수신된 벡터는 $r = [001110]$이다. 코드 벡터를 찾으시오.

풀이 1. 먼저 다음과 같이 수신 벡터의 신드롬을 계산한다.

$$S = [001110]H^T = [001110]\begin{bmatrix}100\\010\\001\\110\\011\\101\end{bmatrix} = [100]$$

2. 신드롬 look-up table을 사용하면 에러 패턴은 다음과 같다.

$e = 100000$

3. 오류가 정정된 코드 벡터는 다음과 같다.

$U = r + e = 001110 + 100000 = 101110$

위의 예제에서 보듯이 coset leader의 마지막 행은 에러 패턴이 010001로서 두 비트의 에러 패턴을 정정하는 데 사용한다.

예제

다음의 2비트 에러패턴에 대한 신드롬을 구하고 coset leader로 가능한 에러 패턴을 고르시오.

신드롬	에러패턴
	110000
	101000
	100100
	100010
	100001
	011000
	010100
	010010
	010001
	001100
	001010
	001001
	000110
	000101
	000011

풀이

신드롬	에러패턴
110	110000
101	101000
010	100100
111	100010
001	100001
011	011000
100	010100
001	010010
111	010001
111	001100
010	001010
100	001001
101	000110
011	000101
110	000011

위의 신드롬에서 보듯이 신드롬 111의 coset leader로 가능한 에러패턴은 100010, 010001, 001100의 3가지가 가능하다. 그러므로 이와 같은 2비트 에러 패턴에 대한 에러가 발생한 경우에 정정이 완벽하게 이루어지지 않는다.

11.3 엔트로피 코딩

발생 확률이 서로 다른 메시지를 부호화할 때에 각각의 코드에 매핑된 부호어의 비트 길이를 같게 할 필요는 없다. 즉, 많이 발생하는 메시지는 작은 길이의 비트를 할당하고 가끔 발생하는 메시지는 긴 길이의 비트를 할당하여 데이터량을 감소시킬 수 있다. 한글 메시지를 부호화한 경우를 생각해 보자. 모든 한글 자음과 모음 등 32개가 모두 같은 확률인 0.03125(31.25×10^{-3})의 확률로 발생한다면 다음과 같이 모든 메시지를 5비트로 부호화하는 것이 가장 바람직하다.

❙ 표 11-4 ❙ 발생 확률이 같은 경우의 부호화

ㄱ	00000	ㅈ	01000	ㅓ	10000	.	11000
ㄴ	00001	ㅊ	01001	ㅕ	10001	,	11001
ㄷ	00010	ㅋ	01010	ㅗ	10010	?	11010
ㄹ	00011	ㅌ	01011	ㅛ	10011	!	11011
ㅁ	00100	ㅍ	01100	ㅜ	10100	(	11100
ㅂ	00101	ㅎ	01101	ㅠ	10101	)	11101
ㅅ	00110	ㅏ	01110	ㅡ	10110	“	11110
ㅇ	00111	ㅑ	01111	ㅣ	10111	:	11111

전송하고자 하는 메시지가 32개이므로 정보어의 길이를 5비트를 사용해 부호화하여 전송한다. 그런데 전송하고자 하는 한글 메시지 각각의 발생 확률이 다음과 같이 다른 경우를 고려해 보기로 한다.

❙ 표 11-5 ❙ 어느 한글 문장 코드의 발생 확률($\times10^{-3}$)

ㄱ	73.59	ㅈ	18.59	ㅓ	62.74	.	13.17
ㄴ	75.91	ㅊ	6.197	ㅕ	18.58	,	3.873
ㄷ	43.38	ㅋ	0.775	ㅗ	39.50	?	2.324
ㄹ	48.80	ㅌ	4.648	ㅛ	9.295	!	0.775
ㅁ	30.21	ㅍ	5.422	ㅜ	24.79	(	0.775
ㅂ	13.94	ㅎ	32.53	ㅠ	0.775	)	0.775
ㅅ	70.49	ㅏ	103.8	ㅡ	55.77	“	9.295
ㅇ	119.3	ㅑ	0.775	ㅣ	108.4	:	0.775

위의 표에서 보면 “ㅇ”의 메시지는 119.3×10^{-3}의 가장 높은 확률을 보이고, “ㅋ”과 같은 메시지는 0.775×10^{-3}의 가장 낮은 확률로 발생하고 있다. 이와 같이 각각의 메시지 발생 확률이 다르면 모든 메시지를 5비트로 할당할 필요가 없다. 이 절에서는 이와 같이 발생 확률이 서로 다른 메시지를 어떻게 효율적으로 비트 할당하여 전송하는 것이 좋은지 알아보기로 한다.

11.3.1 엔트로피

이 절에서는 엔트로피(entropy, 평균정보량)에 대하여 알아본다. 엔트로피란 각각의 메시지의 발생 확률이 다를 경우에 각 메시지당 포함되어 있는 정보량들의 평균을 의미한다. M개의 서로 독립적인 메시지 x_1, x_2, x_3, $\cdots$ x_M가 있다고 가정한다. 그리고 각각의 메시지의 발생 확률을 P_1, P_2, P_3, $\cdots$ P_M이라고 하자. 이때 엔트로피는 다음과 같이 정의된다.

$$H = \sum_{k=1}^{M} P_k \log_2 \frac{1}{P_k}$$

메시지의 수가 2개이고 각각 0과 1로 부호화한 경우에 0과 1이 발생할 확률을 각각 P와 $1-P$인 경우에 엔트로피는 다음과 같다.

$$H = P\log\frac{1}{P} + (1-P)\log\frac{1}{1-P}$$

예제

메시지의 수가 2개이고 각각의 메시지의 발생할 확률이 0.5로 동일한 경우에 엔트로피를 구하시오.

풀이 $H = 0.5\log 2 + 0.5\log 2 = 0.5 + 0.5 = 1\,\text{bit/message}$

예제

메시지의 수가 2개이고 메시지 1의 발생 확률 P가 0.2이고 메시지 2의 발생할 확률 $1-P$가 0.8일 때 엔트로피를 구하시오.

풀이 $H = 0.2\log\frac{1}{0.2} + 0.8\log\frac{1}{0.8} = 0.7219\,\text{bit/message}$

이 예제들에서 보듯이 엔트로피는 발생 확률이 동일한 경우에 다음 그림과 같이 가장 커진다. 이와 같이 발생 확률이 모두 같을 경우에는 더 이상 데이터량을 줄일 여지가 없음을 의미한다.

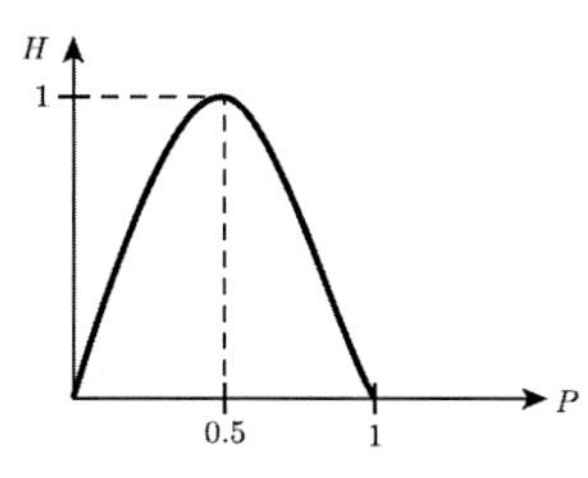

그림 11-18 발생 확률에 따른 엔트로피

예제

메시지의 경우의 수가 4이고 각각의 메시지의 확률이 0.25로 동일하다. 엔트로피를 구하시오.($P_1 = P_2 = P_3 = P_4 = 0.25$)

풀이

$$H = P_1 \log \frac{1}{P_1} + P_2 \log \frac{1}{P_2} + P_3 \log \frac{1}{P_3} + P_4 \log \frac{1}{P_4}$$

$$= 0.25 \log_2 4 + 0.25 \log_2 4 + 0.25 \log_2 4 + 0.25 \log_2 4 = 2\,\text{bit/message}$$

예제

메시지의 경우의 수가 4이고 각 메시지의 확률은 $P_1 = 0.25$, $P_2 = 0.375$, $P_3 = 0.25$, $P_4 = 0.125$이다. 엔트로피를 구하시오.

풀이

$$H = P_1 \log \frac{1}{P_1} + P_2 \log \frac{1}{P_2} + P_3 \log \frac{1}{P_3} + P_4 \log \frac{1}{P_4}$$

$$= 0.25 \log_2 4 + 0.375 \log_2 \frac{8}{3} + 0.25 \log_2 4 + 0.125 \log_2 8$$

$$= 0.5 + 0.53 + 0.5 + 0.375 = 1.9\,\text{bit/message}$$

위의 예제에서 보듯이 모든 메시지가 동등한 확률 $P = 1/M$일 때 엔트로피 H는 최대가 됨을 알 수 있다. 여기서 M은 메시지의 수이다.

메시지 발생원이 초당 r개의 메시지를 발생시킨 경우에 정보율은 다음과 같이 정의된다.

$$R \cong rH \ \text{bit/sec(bps)}$$

정보율은 초당 평균 정보 비트수를 나타낸다. 따라서 앞의 두 예제에서 초당 8,000개의 메시지가 발생한다면 정보율 R은 각각 8,000×2=16,000 bps와 8,000×1.9=15,200 bps가 된다. 어떤 메시지를 부호화할 때에 그 결과가 엔트로피에 도달하면 최적으로 데이터량을 압축한 것이다.

발생 확률이 같지 않은 메시지를 부호화할 때에 각각의 비트수를 조절하여 부호어의 평균길이를 짧게 만드는 과정을 엔트로피 코딩이라고 한다. 부호화한 평균 길이가 엔트로피와 같게 되면 최적의 데이터량 압축률에 도달하게 된다. M개의 메시지 중에서 메시지 m_i의 발생 확률을 P_i라고 하고 길이는 L_i라고 하자. 이때 평균길이는 다음과 같이 정의된다.

$$\overline{L} = \sum P_i L_i$$

발생확률이 높은 메시지는 부호어의 길이를 짧게 하고, 반대로 발생확률이 낮은 메시지는 부호어의 길이를 길게 하여 다음 식을 만족하는 최소길이의 $\overline{L}$를 찾는다.

$$\overline{L} \geq H$$

예제

4개의 메시지에 대한 확률과 정의된 비트는 다음과 같다.

m_1 0 0	$p_1 = \frac{1}{8}$	$\rightarrow$	0 0 0	새로 정의함
m_2 0 1	$p_2 = \frac{1}{8}$	$\rightarrow$	0 0 1	
m_3 1 0	$p_3 = \frac{1}{4}$	$\rightarrow$	0 1	
m_4 1 1	$p_4 = \frac{1}{2}$	$\rightarrow$	1	

엔트로피 H와 평균길이 $\overline{L}$를 구하고 비교하시오.

풀이 엔트로피는 다음과 같다.

$$H = \frac{1}{8}\log 2^3 + \frac{1}{8}\log 2^3 + \frac{1}{4}\log 2^2 + \frac{1}{2}\log 2$$
$$= \frac{3}{8} + \frac{3}{8} + \frac{1}{2} + \frac{1}{2} = \frac{14}{8} = 1.75\,\text{bit/message}$$

평균길이는 다음과 같다.

$$\overline{L} = \sum_{i=1}^{4} P_i L_i = \frac{1}{8}(3) + \frac{1}{8}(3) + \frac{1}{4}(2) + \frac{1}{2}(1)$$
$$= \frac{3}{8} + \frac{3}{8} + \frac{1}{2} + \frac{1}{2} = 1.75\,\text{bit}$$

이 예제에서 보듯이 새로운 비트할당의 부호어를 통해 평균길이가 1.75비트가 되었다. 이 결과는 엔트로피와 같아졌으므로 최적의 데이터 압축을 달성하였으며 만일 발생 확률을 고려하지 않고 각 메시지당 2비트를 사용하면 2/1.75≃1.14가 되어 14%의 데이터량이 증가한다. 이와 같은 엔트로피 코딩에는 Variable Length 코딩, 허프만(Huffman) 코딩, Shannon-Fano 코딩 등이 있다.

11.3.2 허프만 코딩

다음과 같은 5개의 메시지 경우를 통하여 허프만 코딩을 알아본다. 메시지를 각각 m_1, m_2, $\cdots$, m_5라고 하고 각각의 확률은 다음과 같다.

$$P_1 = 1/16,\ P_2 = 1/8,\ P_3 = 1/2,\ P_4 = 1/16,\ P_5 = 1/4$$

확률을 고려하지 않은 일반적인 코딩은 메시지당 3비트가 필요하다. 이 예제를 사용하여 허프만 코딩의 과정을 알아보자.

i) 먼저 다음과 같이 확률이 감소하는 순서로 메시지를 나열한다.

Message	확률
m_3	1/2
m_5	1/4
m_2	1/8
m_1	1/16
m_4	1/16

ii) 다음과 같이 제일 아래 행 두 개의 확률을 더하여 새로운 하나의 확률을 만든다.

Message	P	P
m_3	1/2	1/2
m_5	1/4	1/4
m_2	1/8	1/8
m_1	1/16	→ 1/8
m_4	1/16	

iii) 이 과정을 2개의 행이 남을 때까지 다음과 같이 반복한다.

Message	P	P	P	P
m_3	1/2	1/2	1/2	1/2
m_5	1/4	1/4	1/4	→ 1/2
m_2	1/8	1/8	→ 1/4	
m_1	1/16	→ 1/8		
m_4	1/16			

iv) 다음 그림과 같이 끝에서부터 0과 1을 할당한다.

Message	P	P	P	P
m_3	1/2	1/2	1/2	1/2 0
m_5	1/4	1/4	1/4 10	1/2 1
m_2	1/8	1/8 110	1/4 11	
m_1	1/16 1110	1/8 111		
m_4	1/16 1111			

이 결과를 정리하면 다음과 같다.

$$\begin{aligned} m_1 &= 1110 \quad (P_1 = 1/16) \\ m_2 &= 110 \quad (P_2 = 1/8) \\ m_3 &= 0 \quad (P_3 = 1/2) \\ m_4 &= 1111 \quad (P_4 = 1/16) \\ m_5 &= 10 \quad (P_5 = 1/4) \end{aligned}$$

이 결과에서 보듯이 확률이 높은 메시지는 짧은 길이의 부호어로 부호화됨을 알 수 있다. 이 예제의 평균길이는 다음과 같다.

$$\begin{aligned} \overline{L} &= P_1L_1 + P_2L_2 + P_3L_3 + P_4L_4 + P_5L_5 \\ &= \frac{1}{16}(4) + \frac{1}{8}(3) + \frac{1}{2}(1) + \frac{1}{16}(4) + \frac{1}{4}(2) \\ &= \frac{4+6+8+4+8}{16} \\ &= \frac{30}{16} = 1.875 \text{ bit} \end{aligned}$$

이제 엔트로피를 계산해 보자.

$$\begin{aligned} H &= P_1\log\frac{1}{P_1} + P_2\log\frac{1}{P_2} + P_3\log\frac{1}{P_3} + P_4\log\frac{1}{P_4} + P_5\log\frac{1}{P_5} \\ &= \frac{1}{16}\log 2^4 + \frac{1}{8}\log 2^3 + \frac{1}{2}\log 2 + \frac{1}{16}\log 2^4 + \frac{1}{4}\log 2^2 \\ &= \frac{1}{16}(4) + \frac{1}{8}(3) + \frac{1}{2}(1) + \frac{1}{16}(4) + \frac{1}{4}(2) \\ &= \frac{30}{16} = 1.875 \text{ bit} \end{aligned}$$

허프만 코딩의 결과가 엔트로피와 같으므로 최대효율의 부호가 생성되었다.

연습문제

11-1 보내야 할 메시지가 6가지 종류로 구성되며, 각각의 확률은 다음과 같다.

$$m_1 : P_1 = \frac{1}{8},\quad m_2 : P_2 = \frac{1}{32},\quad m_3 : P_3 = \frac{1}{4},$$
$$m_4 : P_4 = \frac{1}{2},\quad m_5 : P_5 = \frac{1}{16},\quad m_6 : P_6 = \frac{1}{32}$$

(a) 엔트로피 H를 구하시오.

(b) 허프만 코딩하시오.

(c) 허프만 코딩 결과의 평균길이 $\overline{L}$를 구하시오.

11-2 보내야 할 메시지가 5가지 종류로 구성되며, 각각의 확률은 다음과 같다.

$$m_1 : P_1 = \frac{1}{8},\quad m_2 : P_2 = \frac{1}{16},\quad m_3 : P_3 = \frac{1}{4},$$
$$m_4 : P_4 = \frac{1}{2},\quad m_5 : P_5 = \frac{1}{16}$$

(a) 엔트로피 H를 구하시오.

(b) 허프만 코딩하시오.

(c) 허프만 코딩 결과의 평균길이 $\overline{L}$를 구하시오.

11-3 보내야 할 메시지가 5가지 종류로 구성되며, 각각의 확률은 다음과 같다.

$$m_1 : P_1 = \frac{1}{16},\ m_2 : P_2 = \frac{1}{16},\ m_3 : P_3 = \frac{1}{4},$$
$$m_4 : P_4 = \frac{1}{2},\ m_5 : P_5 = \frac{1}{8}$$

(a) 엔트로피 H를 구하시오.

(b) 허프만 코딩하시오.

(c) 허프만 코딩 결과의 평균길이 $\overline{L}$를 구하시오.

11-4 $(n,\ k,\ l)$=(2, 1, 2)인 다음과 같은 컨볼루션 인코더가 있다. 상태천이도를 그리시오. ($s_0=00$, $s_1=01$, $s_2=10$, $s_3=11$) (0입력 : 실선으로 표기, 1입력 : 점선으로 표기)

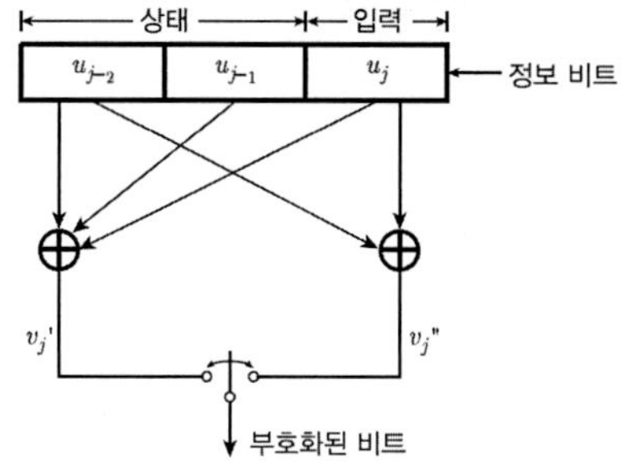

그림 XI-1 **예제의 컨볼루션 인코더**

11-5 $(n,\ k,\ l)$=(2, 1, 2)인 다음과 같은 컨볼루션 코더가 있다. 물음에 답하시오.

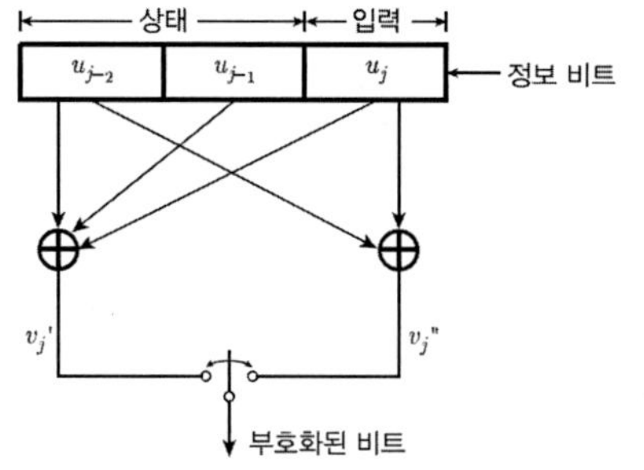

그림 XI-2 **예제의 컨볼루션 인코더**

상태의 초기값은 00이다. 상태의 정의는 $s_0=00$, $s_1=01$, $s_2=10$, $s_3=11$이다.

(a) 코드 격자를 완성하시오.

(b) 상태 천이도를 완성하시오($u_j=0$의 이동가지는 실선으로, $u_j=1$의 이동가지는 점선으로 표기하시오).

11-6 $(n,\ k,\ l)$=(2, 1, 2)인 다음과 같은 컨볼루션 코더가 있다. 물음에 답하시오.

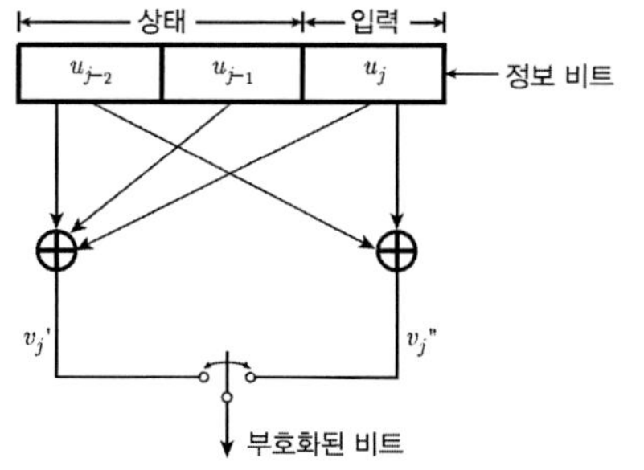

그림 XI-3 **예제의 컨볼루션 인코더**

(a) 상태의 초기값은 00이다. 다음의 코드 트리의 괄호를 완성하시오. 코드 트리에서 0은 위로 가고 1은 아래로 간다(단, $s_0 = 00$, $s_1 = 01$, $s_2 = 10$, $s_3 = 11$).

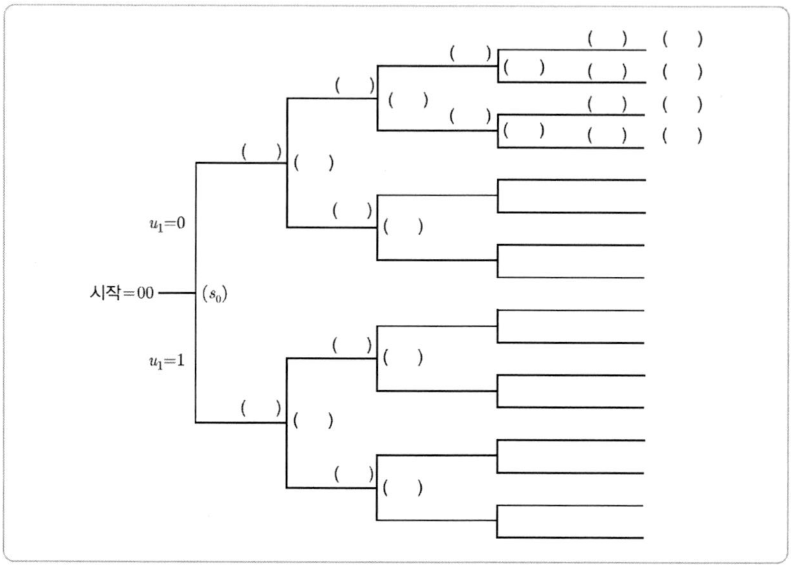

그림 XI-4 예제의 코드 트리

(b) 위의 코드 트리를 바탕으로 코드 격자를 완성하시오.

(c) 위의 코드 트리를 바탕으로 상태천이도를 완성하시오($u_j = 0$의 이동가지는 실선으로, $u_j = 1$의 이동가지는 점선으로 표기하시오).

(d) t_1부터 t_5까지의 코드 격자를 완성하시오.

11-7 어느 컨볼루션 인코더의 코드 격자가 다음 그림과 같다.
수신부호는 11 00 01 00 01이다.

(a) 복호기 코드 격자를 그리고 해밍거리를 표기하시오.

(b) 제외된 루트를 제거하고 다수개의 경로를 포함하는 최종 복호기 코드 격자를 완성하시오. 그리고 완성된 복호기 코드 격자에서 최단거리를 표기하시오.

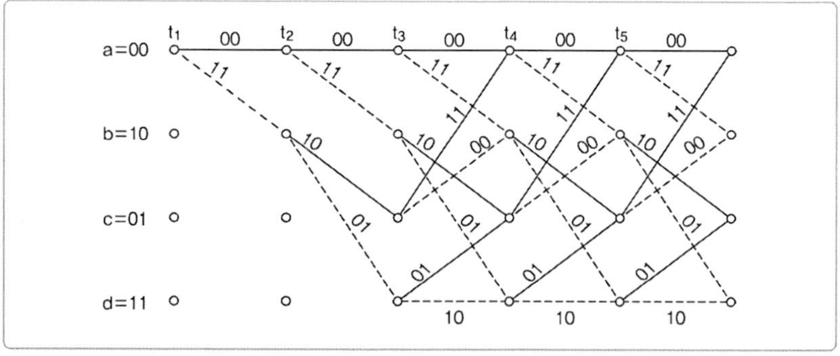

11-8 어느 컨볼루션 인코더의 코드 격자가 다음 그림과 같다.

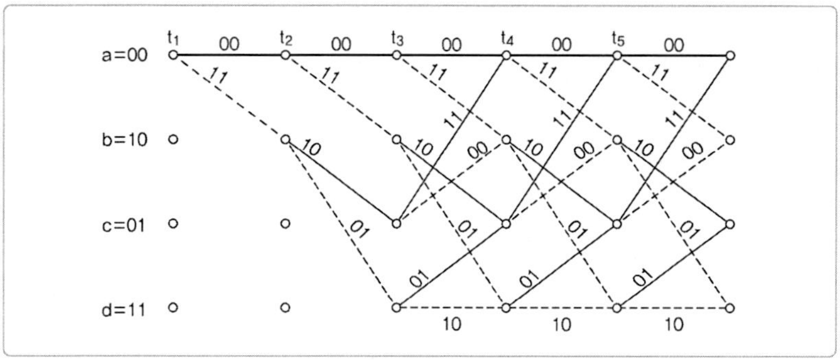

수신부호는 11 11 01 11 00이다.

(a) 복호기 코드 격자를 그리고 해밍거리를 표기하시오.

(b) 제외된 루트를 제거하고 다수개의 경로를 포함하는 최종 복호기 코드 격자를 완성하시오.

(c) 최단거리 코드 격자로 선정된 1개의 경로를 그리시오.

11-9 어느 컨볼루션 인코더의 코드 격자가 다음 그림과 같다.

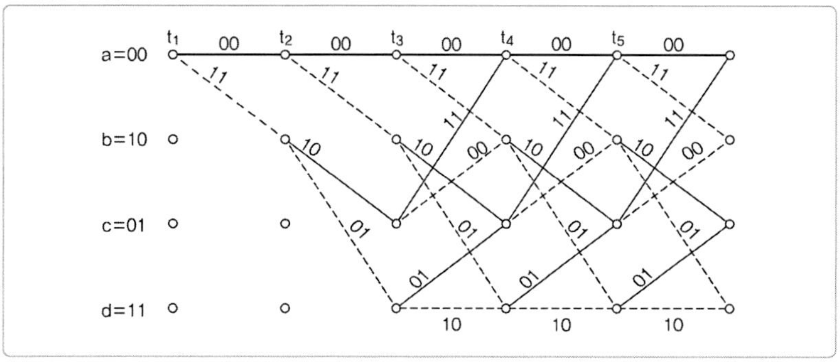

수신부호는 11 01 11 00 01이다.

(a) 복호기 코드 격자를 그리고 해밍거리를 표기하시오.

(b) 제외된 루트를 제거하고 최종 복호기 코드 격자를 완성하시오.

(c) 최단거리 코드 격자로 선정된 1개의 경로를 그리시오.

11-10 선형 블록코드를 사용하여 송수신하는 시스템에서 수신된 벡터는 다음과 같다.

$$\underline{r} = [1\ 1\ 0\ 11\ 1]$$

이 수신 벡터는 1bit가 잘못 수신되었다. 수신기에서 에러 비트 검출을 위해 사용하는 Parity check matrix는 다음과 같다.

$$H^T = \begin{bmatrix} 1\,0\,0 \\ 0\,1\,0 \\ 0\,0\,1 \\ 1\,1\,0 \\ 0\,1\,1 \\ 1\,0\,1 \end{bmatrix}$$

(a) 다음의 Syndrome Look-up table을 구하시오.

에러 패턴	syndrome
000000	
000001	
000010	
000100	
001000	
010000	
100000	
010001	

(b) Syndrome 벡터를 구하시오.

(c) Syndrome look-up table을 사용하여 에러 패턴을 찾으시오.

(d) 에러가 정정된 코드 벡터를 구하시오.

11-11 선형 블록코드를 사용하여 송수신하는 시스템이 있다. 수신된 벡터는 다음과 같다.

$$\underline{r} = [0\ 1\ 1\ 11\ 1]$$

이 수신 벡터는 1bit가 잘못 수신되었다. 수신기에서 에러 비트 검출을 위해 사용하는 Parity check matrix는 다음과 같다.

$$H^T = \begin{bmatrix} 1\,0\,0 \\ 0\,1\,0 \\ 0\,0\,1 \\ 1\,1\,0 \\ 0\,1\,1 \\ 1\,0\,1 \end{bmatrix}$$

(a) 다음의 Syndrome Look-up table을 구하시오.

에러 패턴	syndrome
000000	
000001	
000010	
000100	
001000	
010000	
100000	
010001	

(b) Syndrome 벡터를 구하시오.

(c) Syndrome look-up table을 사용하여 에러 패턴을 찾으시오.

(d) 에러가 정정된 코드 벡터를 구하시오.

11-12 선형 블록코드를 사용하여 송수신하는 시스템이 있다. 수신된 벡터는 다음과 같다.

$$\underline{r} = [1\ 1\ 0\ 11\ 0]$$

이 수신 벡터는 1bit가 잘못 수신되었다. 수신기에서 Error bit 검출을 위해 사용하는 Parity check matrix와 Syndrome Look-up table은 다음과 같다.

$$H^T = \begin{bmatrix} 1\,0\,0 \\ 0\,1\,0 \\ 0\,0\,1 \\ 1\,1\,0 \\ 0\,1\,1 \\ 1\,0\,1 \end{bmatrix}$$

Syndrome	Error pattern
000	000000
101	000001
011	000010
110	000100
001	001000
010	010000
100	100000
111	010001

(a) Syndrome 벡터를 구하시오.

(b) Syndrome look-up table을 사용하여 에러 패턴을 찾으시오.

(c) 에러가 정정된 코드 벡터를 구하시오.

CHAPTER 12

12 확산 스펙트럼 변조

이 장에서는 이미 변조된 신호를 다시 변조시켜서 같은 주파수 대역을 사용하는 다른 신호들과 충돌을 일으키지 않으면서 통신하는 확산 스펙트럼 변조 기술에 대하여 알아본다. 이 변조 방식은 전송 스펙트럼의 대역폭을 대폭 확산시키므로 확산 스펙트럼(Spread Spectrum) 변조라고 부른다. 이 확산 스펙트럼 방식의 통신 단말기들은 같은 주파수 대역을 사용하면서도 서로 간섭을 받지 않는다. 이와 같은 확산 스펙트럼 방식을 사용하여 다중화하는 방식을 코드분할 다중접속(CDMA, Code Division Multiple Access)이라고 한다. 이 CDMA 방식의 이해를 위해 다음 그림과 같이 여러 나라의 사람들이 동시에 말을 하고 있다고 가정해 보자.

그림 12-1 알기 쉬운 CDMA의 이해

위의 그림과 같이 여러 나라 사람들이 동시에 말을 하고 있는 경우에 듣는 사람이 한국말만을 아는 사람이라면 한국말은 잘 들리고 다른 나라 사람들의 말은 마치 잡음처럼 들릴 것이다.

이와 마찬가지로 한 곳에 여러 명의 사람들이 CDMA 방식의 단말기를 사용하여 송수신하고 있다고 가정해 보자. 이 경우에 사용자들의 단말기들은 같은 주파수 대역을 사용하고 있지만 서로 다른 PN(Pseudo Noise) 코드를 사용하므로 다른 사용자들이 사용하는 신호는 단지 잡음(Noise)으로 인식되어 서로 간섭을 받지 않는다. 이와 같이 서로 다른 PN 코드를 사용하는 통신 방식을 확산 스펙트럼 방식이라고 하고 이 방식을 사용하여 다중화하는 방식을 CDMA 방식이라고 한다.

이와 같은 확산 스펙트럼 변조 방식에는 직접 수열 확산 스펙트럼(DS/SS, Direct Sequence Spread Spectrum) 방식과 주파수 도약 확산 스펙트럼(FH/SS, Frequency Hopping Spread Spectrum) 방식이 있다. 이 장에서는 다음 그림과 같은 DS/SS 방식을 통하여 확산 스펙트럼 변조 방식을 알아본다.

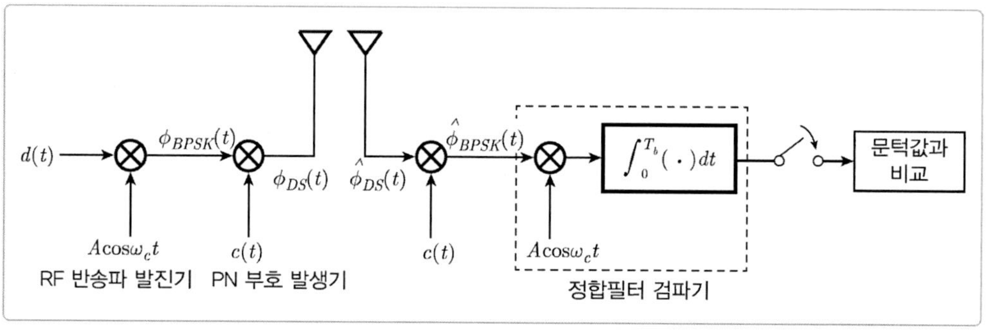

그림 12-2 DS/SS-BPSK 변/복조기 블록도

위의 그림은 BPSK로 변조된 신호를 다시 확산 스펙트럼으로 변조한 DS/SS-BPSK 변복조기의 블록도이다. 이 그림에서 변/복조기의 $c(t)$의 곱셈기를 제외하면 BPSK 변/복조기임을 알 수 있다. 따라서 PN 코드라고 불리는 다음 그림과 같은 $c(t)$의 역할의 이해가 확산 스펙트럼의 핵심이다.

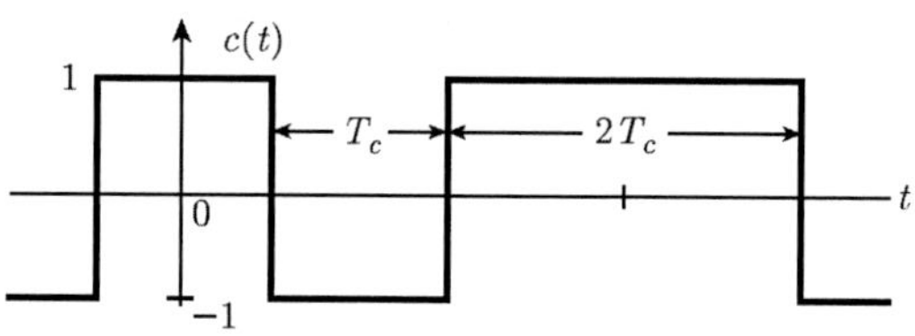

그림 12-3 확산 스펙트럼에서의 PN 코드 $c(t)$

이와 같은 PN 코드를 사용하여 다중화하는 CDMA 통신 방식은 1990년대 중반에 한국에서 세계 최초로 휴대폰에 상용화되었다. 이 CDMA 통신 방식은 퀄컴과 한국전자통신연구원(ETRI) 등의 기관에서 원천 기술을 개발하였으며 통신망은 SK텔레콤에서 상용화하였고 단말기는 삼성과 LG 등에서 상용화하였다. 다음 그림은 삼성에서 최초로 상용화한 CDMA 휴대폰(SCH-100)이다.

그림 12-4 1990년대 중반 세계 최초로 상용화된 CDMA 휴대폰

12.1 PN 코드

PN 코드는 랜덤 프로세스이므로 자기상관함수(autocorrelation function)와 전력스펙트럼 밀도(Power Spectral Density, PSD)를 구해 보기로 한다. 먼저 PN 코드를 다음 그림과 같이 랜덤 프로세스 $X(t)$로 정의한다.

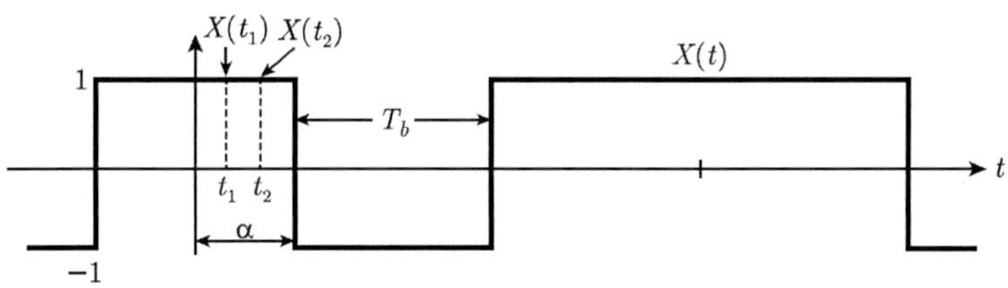

그림 12-5 PN 코드 랜덤 프로세스 $X(t)$

자기상관함수

먼저 랜덤 프로세스 $X(t)$의 자기상관함수를 구해 보기로 한다.

(i) $0 < t_1 < t_2 < T_b,\ |t_2 - t_1| < T_b,\quad t_2 - t_1 = \tau$

랜덤 프로세스 $X(t)$의 $X(t_1)$ 및 $X(t_2)$가 동일한 펄스 구간 내에 있을 조건은 다음과 같다.

$$t_2 \le \alpha \le t_1 + T_b$$

이 식에서 α는 랜덤 프로세스 $X(t)$의 시작 시간이다. 위의 그림에서 T_b를 $1\mu\mathrm{sec}$

라고 가정하면 α는 0에서 1μsec 사이의 어느 값이 된다. 그림에서는 $\alpha = 0.5\mu$sec 이다. α는 0에서 T_b사이에 걸쳐 분포할 확률은 균일하다(uniformly distributed).

일반적으로 확률변수 X가 x_1과 x_2 사이에 있을 확률은 다음과 같이 구한다.

$$P(x_1 \le X \le x_2) = \int_{-\infty}^{x_2} f_X(x)dx - \int_{-\infty}^{x_1} f_X(x)dx = \int_{x_1}^{x_2} f_X(x)dx$$

따라서 위의 식을 이용하면 α가 이 범위 안에 있을 확률은 다음과 같다.

$$P(t_2 \le \alpha \le t_1 + T_b) = \int_{t_2}^{t_1 + T_b} f_\alpha(\alpha)d\alpha$$

α의 분포는 $(0, T_b)$ 구간에서 균일하므로 다음과 같이 확률을 구할 수 있다.

$$\int_{t_2}^{t_1 + T_b} f_\alpha(\alpha)d\alpha = \frac{1}{T_b}\int_{t_2}^{t_1 + T_b} d\alpha = \frac{T_b + t_1 - t_2}{T_b} = 1 - \frac{\tau}{T_b}$$

(ii) $0 < t_2 < t_1 < T_b,\ |t_1 - t_2| < T_b,\quad t_2 - t_1 = -\tau$

랜덤 프로세스 $X(t)$의 $X(t_1)$ 및 $X(t_2)$가 동일한 펄스 구간 내에 있을 조건은 다음과 같다.

$$t_1 \le \alpha \le t_2 + T_b$$

확률변수 α가 이 범위 안에 있을 확률은 다음과 같다.

$$P(t_1 \le \alpha \le t_2 + T_b) = \int_{t_1}^{t_2 + T_b} f_\alpha(\alpha)d\alpha$$

역시 α의 분포는 $(0, T_b)$ 구간에서 균일하므로 다음과 같이 구할 수 있다.

$$\int_{t_1}^{t_2 + T_b} f_\alpha(\alpha)d\alpha = \frac{1}{T_b}\int_{t_1}^{t_2 + T_b} d\alpha = \frac{T_b + t_2 - t_1}{T_b} = 1 + \frac{\tau}{T_b}$$

α의 존재 범위에 대한 확률 그 자체가 자기상관함수가 된다. 따라서 위의 두 식으로부터 자기상관함수는 다음과 같다.

$$E\{X(t)X(t+\tau)\} = 1 - \frac{|\tau|}{T_b}, \qquad |\tau| < T_b$$

이제 $|\tau| > T_b$인 경우의 자기상관함수를 구해 보자. $X(t_1)$ 및 $X(t_2)$는 서로 다른 펄스 구간에 존재하므로 독립적이다. 따라서 자기상관함수는 다음과 같다.

$$E\{X(t)X(t+\tau)\} = E\{X(t)\}E\{X(t+\tau)\} = m^2 = 0, \qquad |\tau| > T_b$$

최종적으로 자기상관함수는 다음과 같다.

$$R_x(\tau) = \Lambda\left(\frac{\tau}{T_b}\right)$$

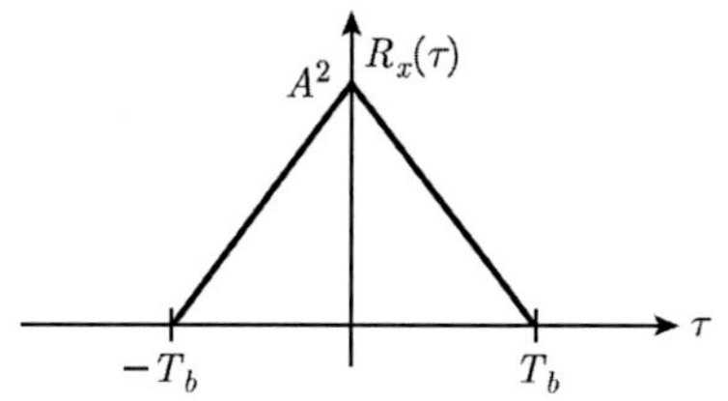

그림 12-6 $X(t)$의 자기상관함수

전력스펙트럼 밀도

이 절에서는 $X(t)$의 자기상관함수의 CTFT인 전력스펙트럼 밀도(PSD)를 구해 보기로 한다. 자기상관함수는 다음과 그림과 같이 구형파의 컨볼루션으로 볼 수 있다.

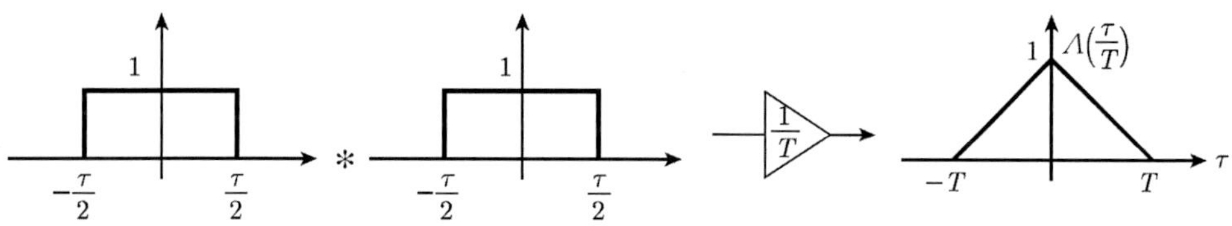

그림 12-7 구형파의 컨볼루션

$$\frac{1}{T}\text{rect}\left(\frac{\tau}{T}\right) * \text{rect}\left(\frac{\tau}{T}\right) = \Lambda\left(\frac{\tau}{T}\right)$$

주파수 영역에서의 관계식은 다음과 같다.

$$\frac{1}{T}\mathscr{F}\left\{\text{rect}\left(\frac{\tau}{T}\right)\right\}\mathscr{F}\left\{\text{rect}\left(\frac{\tau}{T}\right)\right\} = \mathscr{F}\left\{\Lambda\left(\frac{\tau}{T}\right)\right\}$$

구형파의 CTFT는 다음과 같다.

$$\mathscr{F}\left\{\text{rect}\left(\frac{\tau}{T}\right)\right\} = \int_{-\infty}^{\infty}\text{rect}\left(\frac{\tau}{T}\right)e^{-j\omega\tau}d\tau = \int_{-T/2}^{T/2}e^{-j\omega\tau}d\tau$$

$$= \left[\frac{e^{-j\omega\tau}}{-j\omega}\right]_{T/2}^{-T/2} = \frac{1}{j\omega}\left(e^{j\omega T/2} - e^{-j\omega T/2}\right) = \frac{2\sin\omega T/2}{\omega}$$

$$= T\text{sinc}\left(\frac{T\omega}{2\pi}\right)$$

따라서 삼각파의 CTFT는 다음과 같다.

$$\mathscr{F}\left\{\Lambda\left(\frac{\tau}{T}\right)\right\}=\frac{4\sin^2(\omega T/2)}{T\omega^2}=T\mathrm{sinc}^2\left(\frac{T\omega}{2\pi}\right)$$

이를 그림으로 나타내면 다음과 같다.

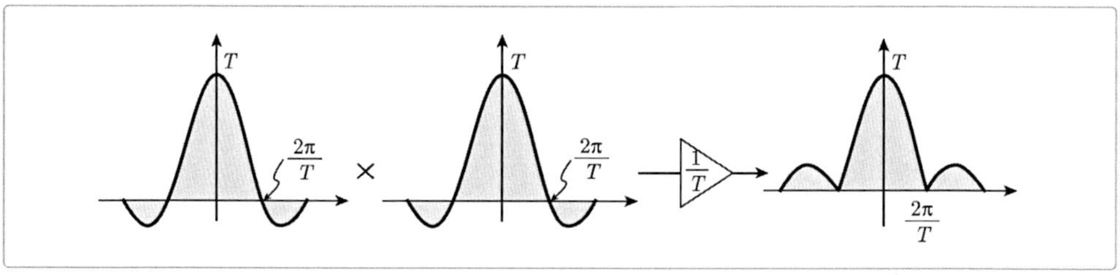

그림 12-8 삼각파의 CTFT

지금까지의 결과를 종합하면 랜덤 프로세스 $X(t)$의 자기상관함수의 CTFT인 전력스펙트럼 밀도는 다음과 같다.

$$S_x(\omega)=\mathscr{F}\{R_x(\tau)\}=A^2T_b\mathrm{sinc}^2\left(\frac{T_b\omega}{2\pi}\right)$$

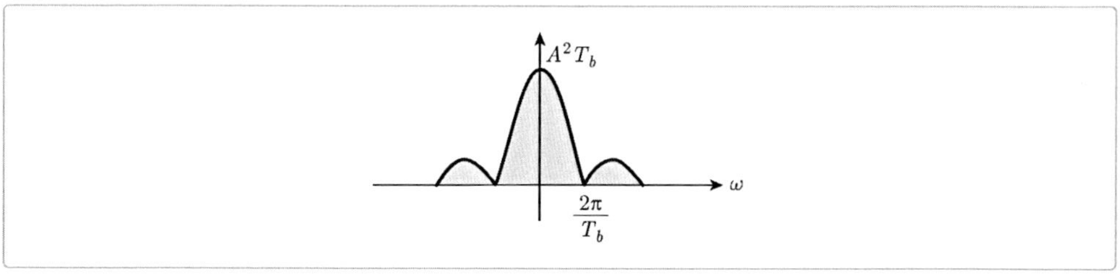

그림 12-9 $X(t)$의 전력스펙트럼 밀도

지금까지 랜덤 프로세스 $X(t)$의 자기상관함수와 전력스펙트럼 밀도를 구하였다. 이제 이 결과를 PN 코드 랜덤 프로세스에 적용시켜보자. 다시 그림 12-3의 PN 코드 랜덤 프로세서 $c(t)$로 돌아가 지금까지의 결과를 적용시키면 PN 코드의 자기상관함수와 전력스펙트럼 밀도는 다음 그림과 같다.

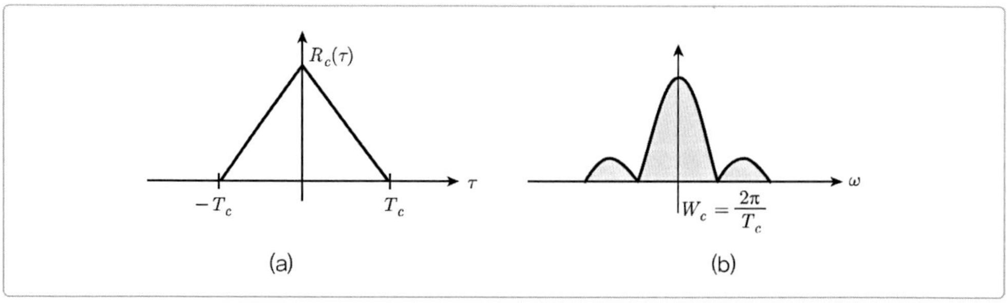

그림 12-10 $c(t)$의 자기상관함수와 전력스펙트럼 밀도

PN 코드 $c(t)$의 전력스펙트럼 밀도는 다음과 같다.

$$S_c(\omega) = T_c \mathrm{sinc}^2\left(\frac{T_c\omega}{2\pi}\right) = T_c \mathrm{sinc}^2\left(\frac{\omega}{W_c}\right)$$

이 식에서 $W_c = 2\pi / T_c$를 대역폭이라고 한다. 이 $c(t)$의 역할은 임의의 신호의 전력은 그대로 유지한 채로 스펙트럼만 확산시킨다.

12.2 DS 확산 스펙트럼 변조

DS 확산 스펙트럼(DS/SS) 변조기의 블록도는 다음 그림과 같다.

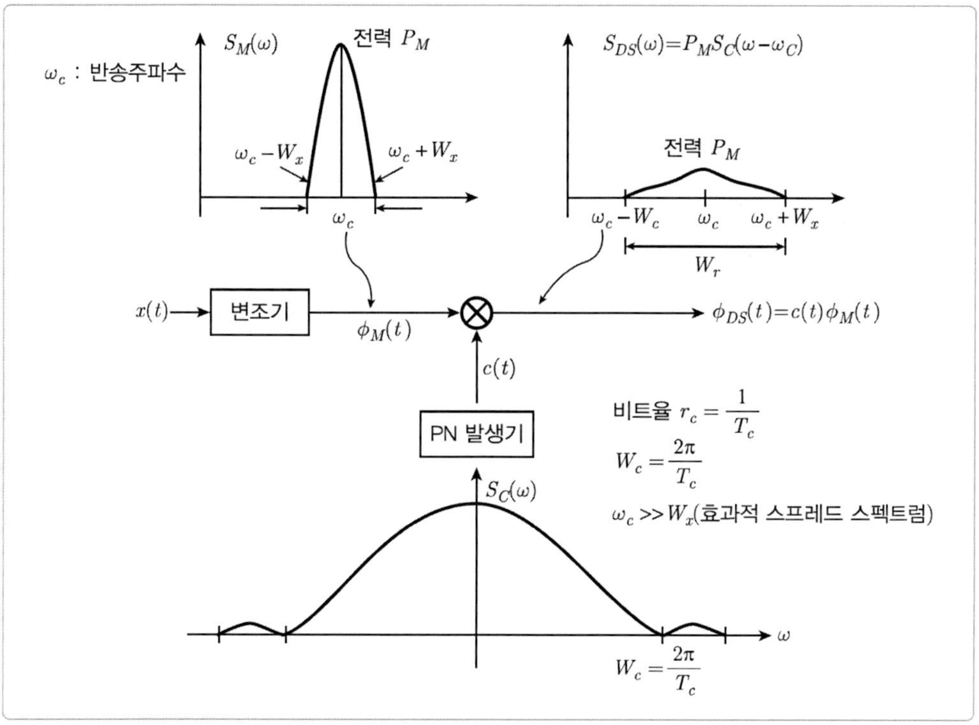

그림 12-11 DS 확산 스펙트럼 변조기의 블록도

1차로 변조된 신호 $\phi_M(t)$는 반송파 주파수 ω_c로 변조된 신호이고 그 전력스펙트럼은 $S_M(\omega)$와 같이 대역폭이 매우 좁다. 이에 비하여 PN 코드의 전력스펙트럼 $S_c(\omega)$는 그림에서 보듯이 대역폭이 상대적으로 매우 넓다. 이 PN 코드와 변조된 신호의 곱으로 만들어진 DS 확산 스펙트럼으로 변조된 신호는 다음과 같다.

$$\phi_{DS}(t) = \phi_M(t)c(t)$$

이 $\phi_{DS}(t)$의 전력스펙트럼은 다음과 같다.

$$S_{DS}(\omega) = S_M(\omega) * S_c(\omega) = \int_{\omega_c - W_x}^{\omega_c + W_x} S_M(\lambda) S_c(\omega - \lambda) d\lambda$$

$S_c(\omega)$에 비하면 $S_M(\omega)$는 거의 임펄스 함수이므로 $S_M(\lambda) = \delta(\lambda - \omega_c)$로 간주할 수 있다. 따라서 이를 대입하면 다음과 같다.

$$S_{DS}(\omega) \cong P_M S_c(\omega - \omega_c)$$

이때에 변조된 후에 $S_{DS}(\omega)$의 전력과 변조 전의 $S_M(\omega)$의 전력은 같다. 변조 후의 전력스펙트럼 밀도 $S_{DS}(\omega)$를 보면 스펙트럼이 매우 넓게 확산되었음을 볼 수 있으며 따라서 이를 확산 스펙트럼 변조라고 부른다. 또한 변조 전의 $S_M(\omega)$의 대역폭은 $2W_x$이고 변조 후의 $S_{DS}(\omega)$의 대역폭은 $2W_c$이며 대역폭 확장률은 다음과 같다.

$$\frac{W_c}{W_x} = 10 \sim 10,000$$

다음 그림을 통하여 비트율(bitrate)과 칩률(chip rate)을 알아본다.

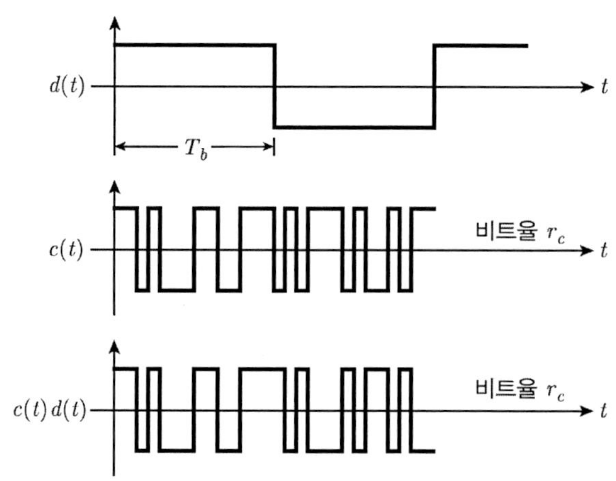

그림 12-12 **비트율(bit rate)과 칩률(chip rate)**

원 정보의 데이터 비트율은 다음과 같다.

$$r_b = \frac{1}{T_b}$$

음성 신호의 경우에 1초에 8,000번 샘플링이 일어나고 한 개의 샘플은 8비트로 양자화되므로 일반적인 데이터 비트율은 64,000 bps이다.

위 그림에서 $c(t)$를 칩부호열이라고 부르며 $c(t)$의 한 칸을 T_c라고 하면 칩률(chip rate)은 다음과 같이 정의된다.

$$r_c = \frac{1}{T_c}$$

그림에서 보듯이 $r_c \gg r_b$ 의 관계가 있으며 데이터 비트를 잘게 절단하여 얇게 만들므로 칩(chip)이라 부른다.

12.3 DS 확산 스펙트럼 복조

이 절에서는 확산 스펙트럼 방식으로 변조된 신호를 수신기에서 어떻게 복조하는지에 대하여 알아본다. 다음 그림의 DSS-BPSK 변/복조기를 다시 보자.

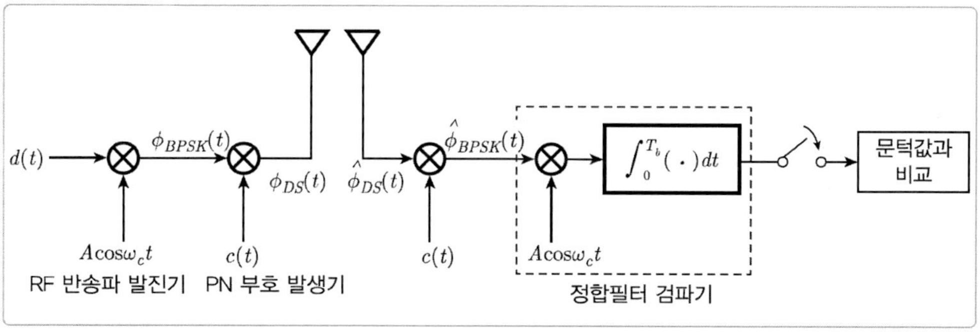

그림 12-13 DS/SS-BPSK 변/복조기

변조기의 $c(t)$와 복조기의 $c(t)$를 곱하면 다음과 같다.

$$c^2(t) = 1$$

이 식과 같이 1의 직류가 되기 위해서는 정확한 동기가 필요하다. 수신기에서 $c(t)$의 PN 코드를 곱한 후의 신호는 다음과 같다.

$$\hat{\phi}_{BPSK}(t) = \phi_{DS}(t)c(t) = \phi_{BPSK}(t)c^2(t) = \phi_{BPSK}(t)$$

위의 그림에서의 각 노드들의 신호를 관찰하면 다음 그림과 같다.

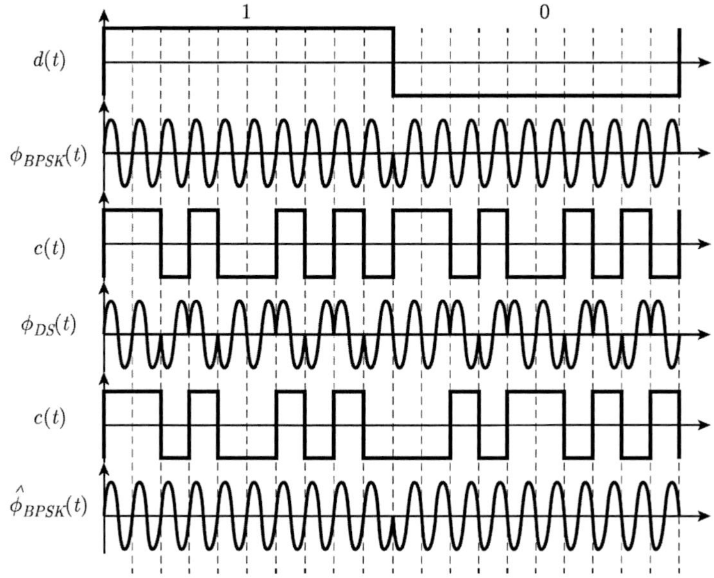

그림 12-14 DS/SS-BPSK 변/복조기의 신호

그림에서 $d(t)$는 1과 0으로 구성된 기저대역 PCM 신호이다. 두 번째의 $\phi_{BPSK}(t)$ 신호는 반송파로 1차 BPSK 변조된 신호이다. 세 번째 신호는 $c(t)$의 PN 신호이다. 이 $c(t)$를 곱하면 그림과 같은 $\phi_{DS}(t)$가 만들어져서 송신된다.

수신기에서는 송신기의 $c(t)$와 일치하는 윗 그림의 5번째 신호 $c(t)$를 사용하여 복조하여야 한다. 그 결과 위의 그림의 마지막 신호 $\hat{\phi}_{BPSK}(t)$를 얻을 수 있다. 수신기의 $c(t)$와 일치하지 않는 PN 신호와 곱해진 신호들은 수신기에서 잡음으로 처리된다. 즉, 수신기의 PN 신호와 일치하지 않는 변조 신호들은 $\hat{\phi}_{BPSK}(t)$로 복조되지 못한다. 수신기에서는 오직 위의 그림의 $\hat{\phi}_{BPSK}(t)$와 같은 $\sin\omega_c t$가 출력되거나(정보신호 1의 경우) 또는 $-\sin\omega_c t$가 출력되는(정보신호 0의 경우) 2가지 경우밖에 발생하지 않게 된다. 즉, 수신기에서 나머지 신호들은 PN 신호가 일치하지 않으므로 복조된 후에도 위의 네 번째 그림과 같은 신호의 모양들이다. 따라서 이런 신호들은 모두 잡음으로 처리된다.

연습문제

12-1 다음 확산 스펙트럼 신호를 보고 물음에 답하시오.

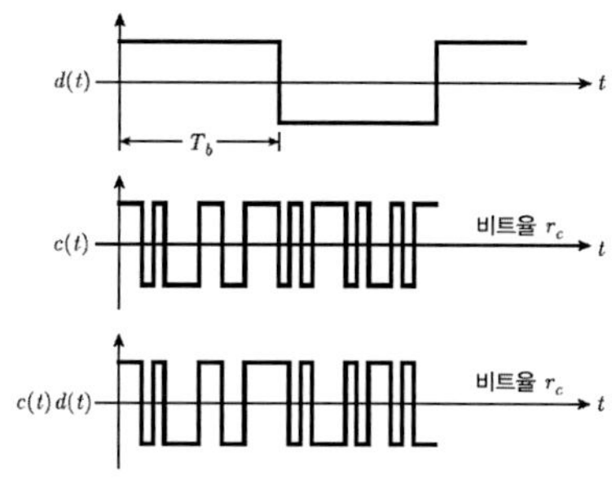

그림 XII-1 **예제의 원신호** $d(t)$, **PN 신호** $c(t)$, $c(t)d(t)$

그림에서 T_b는 1/64,000초이다.

(a) 원 정보신호 $d(t)$의 데이터 비트율 r_b을 구하시오.

(b) $c(t)$의 칩률(chip rate) r_c를 구하시오.

(c) $d(t)$의 대역폭 $2W_x$를 구하시오.

(c) 변조 후의 신호 $c(t)d(t)$의 대역폭 $2W_c$를 구하시오.

(d) 대역폭 확장률을 구하시오.

12-2 다음 확산 스펙트럼 신호를 보고 물음에 답하시오.

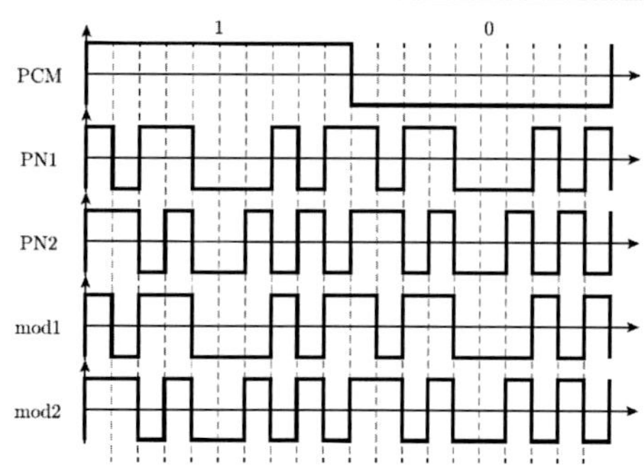

그림 XII-2 **예제의 PCM 원신호, PN1, PN2, mod1, mod2 신호들**

위 그림에서 PCM 원신호 1과 0이 PN1의 송신기와 PN2의 송신기에서 각각 확산 스펙트럼 변조되어 mod1과 mod2가 만들어졌다. 이 두 신호가 PN1의 신호를 갖고 있는 단말기로 수신되었다. 이 단말기에서 PN1으로 복조된 두 신호를 각각 구하시오.

주요 공식

삼각 항등식

$$\sin(A \pm B) = \sin A \cos B \pm \cos A \sin B$$

$$\cos(A \pm B) = \cos A \cos B \mp \sin A \sin B$$

$$\tan(A \pm B) = \frac{\tan A \pm \tan B}{1 \mp \tan A \tan B}$$

$$\sin A \sin B = \frac{1}{2}\{\cos(A-B) - \cos(A+B)\}$$

$$\sin A \cos B = \frac{1}{2}\{\sin(A+B) - \sin(A-B)\}$$

$$\cos A \cos B = \frac{1}{2}\{\cos(A+B) + \cos(A-B)\}$$

$$\sin A + \sin B = 2\sin\left(\frac{A+B}{2}\right)\cos\left(\frac{A-B}{2}\right)$$

$$\sin A - \sin B = 2\cos\left(\frac{A+B}{2}\right)\sin\left(\frac{A-B}{2}\right)$$

$$\cos A + \cos B = 2\cos\left(\frac{A+B}{2}\right)\cos\left(\frac{A-B}{2}\right)$$

$$\cos A - \cos B = -2\sin\left(\frac{A+B}{2}\right)\sin\left(\frac{A-B}{2}\right)$$

$$\sin^2 A = \frac{1}{2}(1 - \cos 2A)$$

$$\cos^2 A = \frac{1}{2}(1 + \cos 2A)$$

$$\sin^2 A + \cos^2 A = 1$$

$$\cos^2 A - \sin^2 A = \cos 2A$$

$$\sin 2A = 2\sin A \cos A$$

$$\cos 2A = \cos^2 A - \sin^2 A = 1 - 2\sin^2 A = 2\cos^2 A - 1$$

$$e^{\pm j\omega} = \cos\omega \pm j\ \sin\omega$$

$$\sin\omega = \frac{e^{j\omega} - e^{-j\omega}}{2j}$$

$$\cos\omega = \frac{e^{j\omega} + e^{-j\omega}}{2}$$

$$\tan\omega = \frac{1}{j}\frac{e^{j\omega} - e^{-j\omega}}{e^{j\omega} + e^{-j\omega}}$$

지수 함수와 로그 함수

$$e^A e^B = e^{A+B}$$

$$\frac{e^A}{e^B} = e^{A-B}$$

$$\ln AB = \ln A + \ln B$$

$$\ln\frac{A}{B} = \ln A - \ln B$$

지수 급수의 합

$$\sum_{n=0}^{N} a^n = \frac{1-a^{N+1}}{1-a}$$

$$\sum_{n=0}^{\infty} a^n = \frac{1}{1-a},\ |a| < 1$$

$$\sum_{n=0}^{\infty} na^n = \frac{1}{(1-a)^2},\ |a| < 1$$

주요 변환

삼각 푸리에 급수

$$\tilde{x}(t) = a_0 + \sum_{k=1}^{\infty} [a_k \cos k\omega_0 t \ + \ b_k \sin k\omega_0 t], \quad T = \frac{2\pi}{\omega_0}$$

$$a_0 = \frac{1}{T}\int_{t_0}^{t_0+T} x(t)\,dt$$

$$a_k = \frac{2}{T}\int_{t_0}^{t_0+T} x(t)\cos k\omega_0 t\,dt$$

$$b_k = \frac{2}{T}\int_{t_0}^{t_0+T} x(t)\sin k\omega_0 t\,dt$$

지수 푸리에 급수

$$\tilde{x}(t) = \sum_{k=-\infty}^{\infty} X_k e^{jk\omega_0 t}, \quad X_k = \frac{1}{T}\int_0^T \tilde{x}(t) e^{-jk\omega_0 t}\,dt, \quad \omega_0 = \frac{2\pi}{T}$$

CTFT

$$X(\omega) = \int_{-\infty}^{\infty} x(t) e^{-j\omega t}\,dt, \quad x(t) = \frac{1}{2\pi}\int_{-\infty}^{\infty} X(\omega)\ e^{j\omega t}\,d\omega$$

DTFT

$$X(e^{j\omega}) = \sum_{n=-\infty}^{\infty} x[n] e^{-j\omega n}, \quad x[n] = \frac{1}{2\pi}\int_{-\pi}^{\pi} X(e^{j\omega}) e^{j\omega n}\,d\omega$$

DFS

$$\tilde{X}(k) = \sum_{n=0}^{N-1} \tilde{x}[n]\, W^{kn}, \quad \tilde{x}[n] = \frac{1}{N}\sum_{k=0}^{N-1} \tilde{X}(k)\, W^{-kn}, \quad W = e^{-j\frac{2\pi}{N}}$$

DFT

$$X(k) = \sum_{n=0}^{N-1} x[n]\, W^{kn}, \quad x[n] = \frac{1}{N}\sum_{k=0}^{N-1} X(k)\, W^{-kn}, \quad W = e^{-j\frac{2\pi}{N}}$$

Laplace 변환

$$X(s) = \int_0^{\infty} x(t) e^{-st} dt$$

z 변환

$$X(z) = \sum_{n=-\infty}^{\infty} x[n] z^{-n}$$

참고문헌

강창언, "디지털통신시스템" 복두출판사

김명진, "MATLAB 실습과 함께 배우는 아날로그 및 디지털 통신이론" 생능출판사

신윤기, "아날로그 및 디지털 통신이론" 인터비젼

윤남일, "최신통신이론" 생능출판사

장영범, "신호 및 시스템" 생능출판사

장영범, "DSP 이론과 실무" 생능출판사

정호영, 임승각, "디지털 통신시스템" 한빛미디어

조용수, 김재권, 양원영, "MIMO-OFDM 무선통신과 MATLAB" 홍릉과학출판사

Dahlman, Erik, Parkvall, Stefan, Skold, Johan, and Beming, Per, "3G Evolution HSPA and LTE for Mobile Broadband" Elsevier

Dahlman, Erik, Parkvall, Stafan, and Skold, Johan, Per, "4G LTE/LTE-Advanced for Mobile Broadband" Elsevier

Haddad, Richard A, and Thomas W. Parsons, "Digital Signal Processing, Theory, Application, and Hardware" Computer Science Press.

Ingle, Vinay K., and John G. Proakis, "Digital Signal Processing using MATLAB" Brooks/Cole Thomson Learning.

Jackson, Leland B., "Digital Filters and Signal Processing" second editions, KLUWER ACADEMIC PUBLISHERS.

Lathi, B. P. and Ding, Zhi, "Modern Digital and Analog Communication Systems" Oxford University Press

Oppenheim, Alan V, and Ronald W. Schafer, "Discrete-Time Signal Processing" Prentice Hall, Inc.

Oppenheim, Alan V, and Ronald W. Schafer, "Digital Signal Processing" Prentice Hall, Inc.

Papoulis, Athanasios, "Signal Analysis" McGRAW-HILL BOOK COMPANY.

Papoulis, Athanasios, "Circuits and Systems, A modern approach" Holt, Rinehart and Winston, Inc.

Papoulis, Athanasios, and S. U. Pillai, "Probability, Random Variables and Stochastic Processes" Fourth Edition, McGraw-Hill.

Proakis, John G, and Dimitris G. Manolakis, "Introduction to Digital Signal Processing"

Macmillan Publishing Company, New York.

Proakis, John G, Charles M. Rader, Fuyun Ling, and Chrysostomos L. Nikias, "Advanced Digital Signal Processing" Macmillan Publishing Company, New York.

Savo G. Glisic, "Advanced Wireless Communications" Wiley

Simon Haykin and Michael Moher, "Communication Systems" International Student Version

Simon Haykin, "Communication Systems"

Sklar, Bernard, "Digital Communications Fundamentals and Applications" Prentice Hall

Soliman, Samir S., and Mandyam D. Srinath, "Continuous and Discrete Signals and Systems" Prentice-Hall Information and System Science Series.

Van de Vegte, Joice, "Fundamentals of Digital Signal Processing" Prentice Hall.

Weste, Neil, and Kamran Eshraghian, "Principles of CMOS VLSI Design" ADDISON-WESLEY PUBLISHING COMPANY.

Ziemer, Rodger E., and Tranter, William H., "Principles of Communications, Systems, Modulation, and Noise" Science & Technology

찾아보기

ㅈ

G

H

I

J

L

M

T

U

V

W

[저자 소개]

장 영 범

1977 ~ 1981 연세대학교 전기공학과 공학사

1988 ~ 1990 Polytechnic Institute of New York University 전기공학과 공학석사

1990 ~ 1994 Polytechnic Institute of New York University 전기공학과 공학박사

1983 ~ 1999 삼성전자 시스템LSI사업부 수석연구원

2000 ~ 2002 이화여자대학교 정보통신학과 교수

2002 ~ 현재 상명대학교 공과대학 정보통신공학과 교수

본 저서는 2015학년도 상명대학교 교내연구비에 의하여 수행되었음.

정가 25,000원

아날로그 및 디지털 통신시스템

2015년 4월 17일 초판 인쇄
2015년 4월 25일 초판 발행
저 자: 장영범
발행자: 우명찬·송 준
발행처: 홍릉과학출판사
주 소: 서울시 강북구 인수봉로 50길 10
142-885
등 록: 1976년 10월 21일 제5-66호
전 화: (02) 999-2274~5, 903-7037
팩 스: (02) 905-6729
e-mail: hongpub@hongpub.co.kr
http://www.hongpub.co.kr
ISBN: 979-11-5600-363-2

저자와의 협의하에 인지생략